普通高等教育“十四五”规划教材
应用型本科食品科学与工程类专业系列教材

食品安全导论

黄现青　张坤朋　主编
庞　杰　主审

中国农业大学出版社
·北京·

内 容 简 介

本教材在结构编排上，按照工程教育专业认证“以学生为中心，以结果为导向”的理念，围绕影响食品安全的因素、引发食品安全的途径、危及食品与人类健康的后果、危害风险分析与评估、安全控制与管理立法体系构建等进行整体设计。教材系统阐述了食品安全学的基础理论及技术，重点介绍了影响食品安全的物理、化学、生物因素，以“种养—收储—加工—运销”食品生产全链条系统介绍了影响食品安全的环境、设施设备、材料、投入品及人员等全环节中的各种因素，力求全维度、高度贴合食品生产状态地展现食品安全的风险因素，为食品安全管控提供较为全面的理论与技术依据。教材编写体现了以理论为依托、以易学为中心、以技术技能为导向的指导思想，力求实现更好地服务师生教与学，可以作为食品及相关专业的教学用书。同时，本教材也可作为食品相关生产技术、管理等人员的参考用书。

图书在版编目(CIP)数据

食品安全导论 / 黄现青，张坤朋主编. --北京：中国农业大学出版社，2022.2

ISBN 978-7-5655-2664-0

Ⅰ.①食…　Ⅱ.①黄…　②张…　Ⅲ.①食品安全－高等学校－教材　Ⅳ.①TS201.6

中国版本图书馆 CIP 数据核字(2021)第 247313 号

书　名　食品安全导论

作　者　黄现青　张坤朋　主编　　　　庞　杰　主审

策划编辑　张　程　李卫峰　　　　**责任编辑**　田树君

封面设计　郑　川

出版发行　中国农业大学出版社

社　址　北京市海淀区圆明园西路 2 号　　　　**邮政编码**　100193

电　话　发行部 010-62733489，1190　　　　读者服务部 010-62732336

编辑部 010-62732617，2618　　　　出　版　部 010-62733440

网　址　http://www.caupress.cn　　　　**E-mail**　cbsszs @ cau.edu.cn

经　销　新华书店

印　刷　北京鑫丰华彩印有限公司

版　次　2022 年 2 月第 1 版　　2022 年 2 月第 1 次印刷

规　格　185 mm×260 mm　　16 开本　　16.75 印张　　385 千字

定　价　50.00 元

应用型本科食品科学与工程类专业系列教材
编审指导委员会委员

（按姓氏拼音排序）

编审人员

主　　编　黄现青（河南农业大学）
　　　　　张坤朋（安阳工学院）

副 主 编　孙　婕（河南城建学院）
　　　　　李腾飞（河北工业大学）
　　　　　马　燕（河南农业大学）

编写人员　黄现青（河南农业大学）
　　　　　张坤朋（安阳工学院）
　　　　　孙　婕（河南城建学院）
　　　　　李腾飞（河北工业大学）
　　　　　马　燕（河南农业大学）
　　　　　王小鹏（河南农业大学）
　　　　　王小正（内蒙古农业大学）
　　　　　李光辉（许昌学院）

主　　审　庞　杰（福建农林大学）

出版说明

随着世界人口增长、社会经济发展、生存环境改变，人类对食品供给、营养、健康、安全、美味、方便的关注不断加深。食品消费在现代社会早已成为经济发展、文明程度提高的主要标志。从全球看，食品工业已经超过了汽车、航空、信息等行业成为世界上的第一大产业。预计未来20年里，世界人口每年将增加超过7 300万，对食品的需求量势必剧增。食品产业已经成为民生产业、健康产业、国民经济支柱产业，在可预期的未来更是朝阳产业。

在我国，食品消费是人生存权的最根本保障，食品工业的发展直接关系到人民生活、社会稳定和国家安全，在国民经济中的地位和作用日益突出。食品工业在发展我国经济、保障人们健康、提高人民生活水平方面发挥了越来越重要的作用。随着新时代我国工业化、城镇化建设和发展，特别是全面建成小康社会带来的巨大的消费市场需求，食品产业的发展潜力巨大。

展望未来食品科学技术和相关产业的发展，有专家指出，食品营养健康的突破，将成为食品发展的新引擎；食品物性科学的进展，将成为食品制造的新源泉；食品危害物发现与控制的成果，将成为安全主动保障的新支撑；绿色制造技术的突破，将成为食品工业可持续发展的新驱动；食品加工智能化装备的革命，将成为食品工业升级的新动能；食品全链条技术的融合，将成为食品产业的新模式。

随着工农业的快速发展，环境污染的加剧，食品中各种化学性、生物性、物理性危害的风险不同程度地存在或增大，影响着人民群众的身体健康与生命安全以及国家的经济发展与社会稳定；同时，各种与食物有关的慢性疾病不断增长，对食品的营养、品质和安全提出了更高的要求。

鉴于以上食品科学与行业的发展状况，我国对食品科学与工程类的人才需求量必将不断增加，对食品类人才素质、知识、能力结构的要求必将不断提高，对食品类人才培养的层次与类型必将发生相应变化。

2015年，教育部、国家发展改革委、财政部发布《关于引导部分地方普通本科高校向应用型转变的指导意见》（教育部 国家发展改革委 财政部 2015年10月21日 教发〔2015〕7号，以下简称《转型指导意见》）。《转型指导意见》提出，培养应用型人才，确立应用型的类型定位和培养应用型技术技能型人才的职责使命，根据所服务区域、行业的发展需求，找准切入点、创新点、增长点；抓住新产业、新业态和新技术发展机遇，以服务新产业、新业态、新技术为突破口，形成一批服务产业转型升级和先进技术转移应用特色鲜明的应用技术大学、学院；建立紧密对接产业链、创新链的专业体系；按需重组人才培养结构和流程，围绕产业链、创新链调整专业设置，形成特色专业集群；通过改造传统专业、设立复合型新专业、建立课程超市等方式，大幅度提高复合型技术技能人才培养比重；创新应用型技术技能型人才培养模式，建立以提高实践能力为引领的人才培养流程和产教融合、协同育人的人才培养模式，实现专业链与产业链、课程内容与职业标准、教学过程与生产过程对接。

为了贯彻落实《转型指导意见》精神，更好地推动应用型高校建设进程，充分发挥教材在教育教学中的基础性作用，近年来中国农业大学出版社就全国高等教育食品科学类专业教材出版和使用情况深入相关院校和教学一线调查研究，先后 3 次召开教学研讨会，总计有 400 余人次近 200 名食品院校专家和老师参加。在深入学习《转型指导意见》《普通高等学校本科专业类教学质量国家标准》（以下简称《教学质量国家标准》）和《工程教育认证标准》（包括《通用标准》和食品科学与工程类专业《补充标准》）的基础上，出版社和相关院校形成高度共识，决定建设一套服务于全国应用型本科院校教学的食品科学与工程类专业系列教材，并拟定了具体建设计划。

历时 4 年，“应用型本科食品科学与工程类专业系列教材”终于与大家见面了。本系列教材具有以下几个特点。

1. 充分体现《转型指导意见》精神。坚持应用型的准确类型定位和培养应用型技术技能型人才的职责使命。教材的编写坚持以“四个转变”为指导，即把办学思路真正转到服务地方经济社会发展上来，转到产教融合、校企合作上来，转到培养应用型技术技能型人才上来，转到增强学生就业创业能力上来；强化“一个认识”，即知识是基础、能力是根本、思维是关键；坚持“三个对接”，即专业链与产业链对接、课程内容与职业标准对接、教学过程与生产过程对接，实现教材内容由学科学术体系向生产实际需要的突破和从“重理论、轻实践”向以提高实践能力为主转变。教材出版创新，要做到“两个突破”，即编写队伍突破清一色院校教师的格局，教材形态突破清一色的文本形式。

2. 以《教学质量国家标准》为依据。2018 年 1 月《普通高等学校本科专业类教学质量国家标准》正式公布。此套教材编写团队认真对照《教学质量国家标准》，以教材内容和要求不少于和低于《教学质量国家标准》规定为基本要求，全面体现《教学质量国家标准》提出的“专业培养目标”和“知识体系”，教学学时数适当高于《教学质量国家标准》规定，并在教材中以“学习目的和要求”“学习重点”“学习难点”等专栏标注细化体现《教学质量国家标准》各项要求。

3. 充分体现《工程教育认证标准》有关精神和要求。整套教材编写融入以学生为中心的理念、教学反向设计的理念、教学质量持续改进的理念，体现以学生为中心，以培养目标和毕业要求为导向，以保证课程教学效果为目标，审核确定每一门课程在整个教学体系中的地位与作用，细化教材内容和教学要求。

4. 整套教材遵循专业教学与思政教学同向同行。教材编写坚持以立德树人贯穿教学全过程，结合食品专业特点和课程重点将思想政治教育功能有机融合，通过专业课程教学培养学生树立正确的人生观、世界观和价值观，达到合力培养社会主义事业建设者和接班人的目的。

5. 在新形态教材建设上努力做出探索。按课程内容教学需要，按有益于学生学习、有益于教师教学的要求，将纸质主教材、教学资源、教学形式、在线课程等统筹规划，制订新形态教材建设工作计划，有力推动信息技术与教育教学深度融合，实现从形式的改变转变为方法的变革，从技术辅助手段转变为交织交融，从简单结合物理变化转变为发生化学反应。

6. 系列教材编写体例坚持因课制宜的原则，不做统一要求。与生产实际关系比较密切的课程教材倡导以项目式、案例式为主，坚持问题导向、生产导向、流程导向；基础理论课程教材，提倡紧密联系生产实践并为后续应用型课程打基础。各类教材均在引导式、讨论式教学方面做出新的尝试。

希望“应用型本科食品科学与工程类专业系列教材”的推出对推进全国本科院校应用型转型工作起到积极作用。毕竟是“转型”实践的初次探索，此套系列教材一定会存在许多缺点和不足，恳请广大师生在教材使用过程中及时将有关意见和建议反馈给我们，以便及时修正，并在修订时进一步提高质量。

中国农业大学出版社

2020 年 2 月

前　　言

民以食为天，食以安为先，食品安全水平是决定食品是否可被利用的前提，也是消费者在进行食品产品选择时考虑的首要因素。党和国家高度重视食品安全，把食品安全列入国家战略，列为重大民生工程来抓。食品科学经过改革开放后四十多年的快速持续发展，为我国食品安全提供了重要的理论支撑和技术保障，使得我国食品安全水平得到了大幅提升。但是，随着经济的快速发展，食品产业的快速壮大，消费形式的日新月异，新的食品安全问题不断涌现出来。此外，消费者对食品安全的感知更加敏感，对食品安全的要求也更加严格。因此，我国食品安全面临的形势依然十分严峻。《食品安全导论》教材正是基于这一战略需求和现实需求，结合新时代新工科要求、结合工程教育专业认证要求、结合打造“两性一度”一流课程要求，组织国内相关高等院校长期在教学一线教学的教师编写的。

本教材在结构编排上，按照工程教育专业认证“以学生为中心，以结果为导向”的理念，围绕影响食品安全的因素、引发食品安全的途径、危及食品与人类健康的后果、危害风险分析与评估、安全控制与管理立法体系构建等进行整体一体化设计，通过模块化层层展开，使在课程教学和学习过程中的老师和学生能够快速了解本教材的整体内容及其布局，便于教学组织开展，利于系统深入学习。教材内容编排以不同的视角、不同的环节对食品安全进行了多维度和全面的解析。从危害食品安全的因素入手，对物理、化学、生物因素进行系统介绍。从产业链的角度，对农业、加工业、物流及销售等环节进行了整体解析。从消费者的视角，对食品安全导致的商品价值的丧失、健康的影响、生命的危及进行逐级深入阐述。从国家及行业管控的角度，对危害分析与评估、风险交流与预警、标准与法律法规、安全控制与管理进行全面分析。本书站在生产者、消费者、管理者不同的视角，对更深入、全面理解食品安全内涵具有积极意义。

本教材系统阐述了食品安全学的基础理论及技术、监督管理与管控。首先对我国食品安全的历史、概念及其内涵、现状与发展展望进行总体介绍。随后重点介绍了影响食品安全的物理、化学、生物因素，并对这些因素在哪些环节、以何种形式影响食品安全进行了系统介绍。以“种养—收储—加工—运销”食品生产全链条深入系统介绍了影响食品安全的环境、设施设备、材料、投入品及人员等各种因素，力求全维度、高度贴合食品生产现实状态地展现食品安全的风险因素，为企业生产中食品安全管控提供较为全面的理论与技术依据。对产品出现食品安全问题后，从商业价值、消费者生命健康的影响进行了系统分析，为生产者及消费者正确理解食品安全提供理论指导和技术参考。对食品毒理学基础知识、食品安全评价、食品安全风险分析进行简要介绍，以期帮助学习者能够正确认识食品安全及其危害。最后，对食品安全控制技术、方法及其管理措施、食品安全的标准与法律法规进行系统介绍，可为食品生产及管理者有效提高产品安全水平、降低食品安全风险提供技术指导。

教材编写体现了以理论为依托、以易学为中心、以技术技能为导向的指导思想，力求实现更好的服务教师教、学生学、用者用，不仅是食品及相关专业学生的优良教材，也是食品相关生产技术人员、管理人员、监管机构的参考用书。

本教材由河南农业大学、河北工业大学、安阳工学院、许昌学院、河南城建学院等高校联合编写。全书共分 7 章，其中河南农业大学黄现青、马燕编写第 1 章“绪论”，河南城建学院孙婕编写第 2 章“引发食品安全的因素”，安阳工学院张坤朋编写第 3 章“引发食品安全的途径”，河南农业大学王小鹏编写第 4 章“食品安全问题呈现的形态”、第 5 章“食品毒理学与食品安全评价”，河北工业大学李腾飞编写第 6 章“食品安全控制技术”；许昌学院李光辉编写第 7 章“食品安全标准与法规体系”。全书主要由黄现青、马燕、王小正统稿，并由福建农林大学庞杰主审。

本教材在编写过程中得到了中国农业大学出版社张程编辑的大力协助，在此一并致谢！

本教材涉及内容较广，加之作者水平有限，疏忽和不当之处在所难免，敬请各位同仁和读者指正。

编者

2021 年 9 月

目 录

HAPTER 1

第1章 绪论

【本章主要内容】

本章简要介绍食品安全的发展历史与食品安全科学的形成过程;深入剖析食品安全的概念及其内涵;详细论述食品安全研究的内容、目的与意义;对我国食品安全现状进行分析,对未来的发展进行简要展望。

【教学要求】

1. 了解食品安全的发展历史,理解食品安全科学的形成过程。
2. 掌握食品安全的概念,理解并准确把握食品安全的内涵。
3. 掌握食品安全研究的内容,理解其目的和意义。
4. 辩证地认识食品安全。
5. 准确区别并理解掌握粮食安全、食品质量安全、食品营养与健康。
6. 发展的眼光理解认识我国食品安全问题。

1.1 食品安全的发展历史

1.1.1 历史上的食品安全

人类对食品安全性的认识有一个历史发展过程，是随着科学技术的发展而逐渐深入和完善的。在人类文明早期，由于科学技术尚未发展，人们只能依靠长期生活经验和习惯，在此基础上形成了一些具有民族特征和地区特点的饮食卫生与安全相关禁忌。

孔子是中国历史上最早系统提出食品安全理念的人。他在《论语·乡党》中指出：粮食不嫌舂得精，鱼和肉不嫌切得细。粮食陈旧变味了，鱼和肉腐烂了，都不吃；食物的颜色变了，不吃；气味难闻，不吃；烹调不当，不吃；不合时令的东西，不吃；不是按照正规方法割的肉，不吃；没有适当的调味品，不吃。席上的肉虽多，但吃的量不超过米面的量。只有酒没有限制，但不能喝醉。从小摊上买来的酒和肉干，不吃。每餐必须有姜，但也不多吃。

汉唐时期，商品经济高度发展，食品交易活动非常频繁，交易品种空前丰富。为杜绝有毒有害食品流入市场，国家在法律上作出了相应的规定。汉朝规定，肉类因腐坏等因素可能导致中毒的应尽快焚毁，否则将处罚肇事者及相关官员。而在唐朝，相关的法律最为严格：故意以有毒的肉赠送他人或者出售，从而造成他人中毒的，判处一年徒刑；造成他人中毒身亡的，判处绞刑；如果他人吃偷来的肉中毒身亡的，食品所有者也要担责，须杖打九十。

到了宋代，经济空前繁荣，饮食业空前发展。商贩们经营点心、干果、下酒菜等品种十分丰富，利润空间也大，渐渐有人开始弄虚作假，坑害顾客，他们惯用的手法是“鸡塞沙，鹅、羊吹气，鱼肉注水”等。为了加强监管，宋代政府让商人们组成“行会”，按照行业类别登记在册。商品的质量也由各个行会把关，行会会长作为担保人，负责评定商品的成色和价格。

清朝的食品安全监管是历史上最发达最科学的，我们现在的很多食品安全措施就是沿用清朝的做法。以茶叶为例，清代茶叶市场繁荣，也是造假贩假最集中的领域。面对这种情况，政府制定了相应的措施。首先是核发牌照，谨防假冒。政府为茶叶商人颁发“经营执照”和“注册商标”，并授予出口经营权。其次，政府任命专门的官员进行茶叶质量抽查，连包装与牌号不符都要受到处罚。清朝后期还制定了茶叶质量标准，符合标准的放行，否则一律扣留、充公或焚毁。

从以上我国古代历史有关食品安全的记载不难看出，早期食品安全的认识更多来源于生活经验的积累与总结，而食品安全问题的解决也主要以管理为主，对食品安全问题的科学理论认知、危害客观评价、产品检验监测等方面几乎处于空白状态。

世界范围内，国外也有相似的经历。如早期的石膏掺入面粉、牛奶掺水、黄油中掺入硼砂等掺杂造假行为，后期的比利时二噁英、英国疯牛病、日本大肠杆菌 O157、全球范围内的口蹄疫等化工、生物危害问题，各种违法、掺杂、造假、欺诈、生物安全问题层出不穷。1860 年英国国会通过了新的食品法，对食品安全性加强控制，但由于缺乏有效而灵敏的检验手段，食品安全性问题长期存在而得不到有效解决。1906 年美国国会通过了《食品与药物法》，对食品和药品进行严格监管，有效地促进了食品产业规范、健康发展，也促进了危害评价、检验监测技术与设备的快速发展，为提高食品安全水平提供了充分的技术保障和能力支撑。

社会发展到了近现代，工业革命的兴起促进了生产力的大发展，社会分工日益细化，企业规模日趋扩大，生产能力迅猛发展，其社会影响力和影响面均发生了根本变化，食品产业也随之发生了翻天覆地的变化，食品安全保障问题出现了新的因素和变化。食品工业应用各类食品添加剂日趋增多，化工化肥、农药、兽药在农牧生产中的重要性日益上升，工矿、交通、城镇“三废”对环境及食品的污染不断加重，农产品和加工食品中含有有毒有害化学物质问题越来越突出。另外，随着检测手段的日益完善和灵敏，评价手段的日趋科学和全面，食品安全问题的焦点逐渐由食品卫生、掺杂制假、违法违规等为主，转向了食源性病原疾病、化学污染物与形成物危害分析与评估、营养与健康等方面。

1.1.2 食品安全科学的形成

食品是人类赖以生存、繁衍、维持健康的基本物质条件，从古至今，随着时间的推移和时代的变迁，人类对食品安全与自身健康关系的认识不断积累并加以深化。人类对食品安全性的认识是一个历史发展过程，食品安全科学的形成和发展也经历了漫长的历史过程，逐渐由生活经验上升到理论水平，其内容由单一到不断丰富，涉及领域也由单一食物拓展到政治社会经济层面，涵盖了化学与生物等危害因子风险分析与评估、高灵敏检测技术体系与设备配套、科学而全面的评价技术体系、不断完善的法律法规体系等方面，为确保人类生命健康与安全提供了科学支撑和技术保障。

从世界范围来看，早期关于食品安全的科学内容以客观观察和记载为主，辅以相应的饮食建议和管理制度。直到第二次世界大战结束，食品安全科学的基本内容都不外乎包括细菌污染与腐败变质、食物中毒、掺杂伪造以及对这些问题的调查、检验、研究和不同形式的食品卫生监督管理等方面。

进入 20 世纪以来，全球经济的复苏带动了工农业生产。由于盲目发展生产，造成的环境污染日益严重，从而导致了影响越来越严重、危害越来越广泛的食品污染问题，引起了社会广泛、高度重视。为了保障食品安全和人类生命健康，人们开始在食品污染与危害方面进行了大量且深入系统的研究，诸如食品安全危害来源的调查、污染物的性质、危害与风险调查、有害物质含量的检测以及采取各种预防和监督管理措施等。此外，借助这个时期基础科学、关联学科、理化与生物技术的飞跃发展，人们赋予了食品安全问题更多、更新的内容，并大大改进了研究方法和技术，强化了监督管理技术与能力，从而将食品安全、食品卫生与人类健康问题提到了重要地位。在这一时期，人们发现了更多的食品安全风险因素，如百余种的真菌毒素、更多的人畜共患病原(细菌、寄生虫、病毒)、更多的化学有害物(农药残留、兽药残留、化学致癌物)、有毒性或可疑的食品添加剂、放射性污染等。而随之建立的食品安全危害因子性质及作用机理研究方法、检测技术、评价技术，则标志着食品安全科学的方法学取得了重大进展。一方面，建立了一系列常规毒性、遗传毒性、诱变性和致癌性的检测方法，而且制定了人体每日容许摄入量、人群可接受危险水平、食品安全毒理学评价程序和食品安全卫生标准等一系列食品卫生技术规范。另一方面，研究了各种精确分析方法，开发了各种高精尖检测仪器设备，如各种光谱法与光谱仪器、色谱与色谱仪、质谱与质谱仪、核磁共振技术与设备、放射免疫技术与设备、酶化学及生物学技术与设备、同位素标记技术与检测设备等，用于污染物种类的鉴定及其含量的定量测定分析。

20世纪末期以来，随着社会的发展，人们生活水平的提高以及食品科技的发展，食品安全日益成为公众和政府关注的焦点，食品安全成为全人类共同关注的重大课题，食品安全管理技术与治理体系也日趋成熟和完善，从而赋予了食品安全科学新的内容，食品安全科学必将随着社会经济的发展而更加全面。

1.1.3 食品安全管理的发展

随着社会的不断发展和持续进步，社会治理水平越来越规范化，社会经济也得到了快速发展，催生了一大批规模化企业，甚至世界超级企业也不断涌现。食品作为人们日常生活“衣食住行”中的重要组成部分，也得到了高度集中和更为细致化分工发展，其食品安全风险形势日益严峻，影响范围更广，产生的后果更为严重，促进了食品安全管理的不断完善和持续发展。

食品安全管理特别是食品质量安全管理与经济社会的高速发展关系密切。一个国家的食品安全管理水平，体现了其社会治理水平，也体现了其社会经济发展水平。由于科技水平、管理水平、经济水平和社会发展的不平衡性，食品安全性的内涵及主要矛盾、矛盾的主要方面在不同国家、不同地区并不完全相同，消费者对食品安全的认同意识、关注程度、关注点也有较大差异。因此，世界各国的食品安全管理发展过程、管理水平、所处阶段差异巨大。

1962年，世界卫生组织（World Health Organization，WHO）和联合国粮农组织（Food and Agricultural Organization of the United Nations，FAO）召开全球性会议，讨论建立一套国际食品标准，指导日趋发展的世界食品工业，从而保护公众健康，促进公平的国际食品贸易发展。随后成立了食品法典委员会（Codex Alimentarius Commission，CAC），组织制定了《食品法典》。法典标准对食品的各种要求是为了保证消费者获得完好、卫生、不掺假和正确标识的食品。所有食品法典标准都是根据标准格式制定并在适当条款中列出各项指标。一个国家可根据其现行法令和管理程序，以“全部采纳”“部分采纳”和“自由销售”等几种方式采纳法典标准。食品法典汇集了各项法典标准、各成员国或国际组织的采纳意见以及其他各项通知等。由于地区经济发展的不平衡性，食品法典绝不能代替国家法规。

在我国，近代食品安全性的研究和管理起步相对于发达国家较晚，但经过半个多世纪的不懈努力，食品卫生与安全状况均有了较大改善，粮食安全问题得到了根本解决，一些食源性疾病得到了有效控制，农产品生产和加工食品中的化学投入品、有害物残留也已纳入法制管理范围。我国相继出台了《中华人民共和国食品卫生法》（试行）、《中华人民共和国食品安全法》等法律法规，目前形成了以《食品安全法》为核心，以《产品质量法》《农产品质量安全法》《进出口商品检验法》等法律为基础，以《食品标签标识管理规定》《食品添加剂新品种管理办法》等大量技术标准为主体，以各省及地方政府、相关行业关于食品安全的规章为补充的食品安全法规管理体系。

进入21世纪，面向全球一体化的时代，随着科学技术的快速发展，检测技术、食品安全评价体系也日趋完善和科学，但食品的安全性问题依然严峻，传统技术的现代化评价、新技术的创新评价等问题层出不穷。人们需要从科学理论、辩证认识、精细管理、法律法规、制度体系等方面做更多的工作，才能适应客观发展形势的新要求。

历史表明，食品安全性的问题发展到今天，已经远远超出了传统的食品卫生或食品污染的范围，而成为人们赖以生存和健康发展的整个食物链的管理与保护问题。如何遵循自然界和人类社会发展的客观规律，把食品的生产、消费建立在可持续发展的科学技术基础上，组织和管理好一个安全、健康、可持续的人类食物链，这不仅需要有远见的科学研究、政策支持、法律法规建设，更要有全球人类命运共同体、自然环境一体化的深层次认识。解决食品安全性问题，需要科学家、企业家、消费者、管理者的共同努力，从生产、消费、管理等不同角度，整治整个食物链上的各个环节，慎重对待新兴的工业技术，保障食品生产者获得的原材料、生产的产品日益安全、健康。

1.2 食品安全的概念及内涵

“国以民为本，民以食为天，食以安为先，安以质为根”，这表明食品安全是以质量为依托，关乎国计民生的头等大事。食品安全不仅关系到公民的生命和健康，更关系到国家和社会的稳定与发展。何谓食品安全？食品安全涵盖了哪些方面？如何保障食品安全？这些既是国家和政府面临的重要战略任务，也是食品从业者和科学工作者的神圣职责。

1.2.1 食品安全的概念

对于食品安全的概念，从不同的角度、不同的国度、不同的社会形态与经济发展水平都有不同的理解和深层次的含义。目前主要有以下几方面的观点。

食品安全是指食品及其生产经营和消费等活动不存在对人体健康现实的或潜在的损害。

食品安全是指食品中不应包含有可能损害或威胁人体健康的有毒、有害物质或不安全因素，不可导致消费者急性、慢性中毒或感染疾病，不能产生危及消费者及其后代健康的隐患。

食品安全是指食品（食物）的生产、加工、包装、贮藏、运输、销售和消费等活动符合强制性标准和要求，不存在可能危害人体健康的有毒有害物质或者危及消费者后代的隐患。

食品安全是指食品不存在对人体健康造成现实的或潜在的侵害的一种状态。

食品安全从广义上来讲，是指食品在食用时完全无有害物质和无有害微生物的污染；从狭义来讲，是指在规定的使用方式和用量的条件下长期食用，对食用者不产生可观测到的不良反应。

国际食品法典委员会（CAC）则定义食品安全为：消费者在摄入食品时，食品中不含有害物质，不存在引起急性中毒、不良反应或潜在疾病的危险性。

1.2.2 食品安全的内涵

上述定义表述不一，但都强调了两点，一是食品的化学组分，二是对机体（食用者）健康的影响。首先，对于食品化学组分来讲，其营养性、毒物有害性、药物治疗性和其数量及机体状态密切相关，无法撇开剂量谈有害性；其次，对于食用者健康的影响，主要和评价体系、灵敏程度、科学技术水平有关。受限于科学发展水平，评价和检测技术处于持续发展中，故而食品对机体健康的影响和潜在危害需要用发展的眼光来看待。因此，没有绝对安全或零风险的食品，今天的安全不代表未来的安全，今天的不安全未来也不一定全是有害性。所以要树立食品相对安全的概念，即一种食物或成分在合理食用方式和正常食量的情况下不会导致对健康损害的实际确定性。

其实，对于外延的食品安全，不仅仅包括食品本身和消费者，它还涵盖了社会、经济、政治等多层次的含义。

第一，从食品涉及的领域来讲，食品安全是个综合的概念。按食物本身其安全涉及了量的安全、质的安全和营养安全，按食品生产其安全涉及了环境、农业、畜牧业、食品加工业和物流等，按危险因子其安全涉及了微生物、有害化学物、接触材料等。

第二，从人类发展历史来讲，食品安全是个社会的概念。食品安全和社会发展水平、社会制度等密切相关，食品安全所面临的突出问题和主要矛盾与治理要求息息相关。在社会发展到较高水平的发达国家，食品安全主要面临的是微生物安全与新兴技术带来的食品安全问题，如转基因技术、纳米技术、新型包装材料等；在社会发展非常落后的不发达国家，食品安全面临的主要问题是食品量的安全，即食品短缺所带来的饥饿、营养不良等问题；而处在经济快速发展阶段的发展中国家，则可能会量的安全、品质安全、人为因素安全等多种安全风险并存。

第三，从国家治理来讲，食品安全是个政治的概念。“民以食为天”，表明食品是国家政权稳定的基石。无论不发达国家、发展中国家、发达国家，均需要根据国家发展水平，结合公民发展需求，进行不同层次和不同水平的食品安全管控，这样才能确保国家政权的长治久安。

第四，从商品角度来讲，食品安全是个经济学的概念。“仓廪实而知礼节，衣食足而知荣辱”，表明了物质的不同富足程度，导致人们的需求不同。食品安全亦如此，经济发展处于不同阶段，消费者对吃得饱、吃得安全、吃得好、吃得健康、吃得长寿等关注也各有侧重和不同，并和经济发展水平高度相关。

第五，从食品安全管控来讲，食品是个法律概念。我国也于 2015 年实施《中华人民共和国食品安全法》，经过数次的修订，食品安全管理范围及其内涵也逐步完善。而不同国家亦有不同的食品安全法律法规，其管理内容、管理模式等也不尽相同。

不难看出，食品安全既包括了环境安全、生产安全，也包括了流通经营安全；既包括了物质要素安全，也包括了人员管理安全；既包括结果安全，也包括过程安全；既包括现实安全，也包括未来安全。

对于食品安全的认识，无论是对其概念的阐释及内涵的丰富，还是对其客观的认知和科学的评价，都是一个发展的过程，是一个不断完善的过程。从事物科学发展的客观规律来讲，目前无法实现食品的绝对安全和零风险。食品安全的管控就是一个风险管理的过程，通过风险评估和预警，将食品安全风险控制在可接受的范围内，实现在一定条件下的“食品绝对安全”。这既是对食品安全性的一个科学、客观、合理的认识，也是食品安全管理的一个基本原则。

1.2.3 食品安全相关的概念

食品：指各种供人食用或者饮用的成品和原料以及按照传统既是食品又是药品的物品，但是不包括以治疗为目的的物品。这是 2015 年 4 月 24 日第十二届全国人民代表大会常务委员会第十四次会议修订《中华人民共和国食品安全法》中“食品”的定义。而 1994 年《食品工业基本术语》对食品的定义为：可供人类食用或饮用的物质，包括加工食品、半成品和未加工食品，不包括烟草或只作药品用的物质。

食物：是指能够满足机体正常生理和生化能量需求，并能延续正常寿命的物质。对人体而言，能够满足人的正常生命活动需求并利于寿命延长的物质称为食物。

此外，《中华人民共和国食品安全法》还对其他和食品安全管理相关的术语进行了定义。

食品安全：指食品无毒、无害，符合应当有的营养要求，对人体健康不造成任何急性、亚急性或者慢性危害。

预包装食品：指预先定量包装或者制作在包装材料、容器中的食品。

食品添加剂：指为改善食品品质和色、香、味以及为防腐、保鲜和加工工艺的需要而加入食品中的人工合成或者天然物质，包括营养强化剂。

用于食品的包装材料和容器：指包装、盛放食品或者食品添加剂用的纸、竹、木、金属、搪瓷、陶瓷、塑料、橡胶、天然纤维、化学纤维、玻璃等制品和直接接触食品或者食品添加剂的涂料。

用于食品生产经营的工具、设备：指在食品或者食品添加剂生产、销售、使用过程中直接接触食品或者食品添加剂的机械、管道、传送带、容器、用具、餐具等。

用于食品的洗涤剂、消毒剂：指直接用于洗涤或者消毒食品、餐具、饮具以及直接接触食品的工具、设备或者食品包装材料和容器的物质。

食品保质期：指食品在标明的贮存条件下保持品质的期限。

食源性疾病：指食品中致病因素进入人体引起的感染性、中毒性等疾病，包括食物中毒。

食品安全事故：指食源性疾病、食品污染等源于食品，对人体健康有危害或者可能有危害的事故。

此外还有违法生产中的食品掺伪，指食品掺假、掺杂和造假的总称。

食品掺假：是指向食品中非法掺入物理形状或形态相似的非同类物质，该类物质仅凭感官是不易鉴别的，要借助仪器、分析手段和有鉴别经验的人才能确定。如辣椒粉里掺入柿子皮、奶粉里掺入糊精等。

食品掺杂：是指在食品中非法加入非同一种类或同一种类的劣质物质。掺入的杂物可通过仔细检查凭感官辨认出来，该类物质范围广、种类多。如米中掺沙子、糯米中掺大米等。

食品造假：是指人为地用若干种物质经加工仿造，充当某种食品销售的违法行为。如工业酒精勾兑假酒。

1.3 食品安全研究的内容、目的与意义

1.3.1 食品安全研究的内容

食品安全根据研究对象、生产过程、管理机构及组织、危害性质等方面可以进行不同的分类，但从经济社会发展、人类物质与精神文明需求总体方面来看可以分为三个阶段。

第一阶段为食品量的安全，也称粮食安全，主要出现在社会制度不健全、社会经济发展水平落后时期，此时食品量的安全占主要地位。对于国家政权或管理机构来讲，保证人民吃得饱，避免饿死人、避免因为食物匮乏导致的营养不良和食源性疾病等问题的发生，是相关职能部门的第一要务。如亚、非、拉地区的不发达国家。

第二阶段为食品质的安全，主要出现在社会制度相对健全、社会经济处于快速发展时期，此时食品质的安全占主导地位，食品安全危险因素主要来源于物理性、化学性、生物性因素。对于国家政权或管理机构来讲，保证人民吃得放心，减少人为因素、管控化学投入品、监控有害物质、降低生物性危险等因素导致的食品安全问题的发生，是国家管理机构的首要要务。如大多数的发展中国家。

第三阶段为食品营养安全，主要出现在社会制度较为完备、社会经济高度发达时期，此时食品营养安全占主导地位，食品安全主要基于营养过剩、营养不足、合理膳食等问题导致的饮食与健康、食物与长寿之间的问题，如肥胖导致的心脑血管病问题、运动不足导致的健康问题等。对于国家政权或管理机构来讲，保证人民吃得健康、吃出长寿，深入研究营养与疾病、营养与健康、营养与生命相关关系，指导消费者合理选择科学膳食，是国家管理机构工作的主要方面。如部分发达国家。

当然，不同国家在其不同经济发展时期，三个阶段的食品安全会相交并存，但对于社会矛盾来讲，消费者或广大居民必定有其关注重点，也即表现为食品安全的某一阶段为此时期的主要矛盾。

对于食品安全研究和国家管理机构来讲，可以根据食品安全阶段、危害因素、产业链条等方面对食品安全进行分类，以便于食品安全问题的科学研究和管控。从食品生产角度来讲，食品安全涵盖了生产环境、动植物生产、加工、储运与销售等环节，即农田到餐桌的安全；从危险因子来讲，食品安全涵盖了物理性、化学性、生物性等因素；从消费者个体角度来讲，食品安全包括了营养缺乏与过剩、过敏成分等；从消费者群体来讲，食品安全包括了量的安全、质的安全、营养健康；而从国家治理层面来讲，食品安全包括了食品安全的分析与检测、食品安全溯源与预警、食品安全风险分析与评估、食品安全标准与体系、食品安全法律与法规等。因此，食品安全所涵盖的内容极其丰富，可用图 1-1 来概括性表示。

1.3.1.1 食品量的安全

食品量的安全，又可称为粮食安全，是指保证任何人在任何时候都能得到为了生存与健康所需要的足够食品。从定义里可以看出，粮食安全又可分为基础需求和高级需求，基础需求是保证生存，高级需求不仅要保证生存还要保障健康。在国家政权层面来讲，首先需保证

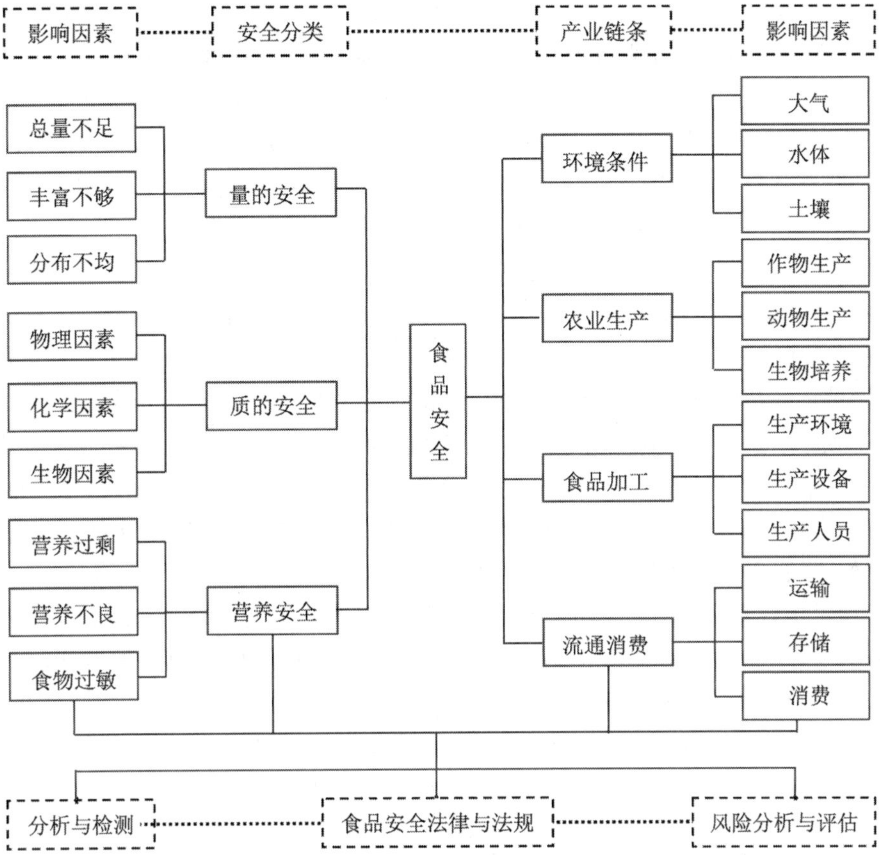

图 1-1 食品安全涵盖的内容

量的安全，其次才是质的安全和营养安全。我国在解决了食物量的安全的同时，食物质的安全随着经济的快速发展引起社会的广泛关注和高度敏感。

1.3.1.2 食品质的安全

食品质的安全，即食品质量安全，也即我们泛泛讲的食品安全，主要指食品（食物）的种植、养殖、加工、包装、存储、运输、销售、消费等环节中导致的物理性、化学性、生物性安全。需要注意将食品安全和食品卫生相区分，食品卫生一般不包括种植、养殖环节的安全。此外，食品安全不仅注重最终产品安全，也注重过程安全；而食品卫生更侧重于过程安全。因此，食品工业基本术语将食品卫生定义为“为防止食品在生产、收获、加工、运输、储藏、销售等各个环节被有害物质污染，使食品有益于人体健康所采取的各项措施”。食品质的安全是目前我国食品安全管控的主要方面，同时消费者关注焦点开始逐渐向营养安全转移。

1.3.1.3 食品营养安全

食品营养安全，或称食品营养与食品安全，主要指的是由于营养素的不足、过剩、结构比例不合适、不良的饮食习惯、过敏因子的存在等所导致的营养缺乏性疾病、非传染性慢性疾病、过敏反应等。

1. 营养与健康

营养素作为生物体营养来源，是生命存续的物质基础，对机体是有益的，不是有毒有害物质。但是，没有绝对安全的物质，其安全程度和摄入量关系密切，营养素亦是如此。营养素导致健康风险主要有两种情况，即不足和过剩。第一，营养素摄入不足导致的营养缺乏性疾病，如钙缺乏导致的骨质疏松、铁缺乏导致的缺铁性贫血、维生素 A 缺乏导致的视力障碍等。营养素不足主要出现在经济发展水平较低、贫困人口较多、发生自然灾害、社会政局动荡不安等情况下。第二，营养素摄入过多导致中毒、肥胖及肥胖引发非传染性慢性病发病风险的提高，如镁、硒等矿物元素过多导致的中毒、肥胖引发的心脑血管疾病等。营养素过剩主要出现在经济较为发达的国家和地区，其食物资源相对丰富，人们体力劳动和运动不足。

(1)能量。一切生物都需要能量来维持生命活动。人类为了维持生命、生长、发育、繁衍和从事各种活动，每天必须从外界摄取一定的物质和能量。能量来源主要由产能营养素提供，即碳水化合物、蛋白质、脂肪。能量消耗主要有三方面，即基础代谢消耗、体力活动消耗、食物特殊动力作用的消耗。对于不同个体如婴幼儿、乳母的能量消耗还包括了机体生长、乳汁分泌、胎儿发育等特殊生理活动所消耗的能量。

短期能量摄入不足，机体会动用自身能量物质储备甚至消耗自身组织以满足生命活动对能量的需要，一般对机体健康不会有较大影响。但如果持续性长期能量不足，机体最终会出现生长发育缓慢、消瘦、体力和抵抗力下降，甚至生命活动停止而死亡。如被困情况下有水无食物导致的死亡多见于这种情况。反之，如果能量摄入过剩，则过多的能量会以脂肪的形式储存于体内而发生不正常的脂肪积累，不仅会引起肥胖性疾病，也会成为心血管疾病、糖尿病以及某些癌症、退行性疾病的诱发因素。因此，合理的能量摄入，保持能量的供需平衡，可有效避免能量不足或过剩引发的疾病。

(2)蛋白质。蛋白质是生命存在的形式，是生命的物质基础。复杂的生命活动需要功能各异的蛋白质相互配合才能完成。机体摄入足够的蛋白质时，机体细胞才能维持正常的机能，并保持健康。蛋白质的来源主要有食物中的肉、蛋、奶及其他高蛋白性食物。蛋白质的功能主要有供给能量、作为生长和更新及修补组织的原料、供给机体必需氨基酸、维持胶体渗透压、以功能性组分(酶、抗体、神经递质、激素、血红蛋白等)参与机体各种功能活动。蛋白质推荐摄入量可参考《中国居民膳食营养素参考摄入量》。

蛋白质长期摄入不足，首先出现负氮平衡，组织蛋白损伤、破坏。常见的临床表现为疲倦、体重减轻、贫血、免疫和应激能力下降，血浆蛋白质含量下降，尤其是白蛋白降低，并出现营养性水肿；也表现为酶活性下降、伤口愈合不良、生殖功能障碍等。妇女可出现月经障碍、乳汁分泌减少。婴幼儿、青少年对蛋白质不足的反应更敏感，表现为生长发育迟缓、消瘦、体重过轻、甚至智力发育障碍。“毒奶粉”事件是典型的蛋白质摄入不足导致的食品安全事件，奶粉中蛋白质严重不足，甚至没有，以奶粉为唯一食物的幼童出现智力障碍甚至危及生命。缺乏蛋白质对生命体来说是致命的，如果机体丢失体内蛋白质达到20%以上，生命活动就会被迫停止。

动物性蛋白质和植物性蛋白质摄入过多对机体的影响不尽相同。目前看来，植物性蛋白质即使摄入量很高也是相对较安全的，而动物性蛋白质摄入过多会带来许多健康问题。

目前，人们的过多蛋白质摄入一般与低植物性或高动物性膳食有关，这类膳食可导致膳食纤维和某些维生素、矿物质和叶酸摄入减少，以及饱和脂肪酸的摄入增加。长期从膳食中摄入过多动物性蛋白质对人体健康的危害包括加重肾脏负担、易导致碱中毒、心血管疾病危险性增高、加快骨质疏松、增加肠道癌症危险等。

(3)碳水化合物。人体能量的60%～70%来源于碳水化合物。碳水化合物的来源主要为食物中的淀粉和糖类物质。碳水化合物的功能主要有供给能量、构成机体组织、参与营养素代谢、解毒功能等。

膳食中缺乏碳水化合物将导致全身无力，疲乏、血糖含量降低，产生头晕、心悸、脑功能障碍等。严重者会导致低血糖昏迷。当膳食中碳水化合物过多时，就会转化成脂肪贮存于身体内，使人过于肥胖而导致各类疾病如高血脂、糖尿病等。营养学者主张，中国居民膳食中碳水化合物应提供膳食总能量的55%～65%，同时注意限制纯热能食物如糖的摄入量。已证明膳食中碳水化合物占总热能大于80%和小于40%是不利于人体健康的两个极端。

(4)脂质。脂质是人体需要的重要营养素，其种类繁多，与营养关系密切的是脂肪、磷脂、胆固醇，主要食物来源为食用油脂、坚果等。脂质的主要功能有供给能量、构成生物膜和机体成分、供给必需脂肪酸、脂溶性维生素的吸收与利用、调节体温和保护内脏等。

脂肪摄入不足，会影响细胞膜的合成、影响脂溶性维生素的吸收，从而影响机体的免疫力，导致免疫力低下。脂肪摄入过多，特别是饱和脂肪酸摄入过多，可导致血胆固醇、甘油三酯和低密度脂蛋白升高，易引发动脉粥样硬化、心脑血管疾病等发生。调查显示，高脂膳食中某些脂肪与乳腺癌、直肠癌呈正相关。肥胖也使甘油三酯在脂肪组织中积累过多，是导致冠心病、糖尿病、脑卒中的潜在因素。此外，脂肪中的反式脂肪酸对机体健康的影响也不容忽视。

(5)维生素。维生素为机体必需的营养素，属于微量营养素，但由于机体需要而大部分自身代谢不能产生，所以必须从食物中获得。维生素在维护人体健康、促进生长发育、调节生理功能方面有重要意义。维生素可以按其溶解性分为脂溶性维生素(维生素 A、维生素 D、维生素 E、维生素 K)和水溶性维生素(B 族维生素、维生素 C)两大类。另外，胆碱、肌醇、对氨基苯甲酸、硫辛酸、生物类黄酮等物质被称为“类维生素”，这些物质也是水溶性的，常常作为功能因子出现在保健食品或特殊人群的食品中。

维生素供给不足，主要表现为相应维生素功能不足而导致功能障碍。如维生素 A 维持正常视觉功能，不足时导致的视力障碍；维生素 D 参与钙磷代谢，不足时导致的骨骼生长代谢异常；维生素 K 参与血液凝固，不足时导致的血凝能力降低；维生素 B_{12}促进红细胞的发育与成熟，不足时导致的红细胞贫血等。维生素大多情况下主要为摄入不足，发生摄入过多导致的毒性反应或功能障碍情况较为少见，这一方面和维生素的毒性作用较小有关，另一方面和食物中维生素含量相对较低不易摄入过多有关。

(6)无机盐。无机盐又称矿物质，根据其在体内的含量分为常量元素(钙、磷、镁、钠、钾、硫、氯)和微量元素(铁、铜、碘、锌、锰、钼、钴、铬、锡、钒、硅、镍、氟、硒)。矿物质在各种食物中均有存在，来源丰富。矿物质在机体中的功能表现各异，其不足或过量导致的机体功能和形态异常也不尽相同。

钙主要参与骨骼的形成、肌肉收缩等功能。钙摄入不足易导致佝偻病、肌肉痉挛或颤抖、失眠或神经质、关节痛或关节炎、龋齿、高血压等疾病的发生。钙摄入过量会影响其他矿物质的吸收，尤其是这些矿物质摄入量较低的时候，可能会引起肾脏、心脏以及其他一些软组织的钙化，如肾结石。

镁能增强骨骼和牙齿强度，有助于肌肉放松从而促进肌肉的健康，同时也是体内许多酶的辅基。镁摄入不足时机体易出现肌肉颤抖或痉挛、失眠或神经质、高血压、心律不齐、便秘、惊厥或抽搐、多动症等症状。一般不会发生镁摄入过多的情况。

钠主要参与保持体内水分平衡，防止脱水，有助于神经活动和肌肉收缩。钠摄入不足时机体易出现眩晕、中暑衰竭、低血压、脉搏加快、肌肉痉挛等症状。当钠摄入过多或饮水量较少时可能会出现中毒，如高血压、肾病。

钾可将营养素转入细胞，并将代谢物运出细胞，促进神经和肌肉的健康，维持体液平衡，放松肌肉，有助于胰岛素的分泌以及调节血糖，维护心脏功能，刺激肠道蠕动以及排出代谢废物。钾摄入不足易导致心动过速且心律不齐、肌肉无力、肢体麻木等症状。钾摄入过多致使体内钾过多，血钾高于 5.5 mmol/L 时可出现毒性反应、高血钾症及继发性病理性症状。

铁是氧的携带者，是血红蛋白的组成成分，参与氧气和二氧化碳的运载和交换，是酶的构成物质。铁摄入不足时机体会出现缺铁性贫血症状，表现为面色苍白、疲劳、缺乏食欲等症状。而铁摄入过量可表现为急性中毒和慢性中毒，急性中毒以胃肠道出血坏死、血性腹泻等症状为主，慢性中毒以损害各种器官、血色素沉着现象为主。

锌是体内多种酶以及遗传物质的组成成分，是生长发育的必需物质，可调节来源于睾丸和卵巢等器官的激素分泌，对有效缓解压力也有帮助，还可促进神经系统和大脑的健康，尤其是对于正在发育的胎儿。锌摄入不足会导致味觉和嗅觉不灵敏、易感染、皮肤伸张纹、痤疮或皮肤分泌油脂多、生育能力低、肤色苍白、抑郁倾向、缺乏食欲等症状。锌摄入量过多会导致胃肠不适、呕吐、腹泻、电解质紊乱等。

锰有助于骨骼、软骨、组织和神经系统的健康形成，并可激活多种酶的活性、稳定血糖、减少细胞损害等。锰摄入不足易导致肌肉抽搐、儿童生长期疼痛、眩晕或平衡感差、痉挛、惊厥等症状。锰摄入量过多会引起锰中毒，重度可出现暴躁、幻觉等症状，引发锰狂症。

铬是平衡血糖浓度的葡萄糖耐量因子的构建物质，能协助胰岛素发挥生理作用，维持正常糖代谢，促进人体生长发育。铬摄入不足易导致动脉硬化、糖尿病综合征、胆固醇增高、心血管疾病等。铬的毒性和其价态有关，六价铬具有极强的毒性和致癌性，很容易通过消化、呼吸道、皮肤及黏膜侵入而被人体吸收。六价铬经消化道侵入时可引起呕吐、腹疼，经呼吸道接触时有不同程度的沙哑、鼻黏膜萎缩，经皮肤接触时会造成溃疡或过敏反应，严重时会导致各种脏器的损伤，甚至产生致癌危险。

钼有助于机体对蛋白质分解产物（如尿酸）的排出，增强牙齿健康，并可减小龋齿的风险，消除或减轻自由基对身体的危害。钼缺乏主要见于遗传性钼代谢缺陷，钼不足可表现为生长发育迟缓甚至死亡，尿中尿酸、黄嘌呤、次黄嘌呤排泄增加。过量的钼对人体生命健康危害极大，它能够使体内能量代谢过程出现障碍，心肌缺氧而灶性坏死，易发肾结石和尿道结石，增大缺铁性贫血患病概率，引发龋齿。钼是食管癌的罪魁祸首，它还会导致痛风样综合征，关节痛及畸形，肾脏受损，是生长发育迟缓、体重下降、毛发脱落、动脉硬化、结缔组织变性及皮肤病等生命健康的隐患。

磷是骨骼和牙齿的构成物质，是乳汁分泌、肌肉组织构成的必需物质，也是遗传物质的组成成分，有助于保持机体酸碱平衡、协助新陈代谢。磷缺乏非常少见，因为几乎所有食品中都含有磷。磷缺乏症状主要表现为肌肉无力、缺乏食欲、骨骼疼痛、佝偻病以及软骨病。磷摄入过量会导致骨质疏松，钙缺乏症状明显，精神不振，破坏其他矿物质平衡。

硒具有抗氧化性，可保护机体免受自由基和致癌物的侵害，还可减轻炎症反应、增强免疫力从而抵抗感染、促进心脏的健康。硒摄入不足易出现白内障、高血压、反复感染等症状，常见的克山病、大骨节病均和硒的缺乏有关。过量硒摄入会影响头发、指甲和皮肤中蛋白质的正常结构和功能，致使头发脱落、指甲变性等。

铜在机体内以铜蛋白形式存在，具有造血、软化血管、促进细胞生长、壮骨骼、加速新陈代谢、增强防御机能的作用。缺铜能使血液中胆固醇增高，导致冠状动脉粥状硬化，形成冠心病；还能引起白癜风、白发等黑色脱色病，甚至双目失明、贫血等。铜过量比铜缺乏更常见，体内铜含量过多可导致精神分裂症、心血管疾病，并增加患风湿性关节炎的可能。

碘是甲状腺的重要组成部分。碘具有促进蛋白合成，活化多种酶，调节能量转换，加速生长发育，促进伤口愈合，保持正常新陈代谢的重要生理作用。人体缺碘可导致甲状腺肿大，发育停滞、痴呆等症状。摄入碘过量则可诱发甲亢。

硅以偏硅酸形式存在于水中，易被人体吸收。硅分布于人体关节软骨和结缔组织中，硅在骨骼钙化过程中具有生理上的作用，促进骨骼生长发育。硅还参与多糖的代谢，可软化血管，缓解动脉硬化，对甲状腺肿、关节炎、神经功能紊乱和消化系统疾病有防治作用。

锶是人体骨骼和牙齿的正常组成部分。锶还与神经肌肉的兴奋和心血管病有关，可强壮骨骼、防治心血管病，促进新陈代谢。

锂能改善造血功能，提高人体免疫机能。锂对中枢神经活动有调节作用，能镇静、安神，控制神经紊乱。锂可置换替代钠，防治心血管疾病。

溴对人体的中枢神经系统和大脑皮层的高级神经活动有抑制作用和调节作用，可镇静、安神。溴广泛应用于治疗神经官能症、植物神经紊乱、神经痛和失眠等。

钴是人体内维生素和酶的重要组成部分，其生理作用是刺激造血，参与血红蛋白的合成，促进生长发育。缺钴可导致恶性贫血、心血管病、神经系统疾病和舌、口腔炎等。

镍参与生物反应，刺激生血机能，使胰岛素增加，血糖降低。缺镍容易得皮炎、支气管炎等。

钒存在于人体脂肪中，起氧化还原作用，对脂肪代谢有一定作用。钒参与造血，促进生长发育。

砷在水中以偏砷酸形式存在，能改善造血功能，有活血作用，并可促进组织细胞生长和杀菌作用。砷少量对人体有益，过量有害。

氟是形成坚硬的骨骼和牙齿必不可少的元素，以氟化钙的形式存在，对骨骼和牙齿的健康生长起到重要作用。缺氟可造成龋齿。

除了上述介绍的矿物质元素外，还有一些已知的矿物质元素对人体的健康起着有益的作用。

(7)水。水是人类赖以生存的重要物质,成人体重50%~70%是水分,失水超过体内总水量的20%,机体很快就会死亡。当机体所摄入水总量大大超过了排出水量,以致水分在体内潴留,引起血浆渗透压下降和循环血量增多,称为水中毒,又称稀释性低钠血症。其症状取决于水过多的速度和程度,可分为急性水中毒和慢性水中毒两类,严重者可导致神经系统永久性损伤或死亡。

2. 合理膳食与健康

人体必需的营养素是由食物供给的,这些营养素作为人体重要的营养来源,在人体内发挥着各自特殊的生理功能。任何一种营养素都是不能替代的,都是不可缺少的,并且各种营养素之间应有适当的比例关系。由于食物种类繁多,多种食物所含的营养成分又千差万别,人体所需要的全部营养素只有通过食用不同的食物获得,任何一种单一食物都不能满足人体对各种营养素的全部需要。

此外,人体是一个复杂的有机体,时时刻刻都在进行着各种生理生化反应,反应物来自食物中的各种营养素。尽管各种营养素对机体生理代谢均有重要意义,但需更加强调营养素摄入量的合理性和协调性,缺乏会导致营养不良,过多会加重脏器负担,严重情况下都能导致机体出现不良反应,损害身体健康。因此,任何营养素都应当有一个合适的摄入量,相互之间有一个合适的比例。对普通健康个体,各营养素的摄入量是有一定范围的。而对于人体的不同生理时期、不同作业人群,如孕产妇、手术病人、运动员、婴幼儿、老年人等,各营养素的需求量和摄入量又各不相同。

在当代食品安全性问题中,营养不平衡导致的健康危害越来越受到重视,特别是发达国家的人群过多摄入能量、脂肪、蛋白质、糖、盐和低摄入膳食纤维、某些矿物质和维生素等,使近年来患高血压、冠心病、肥胖症、糖尿病、癌症等慢性病的病人显著增多。这表明即使食物供应充足、质量安全可靠,不注意饮食平衡、不形成良好的生活习惯,同样会给人类健康带来严重损害。国际上公认约1/3的癌症发病和膳食结构、生活习惯有关,而心脑血管疾病、糖尿病等慢性病与膳食营养素的关系更为密切。

人类要保持健康,所需的任何营养素都要有适当的限量,而且还需要各种营养素之间保持平衡,即合理营养。合理营养是使人体的营养生理需要与人体通过膳食摄入的各种营养物质之间建立起平衡关系,这种平衡关系是通过平衡膳食的各个具体措施来实现的。营养学上主张的合理膳食、平衡膳食、健康膳食,都是指全面达到营养供给量的膳食。这种膳食意味着既保证膳食能量和各种营养素达到营养生理需要,又在各种营养素之间建立起一种生理上的平衡。

为了促进全人类的身体健康,世界各国和国际社会都开展了合理营养及平衡膳食的研究工作。最早的主要有营养素供给量(recommended dietary allowance,RDA)和膳食营养素参考摄入量(dietary reference intakes,DRIs)两个指标体系,力图帮助人们安全地摄入各种营养素,避免可能产生的营养素缺乏或过剩的危害。

RDA是指为满足机体营养需要,每日必须由膳食提供的各种营养素量。它是在需要量的基础上考虑了人群的安全率、饮食习惯、食物生产、社会条件等因素而制定的适宜数值,一般是需要量平均值加两个标准差(满足 97.5%人群的需要)。

DRIs 是指为满足人群健康个体基本营养所需的能量和特定营养素的摄入量。它是在美国的推荐膳食营养素供给量基础上发展起来的一组每日平均营养素摄入量的参考值。DRIs 为全民食物和食品生产计划、加工、分配、食品的强化,以及人群的营养教育等提供依据。DRIs 包括四项内容:平均需要量(estimated average requirement,EAR)、推荐摄入量(recommended nutrient intake,RNI)、适宜摄入量(adequate intake,AI)和可耐受最高摄入量(tolerable upper intake level,UL)。

EAR 根据个体需要量的研究资料制定,是根据某些指标判断可以满足某一特定性别、年龄及生理状况群体中 50%个体需要量的摄入水平。这一摄入水平不能满足群体中另外 50%个体对该营养素的需要。EAR 是制定 RNI 的基础。

RNI 相当于传统试用的 RDA,是可以满足某一特定性别、年龄及生理状况群体中绝大多数(97%~98%)个体需要量的摄入水平。长期摄入 RNI 水平,可以满足身体对该营养素的需要,保持健康和维持组织中有适当的储备。RNI 的主要用途是作为个体每日摄入该营养素的目标值。RNI 是以 EAR 为基础制定的。如果已知 EAR 的标准差,则 RNI 定为 EAR 加两个标准差,即 RNI=EAR+2 SD(SD:标准差)。如果关于需要量变异的资料不够充分,不能计算 SD 时,一般设 EAR 的变异系数为 10%,则 RNI=1.2×EAR。

AI 是通过观察或实验获得的健康人群某种营养素的摄入量。在个体需要量的研究资料不足而不能计算 EAR,因而不能求得 RNI 时,可设定 AI 来代替 RNI。例如纯母乳喂养的足月产健康婴儿,从出生到 4~6 个月,他们的营养素全部来自母乳。母乳中供给的营养素量就是他们的 AI 值。AI 的主要用途是作为个体营养素摄入量的目标。制定 AI 时不仅考虑到了预防营养素缺乏的需要,而且也纳入了减少某些疾病风险的概念。根据营养“适宜”的某些指标制定的 AI 值一般都超过 EAR,也有可能超过 RNI。

UL 是平均每日摄入营养素的最高限量。这个量对一般人群中的几乎所有个体不致引起不利于健康的作用。当摄入量超过 UL 而进一步增加时,损害健康的危险性随之增大。UL 并不是一个建议的摄入水平。“可耐受”指这一剂量在生物学上大体是可以耐受的,但并不表示可能是有益的,健康个体摄入量超过 RNI 或 AI 是没有明确益处的。对许多营养素来说还没有足够的资料来制定其 UL,所以未定 UL 并不意味着过多摄入就没有潜在的危害。

国家卫生和计划生育委员会于 2017 年 9 月 14 日发布了我国新版《中国居民膳食营养素参考摄入量》,包括宏量营养素、常量元素、微量元素、脂溶性维生素、水溶性维生素 5 部分。标准第 1 部分为宏量营养素标准,规定了中国居民膳食能量、蛋白质、脂类及碳水化合物参考摄入量;标准第 2 部分为常量元素标准,规定了健康人群常量元素钙、磷、钾、钠、镁、氯的膳食参考摄入量;第 3 部分为微量元素标准,规定了中国居民膳食铁、碘、锌、硒、铜、钼、铬 7 种必需的微量元素参考摄入量,这两部分于 2018 年 4 月 1 日起实施;第 4 部分为脂溶性维生素标准,规定了中国居民脂溶性维生素 A、维生素 D、维生素 E、维生素 K 的膳食参考摄入量;第 5 部分为水溶性维生素标准,规定了中国居民维生素 B_1、维生素 B_2、维生素 B_6、维生素 B_{12}、泛酸、叶酸、烟酸、胆碱、生物素和维生素 C 的膳食参考摄入量,第 2、4 和 5 部分于

2018 年 11 月 1 日起实施。

在以上基础上，为了给我国居民提供最基本、科学、简单易行的健康膳食信息，卫计委委托中国营养学会组织专家制定了《中国居民膳食指南(2016)》。膳食指南以科学证据为基础，从维护健康的角度，为我国居民提供了食物营养和身体活动的指导，其在指导我国居民采用平衡膳食、改善营养状况及增强健康素质方面具有重要的现实意义。膳食指南的核心内容为居民膳食宝塔(图 1-2)。

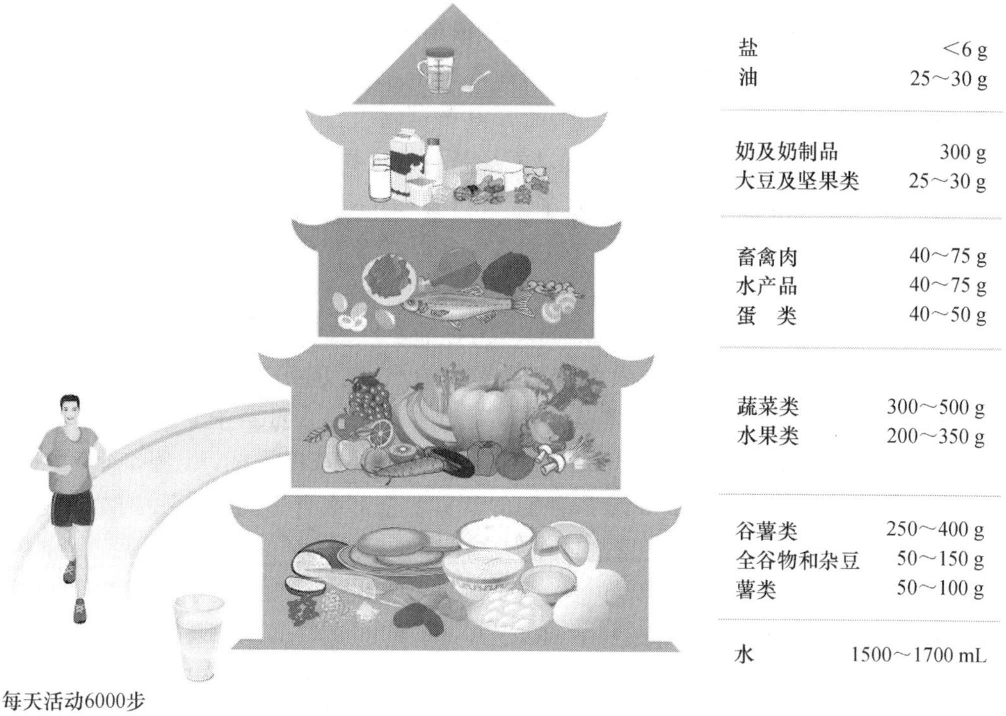

图 1-2　中国居民平衡膳食宝塔(2016)

膳食结构又称食物结构，是指居民每日膳食中所消费的食物种类及其数量的相对构成。各国由于经济发展水平、文化背景、民族饮食习惯的种种差异，其膳食结构也不尽相同。我国《中国居民膳食指南(2016)》建议膳食结构如下。

(1)食物多样，谷类为主。每天的膳食应包括谷薯类、蔬菜水果类、畜禽鱼蛋奶类、大豆坚果类等食物。平均每天摄入 12 种以上食物，每周 25 种以上。每天摄入谷薯类食物 250～400 g，其中全谷物和杂豆类 50～150 g，薯类 50～100 g。食物多样、谷类为主是平衡膳食模式的重要特征。

(2)吃动平衡，健康体重。各年龄段人群都应天天运动，保持健康体重。食不过量，控制总能量摄入，保持能量平衡。坚持日常身体活动，每周至少进行 5 天中等强度身体活动，累计 150 min 以上；主动身体活动最好每天 6 000 步。减少久坐时间，每小时起来动一动。

(3)多吃蔬果、奶类、大豆。蔬菜水果是平衡膳食的重要组成部分，奶类富含钙，大豆富含优质蛋白质。餐餐有蔬菜，保证每天摄入 300～500 g 蔬菜，深色蔬菜应占 1/2。天天吃水果，保证每天摄入 200～350 g 新鲜水果，果汁不能代替鲜果。吃各种各样的奶制品，相当于每天液态奶 300 g。经常吃豆制品，适量吃坚果。

(4)适量吃鱼、禽、蛋、瘦肉。鱼、禽、蛋和瘦肉摄入要适量。每周吃鱼 280～525 g，畜禽肉 280～525 g，蛋类 280～350 g，平均每天摄入总量 120～200 g。优先选择鱼和禽。吃鸡蛋不弃蛋黄。少吃肥肉、烟熏和腌制肉制品。

(5)少盐少油，控糖限酒。培养清淡饮食习惯，少吃高盐和油炸食品。成人每天食盐不超过 6 g，每天烹调油 25～30 g。(控制添加糖的摄入量，每天摄入不超过 50 g，最好控制在 25 g 以下。)足量饮水，成年人每天 7～8 杯(1 500～1 700 mL)，提倡饮用白开水和茶水；不喝或少喝含糖饮料。儿童少年、孕妇、乳母不应饮酒。成人如饮酒，男性一天饮用酒的酒精量不超过 25 g，女性不超过 15 g。

(6)杜绝浪费，兴新“食尚”。珍惜食物，按需备餐，提倡分餐不浪费。选择新鲜卫生的食物和适宜的烹调方式。食物制备生熟分开，熟食二次加热要热透。学会阅读食品标签，合理选择食品。多回家吃饭，享受食物和亲情。传承优良文化，兴饮食文明新风。

3. 食物过敏

食物过敏是人们对食物中的某一组分产生的一种不良反应，属机体对外源物质产生的一种病理性免疫反应。很多食物都会导致具有过敏性体质的个体发生食物过敏。引起食物过敏的食物种类主要有 8 种，包括牛奶、鸡蛋、鱼、甲壳类水产动物、花生、大豆、坚果、小麦。婴幼儿中最常见的过敏性食物是牛奶、鸡蛋、花生，大约 80％的婴幼儿患者在 5～6 岁时对牛奶、鸡蛋、花生、小麦、大豆产生免疫耐受，而花生、鱼、甲壳类水产动物过敏者中的较少数在 5 岁左右会消除，其余的往往是终生过敏。对于成年人，鱼和甲壳类水产动物是主要的食物过敏原之一，而且果蔬过敏的发病率呈快速增长的趋势，主要是因为存在果蔬-花粉的免疫交叉反应。

(1)基本概念。食物过敏，也称食物变态反应，是由于某种食物或食品添加剂等引起的 IgE 介导和非 IgE 介导的免疫反应，进而导致消化系统内或全身性的变态反应(病理性免疫反应)。

食物过敏症，是指机体在摄入某种食物之后，引起身体某一组织或器官甚至全身的强烈反应，以致出现各种各样的功能障碍或组织损伤。它是免疫系统对某一特定食物产生的一种异常免疫反应，免疫系统会对此种食物中的过敏组分产生一种特异型免疫球蛋白，两者结合时，会诱导机体免疫系统释放出许多小分子化学物质，造成局部或全身性的功能障碍或组织损伤，严重者甚至可能引起过敏性休克。食物过敏反应可以发生在任何食物上，某些严重食物过敏个体甚至可能因为吃半粒花生或牛奶洒在皮肤上就引起过敏反应。

食物不耐受，是指一种复杂的变态反应性疾病，免疫系统把进入人体内的食物中的某些组分识别为有害物质，从而针对这些物质产生过度的保护性免疫反应，产生食物特异性 IgG 抗体，IgG 抗体与其结合形成免疫复合物(Ⅲ型变态反应)，可引起所有组织(包括血管)发生炎症反应，并表现为全身各系统的症状与疾病。

免疫反应，是指机体对于异己成分或者变异的自体成分做出的防御反应，可分为非特异性免疫反应和特异性免疫反应。

非特异性免疫，又称天然免疫或固有免疫，是生物在长期种系发育和进化过程中形成的一系列天然防御功能，是人一生下来就具有的，具有普遍性和非特异性。非特异性免疫的组成可概括为三个方面：组织屏障（皮肤和黏膜系统、血脑屏障、胎盘屏障等）；固有免疫细胞（吞噬细胞、杀伤细胞、树突状细胞等）；固有免疫分子（补体、细胞因子、酶类物质等）。

特异性免疫，又称获得性免疫或适应性免疫，是经后天自然感染（病愈或无症状的感染）或人工预防接种（菌苗、疫苗等）而使机体获得的抵抗感染能力，是出生后形成的，具有个体性和特异性。特异性免疫反应又可分为T细胞介导的细胞免疫反应和B细胞介导的体液免疫反应。B细胞介导的体液免疫主要是由体液中的免疫球蛋白（immunoglobulins，Ig）参与，包括Ig G、Ig A、Ig M、Ig D和Ig E。

变态反应或超敏反应，是指已产生免疫的机体在再次接受相同抗原刺激时所发生的组织损伤或功能紊乱的异常免疫反应。变态反应的特点是发作迅速、反应强烈、消退较快，有明显的遗传倾向和个体差异，根据其机理不同可分为四型。Ⅰ型变态反应，即速发型，又称过敏反应，是临床最常见的一种，由IgE介导，肥大细胞和嗜碱粒细胞等效应细胞以释放生物活性介质的方式参与反应；发生快，消退亦快。常见的食物过敏大多属于此类变态反应，此Ⅰ型变态反应还包括皮肤黏膜过敏症（荨麻疹、湿疹、血管神经性水肿）、呼吸道过敏反应（过敏性鼻炎、支气管哮喘、喉头水肿）、消化道过敏症（食物过敏性胃肠炎）、全身过敏症（过敏性休克）等。Ⅱ型变态反应，即细胞毒型变态反应，抗体（多数为IgG，少数为IgM、IgA）首先同细胞本身抗原成分或吸附于膜表面成分相结合，然后通过四种不同的途径杀伤靶细胞。Ⅲ型变态反应，即免疫复合物型变态反应，又称血管炎型超敏反应，游离抗原与相应抗体结合形成免疫复合物（IC），若IC不能被及时清除，即可在局部沉积，通过激活补体，并在血小板、中性粒细胞及其他细胞参与下，引发一系列连锁反应而致组织损伤。食物不耐受即属于此型变态反应。Ⅳ型变态反应，即迟发型变态反应，是由特异性致敏效应T细胞介导的变态反应。此型反应局部炎症变化出现缓慢，接触抗原24～48 h后才出现高峰反应。常见Ⅳ型变态反应有：接触性皮炎、移植排斥反应、多种细菌、病毒（如结核杆菌、麻疹病毒）感染过程中出现的Ⅳ型变态反应等。

(2)食物过敏原。

①花生。花生过敏是食物过敏导致死亡的首要原因，而且患者往往是终生的，只有10%～20%的过敏儿童会随年龄的增长而产生耐受。食物过敏人群中有10%～47%的人对花生过敏，其发病率高低与饮食习惯关系密切。花生过敏原包括多种高度糖基化的蛋白质组分，分子质量为0.7～100 ku，目前已发现有11种蛋白成分能够与花生过敏患者血清Ig E结合。

②大豆。大豆过敏比花生过敏的发生率要低，但少量的大豆过敏原仍然可以激发食物过敏。大豆中的主要过敏原包括种子储存蛋白P34、大豆球蛋白、β-伴大豆球蛋白、抑制蛋白等。由于大豆配料广泛存在于各种食品中，这些隐蔽的过敏原将给过敏患者带来严重的危害。

③谷物类。谷物中的大麦、小麦和燕麦通过饮食和吸入的途径均可以导致食物过敏，尤

其是与乳糜泻有关。谷物中过敏原包括一个 40 ku 的黑麦蛋白、26 ku 和 46 ku 的大麦蛋白以及 60 ku 的燕麦蛋白，在这些麦类中共发现有 16 个与患者血清中 IgE 结合的蛋白。另外，小麦是成年人食物依赖运动激发性过敏反应的主要过敏食物，其主要过敏原是小麦中的储藏蛋白、抗氧化蛋白、可溶性蛋白等，且大多数具有酸性等电点。

④果蔬类。蔷薇科水果中的苹果、水蜜桃、草莓、李子和杏都存在食物过敏原，这些食物的过敏原主要有与花粉过敏原 Bet V1 具有同源性的过敏原成分、分子质量在 30～70 ku 的糖蛋白、肌动蛋白调节的抑制蛋白、磷脂转移蛋白等。另外，胶乳-水果过敏综合征常发生在一些水果中，如鳄梨、香蕉、木瓜、西番莲、无花果、甜瓜、杧果、猕猴桃、菠萝等，这是因为这些水果过敏原结构域中都有一个分子质量为 4.7 ku 的保守的橡胶蛋白域。在蔬菜中，过敏的主要有芹菜、芥末等。

⑤牛奶。牛奶是儿童常见的一种过敏性食物，其发病率为 0.1%～7.5%，且主要见于较小的婴幼儿，一般是暂时性的，随着年龄的增长会自动消失，但会严重危害到幼儿的健康。牛奶中的蛋白都具有潜在致敏性，其中的过敏原主要有酪蛋白、β-乳球蛋白、α-乳白蛋白。此外，牛血清白蛋白、免疫球蛋白、乳铁蛋白在过敏反应中也起非常重要的作用，有 30%～50% 的牛奶过敏患者对这些微量蛋白过敏。此外，各种动物乳均存在免疫交叉反应，故理论上，对牛奶过敏的个体也可能对其他动物乳过敏。

⑥鸡蛋。鸡蛋过敏的发生率占婴幼儿和儿童食物过敏的 35%左右，占成年人食物过敏的 12%左右。鸡蛋中的过敏成分主要在蛋清中，包括卵类黏蛋白、卵清蛋白、卵运铁蛋白以及溶菌酶，均为糖蛋白。

⑦鱼。鱼是一种主要的过敏性食物，它不容易随着年龄的增长而消失。人们可通过饮食、呼吸途径导致对其过敏，婴幼儿的发病率约为 0.1%、成人约为 2%。鱼类最重要的过敏原蛋白被命名为 Gad c1，最初从鳕鱼中发现，当时被称为过敏原 M，存在于很多鱼类中。

⑧甲壳类水产动物。可食用甲壳类水产动物的过敏发生率婴幼儿约为 0.2%，成人约为 2%。原肌球蛋白是其主要的过敏原，分子质量为 36 ku，耐热。原肌球蛋白在甲壳类动物中的蛋白质同源性非常高，是河虾、鳕鱼、蟹、鲍鱼等存在免疫交叉反应的物质基础。虽然在硬骨鱼、牛肉、猪肉以及鸡肉中也存在原肌球蛋白，但却很少导致食物过敏，这是因为与甲壳类水产动物结合的 Ig E 表位的肽段不呈现在这些肉类的原肌球蛋白中。

⑨酒精。酒精过敏是体内缺少乙醛转化酶而导致的一种外在皮肤过敏症状反应。酒精过敏的两个必要条件是过敏体质和酒精。酒精，也就是乙醇，在体内转化成乙醛，因为体内缺少乙醛转化酶，不能再转化为乙酸排到体外，所以造成乙醛中毒，人就会表现出各种过敏症状。酒精过敏常见的临床表现为出现皮肤症状，并可见呼吸道症状和消化道症状，如皮肤瘙痒、湿疹、荨麻疹、喉头水肿、呼吸困难、恶心、呕吐、腹泻，甚至少数人还会发生过敏性休克。

1.3.1.4 食品安全检测与管控

1. 食品安全检测技术

食品安全关乎着人们的生命与健康，随着经济社会的持续高速发展，以及人们生活水平的提高，人们对食品安全提出了越来越高的要求，食品质量安全问题也越来越受到关注和重视。为了满足这一经济社会需求，必须开发更为快速、便捷、高精密度、高准确度的检测技术及其设备，才能够有效地为消费者更高食品安全要求提供技术和手段保障。近年来，现代仪器分析检测设备有了较大的发展，主要设备有气相色谱仪、高效液相色谱仪、色谱质谱联用仪等。在检测技术与方法方面，免疫学、生物化学、分子生物学在食品安全检测技术上的交叉融合得到了长足发展，光谱分析技术、电子传感器技术、生物传感器技术、生物芯片检测技术、免疫学检测技术、聚合酶链式反应技术等在食品安全检测上被广泛应用。这些设备和技术的广泛应用，不仅缩短了检测时间，减少了人为误差，也大大提高了食品安全检测的灵敏度和准确度，为食品安全的严格监管提供了有力的方法和技术手段支撑。

2. 食品安全管理体系

食品安全从根本上是理论和技术方面的科学问题，表象上是生产监督和管理方面的社会问题。国家在保障食品安全管理方面进行了积极而有效的探索，无论是新中国成立之初快速解决粮食安全(量的安全)问题，还是近年来食品质量安全(质的安全)问题，以及将来营养与健康问题，均取得了一定的成效：完全解决了粮食安全问题，满足了人们的温饱需求；持续强化食品质量管理，食品质量安全整体稳中趋好；前瞻性布局了营养与健康规划，居民饮食健康持续改进。

国家逐步完善了食品管理的法律法规和制度体系，按照习近平主席提出的“最严谨的标准、最严格的监管、最严厉的处罚、最严肃的问责”四个最严要求，全方位筑牢食品安全管控防线。

1.3.2 食品安全研究的目的与意义

食品安全问题不仅使人的生命、健康受到威胁，而且会对国家经济发展、政治稳定、社会安全造成很大的干扰和威胁。国际社会和各国政府为保障食品安全均做了不懈努力，食品安全问题虽然整体趋好，但由于工业化程度的日益集中，特大型企业的陆续形成，重大食品安全事故仍时有发生，所引起的社会恐慌和灾难性事件层出不穷，食品安全隐患无法从根本上杜绝。食品安全关系到人民的切身利益，关系到国家政权的稳定和社会经济的发展。因此，加强对我国食品安全研究，建立和完善食品安全生产和管理体系，实施有效的食品安全管控对策，对于改善和促进我国食品安全管理水平、减少食品危害的发生、减轻政府工作的压力、改善人民生活水平，均有极为重要的促进作用。

1.3.2.1 食品安全研究的目的

食品安全研究的根本目的是为了保障人类的生命健康，而关系人类生命健康的食源性因素繁多，故可以根据为了达成这一主要目标的不同方面，将食品安全研究的目的进行细化，主要归纳为以下几方面。

①提高食品安全水平，保障消费者饮食健康与生命安全。

②确定食品安全风险，提高管控能力和治理水平。

③减少食品安全事件的发生，降低企业经营风险，提高企业经济效益。

④明确食品安全影响因素，提高预先防范能力，构建防范措施与技术。

⑤确定食品安全危害因子影响规律,指导企业科学生产。

⑥明确食品安全风险因素危害程度和规律,指导消费者科学选择与理性消费。

1.3.2.2 食品安全研究的意义

食品作为人类最基本的消费品,随着人民生活水平的提高,其质量和安全性越来越受到消费者的重视。食品安全直接关系到人体健康和生命安全,关系到经济的发展和社会的稳定。进入21世纪后,食品安全成为国际社会和世界各国重点关注与大力解决的问题。无论是欠发达国家和地区,还是发展中国家和发达国家,都同样面临着全球一体化带来的严峻考验,这也对国际贸易产生了严重的影响。食品安全已成为国际社会、世界各国、广大消费者共同关注的焦点、热点。特别是现代科学技术的日新月异及其广泛应用带来的环境恶化、生态平衡的破坏、新技术的安全风险等产生的食品安全新问题,如疯牛病、二噁英、大肠杆菌O157、禽流感等食品安全事件引发的社会恐慌;而欠发达或者发展中国家和地区面临的从业人员素质低下、生产卫生条件差、监管力度不到位、法制不够健全、违法生产、违法添加等带来的食品安全问题,引发消费者对食品安全的不信任。二噁英事件导致的比利时政府集体辞职成为食品安全史中重要的政治事件,我国的三聚氰胺事件危害之大、影响面之广导致乳品产业的冲击成为我国食品安全事件中重要的行业危机典型。食品安全事件影响程度的日益严峻、涉及范围的日益拓广、安全恐慌的日益深远,引起了国际组织和各国政府的高度重视。防止食品安全事件发生,提高食品安全水平,对保障人民生命财产安全、社会的长治久安均具有十分重要的意义。

1. 确保食品安全,对保障人类健康和生命安全具有重要意义

食品安全问题直接关系到广大人民群众的健康与生命安全。存在较大安全风险的食品进入人体后,在有害因子毒性大小、摄入量多少、接触次数、机体状态等因素的综合作用下,将不同程度地影响人体细胞、器官、组织的功能,从而影响人体的健康,甚至会危及生命安全。如近年发生的"塑化剂""三聚氰胺""安徽阜阳大头娃娃"等食品安全事件,对人类健康和生命安全造成了巨大的危害。因此,确保食品安全,最大限度地降低食品安全风险,对保障人类健康和生命安全具有重要意义。

2. 确保食品安全,对促进国际贸易和国际社会稳定具有重要意义

随着经济发展的一体化和全球化进程快速推进,人类社会逐渐缔结成为一个命运共同体,彼此依存、互相关联、难分你我。尤其是食品贸易,因为其具有食品安全的不确定性、风险性、区域差异性等特点,从而对国际贸易和国际社会稳定产生了较强的冲击力和打击力。例如国际社会食品安全影响较为巨大的"疯牛病""二噁英",包括到现在还存在较大争论的"转基因食品"等食品安全问题,对国际贸易和国际社会秩序稳定都造成了一定影响,埋下了隐患,带来动荡风险。

3. 确保食品安全,对社会经济发展和国家政权稳定具有重要意义

"民以食为天",食品是人民生存的根本,是经济发展的基础,是国家政权的基石。社会的发展和国家政权的更迭,是社会生产力发展的需求,其支点在于人的需求,而"食"是人的需求之本。国家政权的稳定在于社会的稳定,家庭是社会的"细胞",家庭需求中以自然需求为基础，自然需求尤以“吃”为根本。由于食品安全导致的国家政权更迭例子很多，如比利时的“二噁英”事件，导致执政长达40年之久的社会党垮台。

4. 确保食品安全，对保障食品企业的生存和食品产业的持续快速发展具有重要意义

食品安全问题已经成为影响食品企业生存的关键因素之一，“质量与安全观念”是食品企业获得成功的关键。食品安全是企业品牌的安身立命之本，是食品企业的生命依托所在。无法确保食品安全，轻则影响一个企业，严重的会影响整个行业的发展。如“三聚氰胺”事件，导致我国牛奶行业的重新洗牌；“冠生园”安全事件的披露，直接导致该公司的破产；“疯牛病”事件，导致英国的牛肉全球无人问津。可见，确保食品安全，不仅能够保障食品企业的生存、发展，而且对食品产业的持续、健康发展亦具有重要意义。

5. 确保食品安全，是公共卫生的重要组成部分，对保障公民基本权益具有重要意义

“国以民为本，民以食为天”，人民是否吃得饱、吃得好、吃得营养、吃得健康、吃得安全、吃得放心，是关系到人类生存与社会发展的首要问题，是公众的强烈愿望和共同追求，也是社会文明进步的表现。确保食品安全，保障公众的健康权益，为社会经济建设服务，代表了广大人民群众的根本利益，是社会公共卫生工作的根本宗旨，也是公共卫生的出发点和落脚点。

1.4 我国食品安全现状与展望

经过改革开放四十多年的快速、持续发展，我国食品量的安全（粮食安全）问题已经基本解决，食品质的安全形势依然较为严峻，整体处于稳中趋好趋势。我国将长期处于食品质的安全和营养安全并存阶段。

1.4.1 我国食品安全现状

随着我国食品工业的快速发展，食品安全控制技术和管理能力也得到了长足发展。但是，随着产业链条的进一步延长和加工工艺的日益复杂，以及种养环节到最终消费的整个食物链环节不断增加，影响食品安全的危险因素也日益增加。近年来，食品安全方面的恶性、突发性、群体性、行业性事件屡屡发生，食源性因素导致的疾病、死亡人数逐年上升。我国食品安全问题仍将长期存在，食品安全风险形势依然严峻，主要表现在以下几方面。

1. 微生物污染造成的食源性疾病问题将成为食品安全问题的首要问题

我国幅员辽阔，居民饮食习惯差异较大，规模以下食品企业众多，生产水平参差不齐，微生物控制水平不一，致使微生物污染造成的食源性疾病呈现分布广、影响面大的特点。致病性微生物引起的食源性疾病是全世界首要的食品安全问题，随着我国经济的进一步发展，也必将成为我国食品安全的首要问题。我国每年向食品监管部门上报的食品安全事件中，病原微生物导致的食品安全事件逐年增加，和其他因素导致的食品安全事件平稳下降形成了明显的对比。

2. 农用化学物污染，特别是农药、兽药的残留问题形势依然严峻

食品农用化学物污染主要表现为在农业种植业和畜牧养殖业中使用的化肥、农药、兽药、生长调节剂等农用化学物质。由于食物链循环机制，使很多农产品、畜产品中的化学物质残留量过高，源头上导致食品安全风险过高，给食品安全带来了较大隐患。在相当长一段时期内，农用化学物污染依然是食品安全监管部门的主要工作内容之一。例如，部分高毒、高残留的有机磷、有机氯农药虽然已经禁止使用二十余年，但是由于生物链因素，目前在很多农产品中仍有较高的检出率。

3. 环境污染导致的食品安全风险在一定程度处于较为严重的地步

习主席提出“绿水青山就是金山银山”，一方面讲的是环境治理和经济发展、人民安居的关系，深层次讲的也是食品安全的问题。大气、水体、土壤的污染，将导致农业种植业、畜牧养殖业、食品加工业的污染，从而直接导致食品产品的安全风险极大提高，因为没有可靠安全的原料，就无从生产安全可靠的产品。例如，环境中重金属的污染如铅的污染，化学有害物的污染如多氯联苯污染等，将在环境中持续存在并污染食品原料，进而对人体健康构成持续性的危害。

4. 食品掺伪及违法生产现象快速减少

随着我国公民整体素质的稳步提升，食品安全国家监管机构与治理体系的逐步完善，相应法律法规的日益健全，生产经营者的法律意识稳步加强，食品生产加工与销售中的掺伪、造假、违法现象将快速减少。通过“最严谨的标准、最严格的监管、最严厉的处罚、最严肃的问责”四个“最严”的持续推进和有效落实，违法违规导致的食品安全问题将得到有效制约并逐步好转。

5. 应用新原料、新技术、新工艺所带来的食品安全新问题

经济的快速发展，生活水平的稳步提高，居民饮食需求趋于更加的多元化，新食品原料快速增多，新技术日新月异，新工艺错综复杂，都给食品安全带来了新的问题，增加了不确定性。新原料方面，如更多的非传统食品源的植物、动物、微生物进入了消费者餐桌；新技术方面，如纳米技术、转基因技术等被广泛应用于食品加工技术中；新工艺方面，如微波、超高压等被更普遍地植入了现有产品的生产中。

6. 落后的加工工艺和存储技术造成的浪费和污染十分严重

经济发展的不平衡、传统食品现代化生产进程缓慢、传统劳动密集型的手工生产等问题，导致食品污染问题较为严重，食品安全风险形势严峻。粮食收储技术的滞后、果蔬储运与保鲜技术的不足，导致食品原料浪费量十分巨大，并由于致腐、致病微生物的污染带来了严重的食品安全隐患，严重影响了消费者的饮食安全与身体健康。

1.4.2 我国食品安全发展展望

总体上讲，我国的食品安全控制技术得到了快速发展，管控能力得到了逐步完善，安全水平得到了有效提升，从而有力地保障了居民的饮食安全，在保障人民生活和卫生健康需要方面有了长足进步，这是我国政府和相关从业人员长期努力的结果。但是，我国食品安全状况形势依旧十分严峻，需要进一步的加强和提高。未来我国食品安全发展有以下发展趋势。

(1)政府的食品安全管控治理体系将进一步理顺。

(2)政府对食品安全科技投入将进一步加大。

(3)食品安全监控手段将更加先进，方法将更加完善。

(4)食品安全管理法律、法规体系将不断完善。

(5)食品安全标准将更加合理，国际接轨将更趋全面。

(6)食品安全水平将稳步提升，消费者信任将得到有效改善。

1.4.3 科学、客观地评价我国食品安全

面对我国频发的食品安全事件，一方面需清醒认识到我国食品安全问题仍将长期存在，食品安全风险形势依然十分严峻；另一方面也要把握我国食品安全形势整体趋好的发展态势。要把消费者对食品安全的主观认识和食品安全的客观水平区分对待，持续提升我国食品安全水平。

中国用世界十分之一的土地养活了世界五分之一的人口。对于我国食品安全现状，要站在我国“人口基数大，人均占有资源少”的基本国情上；站在我国经济发展仍然处于社会主义初级阶段的历史方位上；站在我国成立仅仅 70 年，无法和西方国家成立上百年的发展同时代对比上。我们要多角度、全方位、客观评价我国食品安全现状，既要正视问题与不足，又不要过度悲观和不自信。

民以食为天，健康食品是国家之本，是生活之本，必须加以重视。同时，食品安全是国家、社会、企业、个人的共同职责。只有举全社会之力，形成“人人需要安全食品，人人维护食品安全”的良好氛围，方能从根本上解决食品安全问题。

思考与复习题

1. 如何用发展的眼光，辨证地理解食品安全？
2. 如何正确理解食品安全的概念？
3. 结合你的认识，谈谈如何把握食品安全的内涵。
4. 食品安全、食品卫生、粮食安全和食品质量之间有何差别与联系？
5. 如何理解食品安全的相对性和绝对性？
6. 我国处于食品安全的哪个阶段？如何正确看待我国所面临的食品安全问题？
7. 食品安全研究的内容有哪些？正确认识食品安全研究的内容有何意义？
8. 结合所学知识，你认为食品安全研究的目的和意义都有哪些？
9. 如何客观认识和评价我国当前的食品安全问题和食品安全管理？
10. 你认为应该从哪些方面进行食品安全研究？又应该从哪些方面加强食品安全管理？

参考文献

[1] 王硕,王俊平. 食品安全学[M]. 北京:科学出版社,2016.
[2] 谢明勇,陈绍军. 食品安全导论[M]. 北京:中国农业大学出版社,2016.
[3] 胡小松,陈芳,沈群. 食品安全与日常饮食[M]. 北京:中国农业大学出版社,2010.
[4] 钟耀广. 食品安全学[M]. 北京:化学工业出版社,2016.
[5] 陈辉. 食品安全概论[M]. 北京:中国轻工业出版社,2016.
[6] 中国营养学会. 中国居民膳食指南(2016)[M]. 北京:人民卫生出版社,2016.

HAPTER 2

第2章 引发食品安全的因素

【本章主要内容】

本章简要介绍了引发食品安全的因素及其产生的原因；深入剖析了引起食品安全的各种因素产生的原因及控制措施；通过对每一章节中食品安全案例的论述，让学生能进一步了解食品安全研究的内容、目的与意义。

【教学要求】

1. 了解引发食品安全的影响因素及其产生的原因。
2. 掌握引发食品安全影响因素的控制措施。
3. 掌握物理因素引发食品安全的原因及控制措施。
4. 重点掌握化学有机污染物如化学投入品（化肥、农药、兽药）、化学污染物（重金属、多环芳烃、多氯联苯、二噁英）和化学产生物（反式脂肪酸、丙烯酰胺、亚硝胺）在与食品接触时对食品形成的污染和对人体健康产生的危害，以及其控制措施。
5. 掌握生物因素引发的食品安全。
6. 了解食品本身的风险因子。
7. 了解假冒伪劣与违法添加引发的食品安全。

2.1 物理因素

食物中存在的可能使人致病或致伤的任何非正常的物理材料都称为食品的物理危害。物理危害是最常见的消费者投诉问题，因为伤害立即发生或食用后不久发生，并且伤害的来源容易确认。物理危害物质夹杂在食品中，可能对消费者造成人体伤害，如卡住咽喉或食道，划破人体组织和器官，特别是消化道器官，损坏牙齿等，或其他不利于健康的后果。物理性异物造成的危害具有以下典型特点。

(1)眼观可见，易辨别。这一特点导致了物理性异物是消费者投诉最多的食品安全问题。

(2)危害直接，易诊断。由于存在物理性可见异物，其产生的危害一般立即发生或吃后不久发生，损害部位、程度均较易诊断。

(3)影响局部，易去除。物理性异物在被去除后，一般只对损伤局部有直接影响，而不会影响其他周围组织或器官。

(4)身体伤害小，心理影响大。物理性异物由于直观、易见，一般导致身体上的损伤与伤害较小，而造成的心理阴影及后期持续性的影响较大。

(5)混入物难检测，去除技术滞后。目前除金属性异物有专门的检测设备外，其他物理性异物几乎没有专用检测设备，主要通过设备清除或人工筛拣去除。食品中常见的物理危害物有玻璃、木头、金属、棉纱、石子、塑料、骨头等外来物质，这些危害的来源有可能是原材料或包装材料中的外来物质，也可能是加工过程或工人操作带入的外来物，或者是设计或维护不好的设施和设备的零部件。

近几年，食品安全问题引起了人们的广泛关注。食品行业属于高投诉量行业，其中食品异物引发的消费者投诉比例相当大。食品异物一直是食品加工环节难以解决的问题。近年来，无论是小企业或是知名大企业，食品存在异物的问题被媒体曝光的案例为数不少，由异物引发的索赔事件不仅给企业带来经济方面的损失，更是对企业的声誉和形象造成了不良的影响。在消费者对食品质量要求不断提高和维权意识不断增强的今天，预防和消除物理性异物是食品加工工艺和食品安全管理制度中的关键控制点之一，加工过程必须全程严格控制。

对于初级农产品、初加工以及精加工食品这3类食品，从生产、物流、储存到销售的各个环节，都可能因人为或设备等原因而使食品中混入异物。其中，异物事件发生最多的食品种类为精加工食品。精加工食品是加工步骤较多、难以直观辨认所有原料的包装类食品，如速冻水饺、豆腐干、火腿肠等。此类食品在生产全过程中，参与的人员及设备较多，容易引发异物混入的问题。异物事件发生居第二位的是加工步骤较少的初加工食品。初加工食品主要指将食品原料简单或初步加工后所得的产品，如面粉、面条、净菜、白条肉等。此类食品因加工步骤简单，接触的人员及设备较少，且消费者购买后会在食用前进行简单的处理，因而引发的异物事件较少。最后，初级农产品的异物事件最少。初级农产品是指种植业、畜牧业、渔业未经加工的产品。由于初级农产品从采收到销售经过步骤较少，且消费者会在购买后自行处理，即使有异物也会被去除，因此没有相关的异物事件报道。

食品中异物的分类按照异物的性质可分为金属异物与非金属异物。

2.1.1 金属异物

2.1.1.1 污染来源和途径

金属异物在食品中最为常见。食品与金属的接触，特别是机器的切割和搅拌操作及使用中部件（如金属网眼）可能破裂或脱落，都可使金属碎片进入产品，从而产生金属异物对食品的污染现象。

设备设施使用过程中常常产生异物的主要原因是：①生产结束时清理不干净，经过一段时间结垢脱落至产品中；②设备、设施使用年限较长，老化破损，如产生金属锈、传送皮带碎屑、塑料垫片等；③维修现场设备零配件未清理干净，如螺钉、螺帽和铁丝等，生产过程中被带入；④金属设施变形，与原组件不匹配，经摩擦刮出小金属丝等。

因此，班前班后设备设施应清理干净，并对设备设施定期检查、维修、保养，维修过后要全面清场，不留下安全隐患。此外，常用的清洁用具有钢丝球、塑料刷和棉质抹布，在使用过程中有脱丝、开线、掉毛现象，形成的异物遗留在操作案台、设备、容器和管道内等，易被带入生产线里，故清洁用具应及时更换，且应选用与产品有明显区别颜色的清洁用具。

2.1.1.2 检测去除方法

目前，金属异物控制和去除的方法主要有机械检测法和人工去除法。机械检测法主要指利用金属探测装置进行检测。金属异物带来的物理危害可通过对产品采用先进的金属探测装置和X射线异物检测机筛选，效果也较为显著。但是，由于异物种类的性质、大小、长度和数量等多种原因，以及设备使用的局限性，利用机械检测法并不能完全识别所有金属异物，如金属探测仪只可检测直径在0.7～3.5 mm范围内的铁、不锈钢和非铁金属，而很多因素对金属探测仪检测的灵敏度也有一定的影响。因此，部分原料仍依赖于人工挑选，如设定专门人工挑选异物岗位，设立生产过程异物发现奖励机制，或经常检查可能损坏的设备部位予以控制等。

2.1.2 非金属类异物

2.1.2.1 污染来源和途径

食品中的非金属类异物指除金属异物外，非食品成分的砂石、玻璃、塑料、毛发等外来污染物。非金属类异物主要经由食品原料、食品生产加工过程、食品存储、食品运输和销售过程中混入。

1. 食品生产加工过程污染

(1)食品原料自身携带。一般来说，食品加工主要原料是农副产品，而农副产品分为生鲜蔬菜、干杂类食品和粮豆类食品。生鲜蔬菜和瓜果主要携带泥土、沙石、毛草和枯叶，如蔬菜的根茎沾有泥土、沙石，叶部夹有干草、枯叶和昆虫，瓜果有皮有蒂，如果加工过程挑拣、剔除和清洗不干净，这些原料自身带有的非食品加工所需的物质将成为产品中的异物。干杂类食品包括香菇、木耳、干笋、红枣、枸杞等，此类原料一般携带木屑、塑料片、毛发、杂草，加工过程需要冷水泡发、清洗。粮豆类食品主要有大米、花生、芝麻、大豆、红小豆、绿豆等，此类原料异物主要是砂石、棉绳、塑料绳、塑料片，预处理时需要经过去石设备或人工挑拣去砂石，再经过清水浸泡、淘洗去掉浮物。例如，糕点食品所用原料面粉的加工过程经过多道筛选工序，一般异物极少，偶尔含有包装绳，或是储存过程产生虫害，但食品加工前经过筛即可去除；大米的异物一般是砂石、塑料绳、棉绳等，经过电脑色选可去除。

(2)加工过程污染。加工过程污染指食品在生产加工过程中，经由原料带入、操作人员带入、设备及器具污染等途径所导致的食品发生的非金属异物污染。例如，动物在宰杀时，血污、毛发及粪便对肉的污染；厨房、餐厅、生产车间密闭不好，食品受到灰尘或烟尘的污染；加工过程中，工具和设备的陈旧和故障引起杂物颗粒与碎屑的污染。

(3)贮存过程中污染。贮存过程中的污染主要指食品生产包装结束后，产品在生产端仓库或者消费端仓库等存放时，由于存放不良、管理不善而导致的食品发生的非金属异物污染。例如，食品原料和成品中的苍蝇、蟑螂等昆虫的尸体，鼠、雀及毛发、粪便等的污染；食品容器和包装材料中昆虫、动物尸体的污染。

(4)运输和传送过程中的污染。运输和传送过程中的污染主要指食品在运输、配送等转运过程中，由于控制不佳或管理不当而导致的非金属异物污染。例如，运输车辆、装运工具、不清洁铺垫物和遮盖物对食品的污染；餐厅上菜(厨房至餐桌)过程中飘落的杂物。

(5)意外污染。意外污染主要是指非常规性、具有随机性的非金属异物污染。例如，生产和服务人员的戒指、头饰、毛发、指甲等个人杂物的污染。

(6)其他污染。例如，由于生产或经营者为了攫取非法利润，人为向食品中加入杂物，亦会发生非金属性异物污染，如违法向粮食中掺入沙石、向肉中和螃蟹体内注水等。

2. 加工过程操作人员带入

操作人员带入异物较多的是毛发类，此外还有私人物品的混入，包括金属类、毛纺类异物等，因此生产人员进入食品加工场所时应做好着装防护。首先，工作服规范着装，戴好发网，将头发罩入网内，再戴好工作帽，不允许带入私人物品，不允许佩戴首饰。其次，进入车间须经过风淋室，360°旋转身体风淋至少 20 s。如果违背了食品加工卫生要求，则异物带入不可避免，比如头发、指甲、首饰、私人物品、拉链、扣子等将有可能成为产品中的异物。因此，每天生产加工前必须强调卫生制度要求，人人必须遵守食品企业卫生规范。

3. 环境卫生不符合要求混入

环境卫生包括食品生产过程各个环节的卫生情况，除加工过程外，仓储、运输和销售等过程的环境卫生也同样重要。应依照食品属性来控制环境卫生的清洁度、干湿度、光照度和温度。对于精加工食品、初加工食品和烹制食品，环境卫生都是保证食品质量的重要因素。环境不达标易造成昆虫等生物类异物及微生物的滋生。环境卫生不符合主要是加工场所潮湿、不通风、废弃物不及时清理、有卫生死角、污水横流、水沟有食物沉渣、水沟盖板底面积垢以及门窗防护不到位等，若引来虫、蝇、蟑、鼠“四害”，则可能在食品上遗留虫尸及其粪便。因此，加工场所应保持排水顺畅、通风干燥、洁净，并定期进行虫害消杀，完善灭蝇、灭鼠设施，日常保持门窗紧闭，不留缝隙。

4. 操作不规范导致

生产人员应严格按照工艺作业指导书操作，如果员工缺乏责任心，操作过程随意或带情绪上班，擅自更改工艺操作，则会加大异物出现的频率。例如在日常生产管理过程中，员工投料前不做原料检查，造成蛋糕内有鸡蛋壳，用于煮粥的骨汤有骨刺，沙拉酱内有玻璃碎片(瓶口破损)等。

2.1.2.2 去除方法

食品物理性非金属异物的去除主要有人工挑拣或者机械去除两种方法。其中机械去除法主要有清洗、过筛、色选去除等。

2.1.3 物理性食品安全案例

物理性因素引发的食品安全事件层出不穷，尤其在外卖行业更是问题频发。2016 年 3 月 15 日，央视 315 晚会曝光在“饿了么”网站上，存在着商家虚构地址、上传虚假实体照片等情况。同时，一些商家店面卫生状况令人担忧，甚至是无照经营的黑作坊，百度外卖的“扬州炒饭吃出蟑螂”、饿了么的“吉野家套餐出现蟑螂”、美团外卖的“小馋猫吃出木炭”等系列事件。随着法律的逐步完善，市场监管越来越严，大范围的食品安全事件已经很少出现，特别是在《食品安全法》修订后，国家加大了对不合格食品生产、销售单位的处罚力度，也起到了净化市场的作用。

2.2 化学因素

我国是农业大国，由于规模化程度不足，从业人员科技水平参差不齐，为了提高产量，增加效益，超量施用化肥与农药致使农作物和畜产品药物残留超标等现象仍然存在，从而为食品在生产、加工等过程中埋下了较大的安全隐患。

食品污染物是指食品在生产(包括农作物种植和动物饲养、兽医治疗)、加工、包装和贮运过程中非故意加入食品中的物质，包括环境污染和生产加工过程中产生的物质(如各类生物毒素)。其中，化学有机污染物长期摄入造成的潜在食源性危害已成为人们关注的焦点，如化学投入品(化肥、农药、兽药)、化学污染物(重金属、多环芳烃、多氯联苯、二噁英)和化学产生物(反式脂肪酸、丙烯酰胺、亚硝胺)等。上述化学物质在与食品接触时对食品形成污染，伴随着整个食品加工、运输和消费的全过程，最终会在食物链的顶端——人体内进行富集，对人体健康产生危害。

2.2.1 化学投入品

化学投入品(化肥、农药、兽药)的广泛应用，虽然对大幅度提高农作物产量、畜产品产量，满足人口对食物数量快速增长的要求作出了重要贡献，但同时也带来了农副产品有害物质超标、质量下降和环境污染等问题。目前，食品安全已成为人们普遍关注的焦点，化肥、农药、兽药的不合理使用，导致农副产品农兽药残存，给消费者带来危害。

2.2.1.1 化肥

中国是世界上化肥使用量最大的国家，长期大量施用单质化肥，会造成土壤有机质匮乏，耕地质量不断下降，粮食品质也将遭受很大影响。化学品的大量使用，使得农田生物多样性不断减少，系统稳定性不断降低。2019 年中国化肥利用率约为 39.2%，流失的化肥造成农产品、土壤和水体中硝酸盐和亚硝酸盐的大量积累，对人类的健康形成威胁。尽管近几十年氮、磷等化肥的大量使用极大地提高了我国的粮食产量，但是由于施肥不科学，我国的氮、磷等化肥投入量远高于国际水平，而氮、磷的利用效率却远低于国际水平，这造成了土壤中氮、磷元素的大量积累，对我国生态环境安全构成了较大的威胁。

1. 化肥的概念

植物生长需要较多的元素是碳、氢、氧、氮、磷、钾、钙、镁、硫、铁等，此外还需要硼、锰、铜、锌、钼等元素，含有这些元素的盐类物质补充到土壤中，可以供植物生长之需，这些无机盐就是人们常说的化学肥料，简称化肥。化学肥料是指用化学和(或)物理方法人工制成的含有一种或几种农作物生长需要的营养元素的肥料，其成分多为无机物质，所以又称无机肥料。

2. 化肥的主要作用

化肥的主要作用包括了以下两方面。

(1)作为植物从土壤中吸取的营养物质。根据植物矿物质营养理论，植物从土壤中吸收的矿质养分和水域、空气中的碳、氢、氧通过光合作用合成糖、蛋白质和脂肪等有机物。植物必需的 16 种大量、中量和微量元素，是在土壤中呈离子态被植物根系吸收的，如氮素主要是铵离子和硝酸根离子，磷素是磷酸根离子，钾素是钾离子。化肥所提供的就是植物可以吸收的这些矿质养分。

(2)提高作物产量和土壤肥力。施用化肥是在农业外部投入新的养分和能量，因而它可以使农作物的产量迅速地、大幅度地提高。在我国农作物总产中，有 1/3 是施化肥的贡献，其比不施化肥单产提高 50%以上。

3. 化肥的分类及常见种类

化肥按肥效快慢分类可以分为速效肥料、缓效肥料、控释肥料。①速效肥料施入土壤后，随即溶解于土壤溶液中而被作物吸收，见效很快。大部分的氮肥品种，磷肥中的普通过磷酸钙，钾肥中的硫酸钾、氯化钾等都是速效化肥。速效化肥一般用作追肥，也可用作基肥。②缓效肥料也称长效肥料、缓释肥料，这些肥料养分所呈的化合物或物理状态能在一段时间内缓慢释放，以供植物持续吸收和利用。也就是说，这些养分施入土壤后，难以立即为土壤溶液所溶解，而是要经过短时的转化才能溶解，然后才能见到肥效，但其肥效比较持久。缓效肥料中养分的释放完全由自然因素决定，并未加以人为控制。一些无机化合物如钙镁磷肥、钢渣磷肥、磷矿粉、磷酸二钙、脱氟磷肥、磷酸铵镁、偏磷酸钙等，一些有机化合物如脲醛、亚丁烯基二脲、亚异丁基二脲、草酰胺、三聚氰胺等，以及一些含添加剂(如硝化抑制剂、脲酶抑制等)或加包膜肥料，前者如长效尿素，后者如包硫尿素等，都被列为缓效肥料。例如，长效碳酸氢铵是在碳酸氢铵生产系统内加入氨稳定剂，从而使其肥效期由 30～45 天延长到

90～110 天，氮利用率由 25%提高到 35%。缓效肥料常作为基肥使用。③控释肥料属于缓效肥料，是指肥料的养分释放速率、数量和时间是由人为设计的，是一类专用型肥料，其养分释放动力得到控制，从而与作物生长期内养分需求相匹配。例如，蔬菜 50 天、稻谷 100 天、香蕉 300 天等和各生育段(苗期、发育期、成熟期)需配予的养分是不相同的。控制养分释放的因素一般受土壤的湿度、温度、酸碱度等影响。控制释放的手段最易行的是包膜方法，可以选择不同的包膜材料、包膜厚度以及薄膜的开孔率来达到释放速率的控制。

化肥按酸碱性质分类可以分为酸性、碱性、中性化学肥料。①酸性化肥又可分为两种。一种是化学酸性，其水溶液呈酸性反应，如普通过磷酸钙。另一种是生理酸性，其水溶液呈中性，但施入土壤后，一部分被作物吸收，另一部分遗留在土壤中呈酸性，如氯化铵、硫酸铵、硫酸钾等。②碱性化肥也分为两种。一种是化学碱性，其水溶液呈碱性反应，如液氨、氨水等。另一种是生理碱性，其水溶液呈中性，但施入土壤后，未被作物吸收的一部分遗留在土壤中呈碱性，如硝酸钠、硝酸钙等。③中性化肥的水溶液既非酸性，也非碱性，其施入土壤后也不呈酸性或碱性，因此可适用于任何土壤，如尿素。

化肥按所含养分种类多少分类可以分为单元、多元、完全化学肥料。①单元化学肥料指只含氮、磷、钾三种主要养分之一的，也称单质化肥，如硫酸铵只含氮素，普通过磷酸钙只含磷素，硫酸钾只含钾素。②多元化学肥料指化肥中含有三种主要养分的两种或两种以上的，如磷酸铵含有氮和磷。③完全化学肥料指化肥中含有作物生长发育所需的多种养分。

化肥按形态分类可以分为固体、液体、气体化肥。①固体化肥指在工厂中制成结晶状、颗粒状或粉末状的固体形态的化肥，这在包装、运输和施用方面很适合我国的农业技术水平。②液体化肥指在工厂中制成液体形态的化肥，如液氨、氨水、溶液肥料以及胶体肥料等，其既可根际土施，也可叶面施肥。液体化肥的生产成本较低，但需要相应的贮存和施用机具，适用于机械化的农田。③气体化肥指常温常压下呈气体状态的肥料，主要用在温室和塑料大棚中。作物在生育盛期和成熟期，特别是设施农业(如日光温室、塑料大棚等)，由于室棚内空间密闭，二氧化碳得不到补充，有阻作物光合作用，因而除设有温度、湿度的自控调节设施外，还有二氧化碳自动发生器，以及时补充二氧化碳。如每茬平均补充 5 次二氧化碳，可使作物普遍增产 50%，高者可达 200%。我国塑料大棚喜用碳酸氢铵，除供氮肥外，还可补充二氧化碳。

化肥按起主要作用分类可以分为直接、间接、激素化学肥料。①直接化学肥料指直接作为作物养分来源的化肥，如氮肥、磷肥、钾肥等。②间接化学肥料指首先以改善土壤物理、化学和生理性质为主要目的肥料，如石膏、石灰、细菌肥料等。③激素化学肥料指那些对作物生长有刺激作用的化肥，如腐殖酸类肥料。

化肥按施肥时间分类可以分为基肥、追肥、种肥。①基肥指为满足作物整个生育时期对养分的要求，在播种前或定植前施入的肥料，也称底肥。②追肥指为满足作物不同生育时期对养分的特殊要求，以补充基肥不足而施用的肥料。③种肥指为满足作物苗期对养分的要求，在播种时与种子同时混播或撒入的肥料。在定植时采取沾秧根的方式，所用的肥料也为种肥。

此外，化肥还可以按需要量和使用量分为主要养分化肥(如氮肥、磷肥、钾肥)、次要养分化肥(如含钙、镁、硫元素的肥料)、微量养分化肥(如硼肥、锌肥、铜肥、铁肥、钼肥等);超微量肥料(如稀土肥料)。其他还有按作物生育期分类,如苗肥、返青肥、拔节肥、穗肥等;或按施肥部位分类,如根部肥、叶部肥等。

4. 化肥危害产生的原因

(1)农业生产对化肥过度依赖。化肥提供了作物生长必需的营养元素,能够促进植物生长,对提高农作物产量有着巨大作用。世界粮食产量的增加有25%~40%是靠化肥投入取得的,发达国家甚至可高达50%~60%。联合国粮农组织的数据显示,世界上1/3的谷物产量是由化肥贡献的。我国长期以来对粮食产量的追求和有机肥施用量的减少,导致了农业生产对化肥的过度依赖,结果导致化肥的过量施用成为普遍现象。我国施用最多的是氮肥,其次是磷肥和钾肥,微量元素肥料极少单独施用。

(2)法律制度约束普遍不足。导致化肥过度施用的另一主要原因是缺乏相应的法律制度约束。由于环境污染对于农业生产行为的外部性,农户在生产过程中没有减少污染的主观意愿,加上承包周期短使农户对土地收益预期短视,以大量施用短期见效快的化肥来获取土地短期产出的提高。只要购买化肥的支出小于其所能带来的作物增产增加的收益,农民就会不断地增加化肥使用量。因此,需要相应的法律法规来约束农户生产行为带来的化肥危害。

5. 化肥过量使用带来的危害

(1)粮食和农产品安全受到威胁。过量使用化肥极易使庄稼倒伏,而一旦出现倒伏就必然导致粮食减产,威胁粮食安全。过量使用化肥还容易发生病虫害,如使用过量的氮肥会使庄稼抗病虫害能力减弱,易遭病虫的侵染,继而会增加防虫害的农药用量,直接威胁食品安全。

(2)农产品质量下降。由于农田大量施用单元素化肥,其养分不能被作物有效地吸收利用。氮、磷、钾等某些化学物质易被土壤固结,使各种盐分在土壤中积累,造成土壤养分失调,部分地块的有害重金属含量和有害病菌量超标,导致土壤性状恶化,作物体内部分物质转化合成受阻,使农产品品质降低。超量使用化肥可使果蔬生长性状低劣,并且容易腐烂不宜存放。

(3)农民收入损失严重。不考虑各种肥料特性,盲目采用“以水冲肥”等简单的施肥方法,导致农民种地投入不断增加,虽然粮食产量增加,但增产不增收的现象越来越严重。有的地方由于长期过量使用化肥,只增加成本不增加产量,造成农产品品质低劣,使农民收入增加缓慢甚至降低。

(4)加剧环境污染。过量使用化肥,当肥料量超过土壤保持能力时,就会迁移至周围的土壤中形成农业面源污染,使河流、湖泊水体呈富营养化而导致藻类滋生,出现部分河流、湖泊的鱼虾发生死亡的现象,并引发赤潮现象。过量的化肥还会渗入20 m以内的浅层地下水中,使地下水硝酸盐含量增加,长期饮用此类水源,会危害人类健康。据统计,中国每年因不合理施肥造成1 000多万t的氮素流失到农田之外,直接经济损失达300亿。

6. 化肥施用的控制措施

加强耕地施肥管理,开展科学施肥,同时完善相关法律法规制度,出台针对农业生态保护和面源污染防治的法律法规，明确污染责任，从法律层面对化肥过量施用进行约束。

加强农村水环境质量监测，建立环境质量与国家农业支持保护补贴、土地承包权和经营权挂钩的法律法规制度约束。近年来，国家出台了一系列政策措施，“促进农业农村发展由过度依赖资源消耗、主要满足量的需求，向追求绿色生态可持续、更加注重满足质的需求转变”，耕地地力保护是农村土地“三权分置”、农业三项补贴改革、供给侧结构性改革的重要目标。十九大报告中明确指出，“保持土地承包关系稳定并长久不变，第二轮土地承包到期后再延长 30 年”。长期稳定的农地产权，能够使农民重视土地的休养生息，更愿意采用农家肥等方式耕种土地，减少化肥的使用。

加大可持续农业宣传与认证，引导消费者参与和购买绿色农产品、有机农产品。我国从 20 世纪 70 年代逐渐开展测土配方施肥技术的推广，近年国家又出台了一系列方案促进化肥的减量。2015 年，农业部印发了《到 2020 年化肥使用量零增长行动方案》，同时，为了配合把过量使用的化肥尽快减下来的要求，财政部、海关总署和国家税务总局联合印发了《关于对化肥恢复征收增值税政策的通知》，对有机肥在生产流通全环节实行免征增值税政策，鼓励有机肥的生产和使用，优化用肥结构。在此基础上，建议对绿色农产品、有机农产品进行适当消费补贴，推动消费升级，使人民群众逐渐认可不施用、合理施用化肥农药的优质农产品，形成环保可持续的消费意识，由此促使生产者更新观念，合理施用有机肥，主动提高土壤有机质含量，改善土壤结构，提高农产品质量，减少化肥带来的氮、磷排放，保护农业生态环境。对于已污染地区，及时开展治污措施，并加大宣传、教育和补贴力度，促进环境改善和恢复。

2.2.1.2 农药

我国是农药生产和使用大国。在农业生产过程中，农药能够对病虫害、杂草、鼠害等进行有效防控，促进农业增产和农民增收。然而，农药是一把“双刃剑”，不科学、不合理地使用农药将导致农产品残留水平超标、农药流失等问题。

1. 农药的概念

农药是用于预防、控制危害农业、林业的病、虫、草、鼠和其他有害生物以及有目的地调节植物、昆虫生长的化学合成物质或者来源于生物、其他天然物质的一种物质或者几种物质的混合物及其制剂。目前世界上使用的农药原药达 1 000 多种，我国使用的有近 200 种原药和近 1 000 种制剂，原药的年总产量近 40 万 t，居世界第二位，年使用农药约 100 万 t，居世界之首。在目前使用的农药中，人工合成的化学农药占绝对数量。

2. 农药的主要作用

农药在防治农业病虫害、去除杂草、提高农产品的产量和质量方面起着重要的作用。农药的使用是植物保护的重要手段，它具有快速、高效、经济等特点，在保证农业稳产、高产，满足人们对农副产品需求方面发挥着巨大的作用。但是，使用农药也存在着不利的一面，如农药残留、产生抗性、污染环境（土壤、水、大气）、危害人畜、杀灭某些有益生物等诸多缺陷。

3. 农药分类及常见种类

(1)按照主要用途分类。按主要用途可将农药分为杀(昆)虫剂、杀(真)菌剂、除草剂、杀线虫剂、杀软体动物剂、杀螨剂、杀鼠剂、落叶剂、植物生长调节剂和昆虫不育剂等类型。其中使用最多的是杀虫剂、杀菌剂和除草剂三大类。

(2)按照化学组成和结构分类。有机合成农药的化学结构类型有数十种之多,主要有有机磷、氨基甲酸酯、拟除虫菊酯、有机氯、有机砷、有机汞、有机硫、酰胺类、脲类、醚类、酚类、取代苯、有机杂环、苯氧羧酸类、三氮苯类、苯甲酸类、脒类、三唑类、香豆素类、有机金属化合物等多种类型。其中常用的是有机氯、氨基甲酸酯、拟除虫菊酯和有机磷农药四类。

(3)按来源分类。按来源可将农药分为矿物源农药、生物源农药及化学合成农药三大类。

(4)按毒性大小分类。按农药对大鼠经口和经皮急性毒性(LD_{50},即半数致死量)的大小分类,可将其分为剧毒类、高毒类、中等毒类和低毒类农药。

4. 农药残留的概念及产生的原因

农药残留是指农药使用后残留在生物体、食品和生态环境中的微量农药原药、有毒代谢物、降解物和杂质的总称。由于农药的理化性质、使用方法及时间、农产品加工技术的不同,各种农药在食品中残留浓度也不尽相同。当农药不科学、不合理施用及滥用后,就会导致农产品中农药残留量超过其最大残留限量,进而通过食物链等对生态系统中的人、畜等造成毒害。国际癌症研究机构指出,有足够的流行病学和动物实验数据证明食品中某些剧毒、高毒、高残留及“三致”(致癌、致畸、致突变)毒性农药会对人体健康产生威胁。农药使用引起的农药残留问题与经济社会快速发展背景下人们对优质、安全、健康生活方式的追求存在很大矛盾,农药残留限量标准也日趋成为发达国家或农产品进口国主要的技术性贸易壁垒。

食品中农药残留问题的出现具有深刻的历史和现实原因。首先,农业生产中生产者对农药的过量、不合理施用、滥用,以及无视国家法律法规仍然使用高毒、高残留、难降解农药,是导致农药残留超标的主要原因。生产者对防止病虫害、杂草或调节作物生长,提高农产品产量、增加收入的主观要求和生产者受教育水平低,缺乏正确、科学、安全施用农药的科学知识,以及对农药不科学、不系统的认知能力共同催生了农药的乱施滥用,从而导致农产品中农药残留超标,进而在食品加工过程中产生农药残留。其次,由于某些高毒农药具有杀虫效果好、成本较低的优势,故而在经济利益的刺激下,生产商、经销商和农户之间形成了生产、销售、使用高毒农药的利益链条。最后,我国产业结构处于调整和升级的转型时期,过去主要把精力放在发展生产、提高经济发展速度上,在一定程度上忽视了对食品质量安全的监管。近年来,随着经济的快速发展、政府及政策的有力导向、生产者和消费者素质的普遍提升,农药残留问题已经得到了极大的改善,农产品的安全水平得到了大幅提升。

5. 农药残留的危害

农药残留毒性对人体的危害是多方面的,与农药的种类、摄入量、摄入方式、作用时间等因素有关。脂溶性大、持久性长的农药,如六六六(BHC)和滴滴涕(DDT)等很容易经食物链产生生物富集,而人类处在食物链的最顶端,故受残留农药生物富集的危害最严重。有些农药在环境中稳定性高,降解的代谢物也具有与母体相似或者更高的毒性,这些农药往往引起整条食物链的生物中毒。有些农药尽管毒性低,但性质稳定,若摄入量很大,也可产生毒害作用。

食品中大多数残留农药，可以通过呼吸道、消化道、皮肤等途径进入人体。如果毒性较大且摄入量也较大，就有可能引起急性中毒或亚急性中毒，使人体在短期内出现不同程度的中毒症状，如头痛、恶心呕吐、抽搐痉挛、呼吸困难、大小便失禁等，若不及时抢救，甚至会有生命危险。此外，患者在出现各种组织、脏器的一些相应毒性反应时，还常常发生严重的神经系统损害和功能紊乱，表现出一系列精神症状。有些药剂虽然急性毒性不大，但如果性质稳定，食用后不易分解、消失，就会以残留形式存在于水、大气、食物(包括粮食、禽蛋和肉乳制品、水产品、蔬菜、瓜果、烟、茶等)中，使残留农药通过呼吸、饮食等途径不断在人体内积累，最终可能使内脏机能受损，引起慢性中毒。长期或大剂量摄入农药残留的食品后，还可能对食用者产生遗传毒性、生殖毒性、致畸和致癌作用。

6. 农药残留的控制措施

(1)制定严格的、科学的法律法规，强化农药监管力度。完善食品中农药残留法规和限量标准是目前亟须解决的问题，应及时对受质疑的农药、高毒、高残留的农药采取严格的管控措施，适时对农药对人类健康风险进行重新评估，或考虑到其安全性进行逐步限制或禁止使用。进一步完善农药的监管制度是满足消费者对使用农药信任的前提和保证，也是规范其市场管理、维护农药市场秩序的保障。

(2)需加大宣传力度，倡导科学、高效、合理使用农药。造成食品中农药残留超标的原因往往是多方面的，既有农药本身质量问题，也有农药使用技术等方面原因。只有提高农业生产者使用农药的技术水平，提高其辨别真假农药的能力，增强其遵法守法意识，才能在源头上解决农药残留超标等问题。应加强对有关法律法规的宣传，使生产者增强遵法守法的意识，从而严格按照相关的技术标准用药。对违反国家有关规定，不合理及滥用农药的行为，要依法予以严惩。

(3)加强化学农药替代产品的技术研发。生物农药是未来农药的发展方向，应着力研究开发高效、无毒、无残留、无污染的生物农药，逐渐淘汰传统化学农药的施用，从而在根源上杜绝农药残留，保障食品安全。

(4)强化对食品加工过程中农药残留的动态变化研究，提升食品加工技术装备力量和水平。目前，我国进行的农药残留监测主要针对初级农产品，未考虑加工过程对农药残留的影响。未来我国需提高食品加工技术装备条件，重视商业化加工过程对农药残留降解动态的研究，关注加工过程中农药残留成分的代谢变化，从而将加工中的代谢途径、代谢物的毒性情况以及加工影响因子共同应用于食品质量安全风险评估。

(5)建立健全食品中农药残留限量标准。借鉴美国、欧盟等发达国家的经验和技术，并在此基础上，结合我国现有国情，系统开展动植物食品中农药残留降解动态和毒性作用机理研究，并根据农药的蓄积作用、稳定性和对实验动物的致死量等因素综合制定食品中农药残留限量标准。加强对农药注册(如包括对人体健康、天敌和环境的安全性指标)、生产、销售和使用的管理，制定与国际接轨的农产品农药残留限量。

2.2.1.3 兽药

兽药主要用于畜禽类疫病的防治，在降低发病率与死亡率、促生长、提高饲料利用率和改善产品品质方面起到十分显著的作用，已成为现代畜牧业不可缺少的物质，但同时也带来兽药残留和污染问题。兽药残留是指动物使用药物后蓄积或贮存在细胞、组织或器官内的药物原形、代谢产物或药物杂质。兽药残留已成为人们普遍关注的一个社会热点问题，它与公众的健康息息相关，药物残留不仅可以直接对人体产生急、慢性毒性作用，引起细菌耐药性的增加，还可以通过环境和食物链的作用间接对人体健康造成潜在危害。

1. 兽药的概念

兽药是指用于预防、治疗、诊断畜禽等动物疾病，有目的地调节其生理机能并规定作用、用途、用法、用量的物质（含饲料药物添加剂）。

2. 兽药的主要作用

随着集约化养殖业的发展，兽药的用途也大大扩展。当前兽药的主要作用包括：防治动物疾病，提高其健康水平，降低发病率和死亡率；用作饲料药物添加剂，以提高饲料转化率和幼年动物的生长率，降低动物性食品的生产成本；提高成年动物的生产和生殖性能等。

3. 兽药分类及常见兽药

兽药种类繁多，按用途分类主要包括：抗生素、合成抗菌素、抗寄生虫剂、促生长剂和杀虫剂等。抗生素和合成抗菌素统称抗微生物药物，是最主要的药物添加剂和兽药残留，约占药物添加剂的60%。

（1）抗微生物药物。抗生素是指由细菌、放线菌、真菌等微生物经过培养而得到的产物，或用化学半合成方法制造的相同或类似的物质，其在低浓度下对细菌、真菌、立克次氏体、病毒、支原体、衣原体等特异性微生物有抑制生长或杀灭作用。某些完全由化学合成的药物（如磺胺类和呋喃类）在低浓度下对特异性微生物也具有抑制生长或杀灭作用，称为合成抗菌素或化学治疗药物。虽然合成抗菌素本身不是抗生素，但由于其具有抗菌作用，故被作为与抗生素同等看待，在此统称为抗微生物药物。常见的抗生素类型有β-内酰胺类，如氨苄青霉素、青霉素等；氨基糖苷类，如链霉素、卡那霉素、庆大霉素等；四环素类，如四环素、金霉素、土霉素等；氯霉素类，如氯霉素、甲砜霉素等；大环内酯类，如红霉素、泰氏菌素等；多肽类，如杆菌泰、黏杆菌素等。

（2）抗寄生虫剂和杀虫剂。抗寄生虫剂和杀虫剂是指能够杀灭或驱除体内、体外寄生虫的药物，包括驱虫剂和抗球虫剂等。目前，公认的防治球虫病的最有效方法是对幼年动物在感染初期用抗球虫剂进行防治。有些抗生素有较强的抗球虫活性，其中药效最高的是聚醚类抗生素（包括莫能霉素、盐霉素、拉沙洛西钠、马杜霉素、甲基盐霉素等）。人工合成的抗球虫剂有氨丙啉、二甲硫胺、氯羟吡啶等。杀虫剂的种类很多，最常用的包括越霉素A和潮霉素B两种抗生素，但更多的是人工合成化学品。杀虫剂常用的药物包括：苯并咪唑类（如噻苯达唑、丙硫苯咪唑、苯硫咪唑、氯苯咪唑等）、吩噻嗪、哌嗪、咪唑并噻唑、甲苯达唑、苯硫氨酯、左旋咪唑、噻吩嘧啶、甲噻嘧啶等。这些化合物的毒性较大，只能作为发病时的治疗药短期使用，不能长期加入饲料中作为药物添加剂使用。

（3）激素与促生长剂。促生长剂主要通过抑制异化或氧化代谢、改善饲料利用率或增加瘦肉率等机制发挥促生长效应。这类药物效能极高、起效快、使用量小，许多药物属内源性物质，监控难度较高。动物源性食品中的激素残留可能会危及消费者的健康，其中以性激素和甲状腺素类促生长激素对人类健康危害最大，而目前使用较多的也是这两类激素。儿童食用含有促生长激素和己烯雌酚的食品可导致性早熟。常见的促生长剂有甾类同化激素，如氯睾酮、去甲睾酮、雌二醇、孕酮等；二苯乙烯类，如己烯雌酚、己烷雌酚等；雷索酸内酯类，如玉米赤霉素等；β-激动剂，如克伦特罗、塞曼特罗、塞布特罗、马布特罗等；生长激素，如牛生长激素、猪生长激素等；镇静剂，如氯丙嗪、乙酰丙嗪、安定等；甲状腺抑制剂，如丙硫氧嘧啶、甲巯咪唑等；离子载体类抗生素，如莫能菌素、盐霉素等。

4. 兽药残留产生的原因

根据联合国粮农组织和世界卫生组织(FAO/WHO)食品中兽药残留联合分委员会的定义，兽药残留是指动物产品中的任何可食用部分所含兽药的母体化合物及其代谢产物以及与兽药有关的杂质。兽药残留产生的原因有以下几个方面。

(1)滥用或者非法使用违禁或淘汰药物。我国农业部第 265 号公告中已经指出，为了进一步做好出口肉禽养殖用药管理工作，相关企业应该严格遵守国家兽药使用管理规定，不得使用不符合《兽药标签和说明管理办法》规定的兽药产品，不得使用《食品动物禁用的兽药及其他化合物清单》所列产品及未经农业农村部批准的兽药。

(2)不遵守休药期规定。休药期指畜禽最后一次食用某种药物到其许可屠宰或者其蛋、乳制品许可上市的间隔时间。为进一步加强兽药使用管理，保证动物性产品质量安全，根据《兽药管理条例》规定，我国制定了兽药国家标准和专业标准中部分品种的停药期规定。另外，美国 FDA 和欧盟等都规定了兽药使用的休药期，以及药物的最高残留限量标准。

(3)药物生产企业违背有关标签规定用法。我国的《兽药管理条例》已经明确指出，兽药的标签必须注明兽药的通用名称、成分及其含量、规格、适应证、用法用量、休药期等相关内容。但某些兽药生产企业为了自身利益，在产品中非法添加某些化学物质，但在标签中不进行说明，导致养殖企业在不知情的情况下出现重复用药、盲目用药等现象，造成药物残留。

(4)过量使用药物。养殖过程中存在长期使用药物添加剂、随意使用最新或高效抗生素、大量使用人医用药及不正确的应用药物等现象；此外，还存在不符合用药剂量、给药途径、用药部位和用药动物种类等用药规定以及重复使用几种商品名不同但成分相同药物的现象。所有这些因素都能造成药物在生物体内过量积累，导致兽药残留。

(5)无有效记录档案。使用兽药和饲料药物添加剂没有用药记录，无法查考。目前饲料中添加药物主要有四种：抗菌药、防腐剂、促生长剂和镇静剂。添加药物未在产品标签中注明，一旦被动物养殖者误用，导致其中任何一种添加剂存在于动物体内，则都可通过食物链对人体产生危害。同时饲料加工、运输工具污染以及动物屠宰加工过程的污染，也可能产生兽药残留。

(6)使用不合格的饲料或饲料添加剂。畜场主使用了不合格的饲料或者饲料添加剂也可能造成动物产品兽药残留超标。如在饲料或饲料添加剂的生产中，生产设备受到药物添加剂污染，或储藏容器盛放过药物造成交叉污染，都可能生产出不合格的饲料或饲料添加剂。一些饲料厂为了提高饲料效果，故意添加一些兽药添加剂，但又不在标签中明确标出，导致动物产品中兽药残留超标，危害畜产品质量安全。

5. 兽药残留的危害

（1）对人类健康的危害。长期食用有兽药残留的肉、蛋、奶，很容易造成人体中毒，或出现过敏反应，具有“三致”（致癌、致畸、致突变）作用的药物摄入过多甚至有可能引发基因突变或染色体畸变。例如，氨基糖苷类药物，如链霉素、庆大霉素等主要损害第八对脑神经（听神经），导致听力减退甚至耳聋；氯霉素会损害肝脏及造血功能，导致严重的再生障碍性贫血；呋喃唑酮会使动物致癌，磺胺类会破坏人的造血功能；丁苯咪唑具有致畸作用，硝基呋喃具有致癌作用等。此外，会有一部分敏感菌株逐渐产生耐药性，从而导致耐药菌株的产生。这些耐药菌株通过动物的肉、蛋、奶进入人体内，当人患有由这些耐药菌株引起的疾病时，就会给临床治疗带来很多的困难，甚至出现生命危险。

（2）对环境和生态的危害。在畜牧养殖过程中，为预防动物疾病，部分畜场主长期低剂量使用抗生素药物，这容易诱导出现耐药菌株，导致药物治疗效果越来越差，不利于养殖业发展；如果出现人畜共患病耐药菌株，可通过食用或其他方式传播给人，若治疗效果不佳，会危及人类健康；同时容易导致动物产品兽药残留超标，人食用后会对抗生素产生耐药性，患病后药物治疗效果不良。随着兽药使用越来越广泛，种类日益扩大，耐药性的产生不可避免，给兽医和医学临床带来严重的后果。部分兽药会随动物排泄物排出体外，进入环境后这些药物仍然具有活性，从而造成了环境中的兽药残留，污染了环境和生态。若地下水源受到兽药残留长期影响，会导致饮用水中兽药残留超标，也会对人类健康造成危害。

（3）对畜牧业发展的危害。畜产品中的药物残留是导致中国畜产品出口受阻的主要原因，以致严重影响了我国畜产品的外贸出口，长期滥用药物严重制约着我国畜牧业的健康发展。

6. 兽药残留的控制措施

（1）加大兽药残留危害的宣传力度。要对兽药残留的危害进行大力宣传，让全社会尤其是养殖户认识到兽药残留对人类健康和生态环境的严重危害，从而科学合理地使用兽药。

（2）加强日常饲养管理理，转变饲养理念。要给畜禽创造一个良好的饲养环境，加强日常的饲养管理，转变饲养理念，提高畜禽对疾病的抵抗能力，减少畜禽发病率，降低兽药的使用。

（3）建立完善的兽药残留监管体系。降低兽药残留最有效的办法是建立完善的兽药残留监管体系，提高对兽药残留的监管力度，制定动物性食品安全相关的法律法规，严格禁止兽药残留超标的畜禽产品流入市场。近几年，为控制兽药残留，国家颁布了一系列法律法规，其中包括《动物防疫法》《饲料和饲料添加剂管理条例》《兽药管理条例》《兽药规范》《兽药质量标准》《兽用生物制品质量标准》《进口兽药质量标准》《饲料药物添加剂使用规范》等。

（4）合理使用饲料添加剂。加大对市场上饲料添加剂的检查和管理，要依法使用合格的饲料添加剂，并且要正确地使用饲料添加剂。

（5）完善兽药残留的分析方法。兽药残留的检测方法有很多种，主要的兽药残留检测方法包括免疫分析法、气相色谱法、高效液相色谱法、毛细管电泳法、液质联用技术和生物传感器等。完善兽药残留的检测方法，特别是快速筛选和确认的方法，是实现兽药残留有效监管的前提。

2.2.2 化学污染物

化学污染物是指能在环境中长期存在并且具有很长的半衰期的一系列有毒的化学物质，可通过食物链的传递对人类健康及环境造成不利影响。误食了含有化学污染物的食品会对人体造成严重的伤害。这些化学物质可严重影响人类和动物健康，如导致癌症、损害神经系统、造成生殖障碍、破坏免疫系统等。化学污染物具备四种特性：高毒、持久、生物积累性、亲脂憎水性，其通过食物链的不断累积最终到达生物链顶端的人类，并且能把这些毒性无限放大。因此，我们需要提高对其检测监管的力度。

2.2.2.1 重金属

1. 重金属来源

随着我国经济社会的不断进步，因工业“三废”排放、城市生活垃圾堆放、农用化学品的投入及大气沉降等引起的土壤重金属污染问题引起了全社会的广泛关注。在食品安全领域，重金属的概念和范围并不十分严格，通常是指密度等于或大于 5 g/cm^3 的金属，一般是指对生物有显著毒性的一类元素。从毒性角度出发，重金属既包括有毒元素如铅、镉、汞、铬、锡、镍、铜、锌、钡、铊等，也包括铍、铝等轻金属和砷、硒等类金属，非金属元素氟通常也包括在内。20 世纪 50 年代日本出现水俣病和痛痛病，最终查明是由于汞污染和镉污染所引起的，自此以后，重金属所造成的食源性危害问题开始引起人们极大的关注。

目前，我国食品中重金属污染问题日趋严重。尤其是近 30 年来，随着工业化、城市化、农业集约化的快速发展，大量未经妥善处理的工业“三废”和生活污水任意排放，不合理的化肥、农药的施用，导致我国目前大面积水体和农田土壤环境状况不断恶化，最终影响到我国食品的质量安全水平。全国每年受重金属污染的粮食达 1 200 万 t，造成的直接经济损失超过 200 亿元。全国重金属污染耕地在 5 000 万亩左右，受污染的重点区域都是过去经济发展比较快、工业比较发达的东中部地区，包括长三角、珠三角、东北老工业基地以及湖南等地。调查显示，华南地区部分城市有 50%的耕地遭受镉、砷、汞等有毒重金属和石油类有机物污染；长江三角洲地区有的城市连片的农田受多种重金属污染，致使 10%的土壤基本丧失生产力。“锡大米”超标事件、湖南雄黄矿区蔬菜砷超标事件、米粉镉超标以及油条、烤鸡翅及贝类重金属超标、葡萄酒铜超标等食品安全事件的频频发生，使人们更加意识到重金属污染已对我国的食品安全和农业可持续发展构成了严重威胁。

有毒金属元素可以通过以下几种途径污染食品。①自然界环境中高本底含量，一些特殊地区如矿区、海底火山活动的地区，因地层的高含量而使生长在这些地区的动植物食品中有毒金属元素含量明显高于一般地区。②工业“三废”的排放和化学农药的使用，使水体、空气、土壤遭受严重的污染，生物除直接受到来自环境的污染外，还以食物链方式在生物体内蓄积。③食品生产、加工和运输等过程所使用的食品添加剂、金属器械、管道、容器及包装材料等含有毒金属杂质而使食品受到污染。

2. 重金属危害

重金属元素在环境和生物体中迁移转化的最大特点就是不能或者不易被生物体分解转

化后排出体外，只能沿食物链逐级传递，在生物体内浓缩放大，当累积到较高含量时，就会对生物体产生毒性效应，且毒性随形态而异。重金属元素的这一特点使人们认识到，要有效减轻重金属对人体健康的危害，就必须避免或尽量地减少有毒重金属进入食物链。

人体摄入的重金属，不仅其本身表现出毒性，而且可在人体微生物作用下转化为毒性更大的金属化合物，如汞的甲基化作用。另外，其他生物还可以从环境中摄取重金属，经过食物链的生物放大作用在体内千万倍地富集，并随食物进入人体而造成慢性中毒。一般认为，重金属引起毒性的中毒机制有以下几种。①阻断了生物分子表观活性所必需的功能基。如Hg^{2+}、Ag^{+}与酶半胱氨酸残基的巯基结合，而半胱氨酸的巯基是许多酶的催化活性部位，当其结合重金属离子时，就抑制了酶的催化活性。②置换了生物分子中必需的功能基。如Be^{2+}可以取代Mg^{2+}激活酶中的Mg^{2+}，由于Be^{2+}与酶结合的强度比Mg^{2+}大，因而可阻断酶的活性。③改变生物分子构象或高级结构。如核苷酸负责贮存和传递遗传信息，一旦构象或结构发生变化，就可能引起严重后果，如致癌和先天性畸形。重金属在体内的毒性作用受许多因素影响，如与侵入途径、浓度、溶解性、存在状态、膳食成分、代谢特点及人体的健康状况等因素密切相关。

3. 食品中常见重金属铅的污染

铅对人体的危害。人体内理想血铅浓度为零，因为铅在人体内无任何有益的生理作用，是人体非必需元素。摄入含铅食品后，其中的铅有5%～10%主要在十二指肠被吸收。铅经过肝脏后，部分随胆汁再次排入肠道中。进入体内的铅可产生多种毒性和危害。①急性毒性。铅中毒可引起多个系统症状，最主要的症状为食欲不振、口有金属味、流涎、失眠、头痛、头昏、肌肉关节酸痛、腹痛、便秘或腹泻、贫血等，严重时出现痉挛、抽搐、瘫痪、循环衰竭。②亚慢性和慢性中毒。当长期摄入含铅食品后，对人体造血系统产生损害，主要表现为贫血和溶血；对人体肾脏造成伤害，表现为肾小管上皮细胞出现核包含体，肾小球萎缩，肾小管渐进性萎缩及纤维化等；对人体中枢神经系统与周围神经系统造成损伤，引起脑病与周围神经病，其特征是迅速发生大脑水肿，相继出现惊厥、麻痹、昏迷，甚至死亡。③生殖毒性、致癌性、致突变性。微量的铅即可对精子的形成产生一定影响，可引起胎儿死亡和流产，也可通过胎盘屏障进入胎儿体内，对胎儿产生危害，还可诱发良性和恶性肾脏肿瘤。

食品中铅污染的可能来源。①食品制作过程中出现的铅污染。如加工松花蛋用黄丹粉，使铅转入食品中。②食品包装和盛放过程造成的铅污染。如用陶瓷、搪瓷等材料制备的容器和用具均含有铅，在接触食品时会造成污染，罐装食品或饮料也可能含铅，特别是酸性食品更容易造成铅逸出。③环境中铅对食品的污染。如农业上施用的农药和化肥长期使用含铅的农药、化肥，导致土壤中铅的累积；铅矿的开采、冶炼及铅制品制造业产生的"三废"排入环境造成污染；汽车的尾气含有铅化合物，使道路两侧土壤受到污染进而污染牧草和农作物。

食品中铅的控制措施。①控制环境铅污染。含铅汽油是环境铅污染的最主要来源。我国从1999年开始禁止使用含铅汽油。除了汽油外，含铅油漆和颜料、食品罐头中的焊锡和陶器釉彩等均含铅，孕妇应尽量避免接触。不要用油漆涂饰家中墙壁，因为油漆中含有大量的铅，漆屑脱落后，易造成居室铅污染。②安排合理膳食。合理膳食是减轻子宫内铅暴露关键环节。首先，充足的蛋白质摄入可对胎儿有一定的保护作用。孕妇蛋白质营养不良将增加母体血铅水平及铅对胎儿的毒性作用。其次，孕妇血铅水平与孕期血中抗氧化维生素(维生素 E、维生素 C)水平呈负相关，故适量补充维生素对胎儿也具有预防性保护作用。第三，适量补铁、补钙。孕妇缺铁、缺钙可致血铅浓度升高，加重胎儿铅暴露的危害，故补充适量铁剂、钙剂对减轻孕妇血铅浓度，降低铅对胎儿的危害具有重要的作用。③普及健康教育。提高人们对铅中毒的认识是预防胎儿铅暴露的重要前提，包括合理的膳食、培养儿童良好的卫生习惯、居室的清洁卫生、铅中毒有关知识的普及等。编录科普性的宣传资料，充分利用媒体与舆论支持，动员社会各界开展预防性健康教育，以提高全民对铅毒害作用的认识，加强自我保护意识。④积极开展儿童铅中毒防治的策略。强调一级预防，建立环境及相关产品铅污染的监控通报体系，加强对社区儿童群体产生危害的铅污染治理工作，为儿童创造一个清洁、安全的生存发展空间。同时，研制和推广安全有效的铅中毒防治产品(包括药品与保健食品等)，并完善全国性的医疗保健和专业儿童铅中毒防治咨询网络，积极开展健康促进运动。

4. 食品中常见重金属汞的污染

汞俗称水银，是一种毒性较强的金属元素。微量的汞一般对人体无害，基本上摄入量与排泄量平衡。汞按其化学形态可分为单质汞(Hg)、无机汞(Hg^{+}、Hg^{2+}盐及其配合物)和有机汞(烷基汞、苯基汞)。汞化合物可经由消化道吸收、呼吸吸入、皮肤直接吸收三种途径进入人体。食品中的金属汞几乎不被吸收，无机汞吸收率低，故毒性较小，但在水生系统中可以通过生物和非生物的甲基化作用转化为甲基汞化合物，从而增强其毒性。

食品中汞污染的可能来源。①未经处理工业废水的排放。一方面，可通过灌溉使农作物根系吸收并富集重金属汞，另一方面，流入江河湖海中的废水经过非生物的作用使得甲基汞在鱼类等水产品中富集，再经过食物链的传递作用，进而引起人体的汞中毒。②农药、化肥和饲料的使用。农药施用及农田施肥等，如果管理不合理，可使重金属汞进入土壤并随之积累，从而被作物吸收与富集。如施用有机汞杀菌剂，可造成汞污染。③汞矿开采、冶炼。汞矿开采和冶炼造成矿区大气、水体、土壤受到汞的严重污染。④包装材料。印刷纸质包装材料中的重金属汞也会随食物进入体内，各种印刷油墨中都含有一定量的汞，因而会对所包装的食品造成不同程度的污染。

食品中汞的毒性与危害。食品中的汞以元素汞、二价汞的化合物和烷基汞三种形式存在。一般情况下，食品中的汞含量很少，但随着环境污染的加重，食品中汞的污染也越来越严重。汞进入血液后，与血清蛋白及血红蛋白结合，蓄积在肾、肝、心、脑中，引起这些脏器的病变。汞与蛋白质的巯基(—SH)具有特殊的亲和力，可使含巯基的酶失去活性，引起机体生理功能紊乱。汞的毒性以有机汞化合物的毒性最大，尤其是甲基汞。甲基汞侵入人体后与体内巯基结合形成硫醇盐，使人体中一系列含有巯基的酶的活性受到抑制，这些酶包括过氧化物酶、细胞色素氧化酶、琥珀酸氧化酶、琥珀酸脱氢酶、葡萄糖脱氢酶等，从而破坏细胞的基本功能和代谢，破坏肝脏的解毒功能，同时也损坏肝脏合成蛋白质的功能和其他功能。此外，甲基汞还能使细胞的通透性改变，从而破坏细胞离子平衡，抑制营养物质进入细胞，导致细胞坏死，肾功能衰竭。甲基汞还可引起神经系统损害，使末梢神经中感觉神经元出现强烈的变性，中枢神经则产生神经细胞变性，以致发生感觉障碍。

食品中汞的控制措施。①防止汞污染的关键是治理污染源，调整不合理的工业布局，改进生产工艺，对工业排放的“三废”加强管理和治理，严格控制排放标准。目前治理环境汞污染最常用的方法是清除河床沉积物或者是采用覆盖法使水体与沉积物表层隔开，从而阻止甲基汞向水中释放。②汞及甲基汞一旦污染环境则难以靠自然净化去除，它通过食物链危害人类，因此改革生产工艺，实现不向环境中排放汞及其化合物对预防甲基汞中毒至关重要。在已经被污染的水域，则应根据污染的程度限制捕捞或禁止食用水产品。③应制定汞的最高容许浓度，以及汞的排放标准和环境容许标准，以限制汞及其有机物或无机物的污染。此外应制定甲基汞摄入量标准。④通过改善饮食结构预防及控制汞的摄入量，减轻汞中毒。汞与蛋白质的巯基(—SH)具有特殊的亲和力，可使含巯基的酶失去活性，引起生理功能紊乱。由于慢性汞中毒可引起蛋白尿，使机体不断丧失蛋白质，另外肝脏、肾脏受到的损害也需要充足的优质蛋白质修补、再生，因此膳食中应有足够的动物性食品和豆制品。这些食物含有较高的甲硫氨酸，其中的巯基可与汞结合，从而保护含有巯基的酶的活性，减轻中毒症状。除蛋白质外，微量元素硒与维生素 E 对于汞中毒均有明显的防护作用。硒可维持肝、肾细胞内谷胱甘肽过氧化酶的活性，从而减轻中毒症状；硒还能束缚汞并与蛋白质的巯基结合，从而使汞不能到达靶细胞而产生毒性作用。维生素 E 除了能防止汞对神经系统的损害外，还能提高硒的营养效应。有实验证明，供给汞作业人员高蛋白、低脂肪膳食，能明显修补肝细胞损伤，预防脂肪肝，改善肝功能。含果胶较多的胡萝卜，也能使汞加速排出，减轻中毒症状。在调配日常膳食时，应选择含硒较高的海产品、肉类、肝脏等，以及含维生素 E 较多的绿色蔬菜、奶、蛋、鱼、花生与芝麻等。

5. 食品中常见重金属镉的污染

镉是重要的工业和环境污染物，主要来源于锌、铜、铝矿的冶炼及电镀、蓄电池、合金、油漆和塑料等工业生产中。

食品中镉污染的来源：①自然本底。镉广泛存在于自然界，可通过作物根系的吸收进入植物性食品，并通过饮水与饲料进入动物体内，使畜禽类食品受到镉污染。但由于自然本底较低，故食品中的镉含量一般不高。②工业污染。镉可作为原料或催化剂用于生产塑料、颜料和化学试剂。由于镉具有耐腐蚀性和耐摩擦性能，故常用作生产不锈钢、雷达、电视机荧光屏的原料。镉还是制造原子核反应堆控制棒的材料之一。电镀生产耗镉量占总量的 50%。镉污染主要来自工业“三废”，如铅锌矿冶炼产生的废弃物、电镀镉排放的废液等，因此重工业比较发达的城市镉污染较严重。③食品容器及包装材料的污染。镉是合金、油彩、颜料和电镀层的组成部分，当使用含镉容器具盛放和包装食品(尤其是酸性食品)时，镉可发生迁移而污染食品。④施肥的污染。某些含镉量较高的化肥(如磷肥等)，在施用过程中可造成农作物的污染。一般环境中镉含量较低，但海产品、动物内脏和一些农作物可富集镉。日本神通川流域曾由于锌矿造成的镉污染，发生了典型的公害病——“痛痛病”。

食品中镉的毒性与危害。刚出生的新生儿体内不含镉。随年龄增大，人体内镉的含量相应增加。进入人体内的镉，主要蓄积在肾脏和肝脏。镉在人体内的半衰期可长达 16～31 年，其蓄积作用十分明显。镉的排出主要是随粪便排出，其次是通过尿、汗、乳、毛发等途径排泄。①急性毒性。镉为有毒元素，其化合物毒性更大。自然界中镉的化合物具有不同的毒性。其中硫化镉的毒性较低，氧化镉、氯化镉、硫酸镉毒性较高。镉引起人中毒的剂量平均为 100 mg。急性中毒者主要表现为恶心、流涎、呕吐、腹痛、腹泻，继而引起中枢神经中毒症状。严重者可因虚脱而死亡。②亚慢性和慢性毒性。长期摄入含镉食品，可使肾脏发生慢性中毒，主要是损害近曲肾小管和肾小球，导致蛋白尿、氨基酸尿和糖尿。同时，由于镉离子取代了骨骼中的钙离子，从而妨碍钙在骨质上的正常沉积，也妨碍骨胶原的正常固化成熟，导致软骨病。③致畸、致突变和致癌性。1987 年国际抗癌联盟将镉定为ⅡA 级致癌物，1993 年镉被修订为ⅠA 级致癌物。镉可引起肺、前列腺和睾丸的肿瘤。镉是一个很弱的致突变剂，其致癌作用和镉能损伤 DNA、影响 DNA 修复以及促进细胞增生有关。

食品中镉的控制措施：①环境一旦被镉污染，清除非常困难，为防患于未然，保护环境不受镉污染是第一位的，应严格按照环境标准执行工业废气、废水、废渣的排放。②加强农用化学物质的管理，禁止使用含有毒镉金属超标的化肥等化学物质。③限制使用含镉金属及其化合物的食品加工用具、容器和包装材料，以及含有此重金属的添加剂和各种原材料。④加强食品安全监督管理，完善食品安全标准。

6. 食品中常见重金属砷的污染

砷为类金属，具有金属和非金属的性质。砷有多种不同的价态，如－3、0、＋3、＋5，此外还包括有机砷和无机砷两种形态。在不同的环境下，砷的价态和形态会发生相互转变，如 As^{3+} 与 As^{5+} 可通过氧化还原作用发生转变，有些微生物可通过甲基化作用使无机砷转变为有机砷，有机砷也会在酸性条件下转变为无机砷。As^{3+} 毒性大于 As^{5+}，无机砷的毒性大于有机砷，元素砷和砷的硫化物几乎无毒。砷的氢化物（AsH_3）毒性很大，但在自然界极少见。通常 As^{3+} 毒性强，三氧化二砷（As_2O_3，又名砒霜）是无机砷化物中毒性最强的。不同形态砷化合物的毒性大小规律为：$AsH_3 > As^{3+} > As^{5+} >$ 有机砷。

食品中砷污染的来源。①含砷矿石的开采和金属冶炼。砷与许多有色金属如铅、锌、铜等是伴生的，砷矿本身及其他矿产的开采、运输、加工，矿井水和矿渣的排放，是造成环境中砷污染的主要途径。②化工生产和燃料燃烧。砷及其化合物是化工生产中的常用原料，据北京市统计，用含砷化工污水灌溉可能造成农作物的砷污染。煤和石油中也含有微量的砷，它们可经燃烧排放入大气中而对食品造成间接污染。③含砷农药和兽药的使用。含砷农药主要有杀虫剂、杀菌剂、除草剂、脱叶剂和种子消毒剂。含砷农药的施用，可导致砷在土壤中的积累，从而直接影响粮食和蔬菜中的砷含量。在畜牧业生产中，一些五价砷常常作为鸡和猪的生长促进剂添加到动物饲料中，这些砷制剂的使用可造成兽药残留。④海洋生物的富集作用。由于海洋生物能上千倍到几万倍地富集砷，因此在虾、蟹、贝类及某些海藻中砷的含量特别高。海洋生物中的砷大部分以有机砷形式存在。⑤自然本底。砷是地壳的组成成分之一，某些地区高本底砷可转移到动植物食品中，通过人类摄食或直接饮水进入人体内，如我国香港、台湾地区由于长期饮用含砷高的井水而导致黑脚病。⑥食品加工过程中原料、添加剂、容器和包装材料的污染。食品原材料或添加剂等因杂质砷含量较高所引起的食品污染事件时有发生。曾有报道用工业盐酸制备的酱油中含砷量高达 190 mg/L。又如 20 世纪 60 年代日本发生的“森永”牌乳粉中毒事件，就是因磷酸氢二钠稳定剂中的含砷化合物杂质所致。

食品中砷的主要危害。砷可以通过食道、呼吸道和皮肤黏膜进入机体。正常人每天摄入的砷不超过 0.02 mg。砷在体内有较强的蓄积性，皮肤、骨骼、肌肉、肝、肾、肺是砷的主要贮存场所。①急性毒性。砷的急性中毒通常是由于误食而引起。三氧化二砷口服中毒后，主要表现为急性胃肠炎、呕吐、腹泻、休克、中毒性心肌炎、肝病等，严重者可表现为兴奋、烦躁、昏迷，甚至呼吸麻痹而死亡。②慢性毒性。砷慢性中毒是由于长期少量经口摄入受污染的食品而引起的，主要表现为食欲下降、体重下降、胃肠障碍、末梢神经炎、结膜炎、角膜硬化和皮肤变黑。长期受砷的毒害，皮肤出现白斑，后逐渐变黑。③致癌、致畸和致突变性。无机砷为致癌物，可诱发多种肿瘤。

食品中砷的控制措施。①职业性砷中毒的预防。在生产中应改善劳动生产条件，加强个人防护，对各种含砷废水、废气与废渣应予以回收及净化处理；加强对砷化合物成品的管理；防止容器破损。工作人员必须穿戴防护用品，工作后及时漱口，清洗手、脸并更衣。若发生砷临时泄露，要用 1∶50 的碱水、肥皂水或氢氧化铁洗刷污染区，然后用砂土混合，倒至空旷地方深埋。②地方性砷中毒的预防。可通过水源卫生学调查，及时了解水中砷的含量。水中含砷量超过标准或经流行病学调查有本病发生的地区，应改换水源，如改饮低砷的浅井水或开渠引水，以策安全。采用过滤装置滤水或将水中的三价砷氧化成无毒的五价砷。③严格管理含砷农药的使用和使用过农药的粮种，防止误食。按照有关规定使用农药，防止蔬菜水果含砷量过高。对于受砷污染的海产品(如海带)，使用前进行浸泡可以使砷化物溶解在水中，从而降低砷的含量。

2.2.2.2 多环芳烃

多环芳烃(polycyclic aromatic hydrocarbons，PAHs)是人类最早发现的致癌物。1775 年英国外科医生波特(P. Pott)发现扫烟工人患有阴囊癌是由煤烟引起的。1928 年英国学者 Kenneway 和 Cook 第一次人工合成了致癌性物质 PAH——二苯并蒽，1933 年 Cook 等人又从煤焦油中分离出苯并芘，其后又陆续分离出有致癌性的 PAH，到目前为止分离出的 PAH 有 400 多种。

多环芳烃是指含有两个及以上苯环的化合物。环与环之间的连接方式有两种：一种是苯环直接通过单键联合，或通过一个或几个碳原子连接，如联苯；另一种是稠环化合物，即相邻的苯环至少有两个共用的碳原子的碳氢化合物，如萘、苯并[a]芘。多环芳烃是一类普遍存在的环境污染物和化学致癌物。多环芳烃化合物由石油、煤炭、石化燃料、木材、燃料瓦斯、汽油、重油、纸或食品的不完全燃烧或热分解生成。在人类的生活和生产活动中，各种燃料的燃烧都会产生一定量的多环芳烃，该多环芳烃进入大气后，大多吸附在烟尘等固体微粒上，随呼吸道、皮肤和食物进入人体。

1. 食品中 PAHs 污染来源

(1)环境污染。在工业生产和其他人类活动中，由于有机物不完全燃烧，产生大量 PAHs 并排放到环境中，污染空气、水源和土壤，使农作物吸收而存积于植物体内。PAHs 也能以直接接触等途径污染食品。蔬菜水果中的 PAHs 来源于环境污染；靠近高速公路生长的莴苣可检出高浓度的 PAHs，其污染水平与靠近高速公路的距离成反比；大气污染的大叶蔬菜如菠菜，其 PAHs 水平可高出正常菠菜 10 倍；焦炭厂附近生长的胡萝卜和豆子，其皮中含高浓度的 PAHs。

(2)加工环节的污染。食品成分在热加工时，受高温影响发生裂解与热聚反应，形成多环芳烃化合物：如油炸食品，油脂在高温下发生裂解与热聚可产生苯并[a]芘；肉、鱼类在烤、烧、熏、炸过程中可形成 PAHs。有些设备管道和包装材料中含有苯并[a]芘：如橡胶的填充料炭黑和加工橡胶时用的重油中均含有苯并[a]芘，当液体食品如酱油、醋、酒、饮料等经过这些管道输送时，苯并[a]芘有可能转移到食品中，尤其是将橡胶管长期浸泡在食品中，其危险性更大；包装糖果、棒冰、面包等使用的蜡纸中苯并[a]芘含量也较高。

(3)工业废水、废气的污染。生产炭黑、炼油、炼焦、合成橡胶、烧沥青等行业的废水、废气中含有大量苯并[a]芘。这些废水排入江、河、湖、海，通过食物链将苯并[a]芘积累于水产品中，并通过食物链的传递危害到人类。

(4)植物及微生物合成。某些植物及微生物可合成微量的 PAHs。

2. PAHs 的主要危害

由于 PAHs 具有致癌性和诱变性，故国际癌症研究机构已经将 PAHs 列入首要污染物名单。通过生物化学和细胞遗传学相关研究，可以确定 PAHs 的大量摄入与肺癌、胃癌的发生密切相关。Daniel 等通过组织学研究，表明烤肉的食用与肾脏肿瘤的形成有关。苯并[a]芘也呈现了对动物繁殖、生长、免疫系统及组织细胞的毒性作用。

PAHs 可经多种途径进入体内，包括呼吸、饮食、饮水、皮肤接触等。膳食摄入的 PAHs 主要由胃肠道系统吸收，且受食品成分分子大小、亲脂性、肠道中胆汁量、饮食摄入量和食物中脂含量等影响。PAHs 在体内先由 CYP450 酶系催化环氧化，形成高活性亲电子代谢物，随后和谷胱甘肽、葡萄糖醛酸、硫酸盐、核酸等结合。经过体内代谢后的 PAHs 及其产物主要由胆汁(通过粪便)排出体外，少量可进入循环系统由尿液排出。

3. PAHs 的控制措施

为了减少不同食物中 PAHs 的含量，政府和企业都对油炸、加热和烟熏等食品加工方法设置了严格标准。主要措施如下。①改进食品烹调加工方法，防止食品直接污染及减少食品成分的热解及热聚。熏制、烘干粮食应改进燃烧过程，改良食品烟熏剂，不使食品直接接触炭火熏制、烘烤。在食品加工过程中要注意避免润滑油污染食品。包装材料所用的石蜡应先除去其中的多环芳烃类化合物。②油炸食品可因高温造成油脂裂解与热聚，产生多环芳烃类化合物，故应尽量避免高温、长时间烧烤或油炸鱼和肉类，应减少油炸食品的食用量，避免油脂反复加热使用。③粮食、油料种子不在沥青路面上晾晒，以防沥青中所含有的大量的多环芳烃，特别是苯并[a]芘被粮食和油料种子吸收而造成污染。④机械化生产食品要防止润滑油污染食品，可改用食用油做润滑剂。⑤不食用烧焦、碳化的食品，或者将烧焦部分去除后再食用。去除烟熏食品表面的烟油后，可减少大部分的 PAHs。

4. PAHs 的去除

①通常情况下，可以使用活性炭或者蒸馏操作(如除臭操作)来降低油中 PAHs 的含量。活性炭是常用的从油脂中去除 PAHs 的吸附剂。浸出法生产的菜籽油用 0.3%或 0.5%的

活性炭处理,在 90 ℃温度下搅拌 30 min,再经 140 ℃ 91.3 kPa 真空下处理 4 h,可除去 89%~95%的苯并[a]芘。②一种有效减少 PAHs 摄入的方法是在食用可能含有污染物的食品之前,改进食用方式和方法。肉制品在烟熏和其他加热操作之前,应去除外包装,否则在加热处理过程中将会产生更多的 PAHs 污染。但对熏香肠而言,在制作之前,可以在其表面包裹一层胶原蛋白膜,以其为壁垒,阻止更多 PAHs 的进入。③蔬菜水果清洗可去除部分 PAHs,但效果不理想,仅能去除约 10%的 PAHs。此外,阳光与紫外线照射也能使食品中 PAHs 含量降低。④食品工业中,常用聚乙烯作为食品包装材料,它能有效降低食品中 PAHs 的含量水平,但当可回收聚乙烯薄膜用作油类的包装时,却增加了油中 PAHs 的含量。

2.2.2.3 多氯联苯

多氯联苯(polychlorinated biphenyl,PCB)是一种持久性有机污染物(persistent organic pollutant,POP,是指人类合成的,能持久存在于环境中,通过生物食物链累积,并对人类健康造成有害影响的化学物质),又是典型的环境内分泌干扰物(endocrine disrupting chemical,EDC),也被称为二噁英(dioxin)类似化合物。PCB 是含氯的联苯化合物,依据氯取代位置和数量不同,其异构体有 200 多种。据估计,全世界历年来 PCB 的总产量约 120 万 t,其中约 30%已释放到环境中,60%仍存在于旧电器设备或垃圾填埋场中,并将继续向环境中释放。

1. 食品中多氯联苯的污染来源

(1)环境中的 PCB。当含有 PCB 的物质在不法或者不正确的生产、运输、使用、焚烧或者事故性泄漏时,PCB 即可进入空气、水和土壤。由于该物质在环境中不易降解,会在环境中存在很长时间,并可以通过空气传播到很远的地方,而且近几十年来,这些不易降解的污染物又被传播到水中,因此目前 PCB 不仅是土壤的污染物,而且同样也污染了海洋环境,该类污染物在海产品中也都广泛存在。

(2)食物链富集。由于 PCB 具有抗热、不可燃、化学稳定、低蒸气压以及低电导率等特点,故该类物质被广泛用于各种工业用途,如主要作为冷却剂和润滑剂应用于变压器以及作为绝缘油应用于电容器,此外还可作为塑料的增塑剂和冷却剂以及作为填隙化合物、黏剂、油漆、印刷油墨和无碳复写纸的配料。对含 PCB 废料的不正确处理方式(如焚烧或事故性泄漏)对土壤造成了广泛污染,而近几十年来,这些不易降解的污染物又被传播到水中。由于 PCB 类物质可以富集于动物的脂肪组织中,因此人类主要是通过食用肉、鱼、蛋、奶和海产品等含脂肪食物而摄入 PCB。总的来看,海洋食物的 PCB 污染比其他类食物更严重,而且对人类健康的潜在影响可能更为严重。已知水中含 0.01 μg/L 的 PCB 时,PCB 在鱼体内的蓄积可达到水中浓度的 20 万倍,因此食鱼性鸟、兽体内的蓄积浓度较高。一些海中的大鱼和空中的凶鸟,如鲨鱼、海豹、猛禽,其体内的 PCB 浓度可比周围环境高 10^7~10^8 倍。

(3)意外事故。有历史记载的多氯联苯引起的重大或较大的环境事件有 3 次。①1967 年,日本米糠油事件。生产米糠油时用 PCB 作热载体,由于生产管理不善,PCB 混入米糠油,造成人食用后中毒,患病者超过 1 400 人,其中 16 人死亡,实际受害者约 13 000 人。患者一开始只是眼皮发肿、手心出汗、全身起红斑,随后全身肌肉疼痛,严重时恶心呕吐、肝功能下降,有的医治无效而死亡。用这种米糠油中的黑油饲喂家禽，致使几十万只鸡死亡。截至1978年年底，日本28个县(包括东京、京都府、大阪府)正式确认了1 684名病人为PCB中毒患者，其中30多人于1977年前先后死亡。②1978—1979年，6个月时间，中国台湾地区约2 000人食用了受PCB污染的食用油。PCB从热交换器漏入成品油中，一部分PCB受热后降解产生了多氯二苯并呋喃和其他氯化物。该事件造成了高达数万人中毒，病症表现为眼皮肿，手脚指甲发黑，身上有黑色皮渗。③1986年，加拿大一辆卡车载着一台有高浓度PCB液体的变压器去废物储存场，途中在经过安大略省北部的凯拉城附近时，有400余升PCB从变压器中泄漏，污染了100 km的高速公路和其他车辆，对当地的居民身体健康造成极大伤害。

(4)膳食暴露。尽管已经不再生产PCB，但是由于该类化合物不易降解，这种高持久性使得该物质可以在食品链中循环。食用受污染的食物尤其是食用鱼、肉、奶等高脂肪食物是普通人群PCB暴露的主要途径。美国在1982年进行了一项人体脂肪组织研究项目，发现人体脂肪组织中的PCB含量为14～1 700 μg/kg，其中有高达30%的脂肪组织中PCB含量大于1 000 μg/kg。

(5)母乳中PCB。由于乳汁中含有较高的脂肪，故具有亲脂作用的PCB混合物可以在乳汁中蓄积。乳母年龄、生育次数、哺乳次数、居住地区以及哺乳期间的体重变化是影响乳汁中PCB含量的主要因素。居住于工业区的女性的乳汁PCB含量明显高于农村女性。乳汁中的PCB是婴儿PCB暴露的主要途径。母亲在哺乳期间，乳汁中的PCB浓度逐渐降低。有资料表明，母乳喂养婴儿在第6个月时的PCB摄入水平仅为第2个月时的一半。由于母乳喂养可以降低母亲机体的PCB负荷，因此第二个婴儿PCB的乳汁暴露量低于第一个婴儿。据估计，母乳喂养的婴儿在前6个月摄入的PCB将占其一生摄入量的6.8%～12%。

2. 多氯联苯的毒性

多氯联苯对人畜均有致癌、致畸等毒性作用，即使在极低浓度下也可对人的生殖、内分泌、神经和免疫系统造成不利影响。由于PCB具有持久性、生物蓄积性、长距离大气传输性等POP类物质的基本特性，因此，尽管1977年后各国陆续停止生产和使用PCB，但其对环境和人体健康的影响依然普遍存在。自1966年瑞典科学家Jensenada首次提出PCB在食物链中有生物富集作用，并且容易长期贮存在哺乳动物脂肪组织内的研究结论后，PCB问题才开始引起各国的关注，随后就PCB对生态系统和人类健康的影响进行了广泛的研究。

3. 多氯联苯的控制措施

(1)多氯联苯管控政策。国外在20世纪50—70年代逐渐意识到多氯联苯的危害，并开始制定管理政策来控制和逐步清除多氯联苯带来的污染。中国政府对多氯联苯的污染问题也非常重视，自20世纪70年代开始陆续颁布了有关含多氯联苯产品的生产、流通、使用、回收及废弃处置的法律规范。但由于法律意识和管理机制的局限，缺乏系统的立法，当时中国只是以行政手段发布通知形式来管理多氯联苯的污染问题。进入20世纪90年代开始，中国立法机构和行政主体陆续制定和发布了含多氯联苯在内的危险废物管控的法律法规，初步形成了涉及多氯联苯管控的法律法规体系。

(2)限制多氯联苯的生产，杜绝焚烧含多氯联苯的废弃塑料。中国自1956年起开始生产多氯联苯,20 世纪 50—70 年代陆续发现了多氯联苯的危害,于 1974 年初停产多氯联苯,并开始制定管理政策来控制和逐步清除多氯联苯带来的污染。

(3)不食用来自污染海域的鱼类和其他海产品。海洋食物的 PCB 污染比其他类食物更严重,PCB 可通过食物链传递给人类,因此不应食用来自污染海域的鱼类和其他海产品。

(4)设立农作物 PCB 实时监测点。多氯联苯是半挥发性的,这意味着随着时间的推移它们会蒸发到大气中,但是当遇到较冷的温度或降雨或附着在小颗粒上时,它们又会沉积到地球表面。几十年来,这种持续的挥发和沉积(循环)使得 PCB 已经遍布整个地球的每一个缝隙。尽管在靠近"主要污染源"(如城市)的土壤中 PCB 浓度可能会高出几个数量级,但是在邻近的土壤甚至在海洋深处、北极积雪中多氯联苯均被发现。因此,应设立农作物 PCB 实时监控点,预防农作物 PCB 含量超标。

2.2.2.4 二噁英

二噁英类(dioxins)由多氯代二苯并-对-二噁英(polychlorinated dibenzo-p-dioxins,PCDDs)和多氯代二苯并呋喃(polychlorinated dibenzofurans,PCDFs)两大类化合物组成,共计 210 种,包括 75 种 PCDD 和 135 种 PCDF。其中以 2,3,7,8-四氯二苯并-对-二噁英(2,3,7,8-TCDD 或 TCDD)毒性最强。二噁英和多氯联苯的理化性质相似,是已经确定的除有机氯农药以外的环境持久性有机污染物。

1. 食品中二噁英的来源

(1)含氯化合物的生产和使用。在氯酚类、氯代苯氧乙酸、多氯联苯、氯代苯醚类农药、六氯苯等生产过程中,均伴随着痕量二噁英的产生。这些化工产品的生产厂和使用这些化工产品的木材加工厂、纸浆厂、制革厂等的排水、污泥、废渣中也可能含有二噁英,并随排污而转移到水体或土壤中,最终造成对食品的污染,危害人体健康。

(2)垃圾、污泥的焚烧。大量垃圾、污泥由于燃烧不充分,可产生大量的有害化合物。如含有聚氯乙烯塑料的垃圾在焚烧过程中可能产生酚类化合物和强反应性的氯和氯化氢等,这些物质是合成二噁英的前体物。

(3)生物富集。水体中的二噁英大多可通过水生植物、浮游动物-食草鱼-食鱼鱼类及鹅、鸭等家禽这一食物链,在鱼、家禽及其产品中富集。空气中飘浮的二噁英可沉降到土壤、水源及植物上,污染水源、蔬菜、粮食与饲料。

2. 二噁英的危害

二噁英是一种无色针状晶体剧毒物质,可经皮肤、黏膜、呼吸道、消化道进入人体内,有致癌、致畸性及生殖毒性,可造成皮肤损害、免疫力下降、内分泌紊乱。高浓度二噁英则可引起人的肝、肾损伤,变应性皮炎及出血。研究表明,暴露于高浓度二噁英的工人,其癌症死亡率较普通人高 60%,故二噁英是全世界公认的头号致癌物质。1988 年,美国发表了全球第一个二噁英危险评价报告,指出 1 万个癌症病人中,就有 1 个是因二噁英引起的;1995 年该报告的第 2 版已将数值修订为 1‰。二噁英的致肝癌剂量为 10 ng/g 体重。1988 年世界卫生组织规定二噁英人体每日容许摄入量为 0.001~0.004 ng/kg。由于其来源广泛、毒性强,二噁英已被世界各国公认为对人类健康具有极大潜在危害的全球性散布的重要有机污染物。二噁英属于很难分解的有毒有害物质，这类物质在自然界中往往会通过生物链富集，即被生物链中的生物层层积累，使浓度不断提高，最后导致对人体的危害。1962—1970 年美国在越南战争中使用的枯叶剂中含有二噁英，致使越南 1970 年以后患癌症、皮肤病、流产、新生儿先天性畸形等病例剧增。

二噁英不仅具有致癌性，而且具有免疫和生殖毒性，其作为内分泌干扰物可造成雄性动物雌性化。二噁英的生物半衰期较长，2，3，7，8-TCDD 在小鼠体内为 10～15 天，大鼠体内为 12～31 天，人体内则长达 5～10 年(平均为 7 年)。二噁英是一类急性毒性物质，它的毒性相当于氰化钾的 1 000 倍以上，被人们称为“地球上毒性最强的毒物”。生物化学研究者认为，二噁英具有类似人体激素的作用，称为“环境激素”，是一种对人体非常有害的物质。即使在很微量的情况下，长期摄取二噁英仍可引起癌症、畸形等。

3. 二噁英的控制措施

预防工业“三废”排放二噁英以避免污染环境是主要控制措施。应控制生产含氯化合物的化工企业以及使用含氯化合物造纸的企业，做好废水、废气、废渣的处理。强制性规定空气、水、食品中的二噁英限量标准，并执行严格的监督检查。高度重视垃圾焚烧技术，治理环境污染，走可持续发展经济之路。食品管理和监督检验部门应切实进行监督检查，杜绝一切可能污染。监测饲料中 PCDD、PCDF 和 PCB 的污染以预防食品中二噁英及其类似物的污染。建立食品和饲料(包括谷物、油脂和添加剂等)中二噁英(PCDD 和 PCDF)和二噁英样 PCB 的监控水平、监测方法和允许限量标准。提高人们的环保意识。禁止被二噁英污染的食品上市，使人群的二噁英摄入量远远低于每日耐受量，保证避免二噁英对人体造成的潜在危害。

环境污染物和重金属污染等均与建设生态文明、和谐发展、可持续发展有密切联系。因此，公民在生活中建立进行垃圾分类回收、保护环境、节约资源、减少浪费等社会公德心对生态文明与和谐发展非常重要，要树立起“绿水青山就是金山银山”的意识，并身体力行，坚守道德底线，成为美丽中国的建设者和守护者。

2.2.3 化学产生物

2.2.3.1 反式脂肪酸

反式脂肪酸是一类包含一个或多个反式构型双键的不饱和脂类分子。反式脂肪酸(trans fatty acids，TFAs)又称为转脂肪酸或逆态脂肪酸，因其化学结构上有一个或多个“非共轭反式双键”而得名，与顺式不饱和脂肪酸互为异构体，是含有独立反式双键的不饱和脂肪酸(单元或多元不饱和)的总称。膳食中的反式脂肪酸有两类：微量的天然反式脂肪酸和可观的人造反式脂肪酸。过去的研究认为反式脂肪酸的摄入仅仅是一个营养问题，但越来越多的毒理学和暴露评估的研究结果表明，反式脂肪酸对人体健康有诸多不良影响。目前，许多国家已经对反式脂肪酸的摄入量做了规定。

随着全社会对食品安全问题关注程度的不断增加，由食品中添加氢化植物油引发的反式脂肪酸相关食品安全问题也逐渐引起了社会各界的关注。氢化过程使植物油更加饱和，但同时也使其中的部分顺式脂肪酸变为反式脂肪酸。早期大部分市售商业包装食品中含有反式脂肪酸，它主要来源于不完全氢化植物油（人造奶油/氢化植物油）。用这种饱和度增加的植物油能延长货架期，降低成本。

1. 食物中反式脂肪酸的来源

（1）反刍动物肉及其乳脂。天然反式脂肪酸主要来自反刍动物油脂（volatile fatty acids，VFA；或 midchain fatty acids，MCFA；或 long chain fatty acids，LCFA）。由于丁酸弧菌群酶的氢化使反刍动物的瘤胃中产生少量 TFAs，牛羊脂肪和乳脂中存在 2.5%～6%的 TFAs，主要为 11C 原子上存在异构的反油酸。此类 TFAs 大多以涂抹奶油、焙烤黄油、羊奶、牛奶等方式被人类摄食，喜欢吃牛羊肉、喝牛羊奶的母亲所分泌的乳汁里会含有 2%～6%这样的"天然反式脂肪"。此类 TFAs 对人类血脂有一定的益处，无须特别担心。

（2）植物油氢化。反式脂肪酸主要来源于工业中植物油的氢化过程。为防止油脂酸败、延长保质期，20 世纪 60 年代初兴起了油脂氢化加工工艺，生产出人造黄油、人造奶油、植物性起酥油、奶精、植脂末、代可可脂等氢化植物油脂产品并大量用于食品加工。植物油的氢化，是在催化剂的作用下把氢原子加成到脂肪酸的不饱和键上，这样不仅可以增强不饱和脂肪的氢化稳定性，还能将液态脂肪变成固态或半固态。某些未能完全氢化的不饱和脂肪酸，其化学结构呈稳定的反式结构（即 TFAs），性质稳定，保存期长，比饱和脂肪酸更适合食品加工。

（3）精炼油脱臭。植物油精炼脱臭是为了脱去原料中的异味分子，如醇、醛、酮及烃类化合物，一般要在 210～270 ℃甚至更高的温度及真空度下处理 2 h 左右。在此条件下，油脂除了其二、三烯酸酯会发生热聚合反应外，其顺式脂肪酸还能发生异构变为稳定的反式脂肪酸，故产品中通常会形成 1%～4%的 TFAs。TFAs 的生成量与加热温度、处理时间及植物油种类密切相关，总的来说，随着脱臭温度的升高、时间的延长，反式脂肪酸的生成量会逐渐增大。

（4）长时间高温烹调。植物油一般没有反式脂肪酸，但是在食品的高温或长时间烹调煎炸过程中，顺式脂肪酸会异构化为反式脂肪酸。食用精炼植物油在 160 ℃以上长时间加热，如传统加工的油炸、煎炸等，会产生较多的 TFAs。加热时间越长，产生的 TFAs 也就越多。酒店餐馆的厨房里植物油总会经过反复多次加热，油温远远超过烟点，造成油及油炸食物中所含的 TFAs 及苯并芘等致癌物的含量显著增加，成为反式脂肪的生产车间。

2. 反式脂肪酸的危害

世界卫生组织关于反式脂肪酸的最新结论中确认，膳食中的反式脂肪酸可增加冠心病的风险，这是由于其增加了血浆中 LDL-C 的含量以及脂蛋白与高密度脂蛋白胆固醇（HDL-C）的比值，从而导致炎症及内皮系统功能紊乱，影响凝血系统、胰岛素抵抗以及置换细胞膜的必需脂肪酸，也可能紊乱前列腺素及其他关键细胞膜的相关功能等。与顺式脂肪酸相比，反式脂肪酸的化学结构除了更呈直线性之外，其余都很相似。反式脂肪酸如饱和脂肪一样易在人体内堆积，可以增加人体血浆中低密度脂蛋白胆固醇的含量，妨碍人体的灵活性和血管的渗透性，从而引发人类罹患多种疾病。代谢研究同样显示了摄入过多反式脂肪酸对健康有不利影响，甚至严重威胁人体健康。反式脂肪酸的危害具体表现如下。

（1）导致心脏病或血栓的形成。反式脂肪酸可以提高血浆中 LDL/HDL 胆固醇的比值，

LDL/HDL 的比值是独立于其他生物标志物或已知危险因素的强有力的危险预警器。反式脂肪酸也可增加血浆中甘油三酯及 Lp(a)脂蛋白的水平,这都是增加冠心病发病率的风险因子。

(2)影响婴幼儿及青少年的成长发育。母亲孕期或哺乳期膳食中摄入的一部分反式脂肪酸能够通过胎盘屏障和血乳屏障,由胎盘进入胎儿体内,或通过乳汁进入婴幼儿体内,从而干扰体内必需脂肪酸的代谢和长链不饱和脂肪酸的生物合成,使婴幼儿的早期发育与生长受到抑制。

(3)降低记忆力,易患老年痴呆症。长期在膳食中大量摄取反式脂肪酸,认知功能会衰退较快,因为反式脂肪酸能增加血液中甘油三酯和胆固醇的浓度,使大脑动脉发生硬化、大脑功能衰退、记忆力降低,最终容易引发老年痴呆症。

(4)降低生育能力。关于反式脂肪酸降低生育力的论断还没有确切的证据证明,但是已有研究说明 TFAs 对生育能力有影响。Chavarro 在 1991—1999 年对打算怀孕的女性做了一个跟踪调查,结果发现有 438 例女性患有排卵性不孕,这些可能跟饮食中反式脂肪酸的摄入量呈相关性。TFAs 对生育质量的影响应该引起科学家的关注,尤其是其影响方式及具体机制还有待更加深入的研究。

(5)增加妇女患Ⅱ型糖尿病概率。反式脂肪酸可降低脂肪细胞对胰岛素的敏感性,进而增加机体对胰岛素的需要量,胰腺的负担会因此加重,最终增加引发Ⅱ型糖尿病的风险。反式脂肪酸对胰岛素抗性和Ⅱ型糖尿病的影响在很多研究中其实是矛盾的,在很多超重的糖尿病患者中,反式脂肪酸会引起或加剧胰岛素抗性,而对于年轻和身体健康的人群则没有显著的影响。

(6)其他危害。虽然反式脂肪酸不具有直接致癌性,但多项临床实验证实,多种癌症如结肠癌、乳腺癌等与摄入反式脂肪酸的量具有一定的相关性。反式脂肪酸的摄入可以增加体重,尤其体现在腹部脂肪的积累,从而引发青少年肥胖。

3. 反式脂肪酸的控制措施

平时减少食用油炸食品和松软香甜的含油食品,如蛋糕、冰淇淋、曲奇饼干、油炸薯条和巧克力等;少吃西式快餐;家庭烹饪时,尽量采用煮、炖、蒸等方式,避免油温过高,加热时间过长,避免油出现发烟现象,做到猛火快炒。

2.2.3.2 丙烯酰胺

丙烯酰胺(acrylamide)是一种塑胶单体化合物,为无味白色结晶,易溶于水、甲醇等极性溶剂,工业上主要作为生产聚丙烯酰胺和同聚体的中间体。聚丙烯酰胺作为絮凝剂被广泛应用于污水处理、纺织制造、土壤改良、化妆品及实验凝胶的制备等方面。早有研究表明,丙烯酰胺具有神经毒性并可能对人类致癌,国际癌症研究机构(International Agency for Research on Cancer,IARC)于 1994 年将其定为二类致癌物。

1. 食品中丙烯酰胺的来源

据报道,大多数食品都含有丙烯酰胺。研究表明,丙烯酰胺的主要前体物为游离天冬氨酸(马铃薯和谷类中的代表性氨基酸)与还原糖,二者发生美拉德反应生成丙烯酰胺。食品加工前检测不到丙烯酰胺，丙烯酰胺主要在高碳水化合物、低蛋白质的植物性食品加热(120 ℃以上)烹调过程中形成，140～180 ℃为其生成的最佳温度。当加工温度较低，如用水煮时，丙烯酰胺的水平相当低。水分含量也是影响丙烯酰胺形成的重要因素，特别是烘烤、油炸食品最后阶段水分减少、表面温度升高后，其丙烯酰胺形成量更高；但咖啡除外，其丙烯酰胺含量在焙烤后期反而下降。可见，加热温度、时间、羰基化合物、氨基酸种类、含水量都是影响丙烯酰胺形成的因素。

油炸和炙烤食品是丙烯酰胺的主要来源。目前关于丙烯酰胺形成的途径资料比较有限，已有的资料显示，其形成的可能影响因素包括碳氢化合物、氨基酸、脂肪、高温和加热时间等。一些食品在高温加工后含有较高水平的丙烯酰胺，如炸薯条、炸薯片，但在生的和普遍蒸煮的食品中却很少检测到丙烯酰胺。还有研究认为，丙烯酰胺来源于油类和含氮化合物，油高温降解生成丙烯醛，丙烯醛被氧化为丙烯酸，最终丙烯酸与氨(来源于含氮化合物的高温分解)进一步反应生成丙烯酰胺。

通过吸烟也可摄入丙烯酰胺，每只烟可产生 1～2 μg 的丙烯酰胺。

2. 丙烯酰胺的危害

丙烯酰胺可以通过消化道、呼吸道、皮肤黏膜等多种途径被人体吸收，还可通过胎盘与乳汁进入胎儿和婴幼儿体内。其中，经消化道、呼吸道、皮肤黏膜吸收主要见于职业暴露，消化道吸收见于某些食物的摄入。丙烯酰胺进入人体后可广泛分布于人体各种组织，包括胸腺、肝、脑、肾、胎盘等，在细胞色素氧化酶 P4502E1 的作用下被氧化为环氧丙酰胺。丙烯酰胺和环氧丙酰胺均能与血红蛋白、谷胱甘肽和 DNA 形成加合物。丙烯酰胺和环氧丙酰胺的谷胱甘肽加合物经进一步代谢，最终通过尿液排出体外；而两者的血红蛋白加合物和 DNA 加合物是丙烯酰胺产生毒性的可能原因。

(1)神经毒性。在丙烯酰胺的毒理学研究中，其神经毒性机理尚未完全明确。最早通过职业人群暴露和动物实验研究发现，丙烯酰胺不仅会导致动物共济失调、骨骼肌萎缩、体重减轻等神经性综合征，而且还会阻碍神经损伤的恢复功能。丙烯酰胺的低剂量长期暴露主要产生外周神经损伤，高剂量丙烯酰胺主要导致中枢神经损伤，神经末梢可能是丙烯酰胺的直接作用位点。丙烯酰胺的神经毒作用主要与损伤神经突触的塑性、影响神经递质水平和诱发神经细胞凋亡、氧化应激等相关。

(2)致癌性。欧洲食品安全局(EFSA)的报告表明，丙烯酰胺是诱导动物各种器官良性和恶性肿瘤的致癌物质。这种肿瘤可能与内分泌失调有关，而且多发生在动物的脑和脊髓索状组织中。IARC 和美国环境保护署(EPA)依据生物评价数据及丙烯酰胺与 DNA 作用机理，如丙烯酰胺会诱导基因突变、结构染色体异常和姊妹染色体交换等，把丙烯酰胺划为“对人类可能致癌”的一类物质。对于丙烯酰胺的致癌性，在美国、欧盟、日本等地均开展了基于人群的研究。欧洲食品安全局召开的“丙烯酰胺致癌性——饮食摄入新证据”的第 11 次科学家大会上，发布了荷兰的一项研究证实子宫内膜癌和卵巢癌与丙烯酰胺摄入呈正向关联。而日本公共卫生中心一项对 48 910 人随访 5 年的前瞻性队列研究则显示，日本女性中丙烯酰胺的摄入水平与乳腺癌之间不存在明显相关。目前的研究结果尚未获得丙烯酰胺对人类致癌的确切证据，但也不能说丙烯酰胺对人类致癌没有影响。

(3)遗传及生殖毒性。丙烯酰胺可导致基因突变、染色体变异及 DNA 损伤,其对正常细胞 DNA 的影响是多种形式的,包括改变 DNA 基质,促进细胞凋亡,削减 DNA 合成时的修复功能等。在生殖毒性方面,丙烯酰胺主要对雄性动物产生生殖毒性作用,其作用机理是丙烯酰胺或它的代谢产物甘氨酰胺与多巴胺的感受器及精子细胞的精蛋白结合,改变精子的形态,抑制驱动蛋白和动力蛋白的活性,从而干扰细胞间物质的传输和精子的迁移,导致雄性动物生殖能力降低。

3. 丙烯酰胺的控制措施

少吃油炸和炙烤食品,多食新鲜蔬菜和水果。丙烯酰胺的危害是一种量的积累,因此在平常少吃油炸食品,尽量避免丙烯酰胺的摄入,可有效预防丙烯酰胺所带来的危害。通过降低烹调的温度和缩短烹调的时间,来减少和控制有关食品中的丙烯酰胺的含量。建议食品生产加工企业改进食品加工工艺和条件,研究减少食品中丙烯酰胺的可能途径,探讨优化工业生产、家庭食品制作中食品配料、加工烹饪条件,探索降低乃至可能消除食品中丙烯酰胺的方法。

2.2.3.3 亚硝胺

N-亚硝基化合物对动物有较强的致癌作用,迄今为止,人们研究的 300 多种此类化合物中,有 90%以上对所试动物具有致癌性。因此,*N*-亚硝基化合物是目前世界公认的主要致癌物之一。人们对 *N*-亚硝基化合物毒性的研究,特别是其致癌性研究,是从 20 世纪 50 年代开始的。1954 年 Barnes 和 Magee 详细描述了亚硝基二甲胺急性毒性的病理损害,主要表现为肝小叶中心性坏死及继发性肝硬化。1956 年,Magee 和 Barnes 用大鼠证实亚硝基二甲胺的致癌作用,从而引起了人们对 *N*-亚硝基化合物毒性的广泛研究。

N-亚硝基化合物是一类具有亚硝基结构的有机化合物,根据其分子结构的不同,可分为亚硝胺和亚硝酰胺两类。*N*-亚硝基化合物是 *N*-亚硝化剂和可亚硝化的含氮化合物在一定条件下经亚硝化作用合成的,该过程在环境和体内均可进行。这一反应与反应物浓度、氢离子浓度、胺的种类及有无催化剂等密切相关。除反应物浓度外,氢离子浓度对该反应也有重要影响。此反应一般在酸性条件下最容易发生,如仲胺亚硝基化的最适 pH 为 2.5～3.4。胺的种类与亚硝化程度也有关系,一般仲胺反应速度快,伯胺、叔胺反应很困难,但在硫氰酸根存在时,伯胺和亚硝酸的反应也很快。维生素 C、维生素 E、酚类物质可抑制 *N*-亚硝基化合物的形成。

亚硝胺是带有很强毒性的化学物质,主要源于伯、仲、叔胺类和氨基化合物以及其他前体物的化学转化,在水相、食品原料、产品和人体内均可形成。在人体中亚硝胺具有很强的诱发癌症的作用。亚硝胺含量较高的食品包括腌菜、啤酒、水产品和经亚硝酸盐处理来贮藏的肉制品。亚硝酸盐可使肉类产品具有令人愉悦的色泽和风味,并能在一定程度上抑制微生物的生长,还能形成特有的风味、颜色以及具有抗氧化等方面的作用。亚硝酸钠在肉制品的加工中至关重要,但亚硝酸钠的添加会引发亚硝化反应,形成具有致癌性的亚硝胺。

1. 亚硝胺的来源

(1)蔬菜中的亚硝酸盐。①过量施用硝态氮肥。蔬菜施用过多硝酸铵和其他硝态氮肥后，未被蔬菜吸收利用的过剩硝态氮则以硝酸盐的形式储藏在蔬菜中。硝酸盐在植物体内的含量是不均衡的，蔬菜品种不同，硝酸盐含量变化很大。不同种类蔬菜的新鲜可食部分中硝酸盐含量按其均值大小排列为：根菜类＞薯类＞绿叶菜类＞白菜＞葱蒜类＞豆类＞茄果类。如根茎类蔬菜中的甜菜根、萝卜等，绿叶菜类中菠菜、芹菜、灰菜、荠菜等都含有较高的硝酸盐。其中甜菜根、莴苣和菠菜硝酸盐含量多数高于 2 500 mg/kg。凡有利于某些还原菌，如大肠杆菌、产气杆菌和革兰氏阳性球菌等生长和繁殖的各种因素(温度、水分、pH 和渗透压等)，都可促进硝酸盐还原为亚硝酸盐。因此新鲜蔬菜在贮存过程中，腐烂蔬菜及放置过久的煮熟蔬菜，亚硝酸盐的含量明显增高。②酸菜等腌制食品。生、鲜白菜等蔬菜中通常含有一定量的硝酸盐，在长期贮藏尤其是腌渍加工过程中，由于硝酸还原菌的作用，硝酸盐被还原成亚硝酸盐，随后自然分解。以居民家庭腌制酸菜为例，随着发酵时间的延长，酸菜中亚硝酸盐含量不断上升，第 6 天时升至最高，随后会逐渐下降，20 天后基本彻底分解。因此，腌渍菜具有一定的安全食用期。③隔夜熟菜、霉变蔬菜。烹调熟化的白菜等蔬菜，其营养成分易被微生物吸收利用。随着存放时间的延长，菜肴中亚硝酸盐细菌含量增多，硝酸盐就会逐渐被还原成亚硝酸盐。同理，霉变蔬菜的亚硝酸盐含量一般也较高。

(2)食品中的发色剂和防腐剂。肉制品、肉类罐头等肉类食品，在其加工过程中加入一定量的硝酸盐、亚硝酸盐即可改善风味，稳定色泽，抑制肉毒梭菌的生长和繁殖，而且至今没有发现任何一种添加剂能够代替亚硝酸盐的这些功能。但是，亚硝酸盐使用过量、残留超标事件也时有发生。

(3)食品中添加硝酸盐转化。食物中一般都含微量硝酸盐，如果存放过久或保管不当，细菌大量繁殖，可将硝酸盐转化为亚硝酸盐。有些地区饮用水中含有较多硝酸盐，用这样的水烹调食物，并在不洁炊具中放置过久时，硝酸盐易在细菌作用下还原为亚硝酸盐。

(4)火锅食品。火锅食品中亚硝酸盐的含量与底锅种类、就餐时间有关。火锅的就餐时间一般在 45～90 min，就餐的时间越长，尾汤中亚硝酸盐含量就越多。研究表明，酸菜底汤中亚硝酸盐含量为 1.6 mg/L，就餐 90 min 时，尾汤中亚硝酸盐含量达 15.73 mg/L，增加了近 10 倍。选用酸菜底汤、海鲜底汤、骨头底汤、鸳鸯底汤就餐 90 min 后，酸菜底汤中的亚硝酸盐含量增加最多，海鲜底汤其次，骨头底汤增加最少，增加 2.8 倍。

(5)其他来源。海盐中也有少量硝酸盐和亚硝酸盐，而鱼类含有一些胺类物质，鱼死后就会有很多的胺从蛋白质中分解出来，用海盐腌制咸鱼，腌制过程中亚硝酸盐跟仲胺发生反应，生成亚硝胺。人们食用了用海盐腌制的咸鱼时，亚硝胺就会进入人体。另外，长时反复使用的蒸锅水中含有较高的亚硝酸盐；当人体胃肠道功能紊乱、贫血、蛔虫病或消化道功能欠佳时，其肠道内细菌可将硝酸盐转化为亚硝酸盐；一些发酵食品如啤酒中也含少许亚硝酸盐。

2. 亚硝胺的危害

一般在肉制品生产过程中常添加亚硝酸钠来发色和防腐。国家对亚硝酸钠添加量有严格的规定，如果添加量超过国家标准就会超过人体的解毒功能，从而对人体健康造成不同程度的危害。

(1)急性危害。亚硝酸钠对人的中毒剂量为 0.3～0.5 g，致死量为 2～3 g。正常人血红

蛋白含 Fe^{2+}，承担为全身组织运送 O_2 和带走 CO_2 的功能。当机体吸收过量亚硝酸钠后，由于亚硝酸钠具有氧化性，血红蛋白的 Fe^{2+} 被氧化成 Fe^{3+}，使正常的血红蛋白变成高铁血红蛋白。高铁血红蛋白失去携氧的能力，造成集体组织缺氧，引起呼吸困难、皮肤发绀、血压下降等症状，严重者昏迷惊厥、呼吸衰竭而死亡。

(2)慢性危害。亚硝酸钠在酸性条件下可以生成硝酸钠和一氧化氮，一氧化氮可与肉中蛋白质分解产物胺类反应形成亚硝胺，如二甲胺与亚硝酸作用生成二甲基亚硝胺。亚硝胺是一种强致癌物，据动物实验，一次多量或长期摄入都可引起癌症，目前还没有发现能耐受亚硝胺而不致癌的动物。人类的鼻咽癌、食道癌、胃癌、肝癌等都与亚硝胺有关。

(3)致癌性。亚硝酸盐是一种允许使用的食品添加剂，只要控制在安全范围内使用就不会对人体造成危害，但长期大量食用含亚硝酸盐的食物有致癌的隐患。因为亚硝酸盐在自然界和胃肠道的酸性环境中可以转化为亚硝胺，而亚硝胺具有强烈的致癌作用，主要引起食管癌、胃癌、肝癌和大肠癌等。亚硝酸盐被吃到胃里后，在胃酸作用下与蛋白质分解产物二级胺反应生成亚硝胺。胃内还有一类细菌叫硝酸还原菌，也能使亚硝酸盐与胺类结合成亚硝胺。胃酸缺乏时，此类细菌生长旺盛，故不论胃酸多少均有利于亚硝胺的产生。

(4)致畸性。亚硝酸盐能够透过胎盘进入胎儿体内，6 个月以内的胎儿对亚硝酸盐类特别敏感，因为其对胎儿有致畸作用。据研究表明，5 岁以下儿童发生脑癌的相对危险度增高与母体经食物摄入亚硝酸盐量有关。亚硝酸盐对幼儿也有极大的危害，我国制定的婴幼儿配方乳粉中的亚硝酸盐含量非常严格。此外，亚硝酸盐还可通过授乳途径进入婴儿体内，造成婴儿机体组织缺氧，皮肤、黏膜出现青紫斑。

3. 亚硝胺的预防措施

可应用维生素 C 阻断亚硝胺。同时，应控制加工中硝酸盐的使用及亚硝酸盐的形成。在食品加工中防止微生物污染，对降低食品中亚硝胺含量至关重要。加强对肉制品的监督、监测，严格控制亚硝酸盐的使用量。少吃或不吃隔夜剩饭菜，因为剩菜中的亚硝酸盐含量明显高于新鲜制作的菜。少吃或不吃咸鱼、咸蛋、咸菜，因为其中也含有较多的亚硝胺化合物。在腌制食品时，要注意掌握好时间、温度和食盐的用量。由于食盐在腌制食品过程中有抑菌防腐的作用，因此腌制时间过短、温度过高或食盐用量不足 10%，都容易造成腌制食品中的细菌大量繁殖，使腌制食品里的亚硝酸盐含量增加。当食盐浓度在 10%～15%时，只有少数的细菌生长；当浓度超过 20%时，几乎所有微生物都要停止生长。一般腌制 10 天之后，腌制食品里的亚硝酸盐开始下降。多食用抑制亚硝胺形成的食物，如大蒜、茶、富含维生素 C 的蔬菜水果。

2.2.4 化学性食品安全案例

2.2.4.1 包装材料和容器对食品安全性影响案例

塑料是一种以高分子聚合物——树脂为基本成分，再加入一些用来改善其性能的各种添加剂制成的高分子材料。塑料包装材料的安全性主要表现为材料内部残留的有毒有害物质迁移、溶出而导致食品污染。

食品保鲜膜按材质分为聚乙烯(PE)、聚氯乙烯(PVC)、聚偏二氯乙烯(PVDC)等种类。

聚乙烯和聚偏二氯乙烯是安全的，聚乙烯主要用于食品的包装，聚偏二氯乙烯主要用于熟食火腿等产品的包装。而聚氯乙烯被广泛用于食品、蔬菜的外包装。聚氯乙烯作为食品保鲜膜主要有两个方面对人造成危害：一是产品中的氯乙烯单体含量高，会挥发出来；二是其加工过程中所使用的加工助剂的种类及含量可能造成食品污染。现行国际标准和我国国家标准都允许限量使用己二酸二辛酯（即 DOA）作为增塑剂（不超过 35%），但一些主要用于外包装的产品含有国家相关标准禁止使用的二（2-乙基己基）己二酸酯（DEHA）增塑剂。含有 DEHA 的保鲜膜遇上油脂或高温时（超过 100 ℃），增塑剂容易释放出来，并随着食品带入人体，造成致癌作用，特别是引起早期内分泌、荷尔蒙的紊乱，引起妇女乳癌、新生儿先天缺陷、男性精子数减低，甚至精神疾病等，对人体造成比较大的危害。此外，聚氯乙烯会造成环保问题，焚烧时会生成氯化氢，严重腐蚀焚烧炉，也会产生致癌物二噁英，危害健康。由于危害严重，欧洲早在数年前就禁止使用聚氯乙烯作为食品包装材料，日本也在 2000 年杜绝了聚氯乙烯食品包装。

2.2.4.2 食品中多氯联苯污染事件

1968 年 3 月，日本的九州、四国等地区的几十万只鸡突然死亡。经调查，发现是饲料中毒，但因当时没有弄清毒物的来源，也就没有对此进行追究。然而，事情并没有就此完结，当年 6—10 月份，有 4 家人因患原因不明的皮肤病到九州大学附属医院就诊。患者初期症状为痤疮样皮疹、指甲发黑、皮肤色素沉着、眼结膜充血等。此后 3 个月内，又先后确诊了 112 个家庭 325 名患者，之后此类患者在全国各地仍不断出现。至 1978 年，确诊患者累计达 1 684 人。

该事件（即米糠油）引起了日本卫生部门的重视。通过尸体解剖，在死者五脏和皮下脂肪中发现了多氯联苯，这是一种化学性质极为稳定的脂溶性化合物，可以通过食物链而富集于动物体内。多氯联苯被人畜食用后，多积蓄在肝脏等多脂肪的组织中，损害皮肤和肝脏，引起中毒。

多氯联苯（氯化联苯）是氯化的芳香族有机化合物，其性质稳定，在工业上有广泛的应用，如作为变压器的绝缘剂，塑料的增塑剂和冷却剂，油漆、油墨和无碳复写纸的配料等。某些食品包装材料中含有的多氯联苯可直接污染食品。环境中的多氯联苯主要是工业泄漏事故和“三废”造成的。

2.3 生物因素

2.3.1 细菌

食品的细菌以及由此引起的腐败变质是食品卫生中最常见的有害因素之一。食品中的细菌对食品的污染程度是评价食品卫生质量的重要指标，同时也是研究食品腐败变质的原因、过程和控制措施的主要对象。

污染食品的细菌有致病菌、条件致病菌和非致病菌三类。致病菌污染食品后能使人致病，如伤寒杆菌、痢疾杆菌等；条件致病菌在通常条件下并不致病，但当条件改变时，特别是当人体抵抗力下降时，就有可能致病，如变形杆菌、大肠杆菌等；非致病菌一般不引起疾病，但它们与食品的腐败变质有密切关系，而且又是评价食品卫生质量的重要指标，这些细菌往往使食品出现特异的感官性状，如假单胞菌属、微球菌属等。另外，有的细菌会产生毒素，如金黄色葡萄球菌可产生葡萄球菌毒素，肉毒杆菌可产生肉毒毒素，这些毒素具有很强的毒性，能引起食源性疾病，严重者可致人死亡。

在人们周围的自然环境中存在着无数微生物，食品也不可避免地受到微生物的污染。食品的细菌污染是造成人类食源性疾病最常见的原因。食品细菌污染的来源与途径主要有以下几种。①食品原料本身的污染。食品原料在采集、加工前已被土壤或水中的微生物污染。食品原料品种多、来源广，细菌污染的程度因不同的品种和来源而异。②食品加工过程中的污染。食品在生产加工过程中，由于不规范的卫生操作和管理，使食品被空气或与之接触的设备容器、工具中的一些细菌所污染，如原料对成品所造成的交叉污染，车间卫生、加工设施、从业人员个人卫生等不良状况造成对食品的污染。此外，食品生产用水不符合水质卫生标准也是造成微生物污染食品的重要途径。又如，在烹调加工过程中未能使生、熟食品分开，从而使原料中已存在或污染的细菌大量繁殖造成食品污染。③食品贮存、运输、销售中的污染。食品在储运、销售过程中，因为贮存条件、运输过程不符合卫生要求都有可能造成细菌污染，尤其是包装封口破损的食品。直接接触食品的生产经营人员如果不严格执行操作规程，也会造成食品污染。

食品中常见的致病菌有沙门氏菌、葡萄球菌、产气荚膜梭菌、肉毒梭菌、志贺氏菌、蜡样芽孢杆菌、副溶血性弧菌、变形杆菌、病源性大肠埃希氏菌、空肠弯曲杆菌、小肠结肠炎耶尔森氏菌、溶血性链球菌、李斯特菌等。

2.3.1.1 沙门氏菌

1. 沙门氏菌的形态与生化特性

沙门氏菌属(*Salmonella*)细菌是肠杆菌科中的一个重要菌属，为革兰氏阴性肠道杆菌。1885 年，沙门氏等在霍乱流行时分离得到猪霍乱沙门氏菌，故定名为沙门氏菌属。沙门氏菌需氧或兼性厌氧，菌体大小为(0.6～0.9) μm×(1～3) μm，无芽孢，一般无荚膜，除鸡白痢沙门氏菌和鸡伤寒沙门氏菌外，大多有周身鞭毛，能运动。大多数沙门氏菌具有菌毛，能吸附于宿主细胞表面或凝集于豚鼠红细胞。沙门氏菌的营养要求不高，不液化明胶，不分解尿素，不产生吲哚，不发酵乳糖和蔗糖，能发酵葡萄糖、甘露醇和麦芽糖，大多产酸产气，少数只产酸不产气。沙门氏菌的 V-P 实验阴性，有赖氨酸脱羧酶，其 DNA 的 G+C 含量为 50%～53%。沙门氏菌对热抵抗力不强，在 60 ℃下 15 min 可被杀死；在 5%苯酚中，5 min 死亡。沙门氏菌属生长繁殖的最适温度为 20～30 ℃，其在普通水中虽不易繁殖，但可生存 2～3 周，在粪便中可生存 1～2 个月，在土壤中可过冬，在鲜肉、鸡和鸭中也可存活很长时间。水经卤化物处理 5 min，可杀死其中的沙门氏菌。

目前国际上沙门氏菌属有 2 300 个以上的血清型，在我国已发现 250 多个。沙门氏菌具有复杂的抗原结构，一般可分为菌体(O)抗原、鞭毛(H)抗原和表面(Vi)抗原 3 种。按抗原成分，又可将沙门氏菌分为甲、乙、丙、丁、戊等基本菌组，其中与人体疾病有关的主要有甲组的副伤寒甲杆菌、乙组的副伤寒乙杆菌和鼠伤寒杆菌、丙组的副伤寒丙杆菌和猪霍乱杆菌以及丁组的伤寒杆菌和肠炎杆菌等。除伤寒杆菌、副伤寒甲杆菌和副伤寒乙杆菌可引起人类的疾病外，大多数沙门氏菌仅能引起家畜、鼠类和禽类等动物的疾病，但有时也可污染人类的食物而引起食物中毒。沙门氏菌属有的专对人类致病，有的只对动物致病，也有的对人和动物均致病。

2. 沙门氏菌的致病性与危害

沙门氏菌在自然界中分布广泛，在家畜、家禽肠道中可检出，因此污染食品的机会也较多。常见的引起沙门氏菌食物中毒的食品主要是动物性食品，如肉、禽、蛋、奶和水产品等。患病或带菌牲畜的肠道内含有大量的沙门氏菌，血液和内脏的带菌率更高。使用病死牲畜肉或在宰后由被污染的水源污染了肉类，冷荤、熟肉等未经彻底加热，使沙门氏菌随食物进入人体，是引起沙门氏菌食物中毒的最主要原因。

沙门氏菌进入肠道大量繁殖，除使肠黏膜发炎外，大量活菌释放的内毒素同时引起机体中毒，所以病人有急性胃肠炎症状及早期菌血症。中毒初期为头痛、恶心、食欲不振、全身乏力、寒颤，继而腹痛、呕吐、腹泻和发热。腹泻一日数次至数十次，呈水样便，少数黏液带血。患者体温多在 38～39.5 ℃及以上，甚至超过 40 ℃。轻者 3～4 天症状消失，重者如不及时抢救可因循环衰竭而死亡，病死率在 0.5%左右。

3. 沙门氏菌的预防措施

(1)防止沙门氏菌污染肉类食品。应加强对肉类食品生产企业的卫生监督及家畜、家禽屠宰前的兽医卫生检验，并按有关规定处理；加强对家畜、家禽屠宰后的胴体和内脏进行检验，防止被沙门氏菌感染或污染的畜肉、禽肉进入市场；加强肉类食品在储藏、运输、加工、烹调或销售等各个环节的卫生管理，特别是要防止熟肉制品被食品从业人员带菌者、带菌容器及带菌的生食物交叉污染。

(2)控制食品中沙门氏菌的繁殖。影响沙门氏菌繁殖的主要因素是温度和储存时间，食品低温储存是控制沙门氏菌繁殖的重要措施。加工后的熟肉制品应尽快食用，且应低温储存并尽可能缩短储存时间。

(3)加热以彻底杀灭病原菌。加热杀死病原菌是防止食物中毒的关键措施。应使肉块的深部温度至少达到 80 ℃，并至少持续 12 min，以便彻底杀灭肉类中可能存在的各种沙门氏菌并灭活其毒素。

2.3.1.2　金黄色葡萄球菌

1. 金黄色葡萄球菌的形态与生化特性

典型的金黄色葡萄球菌(*Staphylococcus aureus*)为球形，直径 0.8 μm 左右，显微镜下排列成葡萄串状。金黄色葡萄球菌无芽孢、鞭毛，大多数无荚膜。金黄色葡萄球菌的细胞壁含 90%的肽聚糖和 10%的磷壁酸，其肽聚糖的网状结构比革兰氏阴性菌致密，染色时结晶紫附着后不被乙醇脱色故而呈现紫色，即革兰氏染色阳性。金黄色葡萄球菌需氧或兼性厌氧，最适生长温度 37 ℃，最适生长 pH 7.4。本菌营养要求不高，在普通培养基上生长良好；平板上菌落厚、有光泽、圆形凸起；血平板菌落周围形成透明的溶血环。金黄色葡萄球菌有高度的耐盐性，可在 10%～15% NaCl 肉汤中生长。金黄色葡萄球菌可分解葡萄糖、麦芽糖、乳糖、蔗糖，产酸不产气；甲基红反应为阳性，V-P 反应为弱阳性；许多菌株可分解精氨酸，水解尿素，还原硝酸盐，液化明胶等。金黄色葡萄球菌具有较强的抵抗力，对磺胺类药物敏感性低，但对青霉素、红霉素等高度敏感，对碱性染料敏感，十万分之一的龙胆紫液即可抑制其生长。此外，金黄色葡萄球菌对干燥抵抗能力较强，在干燥的环境中能生存数月；对热具有较强的抵抗力，70 ℃需 1 h 方可灭活。50%以上的金黄色葡萄球菌可产生肠毒素，并且一个菌株能产生两种以上的肠毒素。多数金黄色葡萄球菌肠毒素耐热性很强，在 248 ℃经 30 min 才能破坏，并能抵抗胃肠道中蛋白酶的水解作用。

2. 金黄色葡萄球菌的致病性与危害

金黄色葡萄球菌是人类化脓感染中最常见的病原菌，既可引起局部化脓感染，也可引起肺炎、伪膜性肠炎、心包炎等，甚至可引起败血症、脓毒血症等全身感染。金黄色葡萄球菌的致病力强弱主要取决于其产生的毒素和侵袭性酶。

葡萄球菌中，腐生葡萄球菌数量最多，一般不致病；表皮葡萄球菌致病性较弱；金黄色葡萄球菌致病力最强，可产生肠毒素、杀白细胞素、溶血素等毒素，引起食物中毒的是肠毒素。这些毒素不受蛋白酶影响，抗热力很强。

金黄色葡萄球菌在自然界中无处不在，空气、水、灰尘及人和动物的排泄物中都可找到，因而食品受其污染的机会很多。美国疾病控制中心报告，由金黄色葡萄球菌引起的感染占第二位。金黄色葡萄球菌肠毒素是一个世界性卫生难题，在美国由金黄色葡萄球菌肠毒素引起的食物中毒占整个细菌性食物中毒的 33%，加拿大则更多，占到 45%。我国每年发生的此类中毒事件也较多。金黄色葡萄球菌多见于春季、夏季，其中毒食品种类多，如奶、肉、蛋、鱼及其制品。此外，剩饭、油煎蛋、糯米糕及凉粉等引起的金黄色葡萄球菌中毒事件也有报道。

金黄色葡萄球菌是引起食物中毒的常见菌种。该菌引起的食物中毒潜伏期短，发病急，一般为 2～6 h，极少超过 6 h，有恶心、呕吐、中上腹痛和腹泻等症状，以呕吐最为显著。呕吐物呈胆汁性，或含血及黏液。剧烈吐泻可导致虚脱、肌痉挛及严重失水等现象。患者体温大多正常或略高。中毒症状一般在数小时至 1～2 天内迅速恢复。儿童对肠毒素较成人更为敏感，故其发病率比成人高，病情也较成人重。

3. 金黄色葡萄球菌的预防措施

(1)防止金黄色葡萄球菌污染食物。定期对食品加工人员、饮食从业人员、保育员进行健康检查，局部化脓性感染(如疥疮、手指化脓等)、上呼吸道感染(如鼻窦炎、化脓性肺炎、口腔疾病等)的人员要暂时停止其工作或调换岗位，避免带菌人群对各种食物的污染。为避免葡萄球菌对乳的污染，奶牛患化脓性乳腺炎时，其乳不能食用。在挤乳过程中，要严格遵守卫生要求，避免污染。健康牛乳在挤出后，除应防止金黄色葡萄球菌污染外，还应迅速冷却至 10 ℃以下，以防止在较高温度下该菌的繁殖。此外，乳制品应以消毒乳为原料。对肉制品加工厂，局部化脓性感染的禽、畜尸体应除去病变部位，经高温或其他适当方式处理后进行加工生产。

(2)杀灭金黄色葡萄球菌。金黄色葡萄球菌对热和干燥的抵抗力较一般无芽孢细菌强，但加热到 73.9 ℃时瞬间即可被杀死。物体表面覆盖层 0.1 mg/cm^3 浓度的超细 TiO_2 在光照条件下可快速有效杀灭本菌。金黄色葡萄球菌在5%苯酚中10～15 min死亡。因其对碱性染料敏感，故十万分之一的龙胆紫液可抑制其生长。

(3)防止肠毒素的形成。食物应冷藏或置于阴凉通风的地方，以防肠毒素形成。在气温高的春季、夏季，食物置冷藏或通风阴凉处也不应超过6 h，并且食用前要彻底加热。

2.3.1.3 大肠埃希氏菌

1. 大肠埃希氏菌的形态与生化特性

大肠埃希氏菌属(*Escherichia*)细菌俗称大肠杆菌属，为革兰氏阴性杆菌，其大小为(1.0～3.0) μm×(0.4～0.7) μm。此类菌多数周生鞭毛，能运动，有菌毛、荚膜及微荚膜。大肠埃希氏菌能发酵乳糖及多种糖类，产酸产气。其在自然界生命力强，土壤、水中可存活数月。大肠埃希氏菌为兼性厌氧菌，营养要求不高，在普通营养肉汤中呈浑浊生长；普通营养琼脂上呈灰白色的光滑型菌落；血琼脂平板上，少数菌株产生溶血环；在伊红美蓝琼脂上，由于发酵乳糖，菌落呈蓝紫色并有金属光泽。麦康凯和SS琼脂中的胆盐对大肠埃希氏菌有抑制作用，耐受菌株能生长并形成粉红色菌落。本菌吲哚、甲基红、V-P、枸橼酸盐实验为＋＋－－；克氏双糖铁琼脂(KIA)上斜面和底层均产酸产气，H_2S阴性；动力、吲哚、尿素培养基的生化反应为＋＋－。

2. 大肠埃希氏菌的致病性与危害

正常情况下大肠埃希氏菌不致病，分布在小肠的上部，能合成维生素B和维生素K，产生大肠菌素，对机体有利。但是当机体抵抗力下降或大肠杆菌侵入肠外组织或器官时，可作为条件性致病菌而引起肠道外感染，有些血清型可引起肠道感染。引起食物中毒的致病性大肠埃希菌的血清型主要有$O_{157}:H_7$，$O_{111}:B_4$，$O_{55}:B_5$，$O_{26}:B_6$，$O_{86}:B_7$和$O_{124}:B_{17}$等。这些致病性大肠杆菌与正常的大肠杆菌在形态上和普通生化反应上都不能区别，一般只能借助血清学方法来鉴别。

目前已知的致病性大肠埃希氏菌有如下四种类型。①肠产毒性大肠埃希氏菌(ETEC)。这是致婴儿和旅游者腹泻的病原菌，能从水中和食物中分离到。人类中ETEC主要的血清群为O_6、O_8、O_{15}、O_{25}、O_{27}等，致病物质是不耐热肠毒素和耐热肠毒素。②肠侵袭性大肠埃希氏菌(EIEC)。此类菌较少见，主要侵犯少儿和成人，所致疾病很像细菌性痢疾，因此又被称为志贺样大肠杆菌。不同的是，EIEC不具有痢疾志贺菌Ⅰ型所具有的志贺毒素。③肠致病性大肠埃希氏菌(EPEC)。这是引起流行性婴儿腹泻的病原菌，主要是依靠流行病学资料确认的，最初在暴发性流行的病儿中分离得到。EPEC不产生肠毒素，但能产生一种与痢疾志贺样大肠杆菌类似的毒素，侵袭点是十二指肠、空肠和回肠上端，所致疾病很像细菌性痢疾，因此容易被误诊。④肠出血性大肠埃希氏菌(EHEC)。这是1982年首次在美国发现的引起出血性肠炎的病原菌，主要血清型是$O_{157}:H_7$和$O_{26}:H_{11}$。EHEC不产生耐热或热敏肠毒素，但可产生志贺样毒素，有极强的致病性，主要感染5岁以下儿童。其临床特征是出血性结肠炎，剧烈的腹痛和便血，严重者出现溶血性尿毒症。

致病性大肠杆菌的传染源是人和动物的粪便，传播途径主要是粪-口途径，以食源性传播为主，水源性和接触性传播也是重要的传播途径。易被该菌污染的食品主要有肉类、水产品、蔬菜及鲜乳等。这些食品经加热烹调，污染的致病性大肠杆菌一般都能被杀死，但熟食在存放过程中仍有可能被再度污染。因此要注意熟食的存放环境卫生，尤其要避免熟食直接或间接地与生食品接触。对于各种凉拌食用的食品要充分洗净，并且最好不要大量食用，以免摄入过量的活菌而引起中毒。如果餐饮从业人员个人卫生不当而带该菌，也可污染食品，甚至引起食品中毒。

3. 大肠埃希氏菌的预防措施

大肠埃希氏菌食物中毒的预防与沙门氏菌食物中毒预防类似。

2.3.1.4 李斯特菌

1. 李斯特菌的形态与生化特性

李斯特菌属（*Listeria monocytogenes*）是革兰氏阳性、短小的无芽孢杆菌，包括格氏李斯特菌、单增李斯特菌、默氏李斯特菌等 8 种。李斯特菌在 5～45 ℃均可生长，而在 5 ℃低温条件下仍能生长是李斯特菌的典型特征。李斯特菌的最高生长温度为 45 ℃，该菌经 58～59 ℃ 10 min 可被杀死，在－20 ℃可存活 1 年。李斯特菌耐碱不耐酸，在 pH 9.6 中仍能生长，在 10% NaCl 溶液中可生长，在 4 ℃的 20% NaCl 溶液中可存活 8 周。

2. 李斯特菌的致病性与危害

李斯特菌引起的食物中毒的临床表现有侵袭型和腹泻型两种类型。侵袭型患者的潜伏期为 2～6 周。患者开始常有胃肠炎的症状，最明显的表现是败血症、脑膜炎、脑脊膜炎及发热。孕妇、新生儿、免疫缺陷的人为本菌易感人群。本菌对于孕妇可导致流产、死胎等后果；对于幸存的婴儿则易患脑膜炎，导致智力缺陷或死亡；对于免疫系统有缺陷的人则易出现败血症、脑膜炎。少数轻症患者仅有流感样表现。侵袭型患者病死率高达 20%～50%。腹泻型患者的潜伏期一般为 8～24 h，主要症状为腹泻、腹痛、发热。

3. 李斯特菌的预防措施

单增李斯特菌在一般热加工处理中能存活。由于热处理已杀灭了竞争性细菌群，而单增李斯特菌在没有竞争的环境条件下易于存活，所以在食品加工中，中心温度必须达到 70 ℃且持续 2 min 以上。单增李斯特菌在自然界中广泛存在，故即使产品已经过热加工处理充分灭活了单增李斯特菌，仍有可能造成产品的二次污染，因此蒸煮后防止二次污染是极为重要的。由于单增李斯特菌在 4 ℃下仍然能生长繁殖，所以冰箱内存放的食品也有食物中毒的危险，为确保安全，冰箱存放的食品需加热后再食用。

2.3.1.5 志贺氏菌

1. 志贺氏菌的形态与生化特性

志贺氏菌即痢疾杆菌，是人类细菌性痢疾的病原菌。志贺氏菌属（*Shigella*）细菌为革兰氏染色阴性，杆菌，无鞭毛，有菌毛。其在肠道鉴别培养基上形成无色、半透明的菌落。志贺氏菌均能分解葡萄糖，只产酸不产气，除宋内志贺氏菌迟缓发酵乳糖外，均不分解乳糖。志贺氏菌在人体外生活力较弱，在 10～37 ℃水中可生存 20 天，在牛乳、水果、蔬菜中可生存 1～2 周，于粪便中（15～25 ℃）可生存 10 天。本菌光照下 30 min 可被杀死，加热 58～60 ℃

经 10～30 min 即死亡。志贺氏菌耐寒，在冰块中可生存 3 个月。

2. 志贺氏菌的致病性与危害

志贺氏菌引起食物中毒一般在 6～24 h 内发病。患者突然出现剧烈的腹痛、呕吐和频繁的腹泻、水样便，混有血液和黏液，并有里急后重感；恶寒、发热，体温高者可达 40 ℃以上；严重者会出现毒性脑病症状（儿童多见），如惊厥、昏迷，或中毒性循环衰竭症状（成人、老年人多见），如手脚发凉、发绀、脉搏细而弱、血压低于正常等。

3. 志贺氏菌的预防措施

志贺氏菌食物中毒的预防与沙门氏菌食物中毒预防类似。

2.3.1.6 副溶血性弧菌

副溶血性弧菌又称致病性嗜盐菌、肠炎弧菌，曾导致 1950 年日本大阪发生沙丁鱼食物中毒事件，有 273 人食物中毒，其中死亡 20 人。

1. 副溶血性弧菌的形态与生化特性

副溶血性弧菌（*Vibrio parahaemolyticus*）为革兰氏阴性杆菌，呈弧状、杆状、丝状等多种形态，无芽孢，主要存在于近岸海水、鱼、贝类等海产品中。副溶血性弧菌在 30～37 ℃、pH 7.4～8.2、含盐 3%～4%的培养基上和食物中生长良好，无盐条件下不生长，故也称为嗜盐菌。本菌不耐热，56 ℃加热 5 min，或 90 ℃加热 1 min，或 1%食醋处理 5 min，均可将其杀灭。本菌在淡水中生存期短，海水中可生存 47 天以上。

2. 副溶血性弧菌的致病性与危害

引起副溶血性弧菌食物中毒的主要中毒食品为海产品（鱼、虾、蟹、贝类等及其制品）和直接或间接被本菌污染的其他食品。食物中毒多发生在夏秋季节（6—9 月份），且发病急，潜伏期短。由副溶血性弧菌引起的食物中毒潜伏期 2～24 h，一般为 10 h 发病，主要的症状为腹痛，且腹痛在脐部附近剧烈。发病初期为腹部不适，尤其是上腹部疼痛或胃痉挛，恶心、呕吐、腹泻。发病 5～6 h 后，腹痛加剧，以脐部阵发性绞痛为本病特点。患者粪便多为水样、血水样、黏液或脓血便，里急后重不明显。重症患者可出现脱水及意识障碍、血压下降等。本病病程 3～4 天，恢复期较短，愈后良好。少数患者可出现意识不清、痉挛、面色苍白或发绀等现象，若抢救不及时，呈虚脱状态，可导致死亡。

3. 副溶血性弧菌的预防措施

副溶血性弧菌食物中毒的预防措施主要包括防止污染、控制繁殖和杀灭病原菌三个主要环节，其中控制繁殖和杀灭病原菌尤为重要。应低温储藏各种食品，尤其是海产食品及各种熟制品。对凉拌食物要清洗干净后置于食醋中浸泡 10 min 或在 100 ℃沸水中漂烫数分钟以杀灭副溶血性弧菌。动物性食品应煮熟煮透再吃，隔餐的剩菜食用前应充分加热。应防止生熟食物操作时交叉污染。梭子蟹及海蜇等水产品宜用饱和盐水浸渍保藏（并可加醋调味杀菌），食前用冷开水反复冲洗，蒸煮时需加热至 100 ℃并持续 30 min。

2.3.1.7 空肠弯曲杆菌

1. 空肠弯曲杆菌的形态与生化特性

空肠弯曲杆菌（*Campylobacter jejuni*）属螺旋菌科，革兰氏阴性，菌体轻度弯曲似逗点状,长 1.5～5 μm,宽 0.2～0.8 μm。菌体一端或两端有鞭毛,运动活泼,在暗视野显微镜下观察似飞蝇。本菌有荚膜,不形成芽孢;为微需氧菌,在含 2.5%～5%氧和 10% CO_2 的环境中生长最好,最适温度为 37～42 ℃。空肠弯曲杆菌抵抗力不强,易被干燥、直射日光及弱消毒剂所杀灭,56 ℃ 5 min 可被杀死。本菌对红霉素、新霉素、庆大霉素、四环素、氯霉素及卡那霉素等抗生素敏感。空肠弯曲杆菌在正常大气或无氧环境中均不能生长,在水中可存活 5 周,在人或动物排出的粪便中可存活 4 周。空肠弯曲杆菌在所有的肉食动物粪便中出现比例都很高,其中以家禽粪便中含量最高。

2. 空肠弯曲杆菌的致病性与危害

空肠弯曲杆菌在猪、牛、羊、猫、鸡、火鸡等肠道中广泛存在。其主要通过粪便污染食品,其次是健康带菌者。此外,被空肠弯曲杆菌污染的工具、容器等未经彻底洗刷消毒,也可交叉污染熟食制品。本菌引起食品中毒的食品主要是牛乳及肉制品等,且多发生在 5—10 月份,以夏季为多。

空肠弯曲杆菌食物中毒潜伏期一般为 3～5 天,短者 1 天,长者 10 天。其临床表现以胃肠道症状为主,具体表现为突然发生腹痛和腹泻。腹痛可呈绞痛,腹泻一般为水样便或黏液便,重患者有血便,腹泻数次至 10 余次,腹泻带有腐臭味。患者发热,体温可达 38～40 ℃,特别是当有菌血症时出现发热;也有仅腹泻而无发热者。此外,患者还有头痛、倦怠、呕吐等,重者可致死亡。

3. 空肠弯曲杆菌的预防措施

空肠弯曲杆菌是不耐热的细菌,可以在乳品巴氏灭菌的条件下被杀死。预防空肠弯曲杆菌病要避免食用未煮透或灭菌不充分的食品,尤其是乳品。

2.3.2 真菌

真菌形态和构造比细菌要复杂。霉菌广泛存在于自然界,大多数对人体无害,并且有的霉菌还对人类有益,如利用霉菌酿酒、酿醋、制作酱和腐乳等。但有的霉菌却是有害的,且某些霉菌毒素的污染非常普遍。当人类进食被霉菌毒素污染的食品后,会使人体的健康受到直接损害,引起各种中毒症状。

世界各国对真菌毒素的污染都很重视。调查发现,在人们的日常食品中,玉米、大米、花生、小麦被污染真菌毒素的种类最多。真菌及真菌毒素污染食品后,引起的危害主要有两个方面:一是真菌引起的食品变质;二是真菌产生的毒素引起的中毒。引起人类中毒的真菌毒素有两类:一类是霉菌毒素,如黄曲霉毒素;另一类是蕈类毒素,如热膏毒素。有害霉菌在生长过程中可产生有毒的代谢产物,进而残留于食品中,人们食用了这种含有霉菌毒素的食品就会出现中毒症状。

霉菌是菌丝体比较发达的小型真菌的俗称。霉菌污染食物可使其食用价值降低,引起食品的腐败变质,甚至完全不能食用,造成巨大的经济损失。全世界每年至少有约 2%的粮食因霉变而不能食用。霉菌毒素是对人和动物具有毒性作用或其他有害生物学效应的一类化合物或代谢产物。霉菌毒素对食品的污染不具有传染性,但却有季节性和地理分布特点。霉菌及其产生的毒素对食品的污染多见于南方多雨地区。食品被霉菌毒素污染后,即使产毒的霉菌死亡，霉菌毒素也仍保留在食品中。很多霉菌毒素相当稳定，普通的烹饪方法不能将其破坏。由于霉菌毒素种类、剂量的不同，造成人体危害的表现亦多种多样，可以是急性中毒、慢性中毒、致畸、致癌、致突变，也可表现为肝脏毒、肾脏毒、神经毒和细胞毒等。

目前已知的霉菌毒素有 200 余种，与人类关系密切的有近百种。有些霉菌毒素已被证实可致使实验动物致癌或发生病变。

2.3.2.1 黄曲霉毒素

黄曲霉毒素是黄曲霉或寄生曲霉等少数几个菌株的代谢产物，它们的孢子广为分布，特别是在土壤中。虽然产毒菌株在特定条件下仅能够产生两种或三种黄曲霉毒素，但已鉴定出黄曲霉毒素是十几种化学结构类似的毒素或衍生物，其中黄曲霉毒素 B 是食品中最常见的，也是毒性和致癌性最强的。食品卫生标准中多以黄曲霉毒素 B 作为黄曲霉毒素污染指标。

黄曲霉毒素主要污染粮油及其制品，其他植物性与动物性食品也被广泛污染。如花生、花生油、玉米、大米、棉籽污染严重，胡桃、杏仁、榛子、高粱、小麦、黄豆及豆类、马铃薯、蛋、乳及乳制品、香肠、咸鱼干及辣根等均有黄曲霉毒素污染。经检验表明，食品中黄曲霉毒素发现的频率与浓度取决于食品种类和食品出产的地区。中国东北、西北及华北地区除了个别样品外，一般不易检出黄曲霉毒素；而在南方高温高湿地区的粮油及其制品中，黄曲霉毒素检出率则较高。

1. 黄曲霉毒素的基本特性

黄曲霉毒素(aflatoxin，AFT)是由黄曲霉和寄生曲霉在生长繁殖过程中所产生的次生代谢产物，是一种对人类危害极为严重的致癌物质。黄曲霉毒素是一类结构类似的化合物，已分离鉴定出 12 种，包括 B1、B2、G1、G2、M1、M2、P1、Q、H1、GM、B2a 和毒醇，其基本结构均含有一个双氢呋喃环和一个氧杂萘邻酮(香豆素)，前者为基本毒性结构，后者与致癌有关。黄曲霉毒素的相对分子质量为 312～346，熔点为 200～300 ℃，在溶解时，黄曲霉毒素也会随之分解。黄曲霉毒素难溶于水、已烷、石油醚，在水中的最大溶解度只有 10 mg/L，但其可溶于甲醇、乙醇、氯仿、丙酮、二甲基甲酰胺等有机溶液。黄曲霉毒素的热稳定性非常好，分解温度高达 280 ℃。在紫外线下黄曲霉毒素 B1、B2 发蓝色荧光，黄曲霉毒素 G1、G2 发绿色荧光。

2. 黄曲霉毒素的毒性和致癌作用

黄曲霉毒素是已知最强的化学致癌物之一，可损害动物的肝脏，引起原发性肝癌。人体摄入大量黄曲霉毒素可引发急性中毒。当微量持续性摄入黄曲霉毒素时，也可造成慢性中毒。大多数流行病学研究发现，食用被黄曲霉毒素 B 污染的食品同肝癌之间存在一定关系。对同时患有乙型肝炎传染病的人，黄曲霉毒素的致癌能力更高，乙肝肝炎病毒的感染，使其致癌能力增加了 30 倍。接种乙肝疫苗可减少黄曲霉毒素的危害，从而减少患肝癌的风险。

(1)急性毒性。黄曲霉毒素属于剧毒物，其毒性为氰化钾的 10 倍，砒霜的 68 倍。不同的动物对此毒素的敏感性不一样，故其毒性随动物的种类、性别、年龄及营养状况等的不同而有差异。黄曲霉毒素在各种动物中以雏鸭最为敏感，较不敏感的是小白鼠和地鼠。动物经一次口服中毒剂量后会出现急性中毒症状，主要表现为肝脏细胞变性、坏死、出血等以及肾脏细胞变性、坏死等。

(2)慢性毒性。在日常生活中，动物若持续少量的摄入黄曲霉毒素会引起慢性中毒，主要表现为动物生长障碍，肝脏出现慢性损害等。

(3)致癌性。动物长期摄入低剂量的黄曲霉毒素或短期食入大剂量此毒素时，均可诱发肝癌的发生。在各种黄曲霉毒素中，黄曲霉毒素B的致癌性最强，比其他化学致癌剂如二甲基偶氮苯强900倍，比二甲基硝胺强75倍。

3. 预防黄曲霉毒素食物中毒的措施

将收获的粮食及时晒干，使粮食中水分降低到安全水分以下。挑弃霉粒可使粮食中黄曲霉毒素大大降低，特别是玉米、花生可用此法。碾轧加工可用于受毒素污染的大米、精度越高去毒效果越好。淘洗大米时，用手搓洗，随水倾去悬浮物，反复搓洗5～6次，可除去大部分毒素。脱胚去毒，即将玉米磨成3～4 mm的碎粒，加清水浸泡，每天换水3～4次，连续浸泡3天，可显著降低玉米中黄曲霉毒素的含量。花生油、玉米油等食用植物油可加碱去毒后再用白陶土吸附处理，其中毒素大大降低。此外，还应加强粮食及油料作物中黄曲霉毒素的监测。

2.3.2.2　赭曲霉毒素

1. 赭曲霉毒素的性质和来源

赭曲霉毒素(ochratoxins)包括OTA、OTB、OTC等几种衍生物，其化学结构也类似香豆素，是一种相当稳定的化合物，可在乙醇溶液中置冰箱保存1年以上而不被破坏。赭曲霉毒素微溶于水，易溶于有机溶剂和稀碳酸氢钠水溶液(如5%碳酸氢钠)中。在紫外光下OTA呈蓝绿色荧光，OTB呈蓝色，OTC呈亮绿色。因相对分子质量小，故赭曲霉毒素无免疫原性，只有与蛋白质或多肽载体结合后，才能刺激机体产生相应抗体。据报道，有许多种真菌能产生赭曲霉毒素A，其中最常见的是曲霉属和青霉属，已确定能产生赭曲霉毒素A的菌中有赭曲霉(*Aspergillus ochraceus*)和疣孢青霉(*Penicillium verrucosum*)。

赭曲霉毒素可污染玉米、大麦、小麦、大米、荞麦、大豆、花生、棉籽等各种食品原料及其制品，对火腿、鱼制品以及饲料也有一定程度的污染。动物食用受污染饲料后毒素可在其肝、肾、脂肪中蓄积，这是肉类食品污染的重要原因。

2. 赭曲霉毒素的毒性

赭曲霉毒素主要侵害肾脏，是一种强烈的肾脏毒。①急性毒性，主要损害肾脏，病理变化包括肾小管萎缩、肾间质纤维化及肾小球透明样病变等。②慢性毒性，症状为肝脏可见实质细胞变性、透明变性、灶性坏死等，脾、淋巴结、扁桃体等组织也可观察到坏死性病变。③较强的致癌性和致畸性。

2.3.2.3　展青霉素

展青霉素(patulin，PAT)又名棒曲霉素，是由Glister首先发现、分离纯化和命名的。最初发现展青霉素是一种广谱抗生素，可以抑制70多种革兰氏阳性、阴性细菌，还可抑制典型真菌、原生生物和各种细胞培养物的生长。但后来发现展青霉素对实验动物(如小鼠、大鼠、猪、家兔等)有较强的毒性,故不能作为药物用于临床。可产生展青霉素的真菌有十几种,展青霉是产生展青霉素的主要霉菌,此外还有扩展青霉、圆弧青霉、木瓜青霉、土曲霉、棒曲霉、巨大曲霉及主要污染水果的雪白丝衣霉等霉菌也可产生展青霉素。其中,展青霉和扩展青霉的生长和产毒素的温度范围很宽,为 0～40 ℃,最佳温度为 20～25 ℃,最适产毒的 pH 范围是 3.0～6.6。被展青霉素侵染的米粒呈灰白病斑,白垩状。在苹果汁、苹果酒、苹果蜜饯等制品及梨、桃、香蕉、葡萄、杏、菠萝等食品中,都曾检出过展青霉素。

1. 展青霉素的来源

水果含有 80%以上的水分,pH 一般在 4.5 以下,属酸性食品,适宜多种霉菌和酵母的生长。霉菌侵染鲜果后,可使果皮软化,形成病斑、下陷、果肉软腐等。某些霉菌可利用鲜果肉质的营养繁殖并产生毒素。在 1 kg 腐烂苹果的原汁中含有将近 1 mg 的展青霉素,在距离腐烂部分 1 cm 处的正常果肉中仍可检出毒素。

2. 展青霉素的中毒表现

由青霉、曲霉产生的展青霉素,对实验动物有致癌和致畸作用,主要引起中枢神经系统的损害。至今尚未发现展青霉素对人直接致病。

3. 展青霉素的预防措施

水果尽量吃新鲜的,如需贮藏,要视水果不同,放在冰箱内或用纸箱存放于阴凉通风处。发现腐烂、霉变或有异味的水果要及时去除,以免污染其他正常水果。水果食用前要充分清洗,或削皮食用。果体有小块腐烂时,要挖去腐烂及其周围超出 1 cm 处的部分。如果实腐烂 1/3 以上,建议不要食用。

2.3.3 病毒

病毒是一类个体微小、结构简单、只含单一核酸(DNA/RNA)、必须在活细胞内寄生且以复制方式增殖的非细胞型微生物。多数病毒直径在 100 nm(20～200 nm)左右,要用电子显微镜才能观察到。最小的病毒为双联病毒科,直径仅为 18～22 nm;较大的病毒为痘病毒科,直径为 300～450 nm。

近年来,人们发现许多疾病与病毒有关,关于病毒引起食物中毒的报道也逐渐增多。事实上,任何食品都有可能成为病毒的传播工具。病毒在食物中毒致病因素中的比例正逐渐上升。

长期以来,人们对食品中病毒的了解很少,主要原因一是病毒不能像细菌、霉菌那样能在食品上生长繁殖;二是其在食品中的数量较少,不易被提取分离出来,其回收率大约为 50%;三是有些食品中的病毒尚不能用当前已有的方法培养出来;四是多数病毒从感染到发病潜伏期较长,原因分析和追溯较复杂困难,不像细菌性食物中毒与化学性食物中毒原因易追溯。尽管如此,与食品有关的病毒对食品安全带来的影响已引起人们的普遍关注。引起食物中毒的病毒主要有肝炎病毒、疯牛病病毒、禽流感病毒、口蹄疫病毒、轮状病毒、诺沃克病毒、埃可病毒等。

2.3.3.1 肝炎病毒

肝炎病毒(hepatitis viruses,HV)是指引起病毒性肝炎的病原体。人类的肝炎病毒可导致传染性肝炎和慢性肝损伤。引起病毒性肝炎的病毒目前已发现7种，即甲、乙、丙、丁、戊、己、庚型。

1. 甲型肝炎病毒

甲型肝炎病毒(hepatitis A virus，HAV)是一种RNA病毒，属微小核糖核酸病毒科。HAV为直径约27 nm的球形颗粒，由32个壳微粒组成对称20面体核衣壳，内含线形单股RNA。甲型肝炎病毒具有4个主要多肽，即VP1、VP2、VP3、VP4。HAV对乙醚、60 ℃加热1 h及pH为3的环境均有一定抵抗力，但在100 ℃加热5 min或用甲醛或氯处理，均可使其灭活。甲型肝炎病毒主要通过以下三种方式进行传播。

(1)粪-口途径。这是甲肝病毒的主要传播路径，随水和食物传播是甲肝暴发流行的主要传播方式。较差的环境卫生条件和不良个人卫生习惯，是造成甲型肝炎病毒地方性流行的主要原因，手和污染的水是甲肝传播的重要载体。

(2)接触。通常，患者在症状出现前2周至黄疸出现后2周体内病毒会通过分泌物大量排出，从而使患者的手等体表带有病毒。

(3)其他途径。在黄疸出现前2周至出现后2周，患者排毒量较大，具有很强的传染性。病毒也可出现于患者血液中，故污染的血液或其血液成分，经口或注射方式也可造成感染。

2. 乙型肝炎病毒

乙型肝炎病毒(hepatitis B virus，HBV)是一种DNA病毒。HBV为直径42 nm的球形颗粒，1972年由英国人Dane发现，因此又称为Dane颗粒。HBV有外壳和核心两部分，具有表面抗原(HBsAg)，核心直径27 nm，含有部分双链和部分单链的环状DNA，含有DNA聚合酶、核心抗原及e抗原。乙型肝炎病毒在体外抵抗力很强，紫外线照射，加热60 ℃ 4 h或一般浓度的化学消毒剂(如苯酚等)均不能使之灭活；必须加热60 ℃持续10 h，煮沸(100 ℃)20 min，高压蒸汽121 ℃ 10 min或过氧乙酸(0.5%)7.5 min以上才可以使之灭活。HBV在干燥或冰冻环境下能生存数月到数年，其传播方式主要有以下几种。

(1)血液传播。血液传播是乙肝传播途径中最常见的一种，如输血过程中被感染。随着医学的进步，此现象得到了有效控制，但是尚未杜绝。

(2)医源性传播。医源性传播也就是说在就医的过程中被感染，目前多数存在的是微量注射或接种而引起的感染，因此要特别注意注射、接种及纹身等使用的各种医疗器具所造成的乙型肝炎病毒传播。

(3)母婴传播。患急性乙肝或携带乙肝表面抗原的母亲可将乙肝病毒传给新生儿，尤其携带乙肝表面抗原的母亲是主要的感染类型。

(4)性传播。乙肝病毒的性传播是性伙伴感染的重要途径。

(5)长期密切接触。长期密切接触主要是指日常生活密切接触，如同用牙刷、毛巾、茶杯和碗筷等，均有受乙型肝炎病毒感染的可能。乙型肝炎病毒还可通过破损黏膜进入密切接触者的体内。此外，唾液传播也不可忽视。

3. 肝炎病毒的防控措施

甲肝和乙肝都有效果很好的疫苗，因此控制的最好办法是接种免疫疫苗。此外，注意个人卫生，养成饭前便后洗手的习惯；注意环境卫生，加强对粪便的管理；妥善处理病人排泄物，对使用过的注射器、医疗器材应彻底消毒；注意水源卫生安全管理；食品加工企业要加强对员工的健康检查和管理，杜绝患者接触所生产的食品等，均可一定程度上达到预防效果。

2.3.3.2 疯牛病病毒

疯牛病是牛海绵状脑病的俗称，简称 BSE（bovine spongiform encephalopathy）。早在 1985 年 4 月英国就出现了疯牛病可疑病例，1986 年发现 17 例并确诊为此病，此后逐年增加。发生疯牛病的国家还有法国、爱尔兰、加拿大、丹麦、葡萄牙、瑞士、阿曼和德国等 30 余个国家和地区。疯牛病给这些国家和地区造成了巨大的经济损失和严重的社会恐慌。疯牛病是一种严重损害牛中枢神经系统的传染性疾病，此种病牛的脑神经会逐渐变成海绵状。随着大脑功能的退化，病牛会神经错乱，行动失控，最终死亡。经解剖发现，病牛中枢神经系统的脑灰质部分形成海绵状空泡，脑干灰质两侧呈对称性病变，神经纤维网有中等数量不连续的卵形和球形空洞，神经细胞肿胀呈气球状。误食此类病牛的肉可能导致人患上新型克雅氏症，使患者脑部出现海绵状空洞，并出现脑功能退化、记忆丧失和精神错乱等症状，最终可能导致死亡。

1. 疯牛病病毒的污染来源与危害

疯牛病流行的主要原因是通过消化道感染，其传染存在种属屏障现象，即在同类动物中传染比较容易，需要的致病因子的量比较小，而且发病潜伏期短。疯牛病在不同种属的动物之间传播相对比较困难，所需的致病因子的量也比较大，潜伏期长。但是一旦突破了种属屏障，疯牛病在某种动物中进行传播就比较容易。欧盟兽医科学委员会发表的一份报告认为疯牛病不会通过牛乳和乳制品传播，但同时又指出尽管如此，仍必须禁止消费可能患有疯牛病的母牛所产的牛乳。

2. 疯牛病病毒的防控措施

WHO、IEO、FAO 颁布了防止公众传染动物疾病潜在风险的措施，目的有三个：阻止 BSE 感染动物和肉制品进入食物链或用于药品生产；提供 BSE 和克雅氏症（creutafeldt-jakob disease，CJD）的监督和保证；明确研究需要和支持监控计划的执行。

FAO 出版了有关动物饲料和食品安全性的报告。由世界动物卫生组织（World Organisation for Animal Health）制定的《国际动物卫生法典》在 1996 年临时修正，内容如下：①凡是来自 BSE 高发生率国家的包括任何反刍动物蛋白的肉和骨粉一律不准贸易；②凡是来自 BSE 低发生率国家的作为反刍动物饲料的肉和骨粉一律不准贸易；③应当严格控制动物内脏（脑、眼、脊髓、胸腺、脾、末梢回肠）的交易。

OIE 也开始区别 BSE 高发生率和低发生率国家，并且已经颁布了 BSE 监督和控制指导方针。WHO 发布与 FAO、OIE 一致的关于保护公众健康的措施。这些措施包括下列内容：①不允许任何可能含有 BSE 的动物或其组织成分进入人或动物的食物链；②所有国家应当建立 BSE 的监督和义务公告；③所有国家应当禁止在反刍动物饲料中使用反刍动物组织；④牛奶和奶制品是安全的；⑤如果使用有效的炼油程序，动物凝胶和动物油脂是安全的；⑥药物产品和包含牛组织的药物材料应当从那些没有或偶发 BSE 病例的国家获得，推荐的措施要将风险降到最低;⑦患 CJD 的人不准献血。

2.3.3.3 禽流感病毒

禽流感病毒(avianinfluenza virus,AIV)属甲型流感病毒,禽流感病毒的正黏病毒科。从世界各地分离得到的禽流感病毒有 80 多种,其性质基本相似。通常,禽流感病毒与人流感病毒存在受体特异性差异,禽流感病毒不容易传染给人。禽流感病毒的最大特点是抗原变异性,而这种变异性能够引起传播力的变化。

病毒粒子呈多形性,其中球形直径 80~120 nm,有囊膜,为单股负链 RNA 病毒,螺旋对称。病毒粒子分甲、乙、丙三个型,其中甲型流感病毒多发于禽类,一些亚型也可感染猪、马、海豹和鲸等各种哺乳动物及人类;乙型和丙型流感病毒则分别见于海豹和猪的感染。根据其外膜血凝素(H)和(或)神经氨酸酶(N)蛋白抗原性的不同,可将病毒分为 15 个 H 亚型(H1 至 H15)和 9 个 N 亚型(N1 至 N9)。感染人的禽流感病毒亚型主要为 H5N1、H9N2、H7N7,其中感染 H5N1 的患者病情重,病死率高。

禽流感病毒对乙醚、氯仿、丙酮等有机溶剂均敏感,故常用消毒剂容易将其灭活,如氧化剂、稀酸、十二烷基硫酸钠、卤素化合物等都能迅速破坏其传染性。病毒对热比较敏感,65 ℃加热 30 min 或煮沸(100 ℃)2 min 以上可灭活。病毒在粪便中可存活 1 周,在水中可存活 1 个月,在 pH 低于 4.1 的条件下仍然具有存活能力。病毒对低温抵抗力较强,在有甘油保护的情况下可保持活力 1 年以上。病毒在直射阳光下 40~48 h 即可灭活,如果用紫外线直接照射,可迅速破坏其传染性。

1. 禽流感病毒的污染来源与危害

家禽及其尸体是禽流感病毒的主要传染源。该病主要通过接触感染禽类或其排泄物、分泌物和其他污染物而引起,经消化道、呼吸道、皮肤损伤及眼结膜等多种途径传播。

禽流感病毒流行期间,各种禽类均易被该病毒感染。流感病毒本身的毒力是禽类发病和死亡的决定因素,往往高致病力的毒株传染性更强,家禽更易感染,且发病率和死亡率高。染毒后,在禽类肌肉、内脏、蛋中可检出大量的禽流感病毒。人因为食用这些禽类食品而感染禽流感,造成多方面的危害。人类感染禽流感病毒后,潜伏期通常为 3~5 天,发病症状多表现为感冒症状,体温升高,疲倦,消化功能降低,眼睑肿胀,眼结膜发炎,呼吸不畅,呼吸道分泌物增加,肺出血性水肿。同时该病毒可通过血液进入全身组织器官,严重者可引起内脏出血、坏死,造成机体功能降低,并容易进一步被细菌侵袭,形成继发混合感染,甚至导致死亡。接触感染是人感染禽流感病毒的主要途径,目前还没有发现因为吃鸡肉而受到感染的病例,也未发现该病毒在人与人之间的传播。

从生物学角度讲,有三个方面的原因可以阻止禽流感病毒对人类的侵袭。一是人呼吸道上皮细胞不含禽流感病毒的特异性受体,即禽流感病毒不容易被人体细胞识别并结合。二是所有能在人群中流行的流感病毒,其基因组必须含有几个流感病毒的基因片段,而目前的禽流感病毒不具备这类基因片段。三是高致病性的禽流感病毒由于含碱性氨基酸数目较多,使其在人体内不容易复制。尽管没有证据表明禽流感病毒会直接引起人类流感暴发,但从进化角度来看,人类流感与原先在动物中传播的流感病毒有关。这很可能是在历史上人类驯养猪或鸡等动物的过程中,由于人畜接触频繁,猪流感和禽流感病毒的某些毒株发生组合并产生变异，从而获得对人的致病性以及在人群中传播的能力，成为人类流感病毒。这类事件有可能再次发生，因此医疗研究和监测部门仍需对禽流感袭击人类的可能性保持警惕。

2. 禽流感病毒的防控措施

(1)疫苗接种和检疫。养禽场要建立严格的免疫制度，选择合适的疫苗进行免疫接种。同时，还需定期进行琼脂扩散实验和血凝抑制实验对鸡群进行血清学检验。

(2)消灭传染源。对范围内的所有禽类通过封锁、隔离和消毒来消灭传染源。对病鸡和疫点周围 3 km 要全部扑杀，对于带有高致病性的禽类及同群禽要全部扑杀。加强疫点和疫区的消毒，对可能被病禽污染的养殖场地，必须以 5%漂白粉溶液彻底喷洒动物圈舍及运输动物的相关工具来进行消毒。在禽流感发生点 5 km 内的健康家禽都应强制注射预防禽流感的专用疫苗，以防止该病扩散。

(3)防止病毒的传入和散播。养禽场应建在远离水禽和野生鸟类栖息的河道、湖泊等地方。养禽场应建立合理的饲养管理程序，加强生物安全，做好日常的防疫消毒工作，以防止疫病发生与扩散。

(4)其他防控措施。养禽场应制定针对外来车辆合理的卫生消毒制度。严禁猪禽混养或水禽与鸡混养。应有防鸟设施，避免野鸟进入禽舍。此外，不能忽视普通、常见禽病的预防。

(5)对个人而言，应注意身体健康，保持良好的免疫力。食用禽类制品之前要高温充分烹煮，以杀灭病毒。皮肤破损时要特别注意保洁。

2.3.4 寄生虫

通过食物传播的食源性寄生虫严重地影响着人类健康。食源性寄生虫病，特别是能在脊椎动物和水生动物与人之间直接或间接传播和感染的人畜共患寄生虫病，对人类健康危害较大。

1. 概述

寄生虫是指营寄生生活的动物，其不能独立生活，大部分时间要在宿主体内寄生，依靠吸收宿主养分才能发育成熟。在寄生与被寄生的关系中，以其机体给寄生虫提供居住空间和营养物质的生物称为宿主。寄生虫侵入人体并能生活一段时间，这种现象称为寄生虫感染。有明显临床表现的寄生虫感染称为寄生虫病。易感个体因生食或半生食含有感染期寄生虫的食物而感染的寄生虫病，称为食源性寄生虫病。通过食品感染人体的寄生虫称为食源性寄生虫，主要包括原虫、节肢动物、吸虫、绦虫和线虫，其中后三者统称为蠕虫。

2. 食源性寄生虫的危害

寄生虫能通过多种途径污染食品和饮用水，经口进入人体，引起人的食源性寄生虫病的发生和流行。这类疾病不但对人体健康与生命构成严重威胁，而且其中一些人畜共患寄生虫病还给畜牧业生产及经济带来严重损失。人类离不开动物性食品，但很多肉类、水产品等食物携带有寄生虫病原体。由于不良饮食习惯，可造成病原体进入人体，引起食源性寄生虫病。

寄生虫以幼虫或感染性虫卵等多种特定形式侵染人体，导致宿主发病的原因主要有以下四种。①机械损伤。寄生虫可通过吸吮、刺入、钩附、移行、咬破等作用，导致宿主的组织或细胞损伤或破损，出现出血或炎症反应。②夺取养分。寄生虫在宿主体内寄生生长过程中，从寄生部位吸取蛋白质、碳水化合物、矿物质和维生素等营养成分，使宿主出现营养不良、消瘦或贫血等症状。③分泌毒素。有些寄生虫与细菌和真菌相似，可以产生毒素，导致宿主中毒，引起宿主机体全身病理反应或局部炎性反应，造成局部组织坏死或增生。④造成栓塞。有些寄生虫的卵和幼虫能栓塞血管、胆管或肝管。当重要微血管被阻塞后，有的器官可能因此发生机能障碍，特别是当寄生虫寄生于人眼、脑、心或肾等重要器官的组织中时，可造成部分功能丧失，甚至导致宿主死亡。

3. 食源性寄生虫病的诊断和防治

(1)诊断。通过食源性寄生虫病的流行病学特点和患者的临床表现可作出初步诊断，再结合病原学检查和免疫学方法即可确诊。病原学诊断取患者的排泄物、被污染的食品或水，做虫卵、包囊或虫体检查。免疫学方法和其他生物技术的常用方法有皮内实验、琼脂扩散实验、对流免疫电泳、补体结合实验、间接血凝实验、酶联免疫吸附实验、乳胶凝集实验、间接荧光抗体实验、单克隆荧光抗体技术、聚合酶链反应、核酸探针和免疫印迹技术等。

(2)防治。由于食源性寄生虫的生活史比较复杂，影响寄生虫病流行的因素又较多，因此应采用以下综合防治措施。①切断传染源。流行地区要开展普查、防疫、检疫、驱虫和灭虫工作。一旦发现患者或病畜，应及时用吡喹酮、阿苯达唑等药物治疗。②切断传播媒介。选择适宜方法消灭螺、剑水蚤等中间宿主以及蝇、蟑螂和鼠等传播媒介和保虫宿主。③加强食品卫生监督检验。在动物屠宰过程中，必须进行肉品中囊尾蚴、旋毛虫和肉孢子虫的检验，合理处理病畜肉，防止带虫的肉品、水产品和其他食品上市出售。在食品加工过程中，严禁用含有寄生虫的肉、鱼或其他被污染的原料加工食品。保持饮用水和食品加工用水卫生，来自湖泊、池塘、溪流或其他未经处理的水在洗涤食品或饮用之前，必须经净化消毒或加热煮沸。④改进烹调方法和不卫生习惯。加强食品卫生宣传教育，改变不良饮食习惯，肉和水产品应烧熟煮透，不生食肉、鱼、蟹或其他动物性食品，生食瓜果蔬菜时应清洗干净后再食用，不饮生水和生乳，饭前便后要洗手。⑤保持环境卫生。改善公共卫生，包括牛要有栏、猪要有圈、人要有茅厕。为防止人畜粪便污染环境、饲料、水源和食品，应利用堆肥、发酵或沼气等多种方法处理粪便，以杀灭其中的寄生虫虫卵，使其达到无害后方可使用。⑥加强动物饲养管理。禁用生肉、鱼、虾或其废弃物饲喂动物。在寄生虫流行地区，严禁放牧食用动物。食品加工企业产区内禁止饲养其他动物。

2.3.4.1 绦虫

绦虫属于绦虫纲，约有 3 000 种，分布于世界各地，是一种巨大的肠道寄生虫，全部营寄生生活，成虫寄生于脊椎动物。绦虫幼虫主要寄生于无脊椎动物或以脊椎动物为中间宿主。人吃了未经适当烹煮的带绦虫猪肉、牛肉或鱼肉，绦虫就会进入人体寄生。绦虫一旦进入肠道，就会将头端嵌入肠壁，然后在肠壁上吸取食物。绦虫的环节会断脱，随粪便排出体外。如果绦虫留在肠道，不会造成太大的损害，但通常会引起轻微、偶尔腹痛、食欲减退及肛门四周刺痒等轻度症状。经食品传播的绦虫主要有猪肉绦虫和牛肉绦虫、猪囊尾蚴、细粒棘球绦虫、阔节裂头绦虫、膜壳绦虫、复孔绦虫等。

猪肉绦虫病是由猪肉绦虫寄生于人的小肠所引起的一种常见食源性人畜共患病。猪囊尾蚴病是由猪囊尾蚴寄生于人和猪的骨骼肌及心肌、脑和眼睛等组织而引起的寄生虫病。

1. 绦虫病原

猪肉绦虫（*Taenia solium*）属于圆叶目带科带属，又称有钩绦虫、链状带绦虫或猪肉绦虫，寄生于人的肠道中，可存活25年。猪囊尾蚴（*Cysticercus cellulosae*）俗称猪囊虫，是猪肉绦虫的幼虫。

2. 绦虫病的流行病学

猪肉绦虫病呈全球性分布，以非洲、墨西哥和中南美洲等地最为普遍。在我国，猪肉绦虫病分布较广，东北、华北各省及河南、广西、云南及内蒙古等省多见，人群中以青壮年感染率为高。人是猪肉绦虫的唯一终末宿主和传染源，猪和牛是主要的中间宿主。感染者通过粪便排出猪肉绦虫虫卵，污染饲料或饮水，分别使猪感染囊尾蚴。人因食入生的或未煮熟的含囊尾蚴的猪肉而感染猪肉绦虫病，也可因食用腌肉、熏肉、过桥米线、生片火锅等食品引起感染而患病。此外，在肉品加工中生熟不分也可造成交叉感染。猪囊尾蚴的传染源是猪肉绦虫患者。人体感染囊尾蚴的方式有三种：①体内自体感染；②体外自体感染；③异体感染，也称外源性感染，是由于人吞食了污染了猪肉绦虫虫卵的食品而感染。

3. 囊尾蚴病的临床表现

患者的症状主要取决于囊尾蚴的数量和部位。皮下和肌肉囊尾蚴病临床症状为头部和躯干部结节较多，常分批出现，可逐渐消逝，寄生数量多时，肌肉酸痛、发胀，出现假性肥胖。囊尾蚴病临床症状为中枢神经系统功能紊乱，出现头痛、神志不清、视力模糊、颅内压增高等，也有瘫痪、麻痹、言语不清等症状，严重者有癫痫症状，有时发生急性脑炎，甚至突然死亡。眼囊尾蚴病的轻症者出现视力障碍，重者失明。

4. 囊尾蚴病的控制和预防措施

加强肉品卫生检验，禁止销售囊尾蚴病肉。在肉品加工中，主要原料和产品分开，用具和容器生熟分开。加强食品卫生宣传教育，禁食生肉，菜刀、菜板生熟分开。查治患者，合理处理粪便，提倡舍饲养猪和养牛，猪圈远离厕所。讲究个人卫生，饭前便后要洗手。

2.3.4.2 线虫

线虫属袋形动物门线虫纲，也称圆虫，是所有蠕虫的通称。线虫是动物界中数量最多者之一，寄生于动物、植物体中或自由生活于土壤、淡水和海水环境中，甚至在醋和啤酒中也可见到。线虫通常为乳白色、淡黄色或棕红色，大小差别很大，小的不足1 mm，大的长达8 m。经食品传播的线虫主要有旋毛虫、蛔虫、鞭虫、钩虫、蛲虫、异尖线虫、东方毛圆线虫、广州管圆线虫等。

1. 旋毛虫

旋毛虫病的病原体是旋毛形线虫，简称旋毛虫，其寄生于猪、野猪、鼠、熊等150多种动物及人体内。旋毛虫的成虫和幼虫分别寄生于同一宿主的小肠和肌细胞内。旋毛虫病是一种危害很大的动物源性人兽共患寄生虫病。

(1)病原。旋毛虫(*Trichinella spiralis*)属毛尾目毛形虫科旋毛虫属。成虫微小,细线状,乳白色,头端较尾端稍细。成虫寄生于人或动物的肠道,又称肠旋毛虫。新生幼虫是刚产出的幼虫,微小,大小约为 124 μm×6 μm。成熟幼虫具有感染性,长约 1 mm,寄生于横纹肌内的梭形囊包中。旋毛虫包囊对低温抵抗力较强,在−12 ℃能存活 57 天,−15 ℃能存活 20 天,−21 ℃能存活 8～10 天。包囊对热的抵抗力较弱,当肉中心温度达 60 ℃时 5 min 即可杀死虫体。但用盐腌、烟熏和暴晒等方法加工肉制品时,不能杀死肌肉深部的幼虫。旋毛虫包囊在腐肉中可存活 2～3 个月。

(2)流行病学。①传染源。含有旋毛虫的动物肉或被旋毛虫污染的食物为主要传染源。目前,已知有 120 多种动物可自然感染旋毛虫,猪的感染率个别地区可高达 60%。②传播途径。人发生感染主要因摄入了含旋毛虫包囊的生猪肉或未煮熟猪肉,其次为野猪肉和狗肉,近年来还有吃羊肉和马肉引起感染的报道。欧洲、美洲特别是北美洲,因使用生香肠和以废肉作为猪的饲料,故常造成本病流行。此外,切过生肉的菜刀、砧板均可偶尔黏附有旋毛虫的包囊,不慎时也可污染食品而造成感染。③流行特征。旋毛虫病为世界性分布,以欧美人发病率高。我国自 1964 年在西藏发现人体旋毛虫病以来,主要流行于云南、广东、广西、四川、内蒙古、辽宁、吉林、黑龙江、河北、湖北、四川等地。湖北和河南等省为我国旋毛虫病的高发区。该病的死亡率为 3%～30%,发病原因与肉品加工方法和食肉习惯有关。

(3)临床表现。旋毛虫病的潜伏期一般为 5～15 天,平均为 10 天,但也有的短为数小时,有的长达 46 天。其临床表现多种多样,轻者一般不表现出明显症状,症状不典型者常可导致误诊,重者可于发病 3～7 周内死亡。旋毛虫病的临床表现可与致病过程相应地分为肠道期(侵入期)、急性期(幼虫移行期)和恢复期(包囊形成期)。①肠道期。此时患者以肠道病变为主,表现为厌食、恶心、腹泻、腹痛、出汗及低热等症状。常引起黏膜发生炎症,1 周后消退。②急性期。此时新生幼虫侵入肌肉组织引起血管炎和肌炎。幼虫侵入肌肉后,患者出现头痛、出汗、眼睑和面部水肿、肌肉疼痛、淋巴结肿大,并伴有发热。严重感染时呼吸、咀嚼、吞咽和说话困难,声音嘶哑,出现嗜酸性粒细胞增多、心肌炎、肺出血、胸腔积液等症状。累及中枢神经系统时可导致颅内高压,患者最终因心力衰竭、毒血症、呼吸道并发症而死亡。③恢复期。发病 1 个月后,幼虫在肌肉内形成包囊,急性炎症消退,但肌肉疼痛可持续数月。患者消瘦、虚脱,也可并发肺炎或脑炎等,严重时因心肌炎而死亡。

(4)控制和预防措施。①消灭本病包囊宿主鼠类、野犬及其他野生动物等以减少传染源,进行卫生宣传和健康教育。②猪不要任意放养,应当圈养,管好粪便,保持猪舍清洁卫生。饲料应加热处理,以防猪吃到含有旋毛虫的肉屑。③认真贯彻肉品卫生检查制度,加强食品卫生管理,不准未经检疫的猪肉上市和销售,感染旋毛虫的猪肉要坚决销毁。④建议不生食或半生食猪肉及其他动物肉类和制成品(如腊肠),肉类食品应完全熟制;提倡生、熟食品分开,防止生肉污染餐具。

2. 蛔虫

蛔虫病是由似蚓蛔线虫寄生于人体小肠或其他器官所引起的常见消化道寄生虫病。

(1)病原。蛔虫的成虫寄生于人的小肠,虫卵随宿主粪便排出,并在氧气充足、温暖潮湿、阴暗场所蜕皮发育为感染性虫卵。蛔虫的发育不需要中间宿主,各种蛔虫的生活史基本相同。不同蛔虫有其固有的宿主，有时某种蛔虫可能误入非专性宿主体内，但不能发育为成虫，可引起蛔虫幼虫病。猪蛔虫与人蛔虫相似，偶然可感染人，引起猪蛔虫幼虫病。

(2)流行病学。①传染源。蛔虫患者粪内含有蛔虫受精卵者，是人群中蛔虫感染的传染源。②传播途径。宿主排出的粪便中含有大量的蛔虫卵，可污染环境、饮水、蔬菜、水果和手，并可使蝇、鼠等病媒带有虫卵，经各种途径污染食品。在流行地区，用人粪便作肥料和随地大便是蛔虫卵污染土壤和地面的主要方式。人因接触外界污染的泥土，如农田、庭院或地面等，经口吞入附在手指上的蛔虫卵而感染，或者食用带有蛔虫卵的甘薯、胡萝卜、腌菜等食物而导致蛔虫病的发生。③流行特征。蛔虫感染在世界各地最为常见，全世界约有 1/4 的人感染蛔虫。蛔虫病主要发生在温带及热带，经济不发达、温暖潮湿及卫生条件差的国家或地区流行更为广泛。我国各省均有蛔虫流行。蛔虫病在农村人口的感染率为 50%～80%，高于城市；儿童高于成人。该病的发生与地区经济条件、生产方式、生活水平、文化水平以及卫生习惯等社会因素有密切关系。蛔虫病以散发多见，有时可集体感染而引起蛔虫病的暴发流行。因此，发展经济、提高文化水平和养成良好的卫生习惯，可使蛔虫感染率降低。此外，人群感染蛔虫的季节与当地气候、生产和生活活动有关。在温带地区，冬季蛔虫卵停止发育，春季气温回升到 13 ℃以上，虫卵开始继续发育。秋季随着气温下降，蛔虫卵发育期延长，乃至滞育。通常情况下，蛔虫感染期虫卵的出现率以 7 月和 8 月为最高。

(3)临床表现。在幼虫移行期，少量幼虫在肺部移行时，可无任何临床表现。但短期内生吃含大量感染期蛔虫卵的蔬菜和其他被污染食物时，常可引起蛔虫性肺炎、哮喘和嗜酸性粒细胞增多症。此症潜伏期一般为 7～9 天，临床上出现全身和肺部症状，如支气管炎、肺炎及哮喘等。成虫寄生于小肠，夺取养分，感染者通常无明显症状。患者以腹痛最常见，位于脐周，呈不定时反复发作，不伴有腹肌紧张与压痛。儿童和体弱者常有食欲减退与恶心、消化不良、烦躁不安、荨麻疹、发热、畏寒、磨牙等症状。患者时而腹泻或便秘，常突然发生脐周阵发性疼痛，按之无压痛；重者则导致肠梗阻、肠扭叠、肠坏死。异位寄生时可引起胆管阻塞、肝脓肿、腹膜炎等，偶尔并发胰腺炎、急性阑尾炎或引起咽喉和支气管阻塞与窒息而危及生命。

(4)控制和预防措施。①驱除人肠内蛔虫，包括患者和带虫者，控制传染源。②在蔬菜和瓜果加工过程中或食用前应清洗干净，注意食品从业人员个人卫生，及时查治患者，搞好环境卫生，加强粪便管理。③注意个人卫生，饭前便后洗手，不随地大小便，不饮生水，防止食入蛔虫卵，减少感染机会。④宣传蛔虫病的危害性和防治知识，及时查治患者。

2.3.5　生物性食品安全案例

《汕头都市报》2004 年 6 月 21 日报道，从 2004 年 6 月 14 日下午 4 时起，广东省梅州市人民医院先后收治了 9 名食物中毒病人，多数为少年儿童，其中最小的仅 7 岁。至 15 日傍晚，出现类似食物中毒症状的病人已达上百人之多。据悉，这些病人是吃了一家“艺术”蛋糕店近日生产的蛋糕发病的，从 14 日至 17 日，先后有 124 人出现程度不同的中毒症状。后经有关卫生专家深入调查发现，该店生产的“三明治”蛋糕主要成分为鸡蛋、色拉油、糖等，同时还使用了一种沙拉酱原料。因工人在破壳打蛋过程中没有将鸡蛋外壳清洗消毒，致使沙拉酱被鸡蛋外壳上的沙门氏菌污染，被污染后的沙拉酱存放又超过了 10 h，使得沙门氏菌大量繁殖。“三明治”蛋糕使用了这批被污染的沙拉酱，从而引发了这次大规模食物中毒事件。我国每年沙门氏菌食物中毒的发病人数达 300 万人次。根据国家食品安全风险评估中心 2011 年至 2013 年对我国 6 个省的市售生鸡肉中沙门氏菌的污染水平进行的调查，我国零售生鸡肉中大约 40%存在沙门氏菌污染。另外，我国居民使用菜板生熟分开比例不足 1/3，如果做到菜板生熟分开，我国每年的沙门氏菌食物中毒人数可减少 200 万人次。

2.4 食品本身的风险因子

大自然赋予动植物以合成众多化学物质的能力，这些天然化学物质大多数是重要的营养素，但是也有一些对人体健康有害，如果摄入量过大或食用方法不正确，就会对人体健康带来危害。有毒动植物是指含有某种天然有毒成分或由于储存条件不当而形成某种有毒物质的一些动植物。自然界中有毒的动植物种类很多，所含的有毒成分复杂，常见的品种有河豚、含高组胺鱼类，含氰苷植物、发芽马铃薯、四季豆和生豆浆等。

2.4.1 有毒植物及植物有毒组织的种类

自然界中的植物有 30 多万种，但是用作食品的不过数百种，用作饲料的也不过数千种。这主要是由于有的植物体内含有毒素，从而限制了其作为人类食用和畜用资源的价值。植物性毒素是人类食源性中毒的重要因素之一，对人类健康和生命有较大危害。植物毒素是指植物体本身产生的对食用者有毒害作用的成分，不包括那些污染和吸收入人体的外源性化合物，如农药残留和重金属污染物等。

1. 四季豆

四季豆（*Phaseolus vulgaris* L.）又名菜豆、芸豆或芸扁豆，是豆科属一年生缠绕草本植物。四季豆富含蛋白质和多种氨基酸，经常食用能健脾胃、增进食欲。夏天多吃一些四季豆有消暑、清脾的作用。中国传统医学认为，四季豆有调和脏腑、安养精神、益气健脾、消暑化湿和利水消肿的功效。但食用未炒熟、煮不透的四季豆会导致中毒。由于秋、冬季四季豆产量较大，所以此类中毒多发生在秋、冬季。四季豆本身含有两种毒素，分别为红细胞凝集素和皂苷。其豆荚外皮含有皂苷，种子含有植物红细胞凝集素。将四季豆彻底煮熟，其毒素就会被破坏。但若加工方法不当使毒素没有被破坏，四季豆进入人体后就容易导致中毒。故烧煮四季豆一定要烧熟煮透，否则就会引起中毒。

2. 金针菜

金针菜（*Hemerocallis citing* Baroni）因花朵呈橘黄色，俗称黄花菜，又名萱草、忘忧草、川草花，是植物界里以花为菜的少数品种之一，为百合科（Liliaceae）萱草属（*Hemerocallis* L.）萱草种（*fulva* L.）的多年生宿根草本植物。金针菜是名贵的蔬菜，口感香甜滑润，有很高的营养价值。金针菜被日本誉为“健脑菜”，对神经过度疲劳者和智力衰退的老年人特别有益。金针菜有清热、利尿等药效。食用金针菜能安神、益智、明目等。新鲜的金针菜中含有秋水仙碱（colchicine），它本身毒性小，但是秋水仙碱进入人体后易蓄积，被氧化为剧毒的二秋水仙碱，所以鲜金针菜不能直接食用。

3. 木薯

木薯(*Manihot utilissima*)属于大戟科(Euphorbiaceae)木薯属(*Manihot*)木薯种(*esculenta* Crantz)，是多年生的木本植物，其地下部结薯，薯的结构类似薯，在我国又有树薯、树番薯、臭薯、葛薯之称。木薯的可食部为根块，内含淀粉和少量蛋白质，为我国南方的个别地区主杂粮之一。木薯除供食用外，还可提取精细淀粉、葡萄糖，也可制乙醇，具有很高的营养价值和经济价值。木薯的根、茎、叶中都含有有毒的亚麻仁苦苷(linamarin)，经水解后可析出游离态的对人畜有毒的氢氰酸，导致机体中毒。木薯的氢氰酸含量常因栽种季节、土壤、品种、肥料、气候等因素而有差异。

4. 蓖麻

蓖麻(*Ricinus communis* L.)又名草麻、红麻，种子称为大麻子或蓖麻子，含油50%～70%。蓖麻油可作为工业用油或医用缓泻剂。蓖麻子为大戟科(Euphorbiaceae)植物蓖麻的干燥成熟种子，全国各地均有栽培。生食蓖麻种子或服过量蓖麻油可引起中毒。蓖麻的叶、枝、种均有毒，其主要毒性成分为蓖麻毒素和蓖麻碱。前者为毒蛋白，是目前已知最毒的植物蛋白，对肝、肾有较强毒性，并可抑制呼吸和血管中枢，对红细胞有溶解作用，人的致死量为1～2 mg；后者含氰基，对肝、肾有损害，160 mg可致人死亡。另外，蓖麻还含有蓖麻凝血素，对红细胞有强烈凝集作用。小儿生食蓖麻子1～2粒可致死，成人生食3～12粒可导致严重中毒或死亡。

5. 发芽马铃薯

马铃薯(*Solanum tuberosum* L.)又称土豆、山药蛋、洋山芋、洋芋等，属茄科(Solanaceae)。马铃薯味道鲜美，是我国家庭常用的蔬菜。马铃薯含有丰富的碳水化合物、蛋白质、磷、铁、无机盐类、B族维生素等。其蛋白质质量好，最接近动物蛋白质，易消化吸收。发芽马铃薯中含有一种对人体有害的称为“龙葵素”的生物碱毒素，又称茄碱。平时马铃薯中龙葵素含量极微，但发芽、青绿色或未成熟的马铃薯着色部分(青、绿、紫色和胚芽、芽孔周围)的龙葵素的含量急剧增高。因此，食用发芽或部分变黑绿色的马铃薯之前，如果未能去除或破坏其中的龙葵素，就极易引起中毒事故的发生。

6. 苦杏仁

苦杏仁(*Semen armeniacae* Amarum)别名杏核仁、杏仁等，本品为蔷薇科(Rosaceae)植物杏(*Prunus armeniaca* L.)、山杏(*P. armeniaca* var. *ansu* maxim.)及西伯利亚杏(*Prunus sibirica* L.)的味苦的干燥、成熟种子。夏季采收成熟果实，除去果肉及核壳，取出种子，晒干。苦杏仁可作中药材使用，也可以将其制成各类食品食用。苦杏仁中含大量脂肪油，可达50%以上，另含多种氨基酸和蛋白质。苦杏仁的另一大类成分为苦杏仁苷，有相应的苦杏仁苷酶(amygdalae)、苦杏仁酶(emulsin)、樱叶酶(pronase)等。其中苦杏仁苷既是苦杏仁作中药使用的有效成分，也是苦杏仁中毒时的有毒成分。

7. 银杏

银杏(*Ginkgo biloba* L.)又名白果、灵眼、佛指甲、银杏仁、鸭脚子，系银杏科(Ginkgoaceae)

植物银杏的干燥、成熟种子。白果味美可食，为餐桌上的佳肴和滋补品，其果肉中含大量的钙、磷、维生素C，还有硫氨酸、核黄酸、烟酸等多种维生素。在白果的肉质外种皮、种仁及绿色的胚种中含有白果二酚、白果酚、白果酸等有毒成分，种仁尚含微量氢氰酸。白果二酚、白果酚、白果酸等对中枢神经系统有先兴奋后抑制的作用，并损害末梢神经，对皮肤黏膜和胃肠道有强烈刺激作用。因此若白果食用过量或生食可引起中毒，中毒多见于儿童和婴幼儿，三岁以下婴幼儿中毒量为10粒左右，儿童中毒量为10～50粒。

8. 芦荟

芦荟(aloe)又名象胆、罗苇、油葱等，属百合科多年生草本植物，夏、秋开淡橘红色花。芦荟有好望角芦荟(产于非洲)、库拉索芦荟(产于南美洲)和斑纹芦荟(产于我国南方省区)，品种有500多种，可直接入药的只有十几个品种，可食用的只有几个品种。芦荟全株均含有毒成分芦荟碱和芦荟苷(芦荟大黄素苷)，对胃肠黏膜有强烈刺激作用，食用其液汁或干燥品0.25～0.5 g即可引起强烈腹泻、盆腔器官充血，甚至造成流产，也可引起肾脏损害，严重者则可能引起肾炎。

9. 油桐

油桐又名三年桐、五年桐、桐树等，为落叶性乔木，原产于我国中南、西南、华东、陕西及甘肃南部，我国台湾亦有栽培。其果实榨出的油称桐油。桐油的外观、味道与一般食用植物油相似，大量误食桐油、桐子(似糖炒栗子)或多日连续少量进食，均可导致中毒。另外，若用未经清洗干净的装过桐油的容器盛装食用油，食后也可引起中毒。油桐树的叶、树皮、种子、根均含有毒成分，其中以种子的毒性最大。其主要有毒成分为桐酸及异桐酸，对胃肠道有强烈刺激作用，并可损害肝、肾、神经等。榨油后的桐油饼所含毒苷其毒性大于桐油。

10. 棉籽油

我国棉花种植面积较广，棉籽产量较高。棉花副产品加工目前主要是对棉籽的综合利用，而棉籽加工的主要产品是棉籽油。棉籽油可分为精制油和粗制油两种。精制油颜色橙黄、透明，是人们常见的食用油之一。粗制油色黑、黏稠，是未经精炼或精炼不彻底制成的。棉酚是棉籽中的一种芳香酚，存在于棉花的叶、茎、根和种子中。未经精炼的粗制棉籽油中棉酚类物质清除不彻底，人们若长期食用或大量食用，则会引起中毒。

2.4.2 天然有毒植物引起的食物中毒

对人体有毒害作用的植物的种类有很多，中国已发现有1 300余种，分别属于140个科。有毒植物的毒性主要取决于其所含的有毒化学成分，这些有毒化学成分一旦被摄食，即可呈现不同的毒害作用，如妨碍营养物质吸收或破坏营养物质，造成组织器官细胞变性坏死或产生致癌的毒性效应，从而严重影响了食品安全。因此，研究植物中天然有毒物质引起的食物中毒的发生，具有重要的现实意义。

2.4.2.1 苷类食物中毒

1. 皂素苷食物中毒

(1)皂素苷的来源。皂素苷(saponins)是类固醇或三萜系化合物的低聚配糖体的总称。

因其水溶液能形成持久大量泡沫，酷似肥皂，故名皂素苷，又称皂素或皂草苷。含有皂素苷的植物有豆科、五加科、蔷薇科、葫芦科和苋科，皂素苷主要存在于菜豆（四季豆）和大豆中。在未煮熟透的菜豆、大豆及其豆乳中含有的皂素苷对消化道黏膜有强烈刺激作用，可产生一系列胃肠刺激症状而引起食物中毒。菜豆和大豆天然有毒物质较易引发食物中毒，一年四季皆可发生。

（2）中毒原因与症状。食入烹调不当或炒煮不够熟透的豆类，是引起此类中毒的主要原因。其中毒症状主要表现为胃肠炎，潜伏期一般为 2～4 h。患者呕吐，腹泻（水样便）、头痛、胸闷、四肢发麻，病程为数小时或 1～2 天；恢复快，预后良好。

（3）安全防控措施。家庭制作豆类蔬菜应彻底烧熟煮透，煮沸时间不低于 10 min，以破坏豆类食品中所含的毒素，特别是四季豆应加热至青绿色消失后方可食用。制作豆浆、豆奶的加工工艺中，一般采用 93 ℃加热 30～75 min 或 121 ℃加热 5～10 min，可消除豆浆中的有毒物。家庭制作豆浆时应在“假沸”之后继续加热至 100 ℃，待泡沫消失，再用小火煮 10 min 方可食用。

2. 氰酸苷食物中毒

（1）氰酸苷的来源。氰酸苷（cyanogenic glycosides）是结构中含有氰基的苷类，水解后可产生氢氰酸。氰酸苷在植物中分布较广，禾本科如竹、稻、麦，蔷薇科如杏、桃、李、枇杷的果仁，大戟科如木薯等均含有氰酸苷。在植物氰酸苷中与食物中毒有关的化合物主要是苦杏仁苷和亚麻苦苷。在苦杏、苦扁桃、枇杷、李子、苹果、黑樱桃等果仁和叶子中含有的氰酸苷叫苦杏仁苷。苦杏仁中苦杏仁苷的含量比甜杏仁高 20～30 倍。在木薯、亚麻籽及其幼苗中含有的氰酸苷为亚麻苦苷。亚麻苦苷是木薯中的主要毒性物质，可释放游离的氰化物。果仁或木薯的氰酸苷被人体摄入后，在果仁或木薯自身存在的氰酸苷酶（如苦杏仁酶）的作用下，经胃酸及肠道中微生物的分解作用，产生二分子葡萄糖和杏仁腈，后者又分解为苯甲醛和游离的氢氰酸。氢氰酸是一种高活性、毒性大、作用快的细胞原浆毒。当它被胃黏膜吸收后，氰离子与细胞色素氧化酶的铁离子结合，使呼吸酶失去活性，氧气不能被机体组织细胞利用，导致机体组织缺氧而陷于窒息状态。氢氰酸属于剧毒物，对人的最低致死剂量经口为 0.5～3.5 mg/kg 体重。苦杏仁苷致死量约为 1 g，小儿吃 6 粒，成人吃 10 粒苦杏仁就能引起中毒；小儿吃 10～20 粒，成人吃 40～60 粒就可致死。

（2）中毒原因与症状。苦杏仁中毒原因是误食生食水果核仁，特别是苦杏仁和苦桃仁，也有自用苦杏仁治疗小儿咳嗽而引起中毒的例子。某些地区的居民死于该中毒的原因是食用了高粱糖浆和野生黑樱桃的叶子。其中毒症状主要表现为口中苦涩、流涎、头痛、头晕、恶心、呕吐、心悸、脉频及四肢乏力等，重症者胸闷、呼吸困难，严重者意识不清、昏迷、四肢冰冷，最后因呼吸麻痹或心跳停止而死亡。木薯中毒的原因是生食或食入未煮熟的木薯或喝煮木薯的汤所致。在一些国家木薯被作为膳食中热量的主要来源，如果食用前未去毒或去毒效果不好，则有中毒的危险。一般食用 150～300 g 生木薯即可引起严重中毒或死亡。木薯中毒的早期症状为中毒性胃肠炎，严重者出现呼吸困难、躁动不安、瞳孔散大，甚至昏迷，最后可因抽搐、缺氧、休克或呼吸衰竭而死亡。

（3）安全防控措施。控制苦杏仁中毒措施主要是教育儿童不要生食各种核仁，尤其是苦杏仁和苦桃仁。由于苦杏仁苷经加热水解形成的氢氰酸遇热挥发而除去，故用杏仁加工食品时，应反复用水浸泡，炒熟或煮透，充分加热，并敞开锅盖使其充分挥发而除去毒性。切勿食用干炒的苦杏仁，否则易中毒。控制木薯中毒措施主要有以下几方面，首先，选用产量高而含亚麻苦苷低的木薯品种，并改良种植方法。其次，木薯必须经加工去毒后方可食用。在加工木薯时应去皮(亚麻苦苷 90%存在于皮内)。水浸薯肉，可溶解亚麻苦苷，如将其浸泡6 天可去除 70%以上的亚麻苦苷，再经加热煮熟时，将锅盖敞开使氢氰酸逸出，即可食用。木薯加工方法有水浸晒干法、熟薯水清法、干片水浸法等，去毒效果较好。除严禁生食木薯外，还应注意勿喝煮木薯的汤，不空腹食木薯，且一次也不宜多食，否则均有中毒的危险。

3. 芥子苷食物中毒

(1)芥子苷的来源。芥子苷又称硫代葡萄糖苷，主要存在于十字花科植物，如油菜、野油菜、中国甘蓝、芥菜、白芥、黑芥、萝卜等种子中。菜籽油中含有少量芥子苷，其含量约为0.3%。

(2)中毒原因与症状。菜籽中本身含有无毒的芥子苷，芥子苷可在植物组织中葡萄糖硫苷酶作用下分解为硫氰酸酯、异硫氰酸酯、噁唑烷硫酮和腈。腈的毒性很强，可抑制动物生长或致死。硫氰化物、异硫氰酸脂和噁唑烷硫酮可阻断甲状腺对碘的吸收，具有致甲状腺肿作用，抑制动物生长。

(3)安全防控措施。菜籽油精炼后其中的芥子苷可基本去除，故未精炼的菜籽油最好不吃。采用高温(140～150 ℃)或 70 ℃加热 1 h 可破坏芥子酶的活性，硫氰酸酯、异硫氰酸酯、噁唑烷硫酮和腈均为挥发性物质，在加热过程中可随蒸汽逸出。也可采用微生物发酵中和法将已产生的有毒物质除去。选育芥子苷含量低的新品种。

2.4.2.2 生物碱食物中毒

1. 茄碱食物中毒

(1)茄碱的来源。茄碱为发芽马铃薯的主要致毒成分，是一种弱碱性的生物碱。由于成熟的马铃薯中的 α-茄碱含量极微(0.005%～0.01%)，故一般不会引起中毒。但当马铃薯发芽后，其幼芽与芽基部位的毒素含量高达 0.3%～0.5%，比肉质部分要高几十倍甚至几百倍，故人食用发芽的马铃薯即可能引起中毒。茄碱具有刺激人体黏膜，麻痹神经系统、呼吸系统，溶解红细胞等作用。小鼠腹腔注射半致死量为每千克体重 42 mg。当人食用发芽的马铃薯后，即可引起中毒。茄碱对人经口中毒的剂量为每千克体重 2.8 mg。

(2)中毒原因与症状。食用了未成熟的绿色马铃薯，或因贮藏不当，使马铃薯发芽或部分块茎的皮肉中出现黑绿斑，烹调时又未能除去或破坏毒素，成年人食入 0.2～0.4 g 茄碱时即可引起中毒。进食过量的茄碱可在 10 min 至 10 h 内出现急性中毒症状。中毒者表现为咽喉部痛痒和烧灼感，胃部灼痛，并有恶心、腹泻等胃肠炎症状。严重者有呼吸困难、脱水、发烧、昏迷、瞳孔散大、脉搏细弱、全身抽搐等症状，最终因呼吸中枢麻痹而死亡。

(3)安全防控措施。将马铃薯存放于阴凉通风干燥处，或进行辐照处理，以防止马铃薯发芽。发芽较多或皮肉变黑绿色者不能食用，发芽少者可剔除芽与芽基部，去皮后水浸 30～60 min，烹调时加少许醋煮透，以破坏残余的毒素。

2. 秋水仙碱食物中毒

(1)秋水仙碱的来源。秋水仙碱是不含杂环的生物碱,为黄花菜致毒的主要化学物质。秋水仙碱为灰黄色针状结晶体,易溶解于水,对热稳定,但煮沸 10～15 min 可被充分破坏。秋水仙碱本身无毒性,但当它进入人体并在组织间被氧化后,可迅速生成毒性较大的二秋水仙碱,从而引起中毒。成年人如果一次食入 0.1～0.2 mg 秋水仙碱(相当于 50～100 g 鲜黄花菜)即可引起中毒,其对人经口的致死剂量为 3～20 mg。秋水仙碱主要存在于黄花菜等植物中。食用未处理或处理不当的黄花菜,即可引起中毒。

(2)中毒原因与症状。采用未经处理的鲜黄花菜煮汤或大锅炒食,虽然其味道鲜美,但食后可引起中毒。进食鲜黄花菜后,一般在 4 h 内出现中毒症状。轻者口渴、喉干、心慌胸闷、头痛、呕吐,水样便腹泻;重者出现血尿、血便、尿闭与昏迷等。

(3)安全防控措施。不吃腐烂变质的鲜黄花菜,最好食用干制品,用水浸泡发胀后食用,可保证安全。食鲜黄花菜时需做烹调前的处理,即先去掉长柄用沸水烫,再用清水浸泡 2～3 h,中间需换水一次。制作鲜黄花菜必须加热至熟透再食用。烫泡过鲜黄花菜的水不能做汤,必须弃掉。黄花菜烹调时与其他蔬菜或肉食搭配制作,且要控制摄入量,以避免食入过多引起中毒。

2.4.2.3　有毒蛋白食物中毒

1. 胰蛋白酶抑制剂引起的食物中毒

(1)胰蛋白酶抑制剂的来源。胰蛋白酶抑制剂是一组成分不一的功能性蛋白质或蛋白质的复合体,存在于未煮熟透的大豆蛋白质及其豆乳中。其具有抑制胰蛋白酶活性的作用,从而影响人体对大豆蛋白质的消化吸收,导致胰脏肿大和抑制食用者的生长发育。大豆中的胰蛋白酶抑制剂有 7～10 种,但只有其中两种被分离提纯出来,分别为库尼兹抑制剂和鲍曼贝尔克抑制剂。生大豆中约含 1.4%的库尼兹抑制剂和 0.6%的鲍曼贝尔克抑制剂。

(2)中毒原因与症状。在胰蛋白酶抑制剂活性很高时能抑制胰蛋白酶对蛋白质分解的活性,引起人体对蛋白质消化及吸收障碍。有实验证明库尼兹抑制和鲍曼贝尔克抑制剂能引起小鼠和雏鸡的胰脏肿大,但未明确是否对人体胰脏有类似作用。

(3)安全防控措施。胰蛋白酶抑制剂对热稳定性较高,采用 100 ℃处理 20 min 或 121 ℃处理 3 min 的灭活方法,可使胰蛋白酶抑制剂失去 90%以上的活性。

2. 红细胞凝集素引起的食物中毒

(1)红细胞凝集素的来源。在大豆和菜豆中含有的红细胞凝集素具有凝集红细胞的作用。在豆科植物 108 个属的种子中,55.9%含有红细胞凝集素。

(2)中毒原因与症状。红细胞凝集素具有能使人红细胞凝集的活性。儿童对大豆红细胞凝集素比较敏感,中毒后可出现腹泻、腹痛、头痛、头晕等症状。其潜伏期为几十分钟至十几小时。

(3)安全防控措施。红细胞凝集素不耐热,受热很快失活,一般在大豆食品生产中的加热处理方法即可消除。家庭和餐饮业加工豆角时应将豆角充分加热煮熟后食用。

3. 蓖麻毒素引起的食物中毒

(1)蓖麻毒素的来源。蓖麻籽不是食品,其引起的中毒多因误食。蓖麻籽和蓖麻油含蓖麻毒素、蓖麻碱和蓖麻血凝素3种毒素，以蓖麻毒素毒性最强。1 mg 蓖麻毒素或 160 mg 蓖麻碱即可致成人死亡，儿童生食1～2粒蓖麻籽可致死，成人生食3～12粒可导致严重中毒或死亡。

(2)中毒原因与症状。误食蓖麻籽或蓖麻油后蓖麻毒素可造成广泛溶血和肠黏膜病变，肝、肾损害。误食蓖麻油后1天左右，出现急性胃肠炎症状，呈血性下痢样便，重者黄疸、血红蛋白尿、抽搐、昏迷，2～3天出现心力衰竭和呼吸麻痹。目前对蓖麻毒素无特效解毒药物。

(3)安全防控措施。防止误食蓖麻油，盛装蓖麻油的容器应有明显标志。

2.4.2.4 有毒酶类食物中毒

蕨类植物在日本、加拿大、新西兰、韩国等国家已被作为绿色食品而进行商品化生产。然而，在蕨类植物全株幼叶、鲜叶中含有硫胺素酶等多种有毒物质，其毒性即使经蒸煮、腌渍、浸泡也不能减少。硫胺素酶不但破坏机体内的硫胺素，引起人和动物的B族维生素缺乏症，而且还能损害骨髓机能，引起血小板、白细胞和红细胞的减少。

动物实验结果表明，蕨类植物中的有毒物质也是致癌物质。以蕨类植物为日粮草料喂饲家畜2～5年，可导致膀胱癌；将蕨类植物干料以日粮的1/3喂饲小鼠4～6个月，可导致膀胱癌和肠癌。在日本进行的流行病研究中，已证实了人类食用的蕨类植物具有患食道癌的危险。

2.4.2.5 棉酚食物中毒

(1)棉酚的来源。棉酚是棉籽中的一种芳香酚，存在于棉花的根、茎、叶和种子中。粗制生棉籽油中的有毒物质主要有棉酚、棉酚紫、棉酚绿3种。棉籽油的毒性决定于游离棉酚的含量，在棉籽饼与粗制棉籽油中的棉酚含量均较高。生棉籽中的棉酚含量为0.15%～2.8%，榨油后大部分进入油中，油中棉酚含量可达1.0%～1.3%。

(2)中毒原因与症状。游离棉酚是一种细胞原浆毒，能损害人体肝、肾、心等脏器及中枢神经，并影响生殖系统。食用未经除去棉酚的棉籽油可引起不育症，对人体的危害较大，既能造成急性食物中毒，又可致慢性中毒或称食源性疾病。急性中毒症状为头痛、头晕、恶心、呕吐、腹泻、行走困难；慢性中毒主要表现为皮肤干燥、粗糙、发红、发热，并伴有心慌、气短、头昏眼花、视物不清、四肢麻木无力、恶心、呕吐等症状。特别是在阳光照耀下，患者更觉皮肤烧烫，少汗或无汗，其痛苦难以忍受，若在阴凉处或用凉水冲洗后，其症状可暂时缓解或消失。棉酚对生殖系统也会造成严重损害，男子性欲减退、早泄、精液内无精或精子不活泼，导致不育症；女子出现月经不调、闭经、子宫缩小等症状。

(3)安全防控措施。不食粗制生棉籽油，而应吃经过炒、蒸或碱炼后的棉籽油。采用加热、碱炼法精制棉籽油，可有效降低棉酚的含量。品种改良，选用棉酚含量低的优良棉籽榨油。

2.4.3 有毒动物种类

动物类食品是人类最主要的食物来源之一，且由于其营养丰富、味道鲜美，故很受人们欢迎。但是，某些动物性食品中含有天然毒素。动物食品中的天然有毒物质一些来自正常动物的某些脏器和腺体，大多数来自容易误食的有毒野生动物，如河豚、贝类，个别毒素是由于有毒害虫的污染。

1. 有毒鱼类

大部分鱼类可供食用，但有的鱼类体内产生或积累有毒素，误食这些鱼类便会中毒，严重时导致死亡，这一类鱼就称为有毒鱼类。自然界中存在的有毒鱼类至少有 1 200 种，产于我国的有 270 余种。不同的有毒鱼类其有毒的组织是不同的。按含毒部位和毒素的性质，有毒鱼类主要分为鲍毒鱼类、肉毒鱼类、胆毒鱼类、血毒鱼类、肝毒鱼类、卵毒鱼类、刺毒鱼类、含高组胺鱼类等。

2. 有毒贝类

贝类的种类很多，至今已记载的有几十万种，可作食品的贝类有几十种。已知的大多数贝类均含有一定数量的有毒物质，只有在地中海和红海生长的贝类是已知无毒的，墨西哥的贝类也比其他地区固有的贝类毒性低。引起中毒的贝类主要有螺类、鲍类、蛤类和海兔等，常见的可食用软体动物贝类有紫贻贝、花蛤、石房蛤、文蛤、四角蛤蜊、扇贝、海扇、蚝、织纹螺、牡蛎、油蛤、香螺、蚶子等。

螺类的有毒部位分别在螺的肝脏或鳃下腺、唾液腺内，误食或过食可引起中毒。蛤类的毒素会在其肠腺中大量蓄积，肝脏和消化腺内也有毒素，这些毒素来源于某些有毒海藻，经食饵富集在贝类动物体内。鲍类的肝、内脏或中肠腺中含有一种有毒化合物，叫鲍鱼毒素。鲍鱼毒素是一种有感光力的有毒色素，这种毒素来源于鲍鱼食饵海藻所含的外源性毒物。海兔的体内有毒腺，能分泌具有令人恶心气味的海兔毒素，对神经系统有麻痹作用，大量食用会引起头痛，所以误食或接触海兔都会发生中毒。

3. 有毒爬行动物

蛇是一种爬行动物，属于爬行纲蛇目，是由古代某些蜥蜴类演化而成。蛇的种类很多，一般分无毒蛇和有毒蛇。目前世界上的蛇约有 3 000 种，其中毒蛇有 600 多种，在我国生存的蛇有 170 多种，其中毒蛇有 40 多种。常见的生活在陆地上的毒蛇有尖吻蝮、竹叶青、眼镜蛇、金环蛇、银环蛇、眼镜王蛇、圆斑蝰蛇、蝮蛇、烙铁头、响尾蛇等。

4. 有毒棘皮动物

棘皮动物的种类较多，其中能引起人类中毒的有 20 多种，常见的有毒棘皮动物主要有海星类、海胆类和海参类等。常见的有毒海星主要有长棘海星、多棘海盘车、日本滑海盘车等。常见的有毒海胆主要有刺冠海胆、环刺棘海胆、冠刺棘海胆、喇叭毒棘海胆、白棘三列海胆、马粪海胆、石笔海胆、饭岛囊海胆等。常见的有毒海参主要有紫轮参、海棒槌、刺参、辐肛参等。海星体外有许多棘、疣、颗粒和叉棘，叉棘表皮有许多腺细胞，可产生海星毒素。海胆的生殖腺、棘或叉棘中可产生毒素。海参的体内含有海参毒素。某些海参如辐肛参等毒素大部分集中在与泄殖腔相连的细管状的居维叶器内，另一些海参如荡皮海参、刺参等毒素主要富集在体壁的表皮腺中，多数有毒海参的内脏和体液中都存在海参毒素。

5. 有毒两栖动物

有毒两栖动物也较多，以有毒蟾蜍最具代表性。蟾蜍属脊椎动物门两栖纲无尾目蟾蜍科，是该科动物的总称。世界上蟾蜍种类达250多种，我国现有十几种。最常见的蟾蜍是大蟾蜍，俗称癞蛤蟆。其皮肤粗糙，背面长满了大大小小的疙瘩，这是皮脂腺。最大的一对疙瘩是位于头侧鼓膜上方的耳后腺。这些皮脂腺和耳后腺腺体所分泌的白色毒液的主要成分为蟾蜍毒素。

6. 有毒腔肠动物

世界上腔肠动物约有1万种，其中有毒种类70多种，我国发现了50多种。有毒类腔肠动物有水螅类、水母类、海葵类、岩沙海葵类和石珊瑚类等。腔肠动物分布很广，多栖息于海洋中，淡水中较少。

7. 有毒昆虫

有毒昆虫的种类较多，几种常见的如毒蜂、蚂蚁、蝎子等。

2.4.4 天然有毒动物引起的食物中毒

引起动物性食物中毒的食物种类主要有鱼类、贝类、软体动物、动物腺体等。例如，有些鱼类产卵季节鱼卵毒性较大，又如青皮红肉鱼类产生的组胺、河豚毒素、贝类毒素、一些动物腺体含有的激素类物质等，若食用这类带毒食物均易引起食物中毒。

2.4.4.1 河豚引起的食物中毒

地球上有300种以上的鱼可供食用，但其中有许多鱼类被人摄食后可能有毒性表现，其中河豚所含有的毒素最具代表性，可引起世界上最严重的动物性食物中毒。河豚又名鲀，是无鳞鱼的一种。世界上河豚有200多种，其中有毒的有90余种。河豚主要生活于海水中。河豚味道鲜美诱人，但其所含的剧毒物质极易使食用者发生食物中毒，且中毒死亡率往往高达50%以上。河豚体内只含有一种毒素，即河豚毒素。

河豚毒素(tetrodotoxin，TTX)的化学名称是氨基全氢间二氮杂萘，是一种毒性强烈的非蛋白类神经毒素。TTX呈无色棱柱状结晶体，难溶于水，易溶于食醋，在碱性溶液中易分解，对热稳定，经100 ℃ 7 h或120 ℃ 60 min或220 ℃ 10 min的加热才能破坏，盐腌或日晒、烧煮等方法均不能去毒。但TTX在pH 3以下和pH 7以上不稳定，故用4% NaOH溶液处理20 min或2%的$CaCO_3$溶液浸泡24 h可变成无毒。河豚毒素的毒性相当于剧毒药品氰化钠的1 250倍，对人经口的致死量为每千克体重7 μg，只需要0.5 mg就可使体重为70 kg的人中毒死亡。

由于河豚毒素耐热，在100 ℃加热30 min仅能破坏20%左右，120 ℃经60 min才能破坏，一般家庭烹调方法难以去除毒素，故最有效的控制中毒措施是将河豚集中处理，禁止出售。其次要开展宣传教育，让人们了解河豚有剧毒，并能识别其形态，确知河豚毒素的性质和分布，以防误食中毒。此外，加工拣出的所有河豚内脏，都必须作专门处理。

2.4.4.2 贝类毒素引起的食物中毒

贝类毒素(saxitoxin)又称藻类毒素，因有毒藻类被海洋生物摄食后毒素通过食物链在海产品中蓄积，特别是贝类最易引起人类的贝类毒素中毒，故而得名。重要的海洋贝类毒素有麻痹性贝类毒素(PSP)、神经性贝类毒素(NSP)、腹泻性贝类毒素(DSP)和遗忘性贝类毒素(ASP)。

1. 麻痹性贝类毒素

麻痹性贝类毒素是分布最广、危害最大的一类贝毒。许多有毒海藻含有麻痹性贝类毒素(PSP),包括亚历山大藻属(*Alexandrium*)、扁甲藻属(*Pyrodinium*)和裸甲藻属(*Gymnodinium*)的海藻。按海藻的种类、地域和贝类的种类,可形成18种基本化学结构为贝类毒素的有毒化合物,PSP是这些化合物的总称。PSP主要存在于美国东北和西北海岸上所捕捞的受污染的贝类,所有的滤食性贝壳类都具有富集PSP的能力。贻贝在接触有毒海藻后可在数天或数小时内获得很强的毒性,并可迅速地消失毒性。因此,贻贝常被用作预警PSP污染的指示生物。蛤和牡蛎富集PSP一般没有贻贝快,聚集高浓度的毒素需要较长时间,同时,其所含毒素的消失也较缓慢。扇贝甚至在有毒藻类还未达到生长旺盛时就已富集了相当的毒素,但扇贝柱不含毒素。

2. 神经性贝类毒素

神经性贝类中毒与短裸甲藻(*Gymnodinium breve*)及其毒素污染的贝类有关。短裸甲藻在细胞裂解死亡时,会释放出一组毒性较大的短裸甲藻毒素,属于神经毒素,故这种海藻在生长旺盛期往往会导致鱼类死亡和贝类产生毒性。有的海藻能在海岸线外旺盛生长并向近岸移动。*G. breve* 海藻可以产生NSP中3种毒素(brevetoxins)。历史上最严重的赤潮发生在1971年夏、秋季节的佛罗里达中西部沿岸水域,当时的短裸甲藻赤潮几乎导致萨拉索萨塔沿岸大约155 km暗礁区的生物完全灭绝。人类接触NSP后0.5～3 h即可出现中毒症状,如腹痛、腹泻、恶心、呕吐并伴随嘴唇周围区域和四肢的麻木,还可伴随眩晕、肌肉和骨骼疼痛、乏力等。

3. 腹泻性贝类毒素

倒卵形鳍藻(*Dinophysis fortii*)、渐尖鳍藻(*D. acuminata*)和原甲藻属(*Prorocentrum*)的海藻与DSP产生有关。这些藻类能产生大量DSP毒素,其毒素主要分为两类:一类是软海绵酸及其衍生物,另一类是新聚醚内酯。滤食性贝类即使在海藻密度不足时也能富集毒素,贻贝、蚝、硬蛤和软壳蛤都与DSP相关。在中国、日本的沿海海域的贝类也含有DSP,以贻贝中的DSP检出率最高,最高值可达0.4 μg/g。由DSP引起的中毒与PSP引起的中毒有很大的不同,其在摄食后30 min出现反胃、腹痛、腹泻等中毒症状,呕吐的周期取决于毒素的量。DSP中毒病程可延续3天,但不存在后遗症。1976年在日本宫城县发生了食用紫贻贝引起以腹泻为主要症状的集体食物中毒事件。

4. 遗忘性贝类毒素

遗忘性贝类毒素(ASP)是一种相对罕见的神经毒性氨基酸。当硅藻属(*Pseudonitzschia*)的海藻大量生长时,会产生软骨藻酸(domoic acid)而使贝类受ASP的污染。所有的滤食性软体动物都有富集软骨藻酸的能力。ASP中毒者多数在食用后3～6 h呈现症状,主要表现为腹痛、腹泻、呕吐、流涎,同时出现记忆丧失、平衡失调、意识混乱而不能辨认家人和亲朋好友等严重精神症状,严重者处于昏迷状态。

贝类毒素均无法通过一般性加热、冷冻、腌制或熏制加工予以彻底消除和破坏,但是,罐藏时的高温杀菌有可能使PSP或其他毒素降低到安全水平。一旦贝类被毒素污染,则要使其毒素释放出来可能需要相当长的一段时间，且释放毒素的速率也随着季节而变，如低水温明显会阻止毒素的释放，而贝类的商业收获区和水产业设施又经常会受到意外的毒素泛滥如赤潮的影响，因此，采取预防措施是比较难的。世界上许多地区发生的毒性贝类中毒事件都说明，政府职能部门、贝类的收获者、生产者和销售者必须对毒性海藻泛滥特别是赤潮保持警惕，以保护消费者健康。必须对贝类收获地区进行持续监控与检查，如果必要应采取临时关闭措施。

2.4.4.3 鱼类组胺引起的食物中毒

鱼类组胺(histamin，又称组织胺)食物中毒也叫青皮红肉鱼类食物中毒(scombrotoxin)，是由于一般海产青皮红肉鱼类组织中组氨酸含量较其他鱼类高而引起的中毒现象。这些鱼类主要包括鲐鱼、竹荚鱼、长鳍金枪鱼、普通金枪鱼、鲭鱼、鲨鱼、鲣鱼。

1. 中毒原因与症状

组胺中毒大多是由于食用不新鲜或腐败变质的鱼类而引起的，特别是青皮红肉鱼类蛋白质中含有较高的组氨酸，经变形杆菌属等菌产生的组氨酸脱羧酶的作用，产生大量组胺，使其含量可达 1.6～3.2 mg/g 的中毒量。青皮白肉鱼类、鲈鱼、鲦鱼、比目鱼、鲽鱼、鲑鱼体内含组氨酸较低，约 0.2 mg/g，故白肉鱼类基本不产生组胺。另外，鲤鱼也能产生大量的组胺，其产量约为 1.6 mg/g，亦可引起中毒。虾蟹、乌贼、鲫鱼、鲶鱼、鳝鱼、泥鳅产生组胺量较低，为 0.1～0.2 mg/g，一般不会引起食用者中毒。人摄食中毒剂量的组胺 1 h 后引起颜面潮红、头痛、眩晕、口唇舌尖及指端麻木、脸肿、皮肤痒，严重时上下肢麻痹、体温下降、呼吸困难，并有时有恶心、呕吐、腹泻、腹痛现象。

2. 安全防控措施

当人体摄取组胺 100 mg 以上就可能引起中毒，所以有些高组胺鱼类不能食用过多，且要注意其新鲜度及贮存条件，以免微生物作用产生更多组胺。由于组胺酸含量较高的鱼类在温度 15～20 ℃、盐分 3%～5%、pH6.0～6.2 的环境下最易产生组胺，因此鱼类捕捞后应尽快冷冻，并在运输和销售诸环节应保持冷链的连续性和有效性。应严禁出售变质鱼类。由于组胺属碱性物质，故烹调时加醋或山楂少许可减少中毒概率。

2.4.4.4 含有毒物质的动物组织

家畜肉，如猪肉、牛肉、羊肉是人类普遍食用的动物源性食品。在正常情况下，猪、牛、羊的肌肉是无毒的，可安全食用，但其体内的某些腺体、脏器或分泌物可用于提取医用药物，若摄食过量，可扰乱人体正常代谢。

1. 甲状腺

在牲畜腺体中毒中，以甲状腺中毒较为多见。猪甲状腺位于后气管喉头的前下部，是一个椭圆形颗粒状肉质物，附在气管上，俗称“栗子肉”。甲状腺分泌甲状腺素，它的生理作用是维持正常的新陈代谢。

误食动物甲状腺，因过量甲状腺素扰乱人体的正常内分泌活动，会出现类似甲状腺功能亢进的症状。由于突然大量外源甲状腺激素扰乱机体正常的内分泌活动，特别是严重影响下丘脑功能，从而造成一系列神经精神症状。体内甲状腺激素增加，使组织细胞氧化速率增高，代谢加快，分解代谢增高，产热增加，各器官系统活动平衡失调，因而出现各种症状，既有与甲状腺功能亢进相似之处，又有其中毒的特点。甲状腺素中毒潜伏期可以从 1 h 到 10 天不等，一般为 12～21 h，临床症状主要为头晕、头痛、胸闷，呕吐、便秘或腹泻，并伴有出汗、心悸等。部分患者于发病后 3～4 天出现局部或全身性丘疹，皮肤发痒，间有水泡、皮疹，水泡消退后普遍脱皮。少数人下肢和面部浮肿，肝区痛、手指震颤。严重者发高热、心动过速，从多汗转为汗闭、脱水，10 多天后脱发。个别中毒者出现脱皮或手足掌侧脱皮，也可导致慢性病复发和流产等。病程短者仅 3～5 天，长者可达月余。有些人较长期有头晕、头痛、无力、脉快等症状。

甲状腺素的理化性质非常稳定，在 600 ℃以上的高温时才能被破坏，一般的烹调方法不可能做到去毒无害。所以，最有效的防控措施是在屠宰过程中确保完全摘除甲状腺。

2. 肾上腺

肾上腺是一种内分泌腺，左右各一，分别附着在两侧肾脏上端，因此被称为肾上腺，俗称“小腰子”。

肾上腺能分泌多种激素，现已知的有 20 余种，它们能促进体内非糖化合物（如蛋白质）或葡萄糖代谢，维持体内钠钾离子平衡，对肾脏、肌肉等功能都有影响。肾上腺一般都因屠宰牲畜时未摘除或髓质软化在摘除时流失而被人误食，使机体内的肾上腺素浓度增高，引起中毒。其中毒的潜伏期很短，食后 15～30 min 发病，主要症状是血压急剧升高、恶心呕吐、头晕头痛、四肢与口舌发麻、肌肉震颤，重者面色苍白、瞳孔散大，高血压、冠心病者可因此诱发中风、心绞痛、心肌梗死等，危及生命。

屠宰牲畜时应及时摘除肾上腺，以防误食。

3. 病变淋巴结

人和动物体内的淋巴结是机体的保卫组织，分布于全身各部，为灰白色或淡黄色如豆粒大小的“疙瘩”，俗称“花子肉”。当病原微生物侵入机体后，淋巴结产生相应的反抗作用，甚至出现不同的病理变化，如充血、出血、肿胀、化脓、坏死等。这种病变淋巴结含有大量的病原微生物，可引起各种疾病，对人体健康有害。

鸡、鸭、鹅等的臀尖不可食。鸡臀尖是位于鸡肛门上方的那块三角形肥厚的肉块，其内是淋巴结集中的地方，是病菌、病毒及致癌物质的大本营。虽然淋巴结中的巨噬细胞能吞食病菌、病毒，但对 3,4-苯并芘等致癌物却无能为力，它们可以在其中贮存。无病变的淋巴结，即正常的淋巴结，虽然因食入病原微生物引起相应疾病的可能性较小，但其中是否含有致癌物和其他有害物质仍是无法从外部形态来判断。所以，为了食用安全，无论有无病变的淋巴结，消费者都应将其一律废弃为好。

4. 动物肝脏

动物肝脏是人们常食的美味，它含有丰富的蛋白质、维生素、微量元素等营养物质。此外，肝脏还具有防治某些疾病的作用，因而常被加工制成肝精、肝粉、肝组织液等，用于治疗肝病、贫血、营养不良等症。

在各种动物肝中维生素 A 的含量都较高，特别是狗肝、熊肝、鲨鱼肝、狼肝中都含有大量维生素 A。据《英汉营养科学词典》,一次摄入大剂量维生素 A(成人数百万单位,婴儿 35 万单位),可引起急性中毒;长时间连续食用小剂量维生素 A(成人日服 4 万至数十万单位,数月;婴儿日服 2 万～6 万 U,1～3 个月),可引起慢性中毒。100 g 狗肝中含有 30 万单位的维生素 A,连续食用数日至数十日即可引起食用者的慢性中毒。

2.4.5 有毒菌类食物

蘑菇又称蕈类,属于真菌的子实体。蘑菇在我国资源很丰富,而且种类极多,分布地域广阔。蘑菇不但具有独特风味,而且含有多种氨基酸、糖和维生素,是人们喜爱的一种食物。在众多的蘑菇中,有一部分为毒蘑菇(也称毒蕈),是指食后可引起动物或人类中毒的蘑菇。由于毒蘑菇与可食蘑菇在外观上较难区别,因此容易造成人误食而引起中毒。另外尚有部分条件可食蘑菇,主要指通过加热、水洗或晒干等处理后方可安全食用的蘑菇类。我国目前已鉴定的蘑菇有 800 多种,其中有毒蘑菇 180 多种,可能威胁人类生命的有 20 余种,而含有剧毒的仅 10 种左右。毒蘑菇中所含有的有毒成分很复杂,不同类型的毒蘑菇含有不同的毒素,引起中毒的临床表现也各异,依据其中毒症状可分为四类。

(1)胃肠毒素。此类毒素由误食毒红菇及墨汁鬼伞等毒蕈所引起,潜伏期 0.5～6 h。发病时表现为剧烈腹泻、腹痛等。引起此型中毒的毒素尚未明了,但经过适当的对症处理,中毒者即可迅速康复,死亡率甚低。

(2)神经毒素。神经毒素主要包括四大类:①毒蝇碱,是一种生物碱,溶于乙醇和水,不溶于乙醚,存在于毒蝇伞蕈、丝盖伞蕈属、杯伞蕈属及豹斑毒伞蕈等。②蜡子树酸及其衍生物,毒蝇伞蕈属的一些毒蕈含有此类物质。③光盖伞素及脱磷酸光盖伞素,存在于裸盖菇属及花褶伞属蕈类中。④幻觉原,主要存在于橘黄裸伞蕈中,摄入此蕈 15 min 即出现幻觉,表现为视力不清、感觉房间变小、颜色奇异、手舞足蹈等,数小时后可恢复。

(3)溶血毒素。溶血毒素主要存在于鹿花蕈属中的鹿花菌和纹缘毒伞中。鹿花蕈中所含的马鞍蕈酸属甲基联胺化合物,具有挥发性,对碱不稳定,可溶于热水,可使红细胞大量破坏,引起急性溶血。

(4)原浆毒素(肝脏损害型毒素)。原浆毒素是毒伞、白毒伞、鳞柄白毒伞等毒蘑菇中所含的极毒物质,其所含毒素主要包括两类环形毒肽:一类是毒伞毒素,统称毒伞肽;另一类是鬼笔毒素,统称毒肽。毒肽作用速度快,主要作用于肝脏;毒伞肽作用较迟缓,但毒性较毒肽大 20 倍,能直接作用于细胞核,有可能抑制 RNA 聚合酶,并能显著减少肝糖原而导致肝细胞迅速坏死。原浆毒素的毒性稳定,具有耐高温和耐干燥的特点,一般烹调方法不被破坏。每 100 g 新鲜毒伞含有这两种毒素可达到 10～15 mg,一只 50 g 的鲜毒伞足以致人死亡,且引起中毒死亡的比例占所有毒蘑菇中毒死亡的 95%以上。

2.4.6 菌类食物食品安全案例

2002 年 8 月,湖南贾某携妻子肖某及两个儿子在天童森林公园旅游时,在一棵大松树下采集了 500 g 左右灰白色野生蘑菇,然后带回市区,并于当天晚上用高压锅烧煮野蘑菇,四人一起食用。食用后约 10 min,贾某即出现恶心、呕吐等中毒症状。接着,其他人也陆续出现同一症状。一家四口先后到医院急诊室就诊。就诊后，除贾某留院观察外，两个儿子在治疗后要求回家，肖某没有明显不适的感觉。然而，随后不久，贾某的两个儿子症状加重，再次到医院治疗，因中毒太重，先后死亡。

2.5 假冒伪劣与违法添加

2.5.1 假冒伪劣

2.5.1.1 假冒伪劣的定义

假冒伪劣商品(fake and shoddy goods)是指那些含有一种或多种可以导致普通大众误认的不真实因素的商品。假冒伪劣商品可以分为假冒商品和劣质商品两种类型。

假冒商品是指商品在制造时，逼真地模仿其他同类产品的外部特征，或未经授权，对已受知识产权保护的产品进行复制和销售，借以冒充别人的产品。假冒商品在当前市场上主要表现为冒用、伪造他人商标、标志；冒用他人特有的名称、包装、装潢、厂名厂址；冒用优质产品质量认证标志和生产许可证标识的产品。

伪劣商品是指生产、经销的商品，违反了我国现行法律、行政法规的规定，其质量、性能指标达不到我国已颁布的国家标准、行业标准及地方标准规定的要求，甚至是无标生产的产品。

假冒商品和伪劣商品既有区别又相互联系，是可以互相转化或相互包含的相同类型的商品。假冒商品，如前所述，是指非常逼真地模仿某个商品的外观，从而使用户、消费者误认为该商品就是真商品。假冒商品的生产者和销售者是在未经授权、许可(或认可)的情况下，对受知识产权保护的商品进行复制和销售。复制一般是指对商品的商标、包装、标签或其他重要的特性进行复制。所谓假冒，就是指行为违反国家法律、法规的规定，以假借名牌或名家旗号的手法，生产销售其产品(商品)，坑害用户、消费者的行为。因此，从广义上讲，假冒商品的内容与名称不相符，也属于伪劣商品的一种。但从狭义的角度看，伪劣商品主要强调质量低劣或者失去了使用价值，故而与假冒商品也有区别。如上述所指的假冒产地、厂名或认证标志、名优标志、他人注册商标的，属于假冒商品，不属于伪劣商品。伪劣商品有时也假冒其他名牌商品进行销售，则此时它既是伪劣商品，又是假冒商品。

伪劣商品和正品有严格区别。正品是指符合质量标准的商品，有时可分一等品、二等品、三等品等。相反，达不到质量标准的产品，有明显的外观瑕疵或影响使用价值的次品以及不符合技术标准而不能正常使用的废品等，如果进行销售就都属于伪劣商品。

2.5.1.2 假冒伪劣商品常见形式

假冒伪劣商品主要常见的形式有：①假冒他人注册商标的商品；②假冒他人商品的产地、企业名称或代号的商品；③虚构企业名称的商品；④过期、失效、变质的商品；⑤危及人身和财产安全的商品；⑥名称与质地不符、所标明的指标与实际不符或者主要指标不符合国家标准的商品；⑦冒用优质或认证标志，冒用许可证标志的商品；⑧掺杂使假、偷工减料的商品；⑨以次充好、以假充真、以旧充新的商品；⑩法律法规明令禁止生产、销售的商品；⑪无标准、无检验合格证的商品；⑫实施生产许可证管理而未标明许可证标志和编号的商品；⑬未按有关规定标明规格、等级、主要技术指标或成分含量的商品；⑭处理商品而未在商品或其包装的显著部位标明“处理品”字样的商品；⑮生产、经销剧毒、易燃、易爆等危险品而未标明有关标识或未按规定提供使用说明的商品；⑯限期使用而未标明或未如实标明生产日期和失效时间的商品；⑰未按规定标明产地、企业名称、企业地址和其他项目的商品。

2.5.1.3 针对假冒伪劣商品的对策

近年来，由于假冒伪劣商品泛滥，采用防伪技术对识别和防止假冒伪劣商品作用日益突出，在自己产品上印刷防伪标志成为名牌厂家、生产名优产品企业用来自我保护的一种有效措施。为了逐步规范防伪技术产品，国家质量技术监督局于 1997 年发布了六项防伪技术产品国家标准。《人民币伪钞鉴别仪》作为强制性国家标准，已于 1998 年 7 月 1 日起实施。《防伪全息产品通用技术条件》《安全防伪第一部分：证券、证件用纸》《防伪油墨第一部分：紫外激发荧光油墨（胶版、凸版印刷）技术条件》《防伪印刷产品生产管理规范》和《防伪技术术语》等五项防伪标准，作为推荐性国家标准于 1998 年 5 月 1 日起实施。

2.5.2 违法添加

2.5.2.1 违法添加的定义

违法添加是指在法律、法规上明令禁止用于食品生产的，却在食品中添加使用。例如最近几年的吊白块、三聚氰胺等对人体有显著危害的一类物品。

食品非法添加物是指国家食品安全标准中所规定添加物质范围之外，而在食品生产加工过程中添加到食品中的物质。根据卫计委通知，判定一种物质是否属于非法添加物，可参考以下原则：不属于传统上认为的食品原料物质；不属于批准使用的新资源食品；不属于卫计委公布的食药两用或作为普通食品管理的物质；未列入我国食品添加剂《食品安全国家标准　食品添加剂使用标准》（GB 2760—2014）及卫计委食品添加剂公告、营养强化剂品种名单《食品安全国家标准　食品营养强化剂使用标准》（GB 14880—2012）及卫计委食品添加剂公告的添加物。

2.5.2.2 非法添加物质分类

非法添加物质主要包括：①不属于传统上认为是食品原料的；②不属于批准使用的新资源食品的；③不属于卫计委公布的食药两用或作为普通食品管理物质的；④未列入我国食品添加剂（《食品安全国家标准　食品添加剂使用标准》（GB 2760—2014）及卫计委食品添加剂公告）、营养强化剂品种名单（《食品安全国家标准　食品营养强化剂使用标准》（GB 14880—1994）及卫计委食品添加剂公告）的；⑤其他我国法律法规允许使用物质之外的物质。⑥可以添加到一种食品中，但对另外一种食品是不能够添加的。

2.5.2.3 食品中常见的掺伪物质

1. 甲醛

甲醛又名蚁醛，其具有强烈的刺激气味，易溶于水、醇和醚。由于其防腐力强，掺伪者常用于酒类、肉制品、牛乳及其制品的防腐。加入甲醛的食品，不论剂量大小，都是不安全的。食品中残存的甲醛对皮肤、眼睛和呼吸道有强烈的刺激作用，对中枢神经系统有麻醉作用，对生物体有遗传毒性和致突变性。

2. 硼酸、硼砂

掺伪者常将硼酸、硼砂用作肉类、人造奶油等的防腐剂和饼干的膨松剂。硼酸在体内排泄很慢，可产生蓄积毒性，影响体内的消化酶，导致营养物质的消化吸收障碍。每日食用0.5 g硼酸即可引起食欲减退，妨碍营养物质的消化吸收，导致体重下降。成人食入1～3 g硼酸即可引起中毒，其致死量成人约为20 g，幼儿约为5 g。

3. *β*-萘酚

由于*β*-萘酚对丝状菌和酵母菌有抑制作用，掺伪者常将其用作酱油的防腐剂。*β*-萘酚毒性很强，食入后对人体黏膜有刺激作用，可造成肾脏损害和功能障碍引起膀胱疼痛、蛋白尿、血尿。*β*-萘酚食入量大时可引起石炭酸样毒性，引起神经萎缩，还可能导致动物发生膀胱癌。

4. 水杨酸

水杨酸又名柳酸、邻羟基苯甲酸等，其味甜后变辛辣。由于水杨酸对各种微生物的生长发育有很强的抑制作用，掺伪者常将其用作防腐剂。水杨酸对蛋白质有凝固作用，加热时分解为酚及二氧化碳，可引起慢性中毒。水杨酸大鼠的经口LD_{50}为200～1 500 mg/kg体重，慢性中毒剂量为500 mg/kg体重。一日食入10 g以上水杨酸可引起人中枢神经麻痹，呼吸困难，听觉障碍。

5. 吊白块

吊白块又名甲醛次硫酸氢钠，掺伪者将其添加于面粉、挂面、米粉等中，加热时可分解产生甲醛和二氧化硫，有强烈的还原作用，以达到增白效果。甲醛和二氧化硫对人体有毒，可损害肝脏、肾脏，且有潜在的致癌性，是禁用于食品工业的漂白剂。

6. 硫酸铜

掺伪者常将硫酸铜用于青豆、蔬菜、果汁的护绿中。摄入硫酸铜可引起金属热，人食入0.3 g可引起胃部黏膜刺激，呕吐；食入量大可引起肠腐蚀，部分硫酸铜被肠黏膜吸收，在肝、肾蓄积可引起肝硬化；人长期食用可引起呕吐、胃痛、贫血、肝脏肿大和黄疸，甚至昏睡、死亡。

7. 黄樟素

掺伪者常将黄樟素用于食品调香中。国际肿瘤中心证实，该物质有致癌作用。

8. 香豆素

动物实验结果表明，香豆素可导致肝脏损害。将香豆素配成的溶液给大白鼠灌胃100 mg/kg体重，9～16天肝脏可发生病变；按25 mg/kg体重给大白鼠灌胃33～330天，也可使肝脏发生病变。二氢香豆素、6-甲基香豆素有类似毒性作用。目前，香豆素是我国明确禁用的食品添加剂。但在临床上，中药补骨脂含有香豆素成分。香豆素类药物是一类口服抗凝药物，它们的共同结构是4-羟基香豆素。

9. 可溶性钡盐

可溶性钡盐如氯化钡、硝酸钡以及醋酸钡等，掺伪者常将其掺入蜂蜜、牛乳及其制品等。钡盐对各种类型的肌肉，无论其神经支配如何都有显著的兴奋作用。其作用于心肌，可抑制心脏收缩节律，使心跳变慢，继之发生心室颤动；作用于平滑肌（胃肠、血管壁、膀胱、子宫等），使之收缩增强，引起胃肠的剧烈蠕动、血压升高（小动脉肌肉痉挛所致）、排尿停止、流产；作用于横纹肌（骨骼肌），则使肌肉发生震颤、抽搐无力。肌肉在产生兴奋后，逐渐变为瘫痪，以致引起呼吸衰竭。钡离子能刺激细胞膜，可使钾离子透过细胞膜而进入细胞内，引起低血钾症；还可以引起出血性脑脊髓膜炎和内脏出血。人食入 0.2～0.5 g 钡盐可引起中毒，1.5～3 g 可导致死亡。

10. 甲醇

甲醇又名木醇，是假酒中的毒性成分。人摄入甲醇后可造成视神经萎缩，视力减退，严重者可导致双目失明。甲醇对血管有麻痹作用，急性中毒症状主要表现为呕吐、腹痛、头痛、虚弱、呼吸困难、青紫、昏迷、抽搐等，最后因呼吸麻痹而死亡；慢性中毒症状为黏膜有刺激感，昏睡、头痛，痉挛，消化、视力障碍，听力障碍，神经炎等。一般摄入 15 mL 或以下甲醇，可导致严重中毒；30 mL 左右可导致死亡。

11. 镁盐

镁盐如硫酸镁、盐卤（主要成分为氯化镁）。掺伪者常将其用于木耳、蜂蜜、牛乳及其制品等。镁离子对中枢神经系统可产生抑制作用，使皮肤黏膜血管扩张，血压下降。镁离子还可刺激肠胃黏膜，引起腹泻和脱水。

12. 蓖麻油

蓖麻油为植物蓖麻的成熟种子经压榨后制得的植物油，呈淡黄色或几乎无色透明的黏稠液体，微臭，其中含有蓖麻毒素和蓖麻碱。掺伪者常将其掺入食用植物油中。含工业用蓖麻油 15%的糕点，食后 1～2 h 即可出现呕吐、腹泻等症状。蓖麻毒素可损害肝、肾等组织细胞，使这些脏器发生变性、出血及坏死等。蓖麻油还有凝集、溶解红细胞的作用。食用含蓖麻油的食品后，可引起急性中毒性肝病、中毒性肾病、出血性胃肠炎、小血管栓塞。中毒严重者，可出现凝血、溶血及肝肾功能损害的症状，如黄疸、出血、血尿、蛋白尿、尿少甚至尿闭等，最后可因脱水、休克、惊厥、呼吸抑制及心力衰竭而死亡。实验证明，食入蓖麻毒素 30 mg 或蓖麻碱 160 mg 即可中毒致死。

13. 酸败油脂

食用油脂是一种主要的营养素，本身没有任何毒性，但长期贮存于不良条件下，油脂可发生一系列化学变化，分解出醛、酮、低级脂肪酸、各种氧化物和过氧化物等，从而造成油脂酸败。食用了酸败的油脂可引起食物中毒。人食用酸败油脂后，可发生头痛、头晕、发烧、呕吐、腹胀、腹泻及腹痛等中毒症状。酸败的油脂不但可导致急性食物中毒，而且也有较强的慢性毒害作用。长期食用酸败的油脂，机体可因缺乏必需的不饱和脂肪酸和维生素而出现体重减轻、发育障碍以及维生素缺乏症等。酸败油脂对机体的多种酶系统也有损害作用。掺伪者常将酸败油脂掺入食用油或直接用于糕点制作。

14. 大麻油

大麻油又名线麻油、小麻油、胡麻油等，呈棕褐色，多带有淡绿色。大麻油含四氢大麻酚、大麻二酚、大麻酚胡卢巴碱、胆碱和大麻苷等有毒成分，具有强烈的麻醉作用。食用大麻油后，轻者初期感觉头晕、口渴、咽干、口麻，兴奋、多言、哭笑无常，并伴有幻觉，而后恶心、呕吐，逐渐嗜睡，头重脚轻、走路不稳，四肢麻木，心悸亢进，视力障碍、瞳孔略大等。严重者昏睡、意识模糊、瞳孔高度散大，甚至精神失常，定向力丧失。

2.5.3　假冒违法食品安全案例

甲醛是一种用途广泛、生产工艺简单、原料供应充足的大众化工原料，世界年产量在2 500万t左右，主要用于塑料、合成纤维、皮革、造纸、医药、染料、油漆和建筑材料等工业品。甲醛具有很强的抗菌、防腐和漂白作用，因此也可用作消毒、防腐和熏蒸剂。2014年4月20日颁布的GB 2760—2014《食品安全国家标准　食品添加剂使用标准》，将甲醛从食品加工助剂中彻底删除。基于甲醛活泼的化学性质，以及低廉的获得成本，一些不法食品生产者或生产企业利用甲醛，将其加入食品生产过程，来实现杀菌、防腐、保鲜、增白和增加机体组织脆性的作用，以达到改善食品感官、提高白度、延长保存时间及改善口感的目的。

罂粟是一种对身体有害的毒品，罂粟壳中也含有吗啡、可待因、罂粟碱等有害成分。国家法律条文是明令禁止食物中添加罂粟壳的，但是一些不法商家仍在食品中添加罂粟壳，使食物的味道变得非常鲜美，从而吸引更多的食客来品尝，非法牟取暴利。2018年5月，江阴市派出所干警在日常巡查中有群众反映，一家餐馆的鸡腿饭和鸡肉饭味道很好，"吃了还想吃"，遂将这一情况反馈给市场监管局。当日，执法人员立即联合开展行动，在餐馆经营者陪同下对汤料及冰箱内腌制的半成品鸡腿和鸡肉汤汁进行了快速检测，检测结果均呈阳性。同时在操作台角落发现有一铝锅熬制的汤料，内有一调料包，对汤料快速检测，结果也呈阳性。打开调料包，发现三颗疑是罂粟壳的物体。经两部门初步认定，该餐馆在汤料中违法添加了罂粟壳。罂粟壳并不是调味品，而是在餐饮行业食品加工过程中严禁使用和添加的物质。罂粟植株含有吗啡、可待因、那可汀、罂粟碱等30多种生物碱，会使人嗜睡和引起某种程度的惬意和快感，可造成人注意力、思维和记忆性能的衰退，长期食用会对身体造成难以挽回的损伤。

民以食为天，食以安为先。食品安全关系群众身体健康，关系中华民族未来。树立良好的职业道德和社会责任感，做诚信、爱国、有责任担当、具有时代精神和工匠精神的职业素养高的食品人，是新时代食品人的一种责任，也是一种崇尚严谨认真态度的风气。

思考与复习题

1. 食物中毒后出现哪些症状？
2. 引起食物中毒的原因有哪些？食物中毒有哪些危害？如何避免？
3. 你知道我国设计食品安全的国家标准有多少项吗？其中强制性标准有多少项？
4. 你能说出10种容易霉变的食品吗？

5. 废弃油脂可以食用吗？废弃油脂有哪些成分可能危害人体健康？

6. 食品中农药残留有哪些危害？避免食品农药残留的方法有哪些？

7. 食品中兽药残留有哪些危害？避免食品兽药残留的方法有哪些？

8. 环境污染如何影响了食品安全？

9. 烧烤食品安全吗？使用烧烤食品应该注意什么？

10. 选购食品时应如何避免买到掺伪食品？

参考文献

[1] 车振明. 食品安全与检测[M]. 北京:中国轻工业出版社,2007.

[2] 王尔茂. 食品营养与卫生[M]. 北京:科学出版社,2005.

[3] 陈卫华,王凤忠. 食品安全中的化学危害物——检测与控制[M]. 北京:化学工业出版社,2017.

[4] 钟耀广. 食品安全学[M]. 北京:化学工业出版社,2016.

[5] 李红柳. 食品异物在质量投诉中比例的探讨分析[J]. 轻工科技,2015,(8):19-20.

[6] 田克勤. 食品营养与卫生[M]. 3 版. 大连:东北财经大学出版社,2007.

[7] 赵笑虹. 案例式食品安全教程 [M]. 北京:中国轻工业出版社,2016.

[8] 王尔茂. 食品安全与营养[M]. 2 版. 北京:高等教育出版社,2011.

[9] 刘秀梅,高鹤娟. 食物中有害物质及其防治[M]. 化学工业出版社,2004.

[10] 王竹天,杨大进. 食品安全与健康[M]. 化学工业出版社,2005.

[11] 杨洁彬,王晶,王柏琴. 食品安全性[M]. 北京:中国轻工业出版社,1999.

[12] 张秀玲. 中国农产品农药残留成因与影响研究[D]. 江南大学,2013.

[13] 王红梅. 营养与食品卫生学[M]. 上海:上海交通大学出版社,2000.

[14] 曲径. 食品安全控制学[M]. 北京:化学工业出版社,2010.

[15] 宋宏新,毛根年,薛海燕. 现代食品营养与安全[M]. 北京:化学工业出版社,2007.

[16] 吴永宁. 现代食品安全科学[M]. 北京:化学工业出版社. 2003.

[17] 纵伟. 食品安全学[M]. 北京:化学工业出版社. 2016.

[18] 刘静玲. 食品安全与生态风险[M]. 北京:化学工业出版社. 2003.

HAPTER 3

第3章 引发食品安全的途径

【本章主要内容】

本章主要介绍了引发食品安全的途径；解析在原料生产、食品加工、流通和贮藏过程中引发的食品安全问题及危害；简要论述了食品有害成分的测定方法；列举近几年国内外的食品安全事件。

【教学要求】

1. 掌握引发食品安全的途径。
2. 掌握并理解食品加工中的危害因素分析。
3. 掌握食品安全检测技术。
4. 了解食品安全面临的主要问题。
5. 了解中国食品安全现状。
6. 了解食品加工、贮藏过程中产生的有毒、有害物质的测定方法。
7. 正确认识食品安全同人民生命安全和身体健康的关系，增强社会责任感。

食物是人类赖以生存的必要条件，食品是食物的主要组成部分，食品的安全生产与安全供给关系着人们的身体健康与生命安全。由于食品生产链条较长，生产涉及环节较多，处理手段多样，导致在食品的生产、加工、存储与运输、餐饮等环节均易产生各种物理、化学、生物性污染，从而影响食品的安全性。本章以食品生产加工环节、加工技术为切入点，论述引发食品安全的因素，旨在为食品安全控制提供依据。

3.1 原料生产

3.1.1 环境污染

环境是指围绕着某一事物并对该事物产生某些影响的所有外界事物。这里所说的环境是广义环境，不仅包括自然环境（大气、水、土壤等），还包括食品加工过程所处的环境。食品原料的生产和食品的加工过程都会受环境影响。民以食为天，食以安为先，食品安全是上至国家领导、下至普通百姓都很关注的大事。近年来频发的食品安全事件，足以说明食品安全状况不容乐观，环境污染对食品安全性的危害不可掉以轻心。环境问题已不再是一个经济问题，而是上升为影响经济、制约社会、涉及政治的重大问题。

环境污染是指人类直接或间接地向环境排放超过其自净能力的物质或能量，从而使环境的质量降低，以致对人类的生存与发展、生态系统和财产造成不利影响的现象。多年累积的环境污染，已对食品安全构成了显著危害。排放到环境中的污染物，通过多种渠道进入人体，对人体健康造成严重损害。环境污染在很大程度上对食品的质量产生影响。要提高食品的安全水平，必须从源头上控制有害物质在环境中的排放，减少生活中的废弃物。环境污染具体包括大气污染、水体污染、土壤污染等。

国家高度重视环境保护，以减少食品生产中各个环节对食品的污染。中共中央、国务院于2016年10月25日印发并实施的《“健康中国2030”规划纲要》中明确指出，全面推行标准化、清洁化农业生产，深入开展农产品质量安全风险评估，推进农兽药残留、重金属污染综合治理，实施兽药抗菌药治理行动；加强对食品原产地指导监管，完善农产品市场准入制度；健全从源头到消费全过程的监管格局，严守从农田到餐桌的每一道防线，让人民群众吃得安全、吃得放心。

3.1.1.1 自然环境对食品原料生产的影响

1.大气污染

大气质量好坏对农作物质量具有至关重要的作用。由于大气污染的影响，在农业生产中必须考虑到空气污染对农作物质量的影响。大气污染是因为空气中一些污染物本身超过了大气自身的净化能力，进而通过大气、水域、土壤等途径对动物和植物造成影响，使其生长、质量受到不同程度的影响，甚至危及其生命。造成大气污染的化学物质种类繁多，据研究表明，对植物、动物、人体造成危害的污染源就已经有一百多种。

(1)氟化物。大气氟化物污染可分为两类：一是生活燃煤污染，二是化工厂（磷肥制造等）、铝厂、钢铁厂排放的氟气、四氟化硅、氟化氢和含氟粉尘。大气氟化物污染主要是氟化氢。氟能够通过作物叶片上的气孔进入植物体内，使叶尖和叶缘坏死，嫩叶、幼芽受害尤重。此外，氟化氢对花粉粒发芽和花粉管伸长有抑制作用。由于农作物可以直接吸收空气中的氟，而且含氟化合物具有在生物体内很稳定、不易代谢、易富集的特点，因此，在受氟污染的环境中生产出来的茶、蔬菜和粮食，含氟量一般都会远远高于空气中氟的含量。另外，氟化物会通过畜禽食用牧草后进入食物链，对食品造成污染，危害人体健康。氟被人体吸收后，95%以上沉积在骨骼里。氟在人体内积累引起的最典型的疾病为氟斑牙和氟骨症，表现为齿斑、骨关节增大、骨质疏松等。

(2)二氧化硫和氮氧化合物。大气中二氧化硫和氮氧化合物是酸雨物质的主要来源。由于矿物燃烧、含硫矿石冶炼和其他工业生产过程中产生大量的硫和氮氧化合物，经过大气化学反应转化成硫酸和硝酸，再以酸雨的形式返回地球表面。酸雨会造成农作物生长不良，抗病能力下降，产量降低。不仅如此，当酸雨进入土壤或水体后，会使土壤和水体酸化。土壤中的锰、铅、铜、镉、汞等元素转化为可溶性化合物，使土壤重金属溶度增高。同时，水生态系统中动植物的生长及繁衍也会受到影响。

(3)煤烟粉尘和金属飘尘。煤烟粉尘是由炭黑颗粒、煤粒和飞尘组成，产生于冶炼厂、钢铁厂、焦化厂和供热锅炉等烟囱附近，以污染源为中心周围几十公顷的耕地或下风向区域的农作物都会受到影响。随着工业的发展，在某些工厂附近的大气中还含有许多金属微粒，如镉、铅、镍、铬、锰、汞、砷等。这些有毒污染物可以降落在农作物、水体和土壤内，然后被农作物吸收并富集于蔬菜、瓜果和粮食中，通过食物和饮水在人体内蓄积，造成慢性中毒。这些物质对机体的危害在短期内并不明显，但经过长期蓄积，会引起远期效应，影响神经系统、内脏功能和生殖、遗传等。

2. 水体污染

水是自然界一切生命起源的前提条件和生命过程的基础。它不仅是食品的组成部分，也是食品原料农作物生长过程中不可或缺的基础物质，还是进行物质转换的前提条件。一旦水被污染，就会影响食品的质量和品质。根据水体污染物性质的不同，可将之分为化学性污染、物理性污染和生物性污染三大类。

化学性污染常以水中重金属的污染较为严重。重金属如铅、镉、汞、砷等进入水体后，一方面被水生生物吸附或富集后进入食物链，从而造成水产品重金属的超标；另一方面也会直接影响人类的身体健康。

物理性污染被水生生物吸附或生物链富集后进入食品加工链中，造成食品原料某些指标超过规定的含量而引起危害，也可能直接影响食品原料的可食用性或加工特性。

生物性污染主要是指细菌、病毒以及寄生原虫和蠕虫等病原体存在于水中。如海水中的微生物主要为细菌，海水鱼体表面常有无色杆菌属、黄杆菌属及假单胞菌属的细菌存在，易引起鱼体腐败。海水中有些细菌是鱼类的病原菌，有些则能引起食物中毒，如副溶血性弧菌。所以，一般采取定期检测水中的细菌总数、大肠杆菌、病毒等来确保水的卫生性和安全性，检测水中发光细菌和藻类来判断水质变化情况及可能存在的隐患。

水体污染引起的食品安全问题，主要是通过污水中的有害物质在动植物中累积而造成的。水体污染物对陆生生物的影响主要是通过污水灌溉的方式造成的。污水灌溉可以使污染物通过植物的根系吸收,然后向地上部分以及果实中转移,并使有害物质在作物中累积。同时,有害物质也可直接进入生活在水中的水生动物体内并蓄积。

3. 土壤污染

土壤是人类农业生产的基地,也是地球陆地生态系统的基础。土壤对环境污染具有一定的可调节功能,这种调节功能是土壤成分及土壤微生物对污染物的固定与降解作用,又被称为净化。但当污染物进入土壤的速度超过了其净化能力时,即会发生土壤污染现象。土壤污染不仅能严重危害植物,造成农业减产,而且有些还可能危害人体健康。土壤污染也可分为物理性污染、化学性污染和生物性污染,土壤污染物可分为重金属污染物、有机污染物、无机污染物、放射性污染物、病原微生物污染物等。

(1)重金属污染物。重金属污染多来源于矿山、冶炼、电镀、化工等工业排放。若使用未经处理或处理不达标的污水灌溉农田,就会对土壤和农作物造成污染。重金属对植物的危害常从根部开始,然后再蔓延至地上部。土壤受重金属污染后,会妨碍植物对氮、磷、钾的吸收,使农作物叶黄化、茎秆矮化,从而降低农作物产量和质量。此外,水体中重金属对水生生物的毒性不仅表现为重金属本身的毒性,而且重金属可在微生物的作用下转化为毒性更大的金属化合物,如汞的甲基化作用。水体中的重金属还可以经过食物链的生物放大作用,在水生生物体内富集,并通过食物进入人体,造成人类的慢性中毒。

①汞:汞即水银,污染来自采掘及精炼过程,氯碱业、纸浆造纸业、塑料工业以及电子工业带来的"三废"常是汞污染的重要来源。用含汞的废水灌溉农田,会在作物体内富集,造成污染,进而对人产生危害。对人体危害最大的是有机汞,汞污染食品主要是水产品。

②铬:铬是银白色质地坚硬、耐腐蚀的重金属。三价铬是人体必需的微量元素,但过量地摄入也会产生毒害;六价铬的毒性比三价铬大100倍。化工、金属加工、电镀、涂料、颜料工业,特别是制革业排放的废水及处理后的污泥是土壤铬污染的来源。植物从土壤中吸收的铬大部分累积在植物根部,其次是茎叶,籽粒中较少。

③铅:土壤中的铅污染大多来自冶炼厂和天然铅矿、蓄电池制造及废弃物、含铅涂料、油漆及含铅燃料燃烧(汽车尾气)。植物吸收铅之后,主要累积在根系,只有部分进入茎、叶和籽粒之中。研究表明,当土壤中铅含量在75～600 mg/kg时,植物叶片中的铅含量会明显增加,从而对食草性家禽构成威胁。

④砷:砷在自然界中有时会以元素砷的形式存在,但主要还是以三价和五价的有机或无机化合物的形式存在。几乎所有的生物体内均含有砷。自然界中的砷主要以硫化物的形式存在于各种矿石中,在不断风化、水浸、雨淋等情况下可进入土壤和水体中,而自然界中的动植物可以通过食物链或以直接吸收的方式从环境中摄取砷,从而造成砷的污染。

(2)有机污染物。农药是主要的有机污染物,目前大量使用的农药主要是有机磷和有机氯两大类。这些农药直接进入土壤,大部分被植物和农作物吸附。此外还有石油、化工、制药、油漆、染料等工业排出的"三废"中的石油、多环芳烃、多氯联苯、酚等,也是常见的有机污染物。有些有机污染物能在土壤中长期残留,并在生物体内富集,危害较为持久。

(3)无机污染物。无机污染物主要是进入土壤中的工业废水和固体废物,以及一些无机肥料。硝酸盐、硫酸盐、碳酸盐等是常见的且大量存在的无机污染物,这些无机污染物会使土壤板结，改变土壤结构，使土壤盐渍化，影响水质等。无机污染物进入人体后也会危害人的健康，如硝酸盐在人和动物体内经微生物的作用极易还原成亚硝酸盐，从而成为一种有毒物质，直接引起动物中毒缺氧，或产生致癌成分。

(4)放射性污染物。土壤中的放射性污染物主要来自核污染或原子能工业中排放的“三废”，由于自然沉降、雨水冲刷和废弃物堆积而污染土壤。土壤受到放射性污染后很难排除，只能依靠自然衰变达到稳定元素时才结束。这些放射性污染物会通过食物链进入机体，进而危害健康。

(5)病原微生物污染物。土壤中的病原微生物主要来自生活污水、生物制品、工业废水、畜禽粪便等。病原微生物直接影响农作物生长或进入食物链危害人类的健康。

3.1.1.2 环境污染对食品安全的影响

食品安全链是一个由生产、加工、流通以及消费环节组成的有机系统，每个环节发生问题都将引起食品安全问题。但在食品安全链条中，生产是基础环节，由农业供给的初级农产品经过食品加工企业和餐饮业，最终流向消费者。农产品生产依赖自然环境条件，农产品的质量与大气、土壤、水环境质量息息相关。大气中的污染物通过沉降和参与生物化学过程可以被作物吸收，影响作物品质。水中的污染物可通过饮用直接进入畜禽、水产品体内，通过灌溉被农作物吸收。土壤中蓄积的有害化学物质直接影响农牧产品的安全。因此，在食品安全链条中，环境因素不容忽视。由于食品链具有复杂性和开放性，因此环境污染除了影响初级农产品的安全以外，还会在加工以及流通环节中对食品安全产生影响。

1. 水污染对食品安全的影响

由于工业排污、城镇生活排污，农业面临排污和事故性排污等方面的影响，水产养殖区域水质恶化，主要污染物为无机氮、磷酸盐、石油类和重金属。水体污染引起的食品安全性问题主要是通过污水中的有害物质在动植物中累积而造成的。污染物随污水进入水体以后，能够通过植物根系向地上部分以及果实中转移，使有害物质在作物中累积；同时也能进入生活在水中的水生动物体内蓄积。污水中的酚类物质、石油废水以及重金属均可对鱼类及其灌溉农田中的农作物造成污染。

2. 大气污染对食品安全的影响

大气污染的污染物种类比较多，对食品安全的影响也是多途径的。首先，大气污染物会经自然沉降向水体、土壤中进行转移，从而影响农作物、水产生物以及通过饲草饲料影响动物性食品。其次，大气中的污染物还可以经动物呼吸、植物叶面直接进入动植物体内，从而影响食品原料的安全性。

3. 土壤污染对食品安全的影响

土壤污染和大气污染、水污染具有明显的不同点，在于某些污染物侵入土壤后对农作物的影响并不会很快反映出来，而是要在土壤介质中经过一段迁移、富集过程，即通过土壤对其物理化学吸附、过滤阻流、化学沉淀、生物吸收等过程，不断在土壤中积累。当其数量超过土壤自净能力的限度后，便会使土壤的物理化学性质发生变化，从而影响作物生长，并使有害物质在农作物内残留或累积。当进入土壤的污染物不断增加，致使土壤结构严重破坏时，土壤微生物或小动物就会减少或死亡，这会使农作物的产量明显降低，收获的作物体内毒物残留量很高，影响食用安全。

3.1.2 原料生产过程化学性投入品污染

3.1.2.1 化学污染的途径及危害

1. 农药、化肥残留

随着人们生活水平和质量的提高，人们越来越重视农产品质量，在农作物生产过程中化肥施用量逐年增加。在农业生产过程中施用的化肥主要是氮、磷、钾肥等。科学合理施用化肥既可以改善土壤结构，又可以增加农作物产量。但长期大量的乱施化肥，可导致土壤的性状发生改变，造成环境的污染。化肥的过量使用还会造成粮食、蔬菜中硝酸盐含量偏高，植物吸收过量化肥后，基本上不会受到影响，而人吃了蔬菜、粮食上残留的化肥后，部分硝酸盐在人体唾液的作用下转化为亚硝酸盐，亚硝酸盐可导致人体患胃癌或食道癌。

农药是指防治农作物病害、虫害、草害、鼠害和调节植物生长的药物。农药残留污染已成为当今比较突出的食品化学污染问题。我国是世界上农药生产和使用的大国，农药真正到达目标物上的只有10%～20%，最多可达30%，落在地面上的占40%～60%，漂浮于大气之中的占5%～30%。预估每年有70万～80万t农药进入环境，污染土壤、水体，进而经食物链进入人体。

2. 兽药残留

兽药残留是指动物产品的任何可食部分所含兽药及其代谢物与有关杂质。所以，兽药残留包括原药、药物在动物体内的代谢产物和兽药生产中所伴生的杂质。养殖环节用药不当是产生兽药残留的最主要原因，其途径大致有：非法使用违禁或淘汰药物；不遵守休药期规定滥用药物；违背有关标签的规定；屠宰前用药。农业部早在2003年265号公告中就已明文规定畜禽产品中不得检出禁用药物，但事实上为了追求最大的经济效益，将禁用药物当作饲料添加剂使用的现象仍然存在。在动物源食品中易引起兽药残留量超标的药物主要有抗生素类、磺胺类、呋喃类、抗寄生虫类和激素类药物，如常见的有氯霉素、四环素、土霉素、金霉素、盐酸克仑特罗（又称瘦肉精）、呋喃唑酮和硝基呋喃唑酮等。大量、频繁地使用抗生素可使动物机体中的致病菌产生耐药性，影响动物疫病防控。而长期食用抗生素药物残留超标的食品后，也会导致人体产生抗药性及生理功能失调，出现过敏症状；且当体内蓄积的药物浓度达到一定量时会使人体产生多种急、慢性中毒。此外，人体对氯霉素反应比动物更敏感，特别是婴幼儿的药物代谢功能尚不完善，氯霉素的超标可引起致命的“灰婴综合征”反应，严重时还会造成人的再生障碍性贫血；四环素类药物能够与骨骼中的钙结合，抑制骨骼和牙齿的发育，造成“四环素牙”；红霉素等大环内酯类可致急性肝中毒；氨基糖苷类的庆大霉素和卡那霉素能损害前庭和耳蜗神经，导致眩晕和听力减退；磺胺类药物能够破坏人体造血机能等。

3.1.2.2 原料生产中化学污染物的检测方法

在食品安全检测的过程中，常用的对食品中所含化学污染物的检测方法主要有气相色谱法、气相色谱-质谱联用分析法、液相色谱分析法、液相色谱-质谱联用分析法、毛细管电泳检测法等等。

3.1.2.3 原料化学污染的防治策略

1. 提高全民的食品安全意识

世界卫生组织发布的《食品安全建议》中将食品安全方面的教育作为重要内容，要求把食品安全教育纳入中小学的课程中，旨在提高青少年对食品安全的防患意识，告诫青少年远离食品污染。就目前市场上存在的食品污染现象，消费者应注重以下几个问题：学习食品安全基本知识，了解食品污染的危害；提高食品安全意识，拒购被污染或霉变的食品；特别提防被污染的食品影响儿童健康成长；消费者在购买食品时应注意选择可信赖的商家和知名食品品牌，以避免潜在的食品安全隐患。

2. 加强全过程的食品安全管理

食品安全必须从源头抓起，必须加强“从农田到餐桌”全过程的食品安全管理，才能保证食品的质量。首先加强对农民食品安全宣传教育，在种植、养殖方面合理使用农药、兽药，从源头上控制防止食品被农药、兽药污染，这也是国际上正在积极推广的一种完整食品安全观念。这个观念的本意就是要从种植、养殖过程开始，通过积极有效地改善农产品品质，加大对各种可能的有毒有害物污染的控制。其次，在食品加工、运输、销售等各个环节，都要开展食品卫生的安全控制，尽量将各种危险因素消除或降低到安全水平，保证消费者在餐桌上食用的食品是安全卫生的。最后，在食品监督工作中特别需要进一步改变监督模式，积极推广和指导食品生产企业采用“良好的食品生产规范”，并参照其他国家的管理经验，应用危险性分析的理论，推行 HACCP 体系，以实现从对最终产品的检验逐步过渡到从食品原料种植养殖到食用全过程的各种危险因素系统的控制和管理。

3. 严惩不法行为，大力发展“绿色食品”

经济全球化，中国食品也应同国际接轨。要整顿和规范食品市场经济秩序，打击的重点就是与人民生命安全和健康相关产品的制假售假的不法行为。食品安全已引起政府的高度重视，要搞好食品管理就要严格把好“三关”：一是把好“国门”，即加强进出境动植物检验，禁绝一切可能的病源传入国内；二是“源头关”，应参照国际标准清理完善法律法规和有关标准，并根据市场需求研究制定新的卫生标准和测定方法；三是“市场关”，应不断整顿和规范市场的经济秩序，严格市场准入制度，取缔不法经营，创造良好的市场竞争氛围。

4. 引入开放与竞争机制，发展全球食品

在经济高速发展的今天，人们越来越注重自己的生活质量。应进一步开放食品市场，积极引入国际资本和管理经验，特别是要积极推行与食品相关的国际标准（包括农药、兽药残留物限量标准、添加剂标准、各种污染物限量标准、辐照污染标准、感官、品质检验标准、检测分析方法标准、取制样技术设备标准以及检验数据的处理准则等），实现与国际食品接轨，以增强食品工业的出口竞争力，最终发展成“全球食品”。

5. 加大高新技术应用研究力度，全面化解食品化学污染危机

加快生物农药、植物源农药及其他高效、可降解、低毒或无毒农药的研制步伐，在污染源控制、新的检测分析方法的建立与完善、污染物潜在危害研究、转基因食品与安全等方面加大科研力度，力求全面化解食品化学污染危机。

3.1.3 动植物转基因技术

3.1.3.1 转基因技术概述

转基因技术是指利用重组 DNA 技术和物理、化学、生物学等方法把重组 DNA 分子导入生物体的技术。应用转基因技术构建的生物称为转基因生物，包括转基因植物、转基因动物和转基因微生物。转基因动植物生产的食品即转基因食品。

转基因技术具有一定的优点。它可以提高产量，控制成熟期；改良品质，增加附加价值；提高农作物的抗病能力，减少农药造成的环境污染。自 1994 年美国第一例转基因农产品获准商业化生产以来，转基因食品大量进入市场，产生了巨大的经济效益，促使转基因作物全球种植面积得到持续增长。长久以来，转基因技术引发了人们对其在生态环境、人体健康、社会伦理方面的关注。在食品安全方面，有研究者认为，对于基因的人工提炼和添加，可能会增加和积累食物中原有的少量毒素；转基因技术会改变食品的营养品质，使其营养结构失衡，影响新陈代谢，甚至可能导致基因突变；可能引起人体的过敏反应和对抗生素产生抗药性以及由它们引起的一系列复杂的健康问题。

1. 转基因植物的发展

自首例转基因烟草于 1983 年问世以来，转基因植物以其无可比拟的优势，在短短 20 多年时间内得到了飞跃发展。目前，已批准的商品化转基因植物主要有大豆、玉米、油菜、棉花、番茄、马铃薯、甜椒、西葫芦、木瓜、甜菜、香石竹、矮牵牛、亚麻、烟草、西瓜、菊苣等。

人们对转基因植物食用安全性的担忧可以总结为以下五个方面。一是由转基因植物加工的食品（即转基因食品）是否与同种类非转基因生物加工的食品或饲料（即传统食品）一样，可以提供人类或动物生长繁衍必需的营养物质。二是转基因食品对人体或动物是否具有毒性。三是转基因食品是否比传统食品的过敏性强。过敏性的产生可能有三方面原因：转入基因表达的蛋白质产物可能对人体存在过敏性；转基因操作可能引发植物体内内源的过敏性物质含量升高；转基因操作可能导致植物产生新的过敏性物质。四是转基因食品中的抗生素抗性标记基因的安全性问题。五是转基因食品是否存在非期望效应。

虽然对转基因植物的安全性评价存在着许多不确定因素，但是各国际组织、各国政府与科研人员一直致力于在现有科技水平的基础上尽最大可能保证转基因产品的安全性，以使其发挥最大的经济与社会效益，更好地为人类服务。对转基因植物的食用安全性评价已经制定出一套较为完整的评价体系，其主要的评价依据有科学原则、实质等同性原则、预先防范原则、个案评价原则、逐步评估原则、熟悉性原则等。

2. 转基因动物的发展

(1)新品种培育。“超级小鼠”的研究成功掀起了转基因动物新品种培育的研究热潮。目前，人们已在转基因动物新品种培育方面取得了可喜的成果。例如，转植酸酶基因猪（环保猪）可分泌植酸酶（肌醇六磷酸酶），把磷元素释放出来，用于猪的生长发育，同时可降低猪排泄物中的含磷水平，从而降低磷对环境的污染；Aquabounty公司生产的转生长激素基因畦鱼，可提高畦鱼的生长速度，缩短畦鱼的生长周期，具有良好的经济价值；朊蛋白(prion protein，PRNP)基因敲除牛，可很好地抵抗疯牛病的传染；短发卡RNA表达的转基因鸡，可抑制或阻断流感病毒多聚酶，从而阻止禽流感的传播等。

(2)异种器官移植。供体器官来源不足和人类移入的器官往往会发生免疫排斥现象，这一直是困扰医学界的难题。猪作为人类器官移植的供体，在解剖、组织和生理等方面与人类最为接近，其器官和人的器官大小相仿，并且具有易饲养、易操作等优势，因此已成为人们研究异种器官移植的理想材料。

(3)动物生物反应器。人们可通过转基因动物来生产珍贵的多肽或蛋白类药物，这种转基因动物被称为动物生物反应器，主要包括乳腺、膀胱、血液、唾液、禽蛋、家蚕等类型的生物反应器。

3.1.3.2 转基因食品的安全性

转基因食品虽然给人们带来了巨大的社会经济效益，但应用转基因技术生产的食品，因为使用了特殊的现代分子生物学技术，从而产生了转入遗传物质的食品是否安全的问题，引起了全球社会的普遍关注。目前对转基因(植物)食品的安全性讨论主要集中在两个方面：一是食用安全性；二是环境安全性。

1.食用安全性

转基因食品安全性争论的焦点在于，由于转基因技术用来改造食品的基因通常来源于完全无关的物种，且很多是人类极少食用的物种，因此，相对于传统的自然食品而言，还存在着不确定的因素和未知的长期效应，其安全性尚有待于进一步的检验。转基因产品是否对人类无毒、无副作用，在人体内是否会发生突变而有害人体健康，是否会增加食物过敏；植物里引入了具有抗除草剂或毒杀害虫功能的基因后，它是否也同其他有害物质一样能通过食物链进入人体内；基因转入后是否产生新的有害遗传性状或不利于健康的成分等一系列问题，是人们对转基因食品的安全性产生怀疑的主要方面。

(1)毒性问题。大部分转基因作物都包含来自非食用性生物，如细菌、病毒和昆虫的基因。转基因食品在市场上销售也是近几年才开始的，它的风险还是未知数。当前主要使用1993年经济合作与发展组织(OECD)提出的GMO安全性分析的“实质等同性”的原则，对转基因食品进行安全性分析。“实质等同性”原则是指通过与传统食品的比较，如果转基因食品与传统食品具有实质等同性时，则可视为是安全的。目前尚未有因摄入转基因物质造成人体不良反应的报道，但其安全性却不能得到完全肯定。

(2)过敏反应问题。食物过敏是一个世界性的公共卫生问题。据估计，有近2%的成年人和4%～6%的儿童患有食物过敏。过敏的症状不会随年龄的增长而减轻。蛋、鱼、贝类、奶、花生、大豆、坚果和小麦等160多种食物中就存在过敏原，在基因工程中如果将控制过敏原形成的基因转入新的植物中，则会对过敏人群造成不利的影响。1996年，美国的种子公司就曾经把巴西坚果中的2S清蛋白基因转入大豆，以使大豆的含硫氨基酸增加，结果一些对巴西坚果过敏的人就对转基因大豆产生了过敏反应。本来这种大豆是作为动物饲料的，但由于无法保证这种大豆不进入人的食物链，该公司不得不终止了这一产品的研发。转基因作物通常插入特定的基因片断以表达特定的蛋白,而所表达蛋白如果是已知过敏原,则有可能引起人类的不良反应。如果转入蛋白与已知过敏蛋白的氨基酸序列在免疫学上有明显的同源性,或者转入蛋白所属的某类蛋白家族中的有些成员是过敏蛋白,则也可能产生过敏反应。

(3)营养问题。有人认为,人为地改变了蛋白质组成的食物会因为外源基因的来源和导入位点的不同而极有可能产生基因的缺失、错码等突变,使所表达的蛋白质产物的性状、属性及部位与期望值不符,从而降低食品的营养价值,引起营养失衡。美国的实验报告就曾指出,与一般大豆相比,耐除草剂的转基因大豆中防癌的成分异黄酮减少了。与普通大豆相比,两种转基因大豆中的异黄酮成分减少了 12%~14%。但是食物的营养价值与利用及加工方式也密切相关,例如同样是耐除草剂的转基因大豆,用来榨油和加工成豆制品,其对人体的影响就各不相同。

(4)对抗生素的抵抗作用。抗生素抗性基因是目前转基因植物食品中常用的标记基因。抗生素标记基因是与插入的目的基因一起转入目标作物中,用于帮助植物遗传转化筛选及鉴定转化的细胞、组织和再生植株。标记基因本身并无安全性问题,有争议的一个问题是会有基因水平转移的可能性。例如,标记基因是否会水平转移到肠道微生物或上皮细胞,对抗生素产生抗性,从而降低临床治疗中的有效性,这一直受到人们的关注。虽然目前人们倾向于认为这种可能性比较小,但在评估潜在健康问题时,仍应考虑人体和动物抗生素的使用以及肠道微生物对抗生素的抗性。同时人们还担心标记基因及其编码蛋白有无直接毒性、过敏性和其他副作用等。

抗药性是一个十分敏感的公众健康问题。当前,细菌抗药性的产生主要是因为滥用和误用抗生素引起的。在转基因过程中,若使用具有抵抗临床治疗用抗生素的基因,人们在食用了这种改良的食物后,食物会不会在人体内将抗药性基因传给致病的细菌,从而使人体产生抗药性。这种风险是否存在,其可能性到底有多大,也是人们关心的一个重要问题。

另外,转基因食品中的新基因,如一些具有抗除草剂或毒杀害虫功能的基因,是否会通过食物链各个环节造成不良后果,是否会对物种进化及人类社会造成灾难,基因转入后是否产生新的有害遗传性状或不利于健康的因素,这些都是人们关注的安全问题。

2. 环境安全性问题

环境和生态效应也是公众关注的一大重点,人们关心转基因作物会不会对自然生态系统造成危害。地球上的物种和生态平衡是经历千百万年演化形成的,现在人为地在很短时间内改变它的遗传特性,会不会打破生物界的平衡。

(1)破坏生物多样性与对非目标生物产生危害。由于转基因作物的抗病虫性状不能有选择地灭杀目标害虫和病原菌,因而在杀灭目标害虫和病原菌的同时,必然会对环境中的其他生物产生毒害作用,其中包括有益的昆虫、鸟类、哺乳动物和微生物等。1999 年 5 月,康奈尔大学的一个研究组报道,斑蝶食用撒有转 Bt 基因玉米花粉的乳草后,有 44%的幼虫死亡,从而引发了“转基因玉米对生态环境是否安全”的争议。也有美国研究人员撰文报告,他们首次发现转基因作物产生的杀虫用毒素(Bt)可由根部渗入周围土壤。他们种下 Bt 转基因玉米 25 天后发现,Bt 毒素通过根部渗出物进入了周围的土壤,且保持了强的活性,仍能杀虫。所以研究人员认为，渗入土壤的毒素可能助长一些害虫对杀虫剂产生抗药性，对土壤生态环境产生长远的负面影响。

(2)基因漂移与产生超级杂草。转基因作物本身可能由于被赋予了来自其他物种的抗虫、抗除草剂或抗逆等能提高其适合度的性状而脱离农业耕作控制系统，进而演化成难以防除的恶性杂草。其抗性基因还可能通过基因流动传递给其野生亲缘种，使本来就是杂草的野生亲缘种因为适合度提高而更加难以清除，变为“超级”杂草。有资料表明，种植转基因油菜后，当大田的油菜附近有近缘杂草时，在萌发的后代种子中有93%被证实是种间杂种。以上情况出现的原因可能是花粉漂流的结果，也可能是蜜蜂传粉和其他动物搬运种子或花粉的结果。基因漂移将使正常、非目标植物发生基因改变，这个过程很难人为控制，其后果也很难预测。

(3)目标生物体对药物产生抗性。转基因抗虫作物的大规模商业环境种植，将使目标害虫产生强大的选择压力，加快目标害虫抗性的出现，从而增加农用化学品的使用量。如转入Bt杀虫基因的抗虫棉，其目标昆虫是棉铃虫和红铃虫等作物害虫，如果大面积和长期使用，昆虫有可能对抗虫棉产生适应性或抗性，这不仅会使抗虫棉的应用受到影响，而且会影响Bt农药制剂的防虫效果。

此外，转基因向作物野生近缘种和杂草的转移，也可能会对其他物种产生影响。目前，抗虫转基因作物大部分是转入Bt基因或蛋白酶抑制剂基因。不同的Bt毒蛋白会对不同类型的昆虫有专一作用。但在同类昆虫中，有的对作物有害，有的则无害，属于非目标昆虫。这些昆虫如果在转基因作物的环境中受到伤害，则会对自然界的食物链造成破坏。抗虫的转基因作物的推广也可能使害虫产生免疫并遗传，从而使这些“超级害虫”更加难以消除。

(4)转移基因可以产生有害生物，并通过重组产生新的病毒。对细菌、病毒进行基因改造，可能使无害或弱致病性的细菌、病毒变成有害或强致病性的细菌、病毒，从而对其他动、植物的生存造成危害，转基因动、植物可能形成“怪物”或优势生物。基因改造的生物体释放到环境，可能通过竞争消除群落中原有的野生种，并通过食物链间接影响群落结构。

被植入转基因抗病毒作物中的病毒基因及其所编码的外壳蛋白可以与其他病毒的遗传物质和外壳蛋白重新组合，从而形成毒性更强的新病毒。如抗病毒的工程植株可由重组或突变产生新的作物病毒，具有更高毒性或扩大了寄主范围，从而导致病毒灾难性的泛滥。荷兰有科学家宣布，利用计算机“人造胃”进行实验后发现，转基因食品会把抗体转移给有害细菌，导致“超级”细菌产生。

食品的安全性是各国政府和广大消费者最关注的问题。目前，对转基因食品的安全问题主要有三种不同的认识。第一种以美国为代表，认为由于不能证明转基因食品有危害，因此就应认定它是安全的。这种观点认为，由于至今为止还没有人能证明转基因食品对人体健康有害，因此转基因食品和传统食品一样安全。第二种观点以欧盟为代表。欧洲各国普遍认为，由于现在还不能证明转基因食品是安全的，因此就应认定它具有潜在的危害。第三种观点以日本为代表，它介于上述两者之间，认为由于现在既不能肯定转基因食品无害，也不能断定转基因食品有害，因此转基因食品可能有危害，也可能没有危害。这三种观点成为各国采取不同管理政策的出发点和依据。

总之，对转基因生物的安全性应当科学的认知。地球上没有什么食品是绝对安全的，传统食物也存在毒性和过敏的可能，也存在风险。但是，科学技术以一种不可逆转、不可抗拒的力量推动着人类社会不断向前发展，以基因工程技术为代表的现代生物技术在农业等领域的应用有着巨大潜力，前景光明。

3.1.3.3 转基因作物的食用安全性评价

1. 营养学评价

转基因食品的营养学评价主要针对蛋白质、淀粉、纤维素、脂肪、脂肪酸、氨基酸、矿物质元素、维生素、灰分等与人类健康营养密切相关的物质，以及抗营养因子(如蛋白酶抑制剂、植酸和凝集素等)和天然毒素(如芥酸、棉酚等)等。与传统食品进行比较，如果转基因食品的结果有统计学差异，还应充分考虑这种差异是否在这一类食品的参考范围内。从目前的多项研究结果来看，转基因棉籽、抗虫水稻及耐除草剂水稻和玉米等转基因食品的营养成分与传统食品是基本一致的。但有些针对性改良营养成分的转基因食品其目标成分会有较大变化，例如高赖氨酸玉米，新增加的营养成分需要额外评价暴露量和最大允许摄入量。另外，通过饲喂动物可以评价动物对转基因食品的营养利用率，例如评价食用转基因或非转基因饲料的鱼或鸡的肉质是否一样。此外，风味也是食品的一大特性，因为风味易受到其他组分的影响，所以对风味的评价也是有意义的。

2. 毒理学评价

毒理学评价包括对食品中的新表达物质的评价和全食品的评价。新表达的物质通常为蛋白，对新蛋白的评价包括与已知毒素和抗营养因子氨基酸序列相似性的比对、热稳定性实验、体外模拟胃肠液消化稳定性实验等。当新表达蛋白质无安全食用历史、安全性资料不足时，则必须进行急性经口毒性实验。是否进行 28 天喂养实验(亚急性毒性)取决于该蛋白质在植物中的表达水平和人群可能摄入水平，必要时应进行免疫毒性检测评价。如果蛋白是在体外表达的，则必须证明它与植物源蛋白的实质等同性。报道的新表达蛋白安全性评价表明，大部分外源蛋白在氨基酸序列上与已知毒素无较高同源性，在体外模拟消化实验中可以迅速降解，并且急性经口毒性实验的安全系数很高，具有较高的食用安全性。

3. 致敏性评价

评价致敏性的目的是预防在食品中出现新的过敏原，保护敏感性人群。目前，国际上公认的转基因食品中外源基因表达产物的过敏性评价策略是 2001 年由 FAO/WHO 颁布的过敏评价程序和方法。致敏性主要评价方法包括基因来源、与已知过敏原的序列相似性比较、过敏患者的血清特异 IgE 抗体结合实验、定向筛选血清学实验、模拟胃肠液消化实验和动物模型实验等，最后综合判断该外源蛋白的潜在致敏性的高低。

4. 非期望效应评价

从研究方法来看，非期望效应的研究主要包括三个领域：功能基因组、蛋白质组和代谢组。功能基因组与新基因的功能有关，使用微阵列技术来研究新基因的表达产物。欧盟 GMOCARE 研究小组在第五次构架上提到，用 DNA 微阵列分析差异基因表达是将来提高食品安全评价策略的一种方法。蛋白质组方法首先用高通量二维电泳将组织中蛋白分开，然后通过图像分析比较分开的点，再质谱测定感兴趣的蛋白质点。代谢组图谱可以展示基因的插入对动物生理的影响，从而理解转基因食品的全组分情况。

5. 肠道健康评价

肠道状态能反映人体健康，通过评价肠道健康可以了解转基因食品对人体健康造成的影响，这可以作为转基因食品安全评价的一个参考因素。肠道微生物是一个复杂的群体，它能够反映长期的饮食状态，并且肠道生态环境的变化能在某种程度上影响人体健康。最初对肠道菌群的研究采用传统微生物法，但此法有许多限制和不便。近年来分子方法逐渐应用于微生物群落检测，此法还可以检测不可培养的细菌。除了肠道微生物，还可以检测一些肠道相关指标，如粪便酶活性、短链脂肪酸、肠道渗透性和黏膜免疫等。

3.1.4 原料污染食品安全案例

1. 江西铜业排污祸及下游

2011 年 12 月，江西铜业在江西德兴市下属的多家矿山公司被曝常年排污乐安河，祸及下游乐平市 9 个乡镇 40 多万群众。乐平市政府的调查报告显示，自 20 世纪 70 年代开始，上游有色矿山企业每年向乐平河流域排放 6 000 多万吨“三废”污水，废水中重金属污染物和有毒非金属污染物达 20 余种。由此造成 9 269 亩耕地荒芜绝收，1 万余亩耕地严重减产，沿河 9 个渔村因河鱼锐减失去经济来源，当地民众重金属中毒病症和奇异怪病时有发生。而相关企业根据协议作出的赔偿金额，平均每年每人不足 1 元。

2. 九江“镉大米”事件

2017 年 11 月 6 日，中国无毒地志愿者通过自媒体平台发布了一篇关于九江大米遭镉污染的公开举报信。信中称，2017 年 10 月中旬，临近江西省九江市港口街镇晚稻收割期，志愿者在港口街镇两个村村民的家中、农田取了土壤以及稻谷样品，送检第三方检测机构。检测结果显示，土壤(约 25 cm 深)重金属镉含量为 1.98 mg/kg，超出《土壤环境质量　农用地土壤污染风险管控标准》(GB 15618—1995)3 级标准 1.98 倍，远远超出保障农林业生产和植物正常生长的土壤临界值。已经收割存储的稻谷中测出，其重金属镉含量为 0.312 mg/kg，超出《食品安全国家标准　食品中污染物限量》(GB 2762—2012)1.56 倍，为“镉大米”。尚未收割的晚稻重金属镉含量更是高达 1.62 mg/kg，超出标准 8.1 倍。在当地废弃农田土壤中，不仅重金属镉超出标准 14.2 倍，砷含量也达到土壤临界值的 7.13 倍。

两个村两户村民的稻谷重金属镉存在不同程度超标。此外，村民正在种植的农田土壤内重金属镉也超标，村里废弃农田的土壤重金属镉、砷更是严重超标，同时农田灌溉水源以及候鸟栖息地东湖底泥镉、砷超标。

据了解，镉大米和土壤污染、灌溉水污染、土壤性质、化肥使用、水稻品种等都有关系，水稻本身对镉的吸附作用强于玉米、大豆等农作物。在我国国家标准中规定，大米中镉含量不得超过 0.2 mg/kg，而国际标准为 0.4 mg/kg。

镉中毒是慢性的，潜伏期最短 2～8 年，一般是 15～20 年，因此尽管平时感觉不到，但其对身体健康的潜在威胁不可小视。慢性镉中毒主要危害肾脏健康，目前研究普遍认为其对健康危害最严重的是结缔组织损伤、生殖系统功能障碍、致畸和致癌，也可能引发“痛痛病”。

3.2 加工过程

3.2.1 食品添加剂

于2009年6月1日起施行的《中华人民共和国食品安全法》对食品添加剂做出了明确的定义，食品添加剂是指“为改善食品品质和色、香、味，以及为防腐、保鲜和加工工艺的需要而加入食品中的人工合成或者天然物质”。

按功能的不同，我国《食品安全国家标准 食品添加剂使用标准》(简称《食品添加剂 使用标准》)将食品添加剂分为22类，主要包括酸度调节剂、抗结剂、消泡剂、抗氧化剂、漂白剂、膨松剂、胶基糖果中基础剂物质、着色剂、护色剂、乳化剂、酶制剂、增味剂、面粉处理剂、被膜剂、水分保持剂、防腐剂、稳定剂和凝固剂、甜味剂、增稠剂、食品用香料、食品工业用加工助剂及其他。食品添加剂在现代食品工业中起着举足轻重的作用，其主要功用在于改善和提高食品色、香、味及口感等感官指标；保持和提高食品的营养价值；防止食品腐败变质和延长保质期，维护食品安全；增加食品的花色品种及色香味形，提高食品的质量和档次；改进食品加工条件；满足不同人群的需要，调整营养结构等。食品添加剂行业不仅为中国食品工业和餐饮业的发展提供了可靠技术支持和保障，而且已经成为促进其高速创新发展的动力和源泉。

我国在食品添加剂的申报批准、生产和使用上都有严格程序和标准。食品添加剂审批材料必须包括经过省级以上卫生行政部门认定的检验机构出具的毒理学安全性评价报告。对于批准的品种，严格规定了它们的检测方法、使用范围和使用量。近年来发生的一些所谓“添加剂”的食品安全重大事故，其问题并不在于“食品添加剂”本身，而在于食品生产加工过程中非法使用非食品添加剂的化学物质，以及超限量、超范围使用食品添加剂。例如不法分子为谋取利益添加到食品中的“三聚氰胺”“苏丹红”“吊白块”等根本不属于食品添加剂。这些影响恶劣的食品安全事件，加上有的报道不够严谨，没有准确界定是不是食品添加剂，导致目前公众对食品添加剂的误解较多。部分人认为只要是加入食品中的都是食品添加剂，也有相当多的人对食品添加剂还停留在过去所用的化工合成的防腐剂、合成着色剂、甜味剂等的认识上，认为只要是食品添加剂就是危害人体健康的。其实，按照规定使用食品添加剂对丰富食品品种和保障食品安全都有好处，某些食品添加剂更是可以起到提高食品质量和营养价值、促进人体健康的作用。

3.2.1.1 常见限量检测的添加剂

我国GB 2760—2011《食品添加剂使用标准》批准使用食品添加剂超过2 600种，其中食用香料1 868种，营养强化剂200多种，加工助剂(含酶制剂)163种，胶姆糖基础剂55种，其他345种。新的《食品添加剂使用标准》(GB 2760—2014)于2015年5月24日正式实施。GB 2760—2014与GB 2760—2011相比，主要变化有：增加了原卫生部及卫计委近年来发布的食品添加剂相关公告中对食品添加剂的规定；将食品营养强化剂和胶基糖果中基础剂物质及其配料名单调整由其他相关标准进行规定；对部分食品添加剂品种及使用规定进行了调整；修改了食品工业用加工助剂品种及使用规定；还对香精香料的品种和使用规定进行了调整。《食品添加剂使用标准》(GB 2760—2014)规定了常见限量检测的添加剂。

1. 食用色素

我国的食用着色剂行业经过30多年的发展，已成为世界食用色素产销量和使用量的第一大国。目前批准允许使用60种左右的食用着色剂，其中红曲色素、辣椒红色素、虫胶色素、甜菜红色素均为很好的无毒天然食品着色剂。某些天然色素，如番茄红素、叶黄素，除了可起到食品色素的作用外，还是一种非常好的抗氧化剂，具有清除自由基、保护机体组织细胞、抗癌及预防心血管疾病等生理活性及保健功能，可降低多种疾病的发生风险，成为近年国内外研究开发的关注热点。虽然我国色素的产销量都有较大幅度的提升，但是总体研发实力仍然薄弱，高新技术应用不够，在产品质量、加工技术装备水平、技术创新等方面与日本、美国等发达国家相比还存在较大差距。我国天然色素多以初加工为主，精深加工较少，生产方式落后，能耗高，产品附加值低，综合利用效率低，从而造成资源浪费，同时污染环境。我国主要向发达国家出口天然色素粗产品或半成品，亟须采用先进加工技术对产业进行技术升级。

2. 抗氧化剂

食品抗氧化剂是能阻止或延缓食品氧化变质、提高食品稳定性和延长贮存期的食品添加剂。氧化不仅会使食品中的油脂变质，而且还会使食品褪色、变色和破坏维生素等，从而降低食品的感官质量和营养价值，甚至产生有害物质，引起食物中毒。一般通过添加抗氧化剂来对食品氧化进行控制。抗氧化剂按来源分为天然抗氧化剂和合成抗氧化剂两类。近年来，由于消费者对食品安全的担忧，以及对化学合成性添加剂的排斥，天然抗氧化剂产业发展迅速。但是，我国抗氧化剂在产业化开发方面与先进国家相比差距较大，一方面基础及应用研发能力不足，另一方面技术成果产业化、集约化程度低，产品成本偏高，市场竞争力缺乏。

3. 防腐剂

目前我国生产、销售、应用的防腐剂仍主要是合成防腐剂，主要产品为苯甲酸和苯甲酸钠、山梨酸和山梨酸钾、脱氢乙酸和脱氢乙酸钠、尼泊金酯、双乙酸钠等。

天然防腐剂具有安全无毒、抗菌性强、作用范围广等无可比拟的优势，从而成为重点研发对象并广泛应用于食品、医药等领域。已取得进展的防腐剂有植物源的食品防腐剂，如果胶分解物，大黄、大青叶等中草药、香辛料等；动物源的食品防腐剂，如壳聚糖、鱼精蛋白质、蜂胶等；微生物源的食品防腐剂，如溶菌酶、乳酸链球菌素等。

4. 食品香精香料

食用香精香料品种众多，目前已经发现的食品中存在的香味物质多达1万多种，其中国际上允许食用的香料品种就多达2 600多种。我国食品香料工业经过多年发展，许多品种的产销量在世界上名列前茅，如乙基麦芽酚、香兰素、香芹酮以及一些非常重要的含硫的肉香味香料化合物等。

在食品香精中，由于我国独特的饮食文化，咸味香精得到了大力发展，成为我国食品香料香精行业最具特色和优势的产品之一，在国际市场上占有举足轻重的地位。随着人们对香精香料安全性需求的增加，提取天然的香精香料已成为必然趋势。然而天然动植物香精香料的提取存在原料和来源限制，因此生物技术在香精香料生产中的应用受到越来越多的关注。常用的生物技术包括发酵工程、酶工程、细胞工程、基因工程等。

5. 乳化剂

食品乳化剂是指能改善乳化体系中各种构成相之间的表面张力，形成均匀分散体或乳化体的物质，也称为表面活性剂。或说是使互不相溶的液质转为均匀分散相(乳浊液)的物质，添加少量即可显著降低油水两相界面张力，产生乳化效果的食品添加剂。乳化剂性质的差异，除与烃基的大小、形状有关外，还主要与亲水基团的不同有关，亲水基团的变化比疏水基团要大得多，因而乳化剂的分类，一般也就以亲水基团的结构，即按离子的类型划分，可分为离子型乳化剂和非离子型乳化剂。实际生产中，也有根据乳化剂的亲水、亲油相对强弱进行分类，分亲水性乳化剂和亲油性乳化剂。中国已经批准使用的食品乳化剂有司盘(Span)、吐温(Tween)类、硬脂酰乳酸钠-钙、硬脂酰乳酸钠、三聚甘油酯、丙二醇脂肪酸酯、蔗糖酯、大豆磷脂、月桂酸单甘油酯等 30 多个产品。面包中添加乳化剂，可通过面粉中的淀粉和蛋白质相互作用，形成复杂的复合体，起到增强面筋，提高加工性能，改善面包组织，延长保鲜期等作用；饮料中添加乳化剂，可提高溶解度和稳定性，防止沉淀、分离现象，延长货架期；肉制品和香肠中添加乳化剂可防止淀粉回生、老化，改善食感。

6. 甜味剂

甜味剂种类较多，按其来源可分为天然甜味剂和人工合成甜味剂，按其营养价值可分为营养性甜味剂和非营养性甜味剂，按其化学结构和性质可分为糖类甜味剂和非糖类甜味剂。食品检测过程中主要对人工合成甜味剂进行检测与管控。

7. 营养强化剂

营养强化剂与人体健康关系密切。目前我国批准使用的营养强化剂有 200 多种，常用的有维生素、氨基酸和无机盐三大类，如铁、硒强化的面粉，赖氨酸、牛磺酸强化的乳制品。随着 GB 14880—2012《食品安全国家标准　食品营养强化剂使用标准》中各项标准和法规的日趋完善，以及营养强化剂生产企业在管理、技术上的不断创新，使得营养强化剂产业向着更健康全面的方向发展。由于国内保健和功能食品产业逐步走上健康发展之路，故而带动了营养强化剂产业的迅速发展，其中维生素 C、维生素 D_3、维生素 E 和叶酸等产量均在国际上占有领先优势，约占全球同类产品产量的 50%以上。但是，目前在全球营养健康产业 1 500 亿美元的份额中，美国、欧盟、日本分别占比 34%、32%和 25%，相比之下我国占比还不足 5%。所以，我国营养强化剂及特殊营养食品市场潜力巨大。

8. 酸味剂

酸味剂(acidulants)是能够赋予食品酸味并控制微生物生长的食品添加剂，是酸度调剂(acidity regulators)的一种。酸味剂是食品中的主要调味料，有增进食欲、促进消化吸收的作用。除去调酸味以外，酸味剂兼有提高酸度、改善食品风味、抑制菌类(防腐)、防褐变、缓冲、螯合等作用。中国现已批准许可使用的酸味剂有柠檬酸、乳酸、磷酸、酒石酸、苹果酸、偏酒石酸、乙酸、盐酸、已二酸、富马酸、氢氧化钠、碳酸钾、碳酸钠、柠檬酸钠、柠檬酸三钾、碳酸氢三钠、柠檬酸一钠等 17 种。

3.2.1.2 食品添加剂产业发展重点及展望

1. 天然多功能食品添加剂新品种的研究开发

我国生物物种资源丰富，可作为众多天然食品添加剂的生产来源。许多天然来源的功能性成分不仅可能是良好的抗氧化剂、防腐剂等，同时也具有很好的生物活性，是很好的“健康因子”。例如，玉米、高粱、辣椒、萝卜等一些大宗农产品，为天然食用色素(玉米黄色素、高粱红色素等)的开发提供了丰富的原料；茶叶、迷迭香等药食同源的植物中可发掘新的抗氧化剂茶多酚、迷迭醇等，并通过培育、引种和筛选，获得具有较高抗氧化活性物质的素材；也可从动植物源中寻找天然生物防腐剂，如溶菌酶、壳聚糖、多糖等，这些均需要进一步的研究和发展。

2. 食品添加剂生产技术和装备的改进与创新

尽管天然食品添加剂有着广泛的市场需求，但是往往由于资源的限制，以及相关的技术发展需要一定的过程，使得价格低廉的合成食品添加剂在较长一段时间内仍有着一定的优势。然而，对于天然源添加剂的生产，用低碳、绿色加工技术改进提升现有的生产格局将具有重要意义。据了解，用海带制备海藻酸钠的工艺由于技术落后，生产中使用大量酸碱，造成了产品质量差、售价低、污染严重。又如，制备不同凝胶强度的卡拉胶是该行业的竞争力之一，但我国目前也是采用强碱法制备，造成污染严重。酶法制备技术已被初步证明效果良好，天然产物中特殊有害成分如水溶性农残的脱除技术等是打破技术贸易壁垒和提高产品竞争力的关键技术。

3. 加强食品添加剂领域的基础研究

在我国，对食品添加剂进行全面系统的研究是在 20 世纪 90 年代以后才开始。我国食品添加剂在品种数量、生产技术、原始创新等方面都远落后于世界先进水平。目前全球开发的食品添加剂已有 14 000 多种，其中经常使用的约有 5 000 种。而目前我国已批准使用的食品添加剂只有 2 500 多种，其中属于我国原始创新的食品添加剂，除历史悠久的豆腐凝固剂外，只有甘草素、罗汉果甜苷、茶多酚、甘草抗氧化物和竹叶抗氧化物等极少数几种。

目前，我国食品添加剂的使用剂量、毒理学指标等基础数据大多来自发达国家，但因饮食文化的差别，这些数据未必适合我国。几种食品添加剂复配使用后是否具有协同效应或拮抗作用，又带来了新的安全风险。食品添加剂在生产、加工和使用环节中存在的原料安全性问题及可能产生有毒有害物质等问题，如热反应肉味香精制备中可能产生的氯丙醇、丙烯酰胺、杂环胺等问题，其形成机理需要进一步深入研究。另外，天然添加剂虽然一般来说安全性较高，但由于其溶解性、高效性能往往不能满足应用对象的需求，故常对其进行必要的酶法分子修饰和结构改性，以大大改善其物理化学性质及功能性。加强食品添加剂基础领域的研究，包括发展食品添加剂绿色制备技术，研究如何保持添加剂在食品中的稳定性，研究其发挥各项功能的作用机理以及量效关系，探讨食品添加剂与食品基质间的相互作用，提升其在食品中的作用和功效等。此外,还应开展食品添加剂的功能评价和毒理学评价,进行安全风险监测与评估,并建立信息数据库;充分利用我国丰富的自然资源,大力研究和开发天然食品添加剂,加快满足中国传统食品工业化和现代化需要的食品添加剂的研发,促进中国传统食品工业的发展。

4. 加大国家科技投入和产业化政策的支持

应增加国家对食品添加剂科技专项科研经费的投入和给予产业化政策的支持,提升我国食品添加剂产业的技术水平。一是要加大具有中国特色的天然食品添加剂的研究开发,此类食品添加剂涉及香料、色素、甜味剂、防腐剂、抗氧剂、乳化剂、增稠剂等类型。二是促进高新技术在食品添加剂领域的应用,包括重视传统的分离提取技术耦合现代生物分离提取技术对食品添加剂的升级制备;利用高效液相色谱法、逆流分配层析法、毛细管电泳等现代分析检测技术对其检测方法升级,为高纯度、低成本的食品添加剂开发提供技术保障;充分利用生物技术、组培技术及发酵工程等为食品添加剂的获得提供更便捷有效的途径;鼓励对于天然添加剂进行酶法分子修饰改性,优化性能及扩大应用范围;鼓励深层次研究解决一些技术难题,如水溶性农残的脱除等问题。三是加强复配食品添加剂的科技研发。多数单一的食品添加剂功效受限,需要与其他的添加剂进行复配方可达到理想效果,因此研究生产复配型添加剂,通过复配使产品在颜色、剂型、稳定性、产品适用性上得到显著提升,以满足多种食品生产的应用需要,从而使添加剂应用更方便、广泛。

3.2.1.3 食品添加剂的安全性

食品添加剂由于其功能和作用,在日益发展的食品生产加工中得到了广泛的运用。不可否认,社会上各种各样丰富多彩、档次不一的食品几乎都含有食品添加剂成分。但是,由于社会上出现的一些食品质量安全问题,使许多人误解,凡是含有食品添加剂的食品就不太安全,食用后就可能会对健康造成影响。其实,食品添加剂的生产都需要经过严格的评价和检验,并且都要经过一系列的动物实验,对其急性毒性、遗传毒性、致癌毒性、致畸毒性等进行综合评价,最后确认对身体没有安全隐患后才可以被批准使用,以确保人体食用的安全性。每一种食品添加剂都有其相应规定范围的食品加工应用和安全使用量、质量标准和鉴别方法。所以,食品添加剂在其使用标准规定范围内是安全的。认为添加了食品添加剂就会存在食品安全问题,这种观点是纯属片面的。正确、合理、科学地使用食品添加剂绝不会对食品造成安全隐患。目前食品添加剂影响食品安全的原因可归纳为以下几点。

1. 超范围、超量使用

对于允许使用的食品添加剂,必须严格按照食品添加剂标准规定的使用范围和使用量。超范围使用是指超出了强制性国家标准(GB 2760—2014)所规定的某种食品中可以使用的食品添加剂的种类和范围。比如硫黄作为漂白剂只限用于蜜饯、干果、食糖等,但有些生产经营者在馒头的加工过程中超范围使用硫黄熏蒸馒头,导致馒头中维生素遭到破坏,且二氧化硫严重超标。超量使用是指超出了强制性国家标准(GB 2760—2014)所规定的最大使用量,如常见的防腐剂、甜味剂、着色剂等的超量使用。例如,为了保证酱油防腐,在酱油中添加了某种防腐剂,但该酱油又被用于某种罐头食品中,这种防腐剂就被带入罐头食品中,而这种罐头食品可能未被批准使用该食品防腐剂或其使用限量很低，再添加就超量了。

2. 非法添加

在我国，只有列入《食品添加剂使用标准》目录中的物质才可以被用作食品添加剂，除此之外的物质均称为非法添加物。严禁在加工中将化工原料当食品添加剂使用。在社会上引发的食品安全问题往往是一些严禁在食品中使用的非法添加物，比如媒体曝光的苏丹红、日落黄、吊白块以及甲醛、硼砂、沥青等物质。再比如 2008 年三鹿奶粉中添加的三聚氰胺，它是一种有机化工原料而非食品添加剂，不可用于食品加工，只因部分不法商人为了提高食品中蛋白质含量而非法添加。当这些非法添加物由于滥用而暴露出问题时，人们却往往因为对食品添加剂缺乏了解，在认识上存在误区，不能正确区分食品添加剂与非法添加物，从而把它们混为一谈，将责任归结到食品添加剂身上，造成食品添加剂危害食品安全的错误观念。

3. 食品生产商不正当宣传

食品生产商不正当的宣传，误导了消费者。某些食品生产商借助媒体上曝光的某些食品的安全问题，以及社会上一些消费者对食品添加剂缺乏了解，利用广告、媒体和商品标识等各种手段炒作、标榜其产品不含“食品添加剂”，暗示含有食品添加剂的食品有害或有损人体健康。食盐、白糖、味精都是食品添加剂，标注了“不添加任何添加剂”的食品生产商也需要使用这类添加剂。某些食品生产商之所以这样标识，主要是为了自身的经济利益，迎合消费者误解食品添加剂的心理，是一种误导消费的行为。食品生产只要按照国家标准添加食品添加剂，则对食品有益而无害。

3.2.2 加工技术

随着我国改革开放的深入推进及广大民众生活水平的不断提高，我国人民已开始从解决温饱问题向重视食品品质与安全问题转变。食品是一种富含蛋白质、淀粉、脂类、矿物质等多种组分的复杂体系，在贮藏、加工、运输、销售和消费等环节会经历不同的化学的、物理的或生物(涉及微生物或酶)的变化，这些变化有可能产生有毒和/或有害的物质，引起食品安全问题。监测食品的组分在食品的原料生产、加工、包装、贮藏过程中的变化，就是自始至终侧重于关注食品加工过程中那些确认对人类有毒和/或有害物质的产生和预防问题，因此，其本质仍然停留在食品品质与安全保障的“被动应付型”。而实际上，食品中除了存在着已明确危害性的物质外，还有可能含有具有潜在危害性的物质，因此，要确保食品的化学安全性，就必须真正了解食品加工过程中食品组分的变化以及各种危害性物质或者潜在的危害物的生成，同时，通过有效抑制途径来减少或阻止这些危害物质的产生或者前瞻性地减少潜在危害物的产生，从而确实能够从“被动应付型”向“主动保障型”的方向转变。

美拉德反应是食品加工过程中最典型的复杂化学反应。这类反应经常发生在油炸、焙烤、蒸煮、杀菌、干燥等加热处理过程中，指典型的食品组分(如糖类物质、氨基酸、蛋白质等)在一定的食品加工过程中发生的糖化反应，是羟基化合物(主要为还原糖)与氨基化合物(氨基酸、蛋白质等)之间的复杂化学反应。此外，食品加工过程还存在许多其他复杂的化学反应，产生了各种各样功能不尽相同的化学物质。以美拉德反应为例，它不仅发生在温度较高的食品烹煮过程中，而且也可发生在室温条件下。由于绝大部分食品都含有羟基化合物和氨基化合物，因此，该类型复杂化学反应是涵盖了加工、贮藏、发酵、运输等各环节的食品加工过程中一种必然的化学反应过程。食品加工过程中发生的美拉德反应生成了包括类黑精、还原酮、含 N 及 S 杂环化合物等复杂产物，它们既是食品的色泽以及浓郁芳香的各种风味的主要来源，也是使食品拥有一些抗氧化作用的高分子化合物。不过，应该引起食品科技领域关注的是，这些复杂化学反应在食品加工过程中同时也形成了一些对人体健康存在危害性的化学物质，如晚期糖基化终末产物(advanced glycation end products，AGEs)、杂环胺(heterocyclic aromatic amines，HAAs)、丙烯酰胺(acrylamide，AM)和反式脂肪酸(trans fatty acid，TFA)等。国内外的医学研究已证实，这些化学物质一般均具有积聚性，被摄入人体后，会产生潜在的食品安全隐患，危害人类健康。

AGEs 是美拉德反应产生的一类化合物。目前已发现 20 多种 AGEs，包括 *N*-羧甲基赖氨酸、吡咯素、羧乙基赖氨酸、戊糖素、交联素等。一般认为，AGEs 是在美拉德反应的第 3 步反应中产生的。研究表明，AGEs 即使在室温条件下也可以产生，在高温高脂的食品中的含量最高。目前，人们将 AGEs 分为内源性和外源性两大类。前者就是指人体内产生的 AGEs，这类来源的 AGEs 已证实与人类的白内障、早老性痴呆、糖尿病、肾病、神经病、视网膜病等疾病存在着某些相关性；而后者则是指人体从外部摄入的 AGEs，其中的大部分是由膳食带入人体内的，也称食源性 AGEs。

杂环胺 HAAs 是蛋白质类食品在高温烹调加工中产生的一类具有致突变、致癌作用的物质，它是由肌酸酐、氨基酸以及还原糖类在高温条件下伴随美拉德反应生成的，至今已发现的 HAAs 有 20 多种，从化学结构上可以分为包括氨基咪唑和氨基咔啉两大类。HAAs 在烹调的肉中可以大量检出。国际癌症研究中心(International Agency for Research on Cancer，IARC)已将 HAAs 中的喹啉类(IQ)物质归类为“对人体很可疑致癌物(2A 级)”，而把 MeIQ、MeIQx、PhIP、Glu-P-1、Glu-P-2、Trp-P-1、Trp-P-2 等 HAAs 类物质归为“潜在致癌物(2B 级)”。

丙烯酰胺 AM 是一种中等毒性的亲神经毒物，具有积聚性，是人类潜在的致癌物。2002 年，瑞典国家食品管理局和斯德哥尔摩大学研究报道，在一些油炸和烧烤的淀粉类食品中检出大量的 AM。随后的进一步研究表明，AM 在美拉德反应中生成的主导机制是由天冬酰胺酸和还原糖在高温加热过程中通过一系列中间反应生成的。近年来，国内外已就食品中 AM 的产生及危害问题开展了大量研究。世界卫生组织(World Health Organization，WHO)和联合国粮农组织(Food and Agriculture Organization，FAO)每年联合召开会议讨论，对 AM 的检测方法、食物污染水平、形成机理和毒理学评价等进行评述。当前，食品中 AM 的限量立法已开始进入实质性操作阶段。也就是说，随着人们对 AM 毒理性的明确认识，科技人员已不再仅仅关注 AM 的含量限制，更是越来越重视美拉德反应产物的安全性问题。

反式脂肪酸 TFA 是含有反式构型双键的一类不饱和脂肪酸的总称，它是油脂类食品中常见的一类危害物成分。已有的研究成果证实，TFA 的过量摄入能导致血液中有益的高密度脂蛋白(high density lipoprotein，HDL)含量降低，有害的低密度脂蛋白(low density lipoprotein，LDL）含量增加，进而影响人类的健康。WHO 和 FAO 建议，“膳食中的 TFA 摄取量不应超过总能量的 1%”。在食品加工过程中，剧烈的加热条件能直接导致 TFA 的生成，而且加热的温度和时间同 TFA 的产生直接相关。

因此，为了确保食品加工过程食物产品的安全性，就必须掌握这些有害化学物质在相关加工过程的生成规律，了解它们的形成途径、微观结构变化、分子作用机制和消化特性等，并在此基础上，借助于现代科技手段寻求抑制这些有害化学物质的形成方法及相关技术，为我国食品行业产品安全控制技术的研发提供重要的理论支撑。

3.2.3 包装材料

随着社会的进步和人们生活水平的提高，食品的营养与安全问题已经引起了社会各界人士的广泛关注，尤其是食品安全问题。然而，人们关注的食品安全往往是从食品自身的安全性考虑，而忽视了食品包装的安全性。2005 年以来，由食品包装引起的食品安全问题层出不穷，从“PVC（聚氯乙烯）保鲜膜致癌风波”“一次性餐具污染事件”到“雀巢液态婴儿奶被包装印刷油墨污染在欧洲多国被召回”，可见，由食品包装引发的食品安全问题已不容忽视。

3.2.3.1 食品包装

食品包装是指采用适当的包装材料、容器和包装技术，把食品包裹起来，以使食品在运输和贮藏过程中保持其价值和原有状态。食品包装包含两方面的含义：一是包装材料，二是包装技术。

从食品安全的定义来看，食品安全涵盖了食品相关产品；而食品包装被称作“特殊食品添加剂”，是现代食品工业的最后一道工序，在一定程度上又成为食品不可分割的重要组成部分。显然，食品包装与食品安全之间有着密不可分的关系。食品安全，除了食品自身安全外，很大程度上还取决于食品包装的安全性，即食品安全离不开食品包装安全。

3.2.3.2 影响食品包装安全的主要因素

影响食品包装安全的因素是多方面的，其中主要影响因素有：食品包装材料（容器）生产的不规范造成的安全问题；国家食品包装相关标准、法规不健全，国家相关机构监管不力；食品包装设计不合理；食品包装安全检测手段不完善等。

1. 食品包装材料（容器）的安全问题

包装材料是指“用于制造包装容器和构成产品包装的材料总称”（GB/T 4122.1—2008），包括纸、塑料、金属、玻璃、陶瓷等原材料以及黏合剂、涂覆材料等各种辅助材料。包装材料的安全问题主要来自包装材料内部的有毒有害成分对包装食品的迁移和溶入。这些有毒有害成分主要包括：材料中的有毒元素，如铅、砷等；合成树脂中的有害单体；各种有毒添加剂及黏合剂；涂料等辅助包装材料中的有毒成分。引起包装材料（容器）不安全的主要原因是其生产不规范。部分食品包装生产企业只注重包装材料的牢度、强度、外观和价格，对包装材料自身的卫生安全性不够重视，这就使包装材料的安全性存在很大隐患。

2. 食品包装标准、法规不健全，管理不完善

国家食品包装标准、法规不健全，同时国家相关机构监管不力，使得部分不法食品包装生产商有机可乘。某些食品的产品包装上未标注生产日期，产品的包装方式与包装标签根本不符合规定，这势必引起食品包装的安全问题。

3. 食品包装设计不合理

某些食品包装未经过严格的科学设计，以致包装失去保护食品的功能。部分食品包装企业过分强调包装的视觉效果，忽视了食品包装的保护功能，以致在食品的贮藏和运输过程中，包装无法阻挡微生物及大气中的有害物质等环境污染源对食品的侵蚀，造成食品污染或变质，达不到包装的预期效果，使部分食品还未到保质期就已变质或污染。

4. 食品包装安全检测手段不完善

我国食品包装安全检测手段与检测设备均远远落后于发达国家。通常检测需由专门的检测机构利用大型仪器设备进行，且检测周期一般较长，缺乏简单易行的检测手段与快速、高效的检测设备，使得大多数食品包装安全检测无法实现。这也是造成食品包装安全问题的一个因素。

3.2.3.3 常用食品包装材料(容器)的安全问题

过去中国人在包装材料对食品卫生安全问题以及对地球环境的潜在影响方面关注较少，因此，我国包装材料的卫生安全质量与世界先进水平相比还有较大差距，食品包装材料的卫生安全问题引发的食品安全问题也时有发生。目前大多数食品包装材料仍没有适用的卫生标准，这在很大程度上造成了某些食品包装材料的不安全。

1. 纸类

纸包装材料因其一系列独特的优点，在食品包装中占有相当重要的地位。在某些发达国家，纸包装材料占总包装材料总量的40%～50%，我国占40%左右。国家标准对食品包装原纸的卫生指标、理化指标及微生物指标有规定。单纯的纸是卫生、无毒、无害的，且在自然条件下能够被微生物分解，对环境无污染。但是，在纸的加工过程中，尤其是使用化学法制浆时，纸和纸板通常会残留一定的化学物质，如硫酸盐法制浆过程残留的碱液及盐类。因此，必须根据包装内的食品来正确选择各种纸和纸板，以避免残留物溶入食品而造成对食品安全的影响。此外，纸包装材料封口较困难，受潮后牢度会下降，受外力作用易破裂。因此，使用纸类作为食品包装材料时，要特别注意避免因封口不严或包装破损而引起的食品包装安全问题。

2. 塑料

塑料是一种以高分子聚合物——树脂为基本成分，再加入一些用来改善其性能的各种添加剂制成的高分子材料。作为包装材料的后起之秀，塑料包装材料因原材料丰富、成本低廉、性能优良、质轻美观的特点，成为近四十年来世界上发展最快的包装材料。塑料作为食品包装材料的缺点就是某些品种存在着卫生安全方面的问题以及包装废弃物的回收处理对环境的污染问题。塑料包装材料在卫生安全方面的问题主要表现为材料内部残留的有毒有害化学污染物的迁移与溶出而导致食品污染。这些有毒有害物质的主要来源有以下方面：①树脂本身具有一定的毒性；②树脂中残留的有害单体、裂解物及老化产生的有毒物质；③塑料制品在制造过程中添加的稳定剂、增塑剂、着色剂等添加剂带来的毒性；④塑料包装容器表面的微生物及微尘杂质污染;⑤塑料回收再利用时附着的一些污染物和添加的色素可造成食品污染。其中,塑料中的有害单体、低聚物和添加剂残留与迁移是影响食品安全问题的主要方面。近年来国家质检总局抽查发现一些 PVC 保鲜膜含有 DEHA(乙基己基胺)增塑剂,该助剂并不在国家标准允许使用的范围之内,由此引发了一场不小的“PVC 保鲜膜致癌风波”。事实上,添加国家标准允许的添加剂且剂量在规定的安全范围之内的 PVC 保鲜膜是安全无毒的。此外,塑料包装材料用作食品包装时,还应注意抵抗生物侵入。塑料包装材料在无缺口及孔隙缺陷时,一般都可抵抗环境微生物的侵入渗透,但由于塑料的强度比金属、玻璃低得多,故要抵抗昆虫、老鼠等生物的侵入则比较困难。因此,在选用塑料包装材料时,应特别注意保证包装食品在贮存环境中免受生物侵入污染。

3. 金属

金属包装材料是传统包装材料之一,其用于食品包装有近 200 年的历史。金属包装材料以金属薄板或箔材为原料加工成各种形式的容器用于包装食品。由于金属包装材料的高阻隔性、耐高低温性、废弃物易回收等优点,其在食品包装上的应用越来越广。金属作为食品包装材料最大的缺点是化学稳定性差,不耐酸碱性,特别是用其包装高酸性食品时易被腐蚀,同时金属离子易析出,从而影响食品风味。因此,一般需要在金属容器的内、外壁施涂涂料。内壁涂料是涂布在金属罐内壁的有机涂层,可防止内容物与金属直接接触,避免电化学腐蚀,提高食品货架期。但涂层中的化学污染物也会在罐头的加工和贮藏过程中向内容物迁移造成污染,这类物质有 BPA(双酚-A)、BADGE(双酚-A 二缩水甘油醚)、NOGE(酚醛清漆甘油醚)及其衍生物。例如双酚-A 环氧衍生物是一种环境激素,可通过罐头食品进入体内,造成内分泌失衡及遗传基因变异。在选择内壁涂料时应符合国家标准。外壁涂料主要是为防止外壁腐蚀以及起到装饰和广告的作用。外壁涂料应符合罐装食品加工及安全要求,涂料及油墨不得污染食品。

4. 玻璃

玻璃是一种古老的包装材料。3 000 多年前埃及人首先制造出玻璃容器,从此玻璃成为食品及其他物品的包装材料。玻璃作为包装材料的最大特点是:高阻隔、光亮透明、化学稳定性好、易成型,其用量占包装材料总量的 10%左右。用作食品包装的玻璃是氧化物玻璃中的钠-钙-硅系列玻璃。在包装安全性方面,玻璃在熔炼过程中应避免有毒物质的溶出。一般来说,玻璃内部离子结合紧密,高温熔炼后大部分形成不溶性盐类物质而具有极好的化学惰性,不与被包装的食品发生作用,具有良好的包装安全性。需要注意的是,熔炼不好的玻璃制品可能发生来自玻璃原料的有毒物质溶出问题。所以,对玻璃制品应作水浸泡处理或加稀酸加热处理。对包装有严格要求的食品药品可改钠钙玻璃为硼硅玻璃,同时应注意玻璃的熔炼和成型加工质量,以确保被包装食品的安全性。应注意避免重金属如铅的超标;对加色玻璃,应注意着色剂的安全性。玻璃瓶罐在包装含气饮料时易发生爆瓶现象,常有媒体报道啤酒瓶爆炸伤人事件。为预防此类事件,有专家提出啤酒改用软包装。另外,采用 PET(聚酯)瓶包装啤酒亦可避免此类事件的发生。

5. 陶瓷

我国是使用陶瓷制品历史最悠久的国家。陶瓷容器主要用于酒、腌制品及一些传统风味食品的包装。与金属、塑料等包装材料制成的容器相比,陶瓷容器更能保持食品的风味,用其包装部分酒类饮料,相当长时间不会变质甚至存放时间愈久愈醇香,由此产生了“酒是陈的香”这句俗语。此外,陶瓷包装的食品给人以纯净、天然的感觉,更能体现传统的民族特色。因此,尽管陶瓷容器重量大、易破碎、不透明,且一般亦不再重复使用,但其仍有一定用量。陶瓷包装材料用于食品包装的卫生安全问题,主要是指上釉陶瓷表面釉层中重金属元素铅或镉的溶出。一般认为陶瓷包装容器是无毒、卫生、安全的,不会与所包装食品发生任何不良反应。但长期研究表明,釉料,特别是各种彩釉中所含的有毒重金属(如铅和镉等)易溶入食品中去,造成对人体健康的危害。彩釉是硅酸盐和金属盐类物质。着色颜料也常使用金属盐类物质,这些物质中多含有铅、砷、镉等有毒成分。当烧制质量不佳时,彩釉未能形成不溶性硅酸盐,以致在使用陶瓷容器时易使有毒有害物质溶出而污染食品。所以,应选用烧制质量合格的陶瓷容器包装食品,以确保包装食品的卫生安全。国内外对陶瓷包装容器铅、镉溶出量均有允许极限值的规定。

3.2.3.4 保证食品包装安全的一些措施

为避免因食品包装引发的食品安全问题,我们应从多方面采取措施。

1. 借鉴发达国家在食品包装安全领域的经验

美国作为世界上最发达的国家,是世界食品安全卫生的先驱,其针对食品与包装安全构建了严密的监控系统。美国食品与包装安全管理机构主要有5个,它们均在各自的职能范围内承担着食品与包装安全职责,对总统、国会、法庭及公众负责。我国也应以此为借鉴,成立相关机构,担负起保证食品包装安全的责任。法国是欧盟农业大国,其农业产量约占欧盟总产量的1/3。法国拥有完整的食品安全监控系统,其包装安全标识采用红色标签LR,只有经过集中申请、严格审查,合格之后方能获得此标签。作为保障食品安全的重要措施,2005年法国对食品包装(包括进口包装食品)的包装文字说明出台了新的严格规定,规定食品包装上除了标明食品的商品名称外,还必须标明其法律名称,且生产厂家不得以任何虚假名称欺骗消费者。有关专家认为,法国对食品包装文字说明出台严格规定,既有利于保护本国消费者权益,亦同样约束进出口包装食品,有利于保护人类健康。我国包装食品的商品名称极其混乱,部分厂家往往采用不实的商品名称,甚至使用商品中含量极少的添加物作为商品名称以蒙骗消费者,此类做法极大损害了消费者利益。法国采用的措施同样值得我国借鉴。

2. 制定食品包装安全相关标准、法规

食品包装安全主要涉及包装材料和包装标识两部分内容,我国近些年也相继出台了一系列法律法规。早在1990年11月26日,我国《食品包装用原纸卫生管理办法》规定食品包装用原纸不得采用社会回收废纸作为原料,禁止添加荧光增白剂等有害助剂。自2015年10月1日起实行的《中华人民共和国食品安全法》第一章第二条(三)中规定用于食品的包装材料、容器、洗涤剂、消毒剂和用于食品生产经营的工具、设备(以下称食品相关产品)的生产经营者也需要遵守本法,表明已将相关产品的包装纳入管理;《食品包装、容器、工具等制品生产许可通则》中规定,实施生产许可证管理并经检验合格的食品用的包装、容器、工具等制品出厂销售时必须加印"QS"标志，否则不得进入市场销售。《进出口食品包装容器、包装材料实施检验监管工作管理规定》自2006年8月1日起实施。《进出口食品包装备案要求》规定国家质检总局对出口食品包装生产企业和进口食品包装的进口商实行备案制度。《中华人民共和国食品安全法》《食品安全国家标准 包装饮用水》《预包装特殊膳食用食品标签》《预包装食品标签通则》等一系列法律法规则对包装信息的真实性和规范性做了要求。随着社会经济的发展，食品成分愈加复杂，包装材料也趋于多样性，因为还需制定与时俱进的食品包装安全相关标准法规，为食品包装的安全提供有效保障。

3. 成立食品包装安全监管机构，加大监管力度

除制定食品包装安全的相关标准、法规之外，还应建立行之有效的监管机构加以监督，促使食品包装生产企业严格按照相关标准和法规进行生产，以确保食品包装的安全。

4. 完善食品包装安全的检测手段

应提供简单易行的食品包装安全检测方法，研制开发出快速、高效的食品包装安全检测仪器设备。食品包装安全检测方法包括感官检测和仪器检测。其中感官检测是最基本最简单的检测方法，通过感官检测可发现包装是否破损、封口是否严密、包装材料是否有异味、印刷油墨是否污染食品、陶瓷彩釉层是否脱落等包装缺陷，以及包装上标签(商标)是否完整、正规，包装上有无质量安全标志等明显问题。仪器检测则主要检测包装材料中有无有毒有害物质残留、重金属含量是否超标等问题。这就需要快速、高效的检测设备提供保障。

5. 其他措施

①进一步开发研制安全食品包装材料与食品包装技术。②包装食品必须按照食品要求的环境条件(如温度、湿度和光照等)进行贮存、运输和销售，以确保食品质量不受环境影响。③儿童食品包装中，对儿童不宜多食的保健类食品应采用安全包装，以避免儿童误食、多食；儿童食品包装袋内不随意添加与食品无关的物品。儿童食品包装内的干燥剂等最好采用可食用型以避免儿童误食，确保儿童安全。④包装废弃物应安全处理。食品包装的安全有现实和潜在两方面的含义，包装废弃物的安全则属于后者，它的影响是长远的，应特别注意包装废弃物对环境的污染问题。

3.2.4 杀菌技术

超高压杀菌技术处理食品的安全性在目前还缺乏相关的研究报道，因此进行一些安全性评估有一定的必要性，而且有助于人们更全面客观地认识该技术的适用范围。此外，超高压处理后的产品属于新型食品，而变应原性是评价新型食品安全性的重要组成部分。热处理后的蛋白质变性能够降低一些食品的变应原性，但是变性后的蛋白也有可能产生新的抗原位点。同时，超高压处理能够影响氢键、离子键及疏水键，改变蛋白质的结构。因此，研究超高压产品潜在的变应原性有一定的必要性。

辐照食品杀菌加工技术不但符合食品的卫生安全性，而且较其他食品的保藏技术拥有更多的优越性。但辐照技术也有其局限性。有些食物不能经受辐照处理，如黄瓜、葡萄等水果经辐照后，细胞膜被破坏，细胞里的一些酶渗出来，反而加快了腐烂速度。从营养方面看，经过辐射的食品里的碳水化合物、蛋白质、脂肪和矿物质损失不大，但是某些维生素的损失可能比较大，如维生素 E 的损失可能高达 25%，维生素 C 有时可能损失 5%～10%，有的 B 族维生素甚至损失更大。辐照消毒的范围也不是很全面，国际上被认为是安全的辐照剂量的杀菌率一般不超过 90%，而且辐照对病毒几乎没有任何作用。此外，辐射技术对辐照食品包装要求严格，并且处理设备也较昂贵。

3.2.5 加工过程导致的食品安全案例

3.2.5.1 加工技术引发的食品安全问题

近年来，在食品加工和流通过程中由各种因素造成的食品安全问题比较严重。一方面，食品加工过程中可能产生的有毒有害物质常造成食品污染，如烟熏、烧烤食品产生苯并芘。又如腌制食品生产过程中，由于有害微生物及硝酸还原酶作用使硝酸盐转化为亚硝酸盐。亚硝酸盐食用后进入血液，使血液载氧能力下降，从而导致高铁血红蛋白症；另外，亚硝酸盐还可与次级胺（仲胺、叔胺、酰胺及氨基酸）结合形成亚硝胺，从而诱发消化系统癌变。因此，亚硝酸盐含量已成为食品质量安全中重要的检测指标之一。再如，高含油食品在高温油炸以及流通过程中会发生一系列氧化、水解、聚合、裂解等化学反应，产生一系列物质，如过氧化物、多环芳香族化合物等，这些物质进入人体后会产生危害作用。另一方面，使用不良加工容器或容器使用不当会造成有害金属物质溶出而污染食品。如采用电镀（含镉）的容器、蓄水池及水管是饮料（包括水）中镉含量高的主要原因，食品加工、贮存、运输等过程中使用和接触的机械、管道、容器以及添加剂中含有的有毒有害金属元素均会导致食品的污染。

3.2.5.2 添加剂引发的食品安全问题

2011 年 6 月 3 日，国家药监局的一则通知让公众进一步意识到了“塑化剂”的威胁。药监局的通知要求，各地暂停生产销售含“邻苯二甲酸酯”的两种保健食品，分别为协和牌灵芝孢子粉片和美中清素牌的多种氨基酸片，对市场上正在销售的这两种产品要立即下架。

上述两种保健品分别含有的“邻苯二甲酸二丁酯”（DBP）和“邻苯二甲酸二乙酯”（DEP）均为卫生部 2010 年第 16 号公告中点名的违法食品添加剂。尽管其与台湾地区检出的塑化剂（DEHP）略有不同，但同属“塑化剂类”。

国家药监局要求，“凡配方中含邻苯二甲酸酯的保健食品，相关保健食品生产企业应立即暂停生产，对市场上正在销售的产品立即召回，并即时报告所在地食品药品监督管理部门”。但“塑化剂”阴影并不仅仅存在于保健食品之中，在药品中亦可能普遍存在。2011 年 6 月 6 日，北大医学院免疫学系博士王月丹称，对塑化剂最为滥用的应该是药品生产企业。他列举了多款含 DEP 成分的药品，包括钙片、阿司匹林等常用药。

3.3 储运与流通过程

3.3.1 贮藏过程的安全问题

所谓安全贮藏，就是让食品或原料从产出到消费要保持品质不变。这里的食品品质主要指嗜好价值、营养价值和卫生安全度，而这些品质都是受食品化学组成、物理性质和有害微生物的污染所左右的。在贮藏流通期间，食品品质的下降虽说主要与微生物繁殖所引起的复杂化学变化和物理变化有关，但同时也与食品成分间的反应以及食品成分与氧的反应等化学反应，以及食品组织中的酵素生化反应有关。因此，在我们制造和贮藏食品的时候，如果能设法消灭食品中的微生物，使酵素失去活性，然后再切断外部微生物的污染或进行物理或化学的处理，以阻止食品中微生物的繁殖、酵素的反应和非酵素化学反应的进行，那么我们就可以保持食品的品质，达到安全贮藏的目的。无论是古代食品贮藏所采取的加热、干燥或冷藏，还是现代新开发的贮藏方法，在本质上都是根据这一原理产生的。

3.3.1.1 全部或部分灭菌失活方法

采用这种方法处理后，只要能够进行适当的包装，隔断食品与外界空气的接触，防止微生物的二次污染，就可以在常温下进行长时间的贮藏。但是，一般来说，由于这种处理比较强烈，很容易使食品本身的成分产生变化，因此仅适用于某些食品的处理。

3.3.1.2 防止微生物繁殖和阻止酵素反应的方法

低温处理(冷冻、冷藏)、脱水、干燥(干燥贮藏、盐藏、糖汁浸渍等)、酸或碱浓度的增加、防腐剂的添加、气相的置换等都属于这个范畴。在用这些方法对食品进行处理时，由于食品内环境条件的改变，不利于微生物的繁殖和酵素反应的进行，因此未能产生腐败和变质。可是经过此类方法处理的食品中存在的微生物细胞并没有完全被杀死，酵素也没有完全失活，因此一旦中止处理，使环境条件得到改变时，这些微生物和酵素又会再度出现。

1. 低温储存法

低温储存法是储存烹饪食物级常用的方法。其主要原理是通过低温来有效地抑制微生物的生长和繁殖，降低酶的活性，减弱食物内的化学反应，从而较好地保持食品原有的风味和营养价值。低温储存按其温度的不同可分为冷藏法和冷冻法，冷藏的温度是在冰点以上。

采用冷藏的食物主要有蔬菜、鲜肉、鲜鱼、水果、奶制品以及熟制品和半成品等食物。冷冻法是将食物在低于冰点的环境中冻结，适用于储存动物性食物等。冷冻法可以使食物保存较长的时间不变质，但是长时间存放后，虽然食物的质量变化不大，但水分减少，其营养价值降低，吃起来口感也不好。另外，两种以上食物存放在同一个冷冻箱内时，要用无毒害的食品袋密封隔离，以预防气味相互污染，同时也可减少食物水分的流失。

2. 高温储存法

高温储存法是餐饮业储存食物经常使用的方法，因为微生物对高温的承受能力弱，当温度提高时可有效地杀灭微生物，并破坏酶的活性，可防止微生物对食物的影响，达到储存食物的目的。其方法是先将食物用开水煮透或蒸透(达到 100 ℃以上的高温)，取出或仍用原汤泡上，放在凉爽通风的地方不搅动，防止食物重新被污染。采用此方法可使食物在较长的时间内不变质。这种方法适用于保存动物性食物的成品和半成品以及水发干货类等食物。

3. 通风储存法

通风储存法主要适用于保存粮食、干货食物和需要风干的食物，它们的特点都是怕霉、怕捂。例如米、面、花生、蔬菜等食物，在储存的时候都需要通风，这样可使霉菌不易生长，保持食物的原有成分，减少霉变。

4. 腌、渍、酱、泡储存法

此种方法一般是用盐、糖、醋、酱和五香料，按照一定的比例方法加入食物内，使食物吸收一定的浓度，以此来抑制微生物的生长，达到长期保存食物的目的。例如，腌菜制品有咸萝卜条、咸豆角、糖醋蒜等，酱菜制品有酱五香大头菜、酱黄瓜、酱八宝菜等，泡菜制品有泡洋白菜、泡辣椒、泡茄子等。通过腌、渍、酱、泡等处理后的食物，一般营养价值都会降低，因为食物中一部分维生素、无机盐被破坏和损失，特别是动物性食物的纤维肌会变硬，不易被人体吸收消化。但是此类食物加工烹调后香味浓郁，口味极好。这种储存食物的方法简单易行，在饮食行业中得到广泛应用。

5. 烟熏储存法

烟熏是用锯末、松柏枝等材料，在不完全燃烧的情况下所产生的烟气来熏烤食品的一种方法。经烟熏后的食物不但减少了食物内部的水分，而且烟气中有杀菌和防腐作用的木焦油、杂酚油等附在食物的表面上，能防止细菌的生长，从而达到防腐储存的作用。一般常见的熏制品有熏鱼、熏鸡、熏肉等。

6. 真空密封保存方法

真空密封保存方法是使食物处于真空的状态下，不与空气中的微生物接触，并进行密封保存的一种方法，如罐装制品、真空包装制品等。此方法适用于多种食物的保存。

随着科学技术的不断发展，储存食物的方法也越来越多，如核辐射储存法、气调法等都是比较先进的方法，它们的主要原理就是控制或杀死食物中生长的微生物，延缓原料内部组织新陈代谢，从而延长食物的保存时间，提高储存的质量，达到保存的目的。

3.3.2 运输过程的安全问题

食品物流包括食品运输、储存、配送、装卸、保管、物流信息管理等一系列活动。食品运输环节是食品物流众多环节中一个十分重要的部分。食品运输环节的安全直接涉及食品物流安全目标的能否实现。近年来，我国在食品运输环节出现的安全事件屡见不鲜。

在食品安全问题牵动着每个人脆弱神经的今天，建立一套科学完整又适合中国国情的食品运输安全政策与法规体系，为食品运输安全的全程监控和管理提供必要的依据，有着现实的迫切性。目前，我国有关部门和部分省市深刻认识到了食品运输环节安全管理的重要性和迫切性，纷纷拟订相关的标准和条例。

3.3.2.1 运输设备与工具

在食品运输过程中，用于运输食品的车辆设计和制造保护食品的车辆必须满足以下要求。

车辆的设计与制造应便于锁闭和密封，以防止货物过热、过冷及虫害。车辆的设计应便于有效检查、清洁、消毒和控制温度。车厢内部表面应装有适合直接接触食品的材料，如表面可用不锈钢或食品级环氧树脂镀层。车辆应便于清洗与妥善维护。用于食品运输的车辆、附件和连接件应当保持清洁，不得有灰尘、碎屑及可能污染产品的其他物质或气味。应根据需要进行消毒。清洁作业程序应写成书面文字。运输不同类型的肉类、禽类或蛋类产品时，可能需要采用不同的清洁程序。运输的产品类别以及清洁程序应当记录。一般而言，清洗用水的温度应至少达到 82 ℃，并应使用经批准的清洁剂来减少微生物数量和化解任何沾附在车辆内部表面的残余脂肪。货盘、货物固定装置和装货设备应保持清洁，不得有可能污染食品的物质，并应定期清洗和消毒。手控铲车、传送带和叉车等食品传送设备应当维护良好，保持清洁。运输车辆在不使用时应采取保安措施，防止被破坏。运输食品应使用专用运输工具，并具备防御、防尘设施。

根据食品安全相关要求，运输工具应具备相应的冷藏、冷冻设施或预防机械性损伤的保护性设施等，并保持正常运行。运输工具和装卸食品的容器、工具和设备应保持清洁和定期消毒。食品运输工具不得运输有毒有害物质，防止食品污染。同一运输工具运输不同食品时，应做好分装、分离或分隔，防止交叉污染。

应根据食品类型、特性、运输季节、运输距离以及产品贮藏条件来选择运输温度、湿度、气体、防腐条件、运输包装等合适的运输工具。对温、湿度有特殊要求的食品，应确认运输满足相应的食品安全要求。例如冷藏车、保温车的性能应符合 QC/T 449—2010 的规定，保温集装箱应符合 GB/T 7392—1998 的规定，铁路冷藏车应符合 GB/T 5600—2018 的规定，运输车辆应添加电子温度追踪仪等。

3.3.2.2 运输条件

食品在运输过程中应符合保证食品安全所需的温度等特殊要求。装卸产品应按照产品特点使用装卸方法、装卸工具。例如，应严格控制冷藏、冷冻食品装卸货时间，装卸货期间食品温度升高幅度不得超过 3 ℃。

3.3.2.3 运输管理

生产食品所用的原材料、添加剂从合格供应厂商名录中挑选厂商采购，其质量应当符合国家有关规定；不得使用非食用性原材料、辅材料加工食品。禁止使用无品名、产地、厂名、生产日期、批号、规格、配方、保质期和食用方法等标识的预包装食品和食品添加剂加工食品。禁止使用不合格原物料生产产品。

建立健全的食品采购索证和台账制度。建立检验制度，设立与生产规模相适应的卫生和质量检验室，对其生产加工的食品按照产品标准和卫生、质量管理规定实施出厂检验。检验合格后才准予出厂销售。

在采购、生产、销售的全过程建立健全的 ISO 9001 标准质量管理体系，实行标准化管理，实施从原材料采购、产品出厂检验到售后服务全过程的质量管理。

注重环境卫生管理，保持加工经营场所内外环境清洁。按照公司《设备、管道清洗、消毒规程》落实设备、工器具和容器等清洁消毒工作，防止交叉污染。按照公司《卫生标准操作规程》做好生产场地的清洁工作。

3.3.3 流通过程的安全问题

3.3.3.1 中国食品流通安全现状及存在的问题

随着我国经济的发展，食品市场日益繁荣，就流通领域食品安全现状来看，我国的食品安全形势比较严峻，存在着不少问题，主要表现为缺乏完善的食品安全法律法规和规范制度、流通环节安全检测的法律法规不健全、流通领域监管覆盖不全面，监管力度不一致以及食品流通企业信用程度不高，这些问题严重影响我国市场的良序发展，因此整顿和维护流通消费领域食品安全市场是保证我国食品安全的一项紧迫任务。

1. 缺乏完善的食品安全法律法规和规范制度

我国虽然从新中国成立以来，法律法规得到极大完善，但食品市场所需要的市场准入规则和必要的商品检测制度仍有待进一步补充，避免劣质产品和有害食品流入市场，给一些投机商贩以可乘之机，从而扰乱市场秩序。我国的食品生产存在很多种类，而且食品生产厂家有很多，它们在经营过程中存在很多的多元性和不一致，这就给我们市场中的规范化标准提出了考验，而且在食品包装中往往由于品质的不同而出现不同的生产标识，有的甚至出现假标识，从而影响在市场流通。只有制定一系列合理的规章制度，要求食品行业从业者必须遵守标准化流程，才有利于我国食品工业健康快速发展。

2. 流通环节安全检测的法律法规不健全

近年来食品流通渠道不断增多，食品安全隐患问题也随之增多。虽然国家针对食品流通环节出台了一系列相关法律法规，但其侧重于对食品检测方法和流程的规范，细节上仍然有很多需要完善的地方。如抽检工作中，对食品样品的抽检和复检工作缺乏明确的规定，这样无法为不同的职能部门提供统一的检测标准，容易导致食品流通环节的安全检测工作混乱；同时食品抽检周期较长且覆盖面较窄，对保质期较短的食品检测起不到应有的作用。另外，食品流通环节检测制度不完善，抽检程序不明确，无法为工作人员提供行动指南，工作人员在遇到实际问题时常常出现无章可循的工作状态，进而影响到安全检测效率和检测质量。

3. 流通领域监管覆盖不全面，监管力度不一致

从基层流通领域食品安全监管的发展状况来看，食品安全监管的力量是非常薄弱的，在很多方面需要加强力量。尤其是市场监管部门合并之后，各种权利职能下放，虽然人数增加了，但是面对的监管群体更多了，相较而言食品监管力量更加薄弱了，有的基层监管部门甚至是一两名工作人员对应上级四五个科室的工作任务，基层监管所仅有四五个人面对局机关二三十个科室的工作任务，几千家监管对象，工作负荷可想而知。在基层流通领域食品安全监管过程中，存在着最严重的问题便是基层执法的重心偏移，发展不均衡。由于国家体制改革，市场监管部门由原来的省级垂直管理变为地方政府管辖，既要执行上一级市场监管部门分发的各项工作任务，还要完成当地各个领导部门的本职外的工作分配，如棚户拆迁任务、各类城市创建任务等等，工作人员的精力被各项工作任务瓜分，而食品安全的监管要求日益加重，食品安全监管很难达到期许的高度，这从一定程度上来说阻碍了基层流通领域食品安全监管的有效发展。

4. 食品流通企业信用程度不高

在食品流通领域市场中流通的食品不断出现问题，甚至有些违背道德的食品生产厂家制假销售有毒产品，其中一个很重要的原因就是企业的社会信用体系缺失，表现在商家为了牟取高额利润，在食品里添加危害人们身体健康的有毒物质，这已经严重违背食品生产商家的主要道德底线。国家和政府应该强行制止和规范。

3.3.3.2 提高中国食品流通安全的对策

面对流通领域存在的食品安全问题和已经取得的成绩，通过研究中国食品流通领域安全监管体系和国外食品流通安全监管体系，结合发达国家确保流通领域食品安全的成功经验与做法，未来加强和培育中国流通领域的食品安全可以从以下几个方面入手。

1. 积极推行和建立 HACCP(危害分析与关键控制点)体系

HACCP 是预防性的食品安全保证体系，必须建立在生产质量管理规范(GMP)和卫生标准操作程序(SSOP)的基础上。HACCP 恰如其分地将食品安全的责任首先归于食品生产商及食品销售商，对从原料采购到产品加工到消费各个环节可能出现的危害进行分析和评估，根据分析和评估设立某一食品从原料直至最终消费这一全过程的关键控制点(CCPS)，建立起能有效监测关键控制点的程序。HACCP 可使政府监督员将精力集中到影响食品安全的薄弱环节，有助于改善企业与政府、消费者的关系，树立食品安全的信心。通过推行和建立 HACCP(危害分析与关键控制点)体系，提高食品安全控制技术、加强食品监督检测手段、提高食品储运设施安全性，可以有效地降低食品在流通环节的二次污染。而且 HACCP 强调食品加工过程的监控，可以加强对食品生产环节的把关，降低由于生产环节造成的流通领域食品安全隐患。目前 HACCP 推广应用较好的国家有加拿大、泰国、越南、印度、澳大利亚、新西兰、冰岛、丹麦、巴西等国，这些国家大部分是强制性推行采用 HACCP。

2. 建立有效的食品安全标准协调机制

保障食品安全离不开科学、先进的食品安全标准体系，加强流通领域食品安全需要建立食品流通标准体系，建立有效的食品安全标准协调机制。食品流通标准体系是指以系统科学和标准化原理为指导，将食品流通全过程中关于食品流通过程要素、环节及其控制所涉及的标准，按其内在联系形成的系统、科学、合理且可行的有机整体。在食品流通标准体系逐步得到加强的同时，需要通过建立有效的食品安全标准协调机制，加强食品安全标准的科学性、权威性和适用性。通过建立有效的食品安全标准协调机制，有助于实现国际标准、国家标准与地方标准之间的有效协调，有助于实现食品全过程质量安全控制，有助于逐步建立统一的食品认证认可体系。

3. 建立规范的流通市场管理体系

为建立规范的流通市场管理体系，我国已经通过发布《国务院关于进一步加强食品安全工作的决定》《超市食品安全操作规范(试行)》和《流通领域食品安全管理办法》等相应的规范与制度来加强食品市场采购和检验认证、包装标识管理与可追溯性、市场准入、产销运许可等方面的管理，并且取得了一定的成绩。今后我国还需要进一步通过学习和借鉴发达国家已经形成的较为规范的流通市场管理体系，结合中国的实际情况，颁布更多操作性强的规范和法规(包括从食品最初的原材料采购到最终产品销售的全过程)，建立规范的流通市场管理体系。

4. 建立食品安全信用体系

近年来，中国相继实施了“无公害食品行动计划”“三绿工程”“食品安全行动计划”等，实行食品卫生量化分级管理制度和食品质量安全市场准入制度，逐步建立食品安全信用体系，并取得了一定的成绩。食品安全信用体系的建设是在政府推动下全社会参与的一项系统工程。食品生产经营企业应当结合 HACCP、GMP 和 ISO 9000 等认证体系的建设，建立企业内部信用管理机制及信用风险管理制度。通过在制度规范、运行系统、运行机制等方面的建设，使食品安全信用体系的建设有法可依，充分发挥食品安全信用体系对于食品安全工作的规范、引导、督促功能，并逐步满足社会对食品安全信用服务的需求。

3.3.4 储运与流通过程导致的食品安全案例

1. 霉菌含量超标

2017 年 8 月 10 日，国家食药监总局发布《总局关于 3 批次食品不合格情况的通告》，不合格批次中。天猫超市在天猫（网站）商城销售的标称三只松鼠股份有限公司生产的开心果，霉菌检出值为 70 CFU/g，比国家标准规定（不超过 25 CFU/g）高出 1.8 倍。

2. 僵尸肉

“僵尸肉”指冰冻多年销往市场的冻肉。“僵尸肉”多为走私品，质量安全不能保证，一些走私冻肉包装上的生产日期显示“肉龄”长达三四十年，比缉私人员年龄还大，然而用化学药剂加工调味品后却变成“卖相”极佳的“美味佳肴”。2015 年 6 月 1 日，海关总署在国内 14 个省份统一组织，开展打击冻品走私专项行动，打掉专业走私冻品犯罪团伙 21 个，共查获 42 万 t 僵尸肉，价值 30 多亿元，部分走私冻肉已经进入市场。

3. 上海福喜事件

2014 年 7 月 20 日，东方卫视新闻报道，记者在上海福喜食品有限责任公司卧底两个多月，发现公司大量使用过期肉类产品进行加工，行为恶劣。更加恐怖的是，该公司为大部分麦当劳、肯德基、必胜客等快餐连锁店提供食品。消息一经曝出，引发轩然大波，人们纷纷对原本值得信赖的“洋快餐”产生怀疑，纷纷谴责这种不道德的行为。

记者通过卧底发现，将近 20 t 过期鸡肉被掺入快餐肉类进行重加工。而且记者还表示，这些过期肉基本“优先”安排中国使用，除了一些过期的肉类，在曝出的视频中，我们清楚地看到一些发霉的、长毛的牛排、鸡块再次推入加工车间，以次充好，供应给麦当劳、肯德基、必胜客等快餐店。麦当劳、肯德基“福喜事件”曾经成为全球关注的焦点。

4. 粮食运输污染

在食品运输过程中，由于运输工具不洁、运输人员操作不当，或使用装运过化工原料等有害物质的车船运输食品或与食品混运等均会引起食品污染。如 2002 年柳州铁路局接连发生 4 起货物运输污染事件，其中两起为大米在运输过程中被不明物质污染，涉及被污染大米 120 t。2006 年 7 月 3 日，由济南铁路局某车站发往沈阳铁路局长春某车站的整车面粉，到达交付时发现部分面粉发生水湿、霉变。2007 年 9 月 24 日由济南铁路局某车站发往沈阳铁路局四平某车站的一个 20 t 集装箱“皖王牌”挂面，在卸车交付时发现集装箱中挂面出现水湿、霉变，并伴有刺鼻霉味儿。2007 年 10 月 25 日，由武汉铁路局某车站发往沈阳铁路局梅河某车站的 4 个 20 t 集装箱松树子，到达交付时发现部分松树子发生水湿、霉变等。这些事件都与食品运输的污染有关。

3.4 新兴加工技术带来的安全风险

3.4.1 辐照食品

3.4.1.1 辐照概述

食品辐照技术是 20 世纪发展起来的一种灭菌保鲜技术。它是一种辐射加工技术，运用 γ-射线的照射对食品进行加工处理，在能量的传递和转移过程中，产生强大的理化效应和生物效应，从而达到杀虫、灭菌、保持营养品质及风味和延长货架期的目的。食品辐照以其减少农产品和食品损失，提高食品安全质量，控制食源性疾病等独特技术优势，越来越受到世界各国的重视，成为 21 世纪保证食品安全尤其是固态食品安全的有效措施之一。

3.4.1.2 辐照食品的安全问题

1. 感官质量

使用高剂量的食物辐照灭菌中，辐照食品在风味和组织结构上都发生了一些不宜的变化，如 1.5～2.5 kGy 的剂量就可导致食品风味的变化，并且变化随着辐照剂量增加而加重。

2. 营养品质

食品经电离辐照处理后，其宏量营养素和微量营养素都会受到一些影响。但总的来说，在规定使用的剂量下，辐照处理不会使食品营养质量有显著下降。

(1)蛋白质和氨基酸。电离辐射对蛋白质会产生严重的影响，主要表现在色、香、味的变化上。辐照引起蛋白质分子的化学变化主要有脱氨，放出二氧化碳，巯基的氧化、交联和降解。一般来说，在低剂量下辐照，主要发生特异蛋白质的抗原性变化；高剂量辐照可能引起蛋白质的伸直、凝聚、伸展甚至使分子断裂而使氨基酸分裂出来。大剂量下辐照，蛋白质中的部分氨基酸会发生分解或氧化，游离氨基酸类和肽类会产生脱氨基作用和脱羧基作用。通过辐照，蛋白质和蛋白质的基质可能产生臭味化合物和氨。其中苯丙氨酸、酪氨酸、甲硫氨酸对辐照作用敏感，裂解后会产生难闻的化合物。

(2)碳水化合物和糖类。碳水化合物对辐照不敏感，在食品通常辐照剂量范围内相对稳定。大剂量辐照会引起碳水化合物的氧化和降解，产生辐解产物。辐照会导致复杂的糖类的解聚作用。

(3)脂类。辐照脂肪的氧化程度与脂肪酸的饱和度、抗氧化剂的种类和含量、物料中的氧气和水的含量、辐照的总剂量、速度剂量率等有关。在较高的辐照剂量下，一般来说会出现类脂质过氧化作用，而这种作用又影响维生素 E 和维生素 K 等一些不稳定的维生素，还会有过氧化物和挥发性化合物的形成以及产生酸败和异味。辐照对食品中的脂肪酸，尤其是不饱和脂肪酸有一定的破坏作用，但这种破坏损失与其他加工方法相比是较小的。

(4)维生素。维生素K是对辐照最敏感的脂溶性维生素。纯维生素溶液对辐照很敏感，但若在食品中因与其他物质复合存在，其敏感性就降低。水溶性维生素C对辐照敏感性很强，其他水溶性维生素，如维生素B_1、维生素B_2、维生素B_6、泛酸、叶酸等对辐照也较敏感。在常温条件下，水溶液中的维生素C辐照后将会受到较大程度的破坏，而在冷冻状态下其辐照破坏作用小。

3.4.1.3 辐照食品安全

而对于辐照食品的安全性问题，国际原子能机构、联合国粮农组织和世界卫生组织三大权威机构，组织了相关人员对辐照食品安全性进行了深入的研究，并在1976年提出：食品辐照过程属于物理过程，应与化学添加剂和污染区别开来，没有“每日摄入量”和“安全系数”的问题。1980年，三大机构(IAEA/FAO/WHO)联合专家委员会(JECFI)根据长期的毒理学、营养学、微生物学资料以及辐照化学的研究结果宣布总平均剂量不超过10 kGy辐照的食品是安全的，不存在毒理学上的危害，不需要对经过该剂量辐照处理的食品再做毒理实验。1983年FAO/WHO采纳了联合专家委员会的意见，正式制定了“辐照食品加工国际通用标准”，该标准至今仍是辐照行业的行动指南。1997年WHO的结论是：在当前技术条件可以达到的任何剂量范围内的辐照食品都是安全的和具有营养适宜性的，即使达到75 kGy剂量处理的食品也可以食用。随着实验方法的改进和检测技术的提高，国际食品法典委员会(CAC)在2003年通过了《辐照食品国际通用标准》和《食品辐射加工工艺国际推荐准则》，在法规上取消了食品辐照加工中10 kGy最大吸收剂量的限制。2002年中国国家质量监督检验检疫总局(CFDA)批准17个辐照食品加工工艺标准，2016年CFDA又发布了《食品安全国家标准　食品辐照加工卫生规范》(GB 18524—2016)，进一步规范了食品辐射加工的行为。目前，我国已批准执行的辐照食品类卫生标准8个、工艺标准18个以及鉴定标准8个。

3.4.2 微波食品

3.4.2.1 微波概述

在众多食品加热方式当中，微波加热是无须传热介质、靶向加热、热效率高而且绿色环保的一种加热方式。围绕微波技术，形成了非常多的食品加工方法，比如微波＋蒸汽鱼糜制品，这是江南大学食品学院研发出来的一种食品加工技术方案。当然，不管围绕微波技术的食品加工方法有多先进，一些人依然对微波抱有恐惧感。不可否认的是，微波在食品加工中具有得天独厚的条件：方便的加热方法，经济又实惠，其在现代快节奏的生活环境下是非常理想的烹饪方法。

3.4.2.2 微波食品的安全问题

现有的学术性研究成果当中，对微波技术与食品营养方面的研究成果比较少，更多的研究方向是微波技术在食品产业当中的应用。虽然有证据表明微波食品有时是不安全的，但从现有的状况分析，微波食品依然是比较理想的食品。食品产业需要微波技术，针对性地分析其对食品营养成分的影响，能够在一定程度上使微波技术在食品加工中的应用更加科学化。微波技术对食品营养的影响主要有以下方面。

1. 对蛋白质的影响

在食品当中，蛋白质是很重要的营养成分。蛋白质这种物质是构成人体组织细胞的重要成分，一个成人每天会更新大约3%的蛋白质，一个月就可能将体内蛋白质全部更新一遍。而人每天摄入的蛋白质是不会被储存的，所以每天都需要摄入足量的蛋白质。在食品当中，蛋白质含量丰富的食物主要有鱼、肉、豆、蛋、奶类。这些食品用微波加热会有什么影响呢？研究发现，微波加热的时间越长，食品当中的蛋白质含量越低。同时，因为蛋白质中含有很多二硫键、酰胺键等化学键，这些化学键会水解或者是裂解，对食品风味会产生影响。

2. 对脂肪的影响

脂肪是人体所需的另一类营养物质，主要为人体提供热量以及辅助身体细胞。脂肪是一类化合物，主要成分是三分子脂肪酸组成的甘油三酯。在现实生活中，人们对脂肪有着比较强烈的排斥心理，因为脂肪会导致肥胖，但实际肥胖并不完全是因为脂肪。肥胖的根本原因是摄入的热量超过了身体所需，如果因为肥胖而放弃脂肪，就会出现营养不良。脂肪含量高的食物，一般是植物种子或者果实。微波在加热食品时，对于脂肪来说，不仅仅是加热源，而且有辐射作用。这种微波辐射会对脂肪产生何种影响呢？基于对大豆的微波加热来看，发现适当加热大豆，并不会对其含有的脂肪造成显著影响，因为微波可以钝化脂肪氧化酶的活性。这种氧化酶是影响脂肪营养价值的关键成分，当其活性被钝化后，实际上是保护了不饱和脂肪酸。但要注意，一些油脂不能进行长时间加热，因为在加热油脂的过程中，如果持续时间长会出现燃烧。

3. 对碳水化合物的影响

碳水化合物是满足人体所需热量的另一种非常重要的营养成分，也是最为廉价的营养素。在食品中人体可以吸收的为有效碳水化合物，也就是糖类化合物，如单糖、多糖等，而纤维素则是无效的碳水化合物。

为了了解微波加热对碳水化合物的影响，可利用淀粉来进行实验。干燥的淀粉很难受到微波的影响，但淀粉中是有水分的，这时微波就能产生影响。淀粉通常可分为两种，即支链淀粉和直链淀粉，前者非常亲近水分子，而后者因为结构紧密不亲近水分子。在不同的食品当中，二者的比例不同。在加热过程中，直链淀粉会产生不同程度的下降，然后产生不溶性的物质。一般来说，碳水化合物是糖类，而糖类在持续加热中会焦化。在食品烹饪技巧中，有一个技巧叫炒糖色，是因为糖遇热会熔化，在受热合适的情况下加入少量水就能得到棕红色溶于水的糖色。但如果糖类持续加热，受热过多，就会产生不溶于水的焦糖，而且味道发苦。

4. 对维生素的影响

维生素同样是人体所需的重要营养成分。在利用微波加热食品时，维生素C这一成分会降低。特别是蔬菜类食品，不能进行长时间的加热，且时间越短维生素的含量越有保证。例如，将马铃薯加热 30 min，发现维生素 C 能保存 70%左右的含量；而如果加热 10 min，维生素 C 的含量则能够保持 98%左右。维生素当中的 B 族维生素会受到微波加热的严重影响。B 族维生素对光和热非常敏感，如果加热，维生素 B_1 的含量将降低 70%左右，维生素 B_2 也会有不同程度的损失。

3.4.3 超高压技术处理的食品

3.4.3.1 超高压技术概述

超高压技术是一种新型的非热加工技术，是指将软包装或散装的食品放入密封的、高强度的压力容器中，以水或矿物油作为传压介质，施加压力（100～1 000 MPa），在常温或较低温度（低于 100 ℃）下维持一定时间后，达到杀菌钝化酶和改善食品品质的一种加工方法。由于采用液体为传压介质，故超高压技术又可称为超高静压技术。该技术处理过程简单，处理后无残留，是一种被美国农业部食品安全与检查局（USDA-FSIS）认证的，且被消费者接受的食品加工技术，具有广泛的应用前景。

3.4.3.2 超高压技术处理的食品的安全问题

1. 对蛋白质的影响

高压使蛋白质变性。其解释是由于压力使蛋白质原始结构伸展，导致蛋白质体积的改变。酶是蛋白质，高压处理对食品中酶的活性也是有影响的。使蛋白质发生变性的压力大小依不同的物料及微生物特性而定，通常在 100～600 MPa。

2. 对淀粉的影响

高压可使淀粉改性。常温下加压到 400～600 MPa，可使淀粉糊化而变成不透明的黏稠糊状物，且吸水量也发生改变。其原因是压力使淀粉分子的长链断裂，分子结构发生改变。

3. 对油脂的影响

油脂类耐压程度较低，常温下加压到 100～200 MPa 时基本变成固体，但解除压力后固体仍能恢复到原状。

3.4.4 纳米技术处理的食品

3.4.4.1 纳米技术的概念

纳米技术是指在纳米尺度（0.1～100 nm）上利用原子、分子结构的特性及其相互作用原理，并按人类的需要，在纳米尺度上直接操纵物质表面的分子、原子乃至电子来制造特定产品或创造纳米级加工工艺的一门新兴学科技术。纳米技术加深了人们对于物质构成和性能的认识，使得人们在物质的微观空间内研究电子、原子和分子运动的规律和特性。运用纳米技术，结合物理学、化学的基本理论，以及现代的仪器表征手段，人们可以在原子、分子水平上设计并制造具有全新性质和各种功能的材料。

纳米技术是20世纪80年代末90年代初迅速发展起来的一项高新科学技术，研究纳米材料的独特性质及其技术应用，是纳米技术的重要内容。目前，纳米材料已经在电子、化工、生物工程与生物分析、医药等众多领域展现出广阔的应用前景，并对各学科领域的发展产生深远的影响。最近几年纳米技术在食品及其包装行业中的应用，更是带来了一场革命，使食品工业得到了改进，生产效率得到了提高。人们还利用纳米技术开发、生产了许多新型功效的食品、具有特殊功能的保健食品和食品包装材料。

3.4.4.2 纳米食品的潜在食品安全问题

纳米技术在食品中的运用日益增多，如纳米食品、纳米杀虫剂和兽药的使用以及纳米颗粒食品包装袋的使用。这些纳米粒子通过呼吸吸入、消化道摄入不可避免地进入了人体，从而对人体造成影响。纳米食品对人体的潜在安全问题主要是与纳米食品中纳米粒子固有的物理化学特性有关，当粒子的直径小到纳米尺度时，一些自然规则将不再适用。纳米材料的物理、化学和生物特性有异于生产制造它们的普通尺度材料，因而纳米材料与生物有机体的相互作用将发生相应的变化，导致其生物安全特性改变，其可能产生的新效应会涉及生物体的吸收、分布、代谢和分泌等方面。

3.4.5 新兴加工技术导致的食品安全案例

河南省开封市杞县利民辐照中心于1997年成立，业务是用钴60放射源对方便面调料包、辣椒粉等进行辐照灭菌。放射源通常被放在墙壁厚达2 m的水井辐照室内，用时提出，用完放回。2009年6月7日，中心辐照装置运行时货物意外倒塌，导致放射源保护罩倾斜，钴60放射源被卡住，无法回到水井中。6月14日15时，由于放射源的长时间照射，接受辐照加工的辣椒粉自燃。24时，火势得到控制。7月17日有谣传称辐照中心钴60将爆炸，致使许多群众逃离家乡，前往附近县市“避难”。当地政府随后召开新闻发布会，专家出面辟谣。大部分群众返回家中。自此，河南杞县利民辐照中心不但在一个多月的时间里成为新闻热点，也把“辐照技术”这个陌生的专业字眼带到了公众面前，人们随后发现自己日常食用的辣椒粉、大蒜，甚至方便面的调料包都是辐照杀菌。其实早在1998年之前国家就已颁布批准了粮食、蔬菜、水果、肉及肉制品、干果、调味品等6大类固态辐照食品的卫生标准，在28个省份建立了50多个商业化规模的辐照装置。食品辐照技术是运用γ-射线的照射对食品进行加工处理，在能量的传递和转移过程中，产生强大的理化效应和生物效应，从而达到杀虫、灭菌、保持营养品质及风味和延长货架期的目的，目前对于其安全性仍存在较大争议。

思考与复习题

1. 试述食品在加工、贮藏过程中会产生哪些有毒有害物质？其检测方法的基本原理是什么？
2. 转基因食品主要存在哪几方面的安全性问题？
3. 什么是辐照杀菌技术？该技术的杀菌特点和应用领域有哪些？
4. 如何对转基因食品进行管理？

参考文献

[1] 张乃明. 环境污染与食品安全[M]. 北京：化学工业出版社，2007.
[2] 姚卫蓉，孙秀兰.食品安全化学污染防治[M]. 北京：化学工业出版社，2009.
[3] 吴永宁. 食品污染监测与控制技术:理论与实践[M]. 北京：化学工业出版社，2011.
[4] 薛达元. 转基因生物安全与管理[M]. 北京：科学出版社，2021.
[5] 李建平,肖琴,周振亚. 转基因作物风险测度及管控机制研究[M]. 北京：中国农业科学技术出版社，2018.
[6] 工业和信息化部消费品工业司. 2013 年度食品工业发展报告[R]. 北京：中国轻工业出版社，2014.

HAPTER 4

第4章 食品安全问题呈现的形态

【本章主要内容】

食用价值与商品价值丧失；食物中毒的表现、处置方法及预防措施；化学致癌的过程及食品中的致癌物质；生殖发育毒性和致畸作用；致突变的类型、机制及食品中的致突变因素。

【教学要求】

1. 掌握食用价值丧失的原因，理解食用价值和商品价值的区别与联系。
2. 掌握食物中毒的概念与分类，了解不同类型食物中毒的预防措施。
3. 掌握化学致癌的过程及原理。
4. 掌握食物中的主要致癌物及其预防措施。
5. 掌握生殖毒性、发育毒性、致畸作用的概念及食品中的影响因素。
6. 掌握致突变的类型及食品中的致突变因素。

4.1 食品价值的丧失

食品价值指食品中所含的热量和营养物质能满足人体营养需求的程度。对食品价值的评价，主要根据以下四个方面：①食品中营养物质的含量，如蛋白质含量、氨基酸组成、脂类含量、饱和与不饱和脂肪酸比例、糖类物质的含量及组成等；②食品中营养物质的消化率，主要是蛋白质、脂类和钙、铁、锌等无机盐及微量元素的消化率，良好的消化率是营养成分吸收和利用的前提；③食品中营养物质的生物利用率，尤其是蛋白质、碳水化合物、钙、铁、锌等营养物质被消化吸收后能被人体利用的程度；④食品的色、香、味、型等感官状态，可刺激消费者的购买欲望，并能够通过条件反射促进人的食欲。

食品/食品原料自收获、屠宰、加工起，食品品质就逐渐发生变化。除冰淇淋老化、果蔬成熟、冷鲜肉排酸等少数有利改善外，大部分食品的价值随时间推移呈下降趋势，直至食品价值完全丧失。不同条件下，食品价值丧失的速度不同，温度、湿度、光照、产品特性、包装密封程度等都是其重要的影响因素。

4.1.1 食用价值的丧失

食用价值的丧失是指食品已无法提供人类必要的热量和营养，甚至有健康不利产物生成。食品腐败变质属于典型的食品食用价值丧失，它是指食品受到各种内外因素的影响，原有化学性质、物理性质或/和感官性状发生改变，从而降低或失去其营养价值和商品价值的过程。

4.1.1.1 食用价值丧失的表现

1. 感官性状变化

食品在腐败过程中发生复杂变化，分解出许多不良风味物质，例如蛋白质分解产生胺类、硫化氢、硫醇、吲哚、粪臭素等；脂肪酸败产生醛、酮类等，并进一步分解出的酸败味。此外，食品腐败还会出现表面组织溃烂、发黏、变色等现象，严重影响食品的感官特性。

2. 营养价值降低或丧失

食品腐败变质不仅使食品中的主要成分蛋白质、脂肪、碳水化合物分解，也会导致维生素、无机盐等营养素大量的分解破坏和流失，使其营养价值严重降低，甚至达到不能食用的程度。

3. 产生对人体有害物质

食品腐败变质主要由微生物污染引起，致病菌、产毒菌、细菌等大量生长繁殖，人食用后可引起食源性疾病。例如，海产品腐败变质分解的组胺可引起变态反应，霉变甘蔗可引起急性中毒，食用含有黄曲霉毒素、青霉毒素的食物，往往会造成慢性损害，增大机体癌变风险等。

通常情况下，食品食用价值丧失往往伴随着感官性状改变。但有一些食品变质后没有明显的外观变化，如在发酵制品和罐头食品中，某些芽孢杆菌引起的腐败变质只产酸不产气，而这些食品本身又带有酸味，所以特征不明显，常被误认为没有问题，食用后容易引起食物中毒。

4.1.1.2 食用价值丧失的原因

随着时间的推移，食品的自身特性和外界环境变化均会影响食品的食用价值，严重时造成食用价值丧失。

(1)食品自身存在的酶类导致食用价值变化。食品在收获或屠宰后的一段时间内，一些酶类还有一定活力，仍能催化某些新陈代谢反应，引起质量变化。如蔬菜水果的衰老、土豆发芽及肉类尸僵等，这些变化能够引起食品感官指标恶化，营养质量下降。

(2)外界污染导致食用价值丧失。食品和外界环境接触，造成微生物污染或外源化学物污染等，这些污染物可能本身有害，或代谢产生有害物质，进而降低食品的食用价值。由微生物污染导致的食品腐败变质是食品食用价值丧失的主要途径。

(3)光照、氧气接触导致食用价值降低。油脂的氧化酸败、维生素的氧化变质、色素的氧化变色等均会影响食品的食用价值，例如，油脂中不饱和酸在空气中自发氧化或光氧化，生成过氧化物，过氧化物继续分解产生小分子的醛和酸，发生酸臭和口味变苦的现象。

(4)淀粉老化导致食用价值降低。“老化”是“糊化”的逆过程，“老化”过程的实质是在糊化过程中，已经溶解膨胀的淀粉分子重新排列组合，形成一种类似天然淀粉结构的物质。淀粉老化的过程是不可逆的，不可能通过糊化再恢复到老化前的状态。老化后的淀粉不仅口感变差，消化吸收率也随之降低。

4.1.2 商品价值的丧失

2011 年，卫生部发布 GB 7718—2011《食品安全国家标准　预包装食品标签通则》，对保质期进行了重新定义：“预包装食品在标签指明的贮存条件下，保持品质的期限。在此期限内，产品完全适于销售，并保持标签中不必说明或已经说明的特有品质。”通常认为，在规定的贮存条件下，如果没有因外力作用造成食品包装或食品本身性状发生不可逆改变（如饼干、膨化类食品挤压粉碎），保质期内的食品具有商品价值。

但食品的商品价值丧失不完全等同于食品的食用价值丧失，产品的保质期是指产品的最佳食用期，在已废止的 GB 7718—2004 中，对食品保质期有这样的描述：“超过此期限，在一定时间内，预包装食品可能仍然可以食用。”但在新修订的 GB 7718—2011 中，该描述被删除。食品的品质变化是一个连续的过程，并且保质期认定由一系列“控制指标”组成，如水分含量、硬度、色泽、微生物数量、适口性等，任何一项指标超出可接受范围，该产品均会被认定为不合格。因此，在食品中，存在个别指标（如色泽、风味）变化较大，但其他方面没有明显改变的情形，在此情况下，食品的商品价值丧失，但食品的食用价值还部分存在。此外，食品的生产厂商为了避免因贮藏条件变化可能给食品带来的可能伤害，会确保产品在稍长于保质期时间内质量依然稳定。因此，过了保质期，并不意味着食品就彻底失去食用价值，只是厂家不再担保，食品出现质量问题的概率增加。

4.1.3 食品价值丧失的食品安全案例

2011 年 4 月，赵某在某超市购买某品牌金华火腿 1 只，次日又在该超市购买该品牌火腿

2只，共计937元。这3只火腿均为过期火腿。赵某以销售过期食品为由，向××消费者保护协会投诉，要求超市10倍赔偿。

根据《中华人民共和国食品安全法》第一百四十八条，消费者因不符合食品安全标准的食品受到损害的，可以向经营者要求赔偿损失，也可以向生产者要求赔偿损失。接到消费者赔偿要求的生产经营者，应当实行首负责任制，先行赔付，不得推诿；属于生产者责任的，经营者赔偿后有权向生产者追偿；属于经营者责任的，生产者赔偿后有权向经营者追偿。生产不符合食品安全标准的食品或者经营明知是不符合食品安全标准的食品，消费者除要求赔偿损失外，还可以向生产者或者经营者要求支付价款十倍或者损失三倍的赔偿金；增加赔偿的金额不足一千元的，为一千元。但是，食品的标签、说明书存在不影响食品安全且不会对消费者造成误导的瑕疵的除外。

这起案例需要明确的问题有以下3点：①消费者主体资格的认定；②"明知"行为的界定；③不符合食品安全标准的认定。

这起案例存在的争议之处有以下几点。①职业打假人是否具有食品消费者的主体资格？②什么是"明知"？怎么才算是明知？③怎么样才是"不符合食品安全标准"？④"过期食品"是否是"不符合食品安全标准"？

4.2 影响身体健康

4.2.1 食物中毒

食物中毒是世界范围内的重大公共安全问题，也是目前导致全球人口发病和死亡的重要原因之一。世界卫生组织（WHO）对食物中毒的描述为：凡是通过摄食进入人体的病原体，使人体患感染型或中毒性症状，统称为食源性疾病，其中的中毒性症状疾病就是通常所指的食物中毒。原国家标准GB 14938—1994《食物中毒诊断标准及技术处理总则》中将食物中毒定义为：摄入了含有生物性、化学性有毒有害物质的食品或者把有毒有害物质当作食品摄入后出现的非传染性（不属于传染性）的急性、亚急性疾病。该标准自2017年3月废止后没有更新。现行中华人民共和国出入境检验检疫行业标准SN/T 1835—2013《国境口岸食物中毒应急处理规程》中，将食物中毒定义为：食用了被生物性、化学性有毒有害物质的食品或者食用了含有毒有害物质的食品，出现的急性、亚急性疾病。食物中毒属于食源性疾病的范畴，所谓"有毒食物"是指可食状态的、正常数量的、经口摄入使健康人发病的食物。由于摄取非可食状态的（未成熟水果）、非正常数量（暴饮暴食）引起的疾病、消化不良、特异体质者的变态反应、刺激性食品引起的局部刺激症状、经食品引起的寄生虫、人畜共患病、营养缺乏或过剩、急性放射病、生产性职业中毒、医疗用药中毒等均不属于食物中毒的范畴。

4.2.1.1 食物中毒的分类

根据导致食物中毒的病原物质，可将食物中毒分为以下5类。

1. 细菌性食物中毒

细菌性食物中毒是指人们摄入含有细菌或细菌毒素的食品而引起的食物中毒。引起食物中毒的原因有很多,其中最主要、最常见的是食物被细菌污染。动物性食品是引起细菌性食物中毒的主要食品,其中肉类及熟肉制品居首位,其次是变质禽肉、病死畜肉以及鱼、奶、剩饭等。食物被细菌污染主要有以下几个原因:①禽畜在宰杀前就是病禽、病畜;②刀具、砧板及用具不洁,生熟交叉感染;③卫生状况差,蚊蝇滋生;④食品从业人员带菌污染食物。

细菌性食物中毒的发生与不同区域人群的饮食习惯有密切关系。美国多食肉、蛋和糕点,葡萄球菌食物中毒最多;日本喜食生鱼片,副溶血性弧菌食物中毒最多;我国食用畜禽肉、禽蛋类较多,多年来一直以沙门氏菌食物中毒居首位。这些细菌、病毒可直接生长在食物当中,也可经过食品操作人员的手或容器污染其他食物。当人们食用这些被污染过的食物后,有害菌所产生的毒素就可引起中毒。每至夏天,各种微生物生长繁殖旺盛,食品中的细菌数量较多,加速了其腐败变质;加之人们贪凉,常食用未经充分加热的食物,所以夏季是细菌性食物中毒的高发季节。

细菌性食物中毒的发病机制可分为感染型、毒素型和混合型三种。①感染型:病原菌进入肠道后继续生长繁殖,附着于肠黏膜或浸入黏膜及黏膜下层,引起黏膜充血、水肿等炎性反应。②毒素型:大部分细菌能够产生肠毒素及类似毒素,刺激肠壁上皮细胞,激活腺苷酸环化酶或鸟苷酸环化酶,促进蛋白质磷酸化,使 Cl^- 分泌亢进,并抑制肠壁上皮细胞对 Na^+ 和水的吸收,导致腹泻。③混合型:一些病原菌如副溶血性弧菌进入肠道后,除引起肠黏膜炎性反应外,还可以产生肠毒素引起急性胃肠炎症状,其发病机制为混合型。

2. 真菌毒素中毒

真菌毒素是真菌在新陈代谢过程中产生的大量化学结构各异的有毒代谢产物。人和动物食用这种毒性物质发生的中毒,称为真菌性食物中毒。目前已知的真菌毒素超过 300 种,其中大部分具有较强的致癌和致畸性,主要包括:①曲霉菌属,如黄曲霉毒素、赭曲霉、构巢曲霉等;②青霉菌属,如岛青霉、橘青霉、黄绿青霉等;③镰刀菌属,如雪腐镰刀菌、拟枝孢镰刀菌、粉红镰刀菌等;④其他菌属,如绿木菌、黑色葡萄状穗菌等。

真菌毒素的形成和真菌生长环境密切相关,25～33 ℃、相对湿度 85%～95%的环境最适合真菌的生长繁殖,也最适合真菌毒素的产生。毒素主要产生于菌丝体,少量存在于孢子中。真菌毒素所污染的食品十分广泛,如粮食、水果、蔬菜、肉类、乳制品等,尤其是潮湿的或半干燥的贮藏食品。

根据真菌毒素作用的靶器官,可将真菌毒素分为 4 类。①肝脏类真菌毒素:引起肝硬化、肿瘤,如黄曲霉毒素。②肾脏类真菌毒素:引起急性或慢性肾脏病变,甚至丧失肝脏功能,如橘青霉毒素。③神经类真菌毒素:引起大脑严重出血或中枢神经系统障碍,如展青霉毒素。④光敏性皮炎毒素:人或动物接触某些真菌毒素侵染的食物或植物后产生皮炎性症状,如核盘菌某些菌株产生的毒素。

3. 动物性食物中毒

食用天然含有有毒成分的动物性食品引起的食物中毒即为动物性食物中毒。动物性食物中毒有 2 种:①将天然含有有毒成分的动物或动物的某一部分当作食品,误食引起中毒反应,如河豚中毒;②在一定条件下产生了大量有毒成分的可食的动物性食品,如鲐鱼引起的中毒。

动物性食物中毒的毒素来源有3种。①内分泌腺毒素：牲畜腺体所分泌的激素，摄入过量就会引起中毒，如甲状腺素、肾上腺激素、病变淋巴结毒素。②动物肝脏中的毒素：动物肝脏中机体自身代谢产生的毒素、病原体带来的有毒物质及寄生虫等，如胆酸、过量的维生素A等。③鱼贝类毒素：鱼贝类易受化学反应和微生物的作用而腐败，本身也易富集海洋生物毒素和环境化学污染物质，主要有河豚毒素、贝类毒素、雪卡毒素、蓝藻毒素等。

4. 植物性食物中毒

食用天然含有有毒成分的植物性食品引起的食物中毒即为植物性食物中毒。植物性食物中毒主要有3种：①将天然含有有毒成分的植物或其加工制品当作食品，如桐油、大麻油等引起的食物中毒；②在食品的加工过程中，将未能破坏或除去有毒成分的植物当作食品食用，如木薯、苦杏仁等；③在一定条件下，不当食用大量有毒成分的植物性食品，如食用鲜黄花菜、发芽马铃薯、未腌制好的咸菜或未烧熟的豆角等造成的中毒。

最常见的植物性食物中毒为菜豆中毒、毒蘑菇中毒、木薯中毒，可引起死亡的有毒蘑菇、马铃薯、曼陀罗、银杏、苦杏仁、桐油等。植物性毒素主要包括芥子苷、生氰糖苷、生物碱糖苷、苏铁素、消化酶抑制剂、外源凝集素和过敏原等。

5. 化学性食物中毒

化学性食物中毒是指健康人经口摄入正常数量、在感官无异常但含有大量化学性有害物的食物后，引起的身体出现急性中毒现象。化学性食物中毒主要包括：①误食被有毒害的化学物质污染的食品；②因添加非食品级的或伪造的或禁止使用的食品添加剂、营养强化剂的食品，以及超量使用食品添加剂而导致的食物中毒；③因贮藏不当等原因，造成营养素发生化学变化的食品，如油脂酸败造成的中毒。

4.2.1.2 食物中毒的特点

食物中毒往往伴随着呕吐、头疼、腹泻等肠胃炎的症状，严重的可致昏迷、休克等，甚至可引起死亡。特别是在集中就餐的地方，如果同时食用了同样的食物并发现类似急性肠胃炎的患者，则食物中毒的可能性较大。食物中毒具有如下流行病学和临床特征。

(1)潜伏期短，来势迅猛。食物中毒发病一般呈急性暴发过程，潜伏期短，且发病集中，一般24～48 h发病。集体暴发食物中毒时，有很多患者在短时间内发病或食用后相继发病。

(2)发病与食物相关。患者有共同的食物史，发病与食用有毒食物有明显的因果关系。病人在相近的时间内都吃过一种或几种相同食物，发病范围局限于食用该种有毒食物的人群中，未进食这种食物的人不发病。

(3)症状相似。所有中毒人群的临床表现基本相似，多见急性胃炎症状，如恶心、呕吐、腹痛、腹泻等，所以一般胃肠道症状是食物中毒的早期症状。

(4)无传染性。食物中毒病人和健康人群之间不会传染，发病曲线常于发病后呈急剧上升又迅速下降的趋势，没有传染病流行时发病曲线的余波。

(5)季节性明显。根据中毒食物种类的不同，其发病季节也不同，但作为同一类食物中毒，在同一地区，季节性很明显。例如，夏、秋季多发生细菌性和有毒动植物食物中毒；冬、春季多发生肉毒梭状芽孢杆菌中毒和亚硝酸盐中毒等。

(6)有地区性特点。食物中毒有一定的地区性特点,如农药中毒、野生植物中毒多发生在农村;肉毒杆菌中毒有90%发生在新疆地区;鱼类食物、贝类食物中毒多发生在沿海或海岛地区。

4.2.1.3 食物中毒的处置

从食物中毒的人数看,细菌性食物中毒人数高居食物中毒总人数首位,为58%~72%,其次为有毒动植物中毒,再次是化学性食物中毒和不明原因食物中毒。但从死亡案例看,有毒动植物中毒成为导致食物中毒死亡的第一大原因,其次为化学性食物中毒,微生物性食物中毒和不明原因食物中毒死亡人数较少。

细菌性、真菌毒素、植物性、动物性和化学性食物中毒的起因不同,中毒后的临床表现有较大差异,处置方法也不相同。此外,即使同为细菌性食物中毒,不同细菌引起的中毒也有不同的处置方法。

1.细菌性食物中毒处置

细菌性食物中毒是最常见的一类食物中毒,主要由沙门氏菌、肉毒梭状芽孢杆菌、金黄色葡萄球菌及蜡样芽孢杆菌引起。其流行病学特点是发病率高、病死率低,临床表现以急性肠胃炎为主,如恶心、呕吐、腹痛、腹泻等。

(1)金黄色葡萄球菌食物中毒。

中毒表现:金黄色葡萄球菌食物中毒潜伏期较短,一般为2~4 h,主要症状是恶心,剧烈而频繁呕吐,中上腹部疼痛或腹泻,呕吐物及粪便带血,剧烈的吐泻可导致脱水、虚脱或肌痉挛。病程较短,1~2天即可恢复,发病率约为30%,极少死亡。

处置方法:金黄色葡萄球菌食物中毒一般不需要特殊治疗,呕吐、腹泻严重脱水的患者可补充水分,维持体内电解质平衡,一般不需要用抗生素。

预防措施:防止带菌人群对食物的污染,如若从事屠宰分割的操作人员出现局部化脓性感染或上呼吸道感染,要暂停工作或调换工作岗位;避免食用患化脓性乳腺炎奶牛产的奶;食品原料、成品、半成品应在低温和通风良好的条件下贮藏。

(2)沙门氏菌食物中毒。

中毒表现:沙门氏菌主要通过消化道传播,但也有病原菌经呼吸道感染的报道。病毒潜伏期一般为12~36 h,潜伏期越短病情越严重;中毒初期表现为头痛、恶心、食欲不振,随后出现腹痛和严重腹泻,出现水样便,高烧症状(38~40 ℃);感染症状主要有胃肠炎型、类伤寒型、类霍乱型、败血症型等;病情发展程度因摄入的量和被感染人的敏感程度而不同。

处置方法:沙门氏菌食物中毒病人应立即送往医院,对症治疗,如补充水分和盐分;重症患者使用抗生素,必要时采用镇静、升压或抗休克等治疗方式。

预防措施:预防沙门氏菌食物中毒,首先应加强屠宰场所的卫生管理,防止动物生前感染或屠宰后污染;其次,防止生产、运输过程中的交叉污染;最后,加工中,肉类保持中心温度80 ℃ 12 min以上,禽蛋类煮沸8 min以上。

(3)肉毒梭状芽孢杆菌食物中毒。

中毒表现:肉毒毒素潜伏期从2 h到几天不等,一般在12~48 h发病,潜伏期越短,死亡率越高。不同于其他细菌导致的食物中毒,肉毒毒素中毒患者体温正常,一般不出现胃肠道症状,其临床表现以运动神经麻痹为主。发病初期,患者有虚弱、头痛、乏力、走路不稳、食欲不振等非典型症状,逐渐出现视力模糊、眼睑下垂等神经麻痹症状;重症患者对光反射迟钝,随后发展到语言不清、咀嚼和吞咽困难,严重时出现呼吸困难、呼吸衰竭直至死亡,病死率为30%~70%。

处置方法:发现肉毒毒素中毒患者要尽早将病人送到医院抢救,首先进行催吐、洗胃和导泻,其次要及时、足量注射多价抗肉毒毒素血清。患者经治疗可于4~10天恢复,一般无后遗症。

预防措施:家庭制作腌制或发酵食品时,应对原料彻底清洗,除去泥土和粪便;加工后的食品应该低温贮藏,避免高温缺氧存放,防止芽孢生成;在传统游牧区域,改变肉类储藏方式和生吃牛肉的习惯;高盐和硝酸盐能够抑制肉毒梭菌的繁殖。

2. 真菌性食物中毒处置

常见的引起真菌性食物中毒的食品主要有发霉的花生、玉米、大麦、小麦等。由于大多数真菌毒素耐高温,所以真菌污染的食品经高温蒸煮后仍能引起中毒。真菌性食物中毒与细菌性食物中毒表现为急性胃肠炎症状不同,真菌性食物中毒主要损害实质器官,如肝脏、肾脏等。下面以黄曲霉毒素为例介绍霉菌类毒素食物中毒的处置。

中毒表现:有短时间、一过性的发热、呕吐、厌食、黄疸等,症状较轻的病人可以恢复;重症病人在2~3周内出现下肢浮肿,肝和脾肿大,肝区疼痛,腹水,快速死亡。

处置方法:立即停止食用霉变食物,给予催吐、洗胃和导泻,重度中毒病人可按急性中毒性肝炎方案治疗。

预防措施:防霉可预防原料及产品被霉菌及其毒素污染,预防产毒霉菌污染是防止黄曲霉毒素产生的关键。控制水分、低温贮藏、剔除破损籽粒、缩短保存时间、保持环境整洁均能预防霉菌产生。饲料被黄曲霉毒素污染后,可以采取一些措施祛毒,如剔除霉变变质成分、紫外线或γ-射线辐射、水洗祛毒、添加维生素C等。

3. 植物性食物中毒处置

植物性食物中毒主要为食用毒蕈、木薯、四季豆、发芽马铃薯及鲜黄花菜的有毒植物或对它们烹调不当而造成的中毒。

(1)豆类毒素食物中毒。不同豆类中毒素的种类和含量有较大差异,但主要为红细胞凝集素、胰蛋白酶抑制剂和皂素苷。

中毒表现:红细胞凝集素引起胃肠道出血,影响营养成分吸收,破坏红细胞输氧能力;中毒潜伏期一般为几小时,中毒后会出现头痛、头晕、恶心、呕吐、腹泻等症状,儿童比较敏感,严重时会引起死亡。胰蛋白酶抑制剂可抑制胰蛋白酶、胰凝乳蛋白酶活性,刺激胰腺过度分泌,中毒后出现消化功能失调或紊乱,出现恶心、呕吐、腹泻等胃肠炎症状。皂素苷水解生成皂苷元,刺激胃肠道黏膜,中毒后引起胃肠道充血、发炎,患者产生恶心、呕吐、腹泻等症状。

处置方法:一般患者能自行呕吐,多饮水,注意休息;如不能自行呕吐,进行催吐、洗胃;病情严重者除催吐、洗胃外,还需对症治疗,如静脉补液、吸氧、给予止痉剂等。

预防措施:豆类毒素大多对热敏感,适当热处理可起到一定的破坏作用;胰蛋白酶抑制剂对热较稳定，100 ℃处理 20 min，或 121 ℃处理 3 min 才能失去 90%的活性；家庭制作豆类食品时，要加热煮熟后再食用，制作豆浆时要沸腾 5 min 以上。

(2)生物碱糖苷食物中毒。生物碱糖苷是具有特殊甾体结构的一类生物碱，是植物的天然防御物质。生物碱糖苷的毒性作用主要表现在两个方面：一是生物碱糖苷能和生物膜上的甾醇类物质结合形成凝聚物，导致生物膜形成膜孔，甚至破裂；二是抑制胆碱酯酶的活性，造成乙酰胆碱酯酶大量累积，致使神经过分兴奋，引起一系列的中毒症状。目前生物碱糖苷类食物中毒主要包括食用出芽土豆引起的龙葵碱中毒和食用鲜黄花菜导致的秋水仙碱中毒。

中毒表现：人对龙葵碱毒性敏感，食用 4 h 内即出现恶心、呕吐等现象。人食用含秋水仙碱的食物后，会在体内氧化生成有毒的二秋水仙碱，从而出现急性中毒症状，表现为口渴、咽干、腹痛、腹泻，严重时出现血便、血尿、粒细胞缺乏症、血小板减少和再生障碍性贫血等症状。

处置方法：中毒者尽早采取催吐、洗胃、导泻等清除毒物的措施；积极补液，维持电解质平衡；根据病情必要时给予吸氧、机械通气、升白细胞药物、营养支持等。

预防措施：马铃薯应尽量低温避光贮藏，尽量不食用发芽、变绿的马铃薯，加工时去芽、削皮并用大量清水冲洗，烹饪过程中可适当添加食醋，中和分解弱碱性的生物碱糖苷。鲜黄花菜食用时先除去花蕊，在开水中漂烫，再用清水充分浸泡、冲洗，烹饪过程中大火加热。

(3)毒蕈类食物中毒。毒蘑菇又称毒蕈。我国的毒蘑菇约有 180 种，能引起人严重中毒的有 20 多种。多数毒蘑菇的毒性较低，但有些毒蘑菇毒性极强，少量即可导致人体死亡。目前确定的强毒性毒蘑菇毒素有鹅膏肽类毒素、鹅膏毒蝇碱等。

中毒表现：鹅膏肽类毒素发病较慢，一般有 6～12 h 的潜伏期，随后出现恶心、呕吐、腹泻等胃肠疾病症状，1～2 天后出现假愈期，症状几乎消失，假愈期过后，患者病情迅速恶化，出现肝肿大和内出血，最后导致肝、肾、心、肺等多器官功能衰竭；鹅膏毒蝇碱具有致麻痹作用，中毒 1 h 内出现意识模糊、手舞足蹈、狂言乱语，并伴随恶心、呕吐、腹泻、哮喘等症状。

处置方法：毒蘑菇中毒后，病情发展快，病死率较高；误食毒蘑菇后，应尽快通过洗胃、催吐、导泻的方法排出毒物，并立即送附近医院进行对症治疗。

预防措施：加强毒蘑菇识别宣传，慎重采食野生蘑菇；对不认识或没吃过的野蘑菇不要食用，若要食用，必须经专业技术人员进行准确鉴定。

4. 动物性食物中毒处置

(1)甲状腺素食物中毒。过量摄入的甲状腺素会扰乱人体正常的内分泌活动，特别是影响下丘脑功能，使组织细胞氧化速率加快，代谢加速，产热量增加，各器官活动失调，患者既有甲状腺功能亢进的症状，又有食物中毒的特征。

中毒表现：中毒潜伏期一般为 12～24 h，头晕、头痛、胸闷、恶心、呕吐、便秘或腹泻；部分患者出现局部或全身出血性丘疹，皮肤发痒，间有水泡、皮疹；个别患者面部和下肢浮肿，手指震颤，心动过速，脱水，脱发。

处置方法：一般情况下，进行催吐、洗胃、导泻、吸氧、镇静；严重者给予抗甲状腺药物、抗交感神经药物治疗等。

预防措施：甲状腺素性质稳定，600 ℃以上高温才能被破坏，一般的烹调处理无法祛毒，因此，防止甲状腺素中毒最有效的措施是做好屠宰检疫工作，屠宰时及时去除动物的甲状腺。

(2)河豚毒素食物中毒。河豚毒素可直接阻断钠离子通道，导致细胞膜去极化，干扰神经-肌肉的传导过程，使神经-肌肉丧失兴奋性，出现神经中枢和神经末梢麻痹。

中毒表现：中毒潜伏期短，通常在 10 min 内出现症状，最长不超过 6 h；患者首先出现口唇、舌尖、指端麻木或刺痛等症状，随后恶心、呕吐、腹痛或腹泻，继而全身麻木、四肢无力、步态不稳，严重时会出现呼吸困难，血压下降，昏迷，甚至呼吸衰竭。

处置方法：症状较轻者进行催吐，严重者进行洗胃、导泻、吸氧、升压处理。

预防措施：河豚毒素对热稳定，100 ℃加热 7 h 或 220 ℃加热 10 min 以上才能被分解；预防河豚毒素中毒，需要加强宣传，了解河豚的形态特征及毒性部位，避免误食，而且，河豚死后，毒素会渗入肌肉中，增加中毒风险。

5. 化学性食物中毒处置

食品被较大量的化学物质污染是引起化学性食物中毒的主要原因。可能污染食品的有害化学物质主要有：金属及其化合物，如砷、铅、汞等化合物；农药类，如有机磷、有机氯、砷制剂等；兽药类，如盐酸克伦特罗（俗称"瘦肉精"）；工业用有毒物质，如甲醇、甲醛等。

中毒表现：化学性食物中毒中，不同毒素导致的中毒表现有较大差异。有机磷食物中毒，潜伏期为 0.5～10 h，患者表现为头晕、头痛、腹痛、流涎、痉挛，重者惊厥、昏迷、肺水肿及呼吸突然停止而亡；亚硝酸盐食物中毒，潜伏期为 10 min 至 3 h，轻者头晕、头痛、恶心、呕吐、全身皮肤微青紫，重者面部及全身皮肤紫绀，心率快，嗜睡或烦躁不安，更严重者昏迷、惊厥、大小便失禁，直至呼吸困难死亡。

处置方法：化学性食物中毒治疗主要采用催吐、洗胃、导泻等措施清除尚未吸收的毒物；应用血液透析、腹膜透析、血液过滤、血液灌流、换血、利尿等手段排出已进入体内的毒物；对有机磷农药、铅、砷、亚硝酸盐、钡盐、氟乙酰胺等中毒，可采用特效解毒药治疗。

预防措施：严禁食品贮存场所存放有毒、有害物品；鼠药、农药等有毒化学物要标签明显，存放在专门场所并上锁；不随便使用来源不明的食品或容器；蔬菜应低温存放，避免腐败变质，加工前要用清水反复冲洗；食堂应建立严格的安全保卫措施，严禁非食堂工作人员随意进入；腌卤肉制品应严格硝酸盐使用量。

4.2.1.4 食物中毒的处置案例

2016 年 5 月 24 日，×乡镇小学疑似发生食物中毒事件。当天上午 6 时起，该校陆续有学生因腹痛、腹泻、恶心，伴呕吐、头昏、发热等症状到当地镇卫生院就诊，之后部分学生转至县人民医院诊治。截至 5 月 29 日，累计有 201 名学生到当地镇卫生院和县人民医院进行观察和输液治疗，无危重病例，无死亡病例。事件发生后，×县疾病预防控制中心立即派出专业人员进行调查、核实和处理。

调查组对学校食堂进行了卫生学调查。调查得知，该学校食堂有餐饮服务许可证，食堂现场 11 名工作人员（厨师 2 名、服务人员 9 名）均持有效健康证，11 名工作人员近期无腹痛、腹泻等异常症状。该食堂有专用的一洗、二清、三消毒设施，所有餐具经清洗消毒后放入餐具消毒柜保存。但调查发现该食堂的肉类等原材料未按规定冷冻保存,食品冷藏设备不足,存在将剩余食物室温存放再次供餐、留样不规范等问题。

1. 流行病学调查

截至5月29日,该小学就诊人数共计201人,其中门诊治疗54人,留院观察治疗147人。就诊学生临床症状为不同程度地出现食物中毒症状。经专业人员核实诊断后,确定符合病例定义的病例共48例,48例病例的最短潜伏期为3 h,最长潜伏期为28 h,潜伏期中位数为16 h;48例病例均在该小学校食堂就餐,未在食堂就餐的老师和学生均未发,提示在学校食堂就餐为本次事件的危险因素;根据病例对照研究结果,病例组98%(47/48)食用了23日晚餐,高于对照组87%(155/179),提示23日晚餐为可疑餐次的可能性较大。在食用过23日晚餐的47例病例和142例对照中,进一步分析食用不同种类食物与发病的关联,结果显示,食用23日晚米饭是本次发病的危险因素。

2. 实验室检测

在该食堂采集了食品样品33份,水样2份,采集病例大便样1份,共36份样本。×县疾病预防控制中心对采集的留样食品进行志贺菌、沙门菌、致泻性大肠埃希菌、金黄色葡萄球菌等项目检测,未检出致病菌;对2份生活饮用水末梢水进行理化和微生物指标检测,结果食堂末梢水总大肠菌群、耐热大肠菌群,学生宿舍末梢水总大肠菌群、耐热大肠菌群均超过《生活饮用水卫生标准》(GB 5749—2006)的限值要求。

×省疾病预防控制中心对留样食品和大便样进行了变形杆菌、蜡样芽孢杆菌、金黄色葡萄球菌、副溶血性弧菌检测,结果在23日晚餐米饭中检出蜡样芽孢杆菌,在24日早餐包子、花卷中检出蜡样芽孢杆菌。其余样品均未检出以上致病菌。

依据《全国突发公共卫生事件应急预案》,本次事件属一般突发公共卫生事件。全部发病学生经抗菌、补液、纠正电解质平衡及对症治疗后,迅速恢复健康,于6月5日全部治愈康复出院并恢复上课,无新发病例、危重病例,无死亡病例,未发现二代病例。

3. 应急处置

应急响应事件发生后,立即启动了《×县突发公共卫生事件应急预案》,成立了应急工作领导小组,下设医疗救护组、事故调查组、家长疏导组、信息组、后勤保障及督促检查组等,各工作组根据相应职责,全力投入工作。同时,省、州疾病预防控制中心、省人民医院均派出专家组赶赴现场指导流行病学调查、医疗救治等工作。

现场流行病学调查及处置为快速核实事件,查明污染食物及致病原因,提出防控措施和建议。现场工作人员分成几个组,深入学校、就诊医院,对学生、主管医生、教师、食堂从业人员进行调查核实和实验样品采集。调查内容包括临床症状、三间分布、病例搜索、可疑食品调查与分析及学生发病情况。工作组及时对可疑食品进行了封存,对学校食堂进行了食品监测与监督;建议学校食堂停业、整顿,每日晨检、午检筛查;对症状明显学生住院观察治疗;轻症学生居家治疗;对学校生活环境进行全面消毒;在该校通过授课、发宣传资料等形式强化健康教育等措施;召开学生家长代表大会安抚家长情绪。按照“应诊尽诊”的原则,该校发病学生通过医院观察和输液治疗,无危重病例,无死亡病例。

4.2.2 慢性疾病

慢性病是指不构成传染、具有长期积累形成疾病形态损害的疾病总称。外源化学物连续、反复地进入机体，而且吸收速度或总量超过机体代谢转化排出的速度或总量时，就会在体内蓄积。外源化学物的蓄积是产生亚慢性、慢性毒性作用的基础。世界卫生组织调查显示，慢性病的发病原因中，60%和个人的生活方式相关，如膳食结构不合理、运动量少、嗜酒等，同时，还与遗传、医疗条件、社会条件和气候等因素有关。

4.2.2.1 致癌

癌症（恶性肿瘤）是一种常见病、多发病，也是当今严重威胁人类生命安全的一类疾病。国际癌症研究机构（IARC）发布的《全球癌症报告》数据显示：2018 年，全球新发癌症例数为 1 810 万，死亡人数达 960 万；在未来 20 年中，全球癌症例数预计会增加 60%，到 2040 年，全球癌症新发例数将超过 2 700 万。IARC 在 1970 年就指出，80%～90%的人类癌症与环境有关，其中主要是化学因素。食品在加工、贮藏、运输过程中，因处理不当，可能会产生诱发癌症的化学物质，如肉类在烧烤、熏蒸过程中生成的苯并芘，玉米、花生因保藏不善出现的黄曲霉毒素，高温油炸食品中形成的丙烯酰胺，腌制过程中生成的亚硝酸盐等。

1. 化学致癌的过程

肿瘤相关基因包括原癌基因、癌基因、肿瘤抑制基因等。原癌基因是指存在于正常细胞基因组中，经基因激活或异常表达后可使细胞发生恶性转变的基因。正常情况下，原癌基因处于低表达或不表达状态，并发挥重要的生理功能。但在某些条件下，如病毒感染、化学致癌物或辐射作用等，原癌基因可被异常激活，转变为癌基因，诱导细胞发生癌变。肿瘤抑制基因又称为抑癌基因，其作用与癌基因相反，其编码的蛋白质能够抑制细胞增殖、促进细胞分化，它的发现是肿瘤分子生物学及细胞癌变机制研究方面的一大进步。化学致癌物作用细胞后，能使原癌基因激活或表达，而使肿瘤抑制基因失活或沉默，最终使某些细胞的生物代谢特征发生改变，逐渐发展成肿瘤细胞。

20 世纪 40 年代，Rous、Mottram 和 Bemblum 等人利用致癌性多环芳烃和巴豆油联合诱发小鼠皮肤乳头瘤实验，研究癌变发生的多阶段过程。首先用亚致癌剂量（即在实验期间不引起肿瘤发生的剂量）的致癌性多环芳烃涂抹小鼠皮肤一次，20 周后小鼠不发生乳头瘤或很少发生；但如果在使用剂量相同的致癌物之后再用巴豆油涂抹同一部位（每周 2 次，共 20 周），则有 1/3～1/2 的小鼠发生乳头瘤；单独使用巴豆油或在涂抹致癌物之前使用巴豆油都不引起乳头瘤。实验所用的致癌性多环芳烃称为引发剂，巴豆油称为促进剂。随后，肿瘤的阶段学说在肝、膀胱、肺、胃肠道等癌症发生和体外细胞转化实验中得到证实。进一步的研究证明，正常细胞转化为癌细胞是一个连续而复杂的多阶段，至少包含 3 个阶段，即肿瘤的引发阶段、肿瘤的促长阶段和肿瘤的进展阶段。

（1）引发阶段。1971 年，Miller 等提出亲电子剂学说，认为大多数有机致癌物都是间接致癌物（前致癌物），经代谢活化形成近致癌物，再进一步活化成终致癌物。前致癌物指未经代谢活化的母体化学物，其本身不具有致癌性；前致癌物在体内经过初步代谢转化为一种或一系列中间代谢产物，称为近致癌物；近致癌物经进一步代谢活化，转变为终致癌物。终致癌物是亲电子剂，含有亲电子中心，可与细胞大分子的亲核中心共价结合，诱发细胞损伤，最终导致癌变。

引发阶段是指化学物或其活性代谢物与DNA靶位点作用，导致细胞突变，进入细胞癌变引发阶段。引发阶段历时较短，化学致癌物对DNA的损伤作用经一次或多次细胞分裂“固定”下来，造成少量细胞发生永久性、不可逆的遗传性改变。另外，并非所有的引发细胞都会发展为肿瘤细胞，大部分引发细胞保持在引发阶段，呈静止状态，甚至终生如此，经历程序性细胞死亡（凋亡）。

(2)促长阶段。促长阶段是引发细胞增殖成为癌前病变或良性肿瘤的过程。促长剂单独使用不具致癌性，必须在引发剂后使用才发挥促长作用。引发剂本身有致癌性，大多数是致突变物，没有可检测的阈剂量，其引发作用是不可逆的并且是累积性的。促长剂通常是非致突变物，存在阈剂量和最大效应，其剂量反应关系呈S形曲线，通常会引发局部细胞增殖并引起良性局灶性病理损害，如乳头瘤、结节或息肉，这些病损很多会消退，仅少数细胞发生进一步突变生成恶性肿瘤；同时，促长剂可通过改变细胞周期循环，选择性促进引发细胞的增殖，抑制细胞凋亡，干扰细胞信号转导途径，改变基因表达。

(3)进展阶段。进展阶段是从引发细胞群（癌前病变、良性肿瘤）转变成恶性肿瘤的过程。在进展期中，可观察到恶性肿瘤（癌）的多种特征，包括生长率增加、侵袭、转移、对激素无反应性、形态特征随疾病的发展独立地变异等。环境因素在早期可影响进展阶段，但随着恶性肿瘤的生长和核型不稳定性的发展，其对环境因素的反应可能丧失。进展阶段主要的特征是核型不稳定性，肿瘤的染色体发生断裂和断片易位，并伴有细胞癌基因和/或肿瘤抑制基因的突变。

虽然引发、促长、进展阶段理论一直用于说明肿瘤发生的基本过程，但实际上肿瘤的发生、发展非常复杂，很难清楚地界定三个阶段。在不同的癌，甚至同一种癌独立起源的癌灶间，所发生遗传学改变的关键基因种类、数目和顺序都可能不同，这些都提示细胞癌变可能存在多种基因功能异常的途径或模式。

2. 致癌物的分类

根据化学致癌物对细胞成分作用及引起癌变的机制差异，致癌物可分为遗传毒性致癌物和非遗传毒性致癌物。

(1)遗传毒性致癌物。大多化学致癌物或其代谢产物与DNA共价结合，引起基因突变或染色体结构、数目改变，最终导致癌变。因此类化学致癌物的作用对象是遗传物质，故称为遗传毒性致癌物。化学致癌物多数属于此类。

直接致癌物：不需要代谢活化即具有致癌作用，多为亲电子化学物，能与亲核分子（包括DNA）共价结合形成加合物，如内酯类（如β-丙烯内酯）、烯化环氧化物（如1,2,3,4-丁二烯环氧化物）、亚胺类、硫酸类酯、活性卤代烃类（如二甲氨基甲酰氯）。

间接致癌物：本身不直接致癌，必须在体内经过代谢活化形成亲电子活性基团，进而与DNA分子共价结合导致癌变。这类致癌物往往不能在接触的局部致癌，而在其发生代谢活化的组织中致癌。95%以上的化学致癌物为间接致癌物，如多环或杂环芳烃（如苯并芘、苯并蒽）、单环芳香胺（如邻甲苯胺、邻茴香胺）、双环或多环芳香胺（如2-萘胺、联苯胺）、偶氮化合物(如二甲氨基偶氮苯)、链状或环状亚硝胺类等。

无机致癌物:无机物致癌机制可分为两类。一类无机物本身是亲电子剂,和组织内的DNA分子以共价键的方式结合;另一类无机物可选择性改变DNA复制保真性,引起DNA损伤,进而启动致癌过程。钴、镭、氡、镍、铬、铅、铍及其某些盐类均可在一定条件下致癌,其中镍和钛的致癌性最强。

(2)非遗传毒性致癌物。部分化学致癌物不直接作用于遗传物质,但能够促进癌细胞增殖并抑制癌细胞正常凋亡,从而发挥致癌作用,称为非遗传毒性致癌物。

促长剂:本身无致癌性,但给予遗传毒性致癌物后再给予促长剂可增强致癌物的致癌作用,也可促进"自发性"转化细胞发展成癌,如佛波酯、苯巴比妥、2,3,7,8-四氯二苯-对二噁英(TCDD)等。

激素调节剂:主要改变内分泌系统平衡及细胞正常分化,起到促长剂的作用,如己烯雌酚、雌二醇等。当体内长期维持高激素水平时,内分泌敏感器官易诱发肿瘤。

免疫抑制剂:免疫抑制剂或免疫血清的使用均能使动物(人)白血病或淋巴瘤发生率增加,如环孢素A、硫唑嘌呤、6-巯基嘌呤等。

细胞毒剂:可能导致细胞死亡的物质能够引起细胞代偿性增生,以致发生肿瘤,如三氯甲烷、次氨基三乙酸等。

固态物质:薄片状的固体物质(如塑料、石棉等)会促进肿瘤的生成,其作用机理可能是固态物质刺激上皮层纤维细胞过分增殖。如啮齿动物皮下包埋塑料后,经过较长的潜伏期,可导致肉瘤形成。

过氧化物酶体增生剂:过氧化物酶体增生可导致细胞内氧自由基过量生成,继而发生信号转导作用,造成DNA损伤并致癌,如对氯苯氧异丁酸乙酯、哌磺氯苯酸、1,1,2-三氯乙烯等。

(3)致癌机制尚不明确致癌物。目前,还有一些致癌物作用机制尚不明确。这些物质在致突变实验中为阴性或可疑,体内和体外研究又未显示出能转化为活性亲电子代谢产物,如四氯化碳、氯仿、某些多氯烷烃、硫脲、硫乙酰胺等。

3. 食品致癌物质的生成

发霉粮食中的黄曲霉毒素,熏烤食品中的多环芳烃,腌制食品中的亚硝酸盐等均是典型的致癌物。它们或是因食物保存不当微生物污染产生,或在加工过程中生成。这些致癌物随食物进入人体后,有些直接与靶分子起作用,有些通过代谢活化,诱发组织癌变。

(1)多环芳烃化合物。多环芳烃化合物的致癌机制:多环芳烃化合物(PAHs)是指两个以上苯环以稠环形式相连的化合物,目前,已发现的多环芳烃化合物有200多种,相当一部分具有致癌活性,如苯并[a]芘(BaP)、苯并[a]蒽(BaA)等。PAHs在很小剂量的暴露就能引起局部组织癌变,进入机体后,它在芳烃羟化酶(AHH)的催化下生成环氧化合物和酚类化合物,继而与DNA共价结合,使其损伤致癌。如BaP首先经P-450酶系催化形成环氧化合物,随后在环氧化物水化酶(EH)催化下加水生成二氢二醇衍生物,最后再次经P-450酶系催化形成终致癌物(BaP-7,8-二氢二醇-9,10-环氧化物)。

食物中多环芳烃化合物的来源:PAHs是煤、石油、木材、烟草、有机高分子化合物等有机物不完全燃烧时产生的挥发性碳氢化合物，是重要的食品污染物。①食品在用煤、炭和植物燃料烘烤或熏制时，产生 PAHs 直接附着在食物上；②在高温烹调加工时，食物烧焦碳化、脂肪高温聚合也会形成 PAHs，这是食品中多环芳烃的主要来源；③当环境污染时，粮食作物、水果、蔬菜可吸收土壤、水和大气中的多环芳烃，导致食品中 PAHs 含量超标；④加工过程中，食品可能会被设备润滑用机油，或不合格食品包装材料上的油墨污染；⑤粮食不当保藏，如在柏油路上晾晒粮食时，柏油在高温下蒸发会导致粮食受到 PAHs 污染。

多环芳烃化合物危害的预防：食品生产、贮藏过程中，可通过适当控制减少 PAHs 污染。熏制或烘烤食品时，避免食品和炭火直接接触；高脂肪的食品加工时控制温度，防止脂肪裂解；强化环境治理和监测，减少环境中有害物质对食品的污染或迁移；食用油中的 PAHs 可用活性炭吸附去除，日光或紫外照射也会降低食品中 PAHs 的含量；建立 PAHs 限量标准，加大食品质量监督、检查力度。

(2) *N*-亚硝基化合物。*N*-亚硝基化合物的致癌机制：*N*-亚硝基化合物多为液体或固体，大多不溶于水，具有光敏性，紫外照射下易分解。目前已发现的 300 多种 *N*-亚硝基化合物中，90%以上具有致癌性。*N*-亚硝基化合物致癌作用机制目前尚不明确，现有研究认为，亚硝胺不是终致癌物，其需要在机体内先代谢活化，转化为烷基偶氮羟基化合物；该化合物会诱导 DNA 或 RNA 分子中的鸟嘌呤在 O^6 和 N^7 位烷基化，导致遗传大分子物质无法正常复制，从而改变了细胞的遗传特性，使正常细胞突变或分化异常，进而形成肿瘤。

N-亚硝基化合物的来源：食物中 *N*-亚硝基化合物含量很低，一般小于 10 μg/kg，但通常含有亚硝酸盐、硝酸盐及胺类物质，在适宜条件下，亚硝酸盐、硝酸盐及胺类物质会作为前体物质合成 *N*-亚硝基化合物。

①食物中的硝酸盐、亚硝酸盐在酸性条件下，生成 *N*-亚硝基化合物。

a. 硝酸盐和亚硝酸盐是腊肠、灌肠、火腿、午餐肉等肉制品中不可或缺的食品添加剂，它们在保持肉色、增加风味，抑制肉毒梭状芽孢杆菌增殖等方面发挥着不可替代的作用。我国规定在腌腊肉制品类、火腿类、灌肠类产品中，硝酸钠（钾）最大使用量为 0.5 g/kg，残留量≤30 mg/kg；亚硝酸钠（钾）最大使用量 0.15 g/kg，残留量≤30 mg/kg。

b. 含氮肥料（尤其是硝基态氮肥）会在土壤中转化成硝酸盐，白菜、韭菜、萝卜、菠菜等蔬菜从土壤中吸收营养成分的同时，也会摄入大量的亚硝酸盐类。

c. 蔬菜腌制过程中，亚硝酸盐含量会显著增加，腌制 7～8 天时达到最高，如腌制青菜中亚硝酸盐含量最高可达 78 mg/kg。

d. 蔬菜中的硝酸盐会在适宜条件下还原为亚硝酸盐，特别是高温、长时间存放时，蔬菜中的亚硝酸盐含量显著增加。

e. 化肥的大量使用对地下水水体造成了污染，致使水中硝酸盐/亚硝酸盐含量超标；部分农村地区水质差，如一些地区井水发苦，通常含有硝酸盐/亚硝酸盐。

②食物中的胺类物质会作为前体物质，在加工中生成 *N*-亚硝基化合物。

例如，海产鱼类含有较高的胺类物质，主要为二甲胺和三甲胺，鱼类经亚硝酸盐处理后会形成亚硝胺类化合物；其他肉类、水果、牛奶、面包、调味品中均会检出不同含量的胺类物质。

③食物中存在的 *N*-亚硝基化合物。腌菜、熏肉、香肠中均能检出痕量的亚硝胺，一些乳制品中，如奶酪、奶粉中也含有极微量的亚硝胺；被黑曲霉、串珠镰刀菌污染的食物中，通常会有亚硝胺的检出。

N-亚硝基化合物危害的预防：改进工艺，研制新型食品添加剂，降低肉品加工过程中硝酸盐、亚硝酸盐使用量，控制其在肉类食品中的残留量；食用新鲜蔬菜和鱼类，避免高温、长期存放，防止食物霉变和微生物污染；维生素 C 能阻断体内亚硝胺的生成，多吃新鲜蔬菜，少吃腌菜，多食用沙棘、猕猴桃等富含维生素 C 的水果；多用有机肥，减少氮肥用量，降低土壤中硝酸盐/亚硝酸盐含量，减少水体污染。

(3)黄曲霉毒素。黄曲霉毒素是一类含有一个双呋喃环和一个氧杂萘邻酮的化合物，其中前者为黄曲霉毒素的基本毒性单位，后者与致癌性有关。目前已鉴定出的黄曲霉毒素有 20 余种，主要有黄曲霉毒素 B_1、黄曲霉毒素 B_2、黄曲霉毒素 G_1、黄曲霉毒素 G_2，其中以黄曲霉毒素 B_1 分布最广、致癌性最强，其致癌性是甲基黄的 900 倍，诱发肝癌的能力是二甲基亚硝胺的 75 倍。黄曲霉毒素能诱导鱼类、禽类、家畜及灵长类动物发生肿瘤。例如，当黄曲霉毒素 B_1 含量为 100 μg/kg 时，26 周即可使敏感动物如小鼠或鳟鱼发生肝癌。除肝癌外，黄曲霉毒素还能诱发胃癌、肾癌、直肠癌及乳腺癌、卵巢癌等。黄曲霉毒素对人的致癌性虽尚缺乏直接证据，但大量的流行病学调查均证实，黄曲霉毒素的高水平摄入和人类肝癌的发病率密切相关。例如我国广西扶绥县为肝癌高发区，县境内肝癌低、中、高发地区主粮中黄曲霉毒素 B_1 的含量分别为 25.6 μg/kg、56.4 μg/kg 和 164.8 μg/kg，相对应年均肝癌死亡率每 10 万人分别为 14.1 人、30.7 人和 131.4 人。

黄曲霉毒素进入机体后，通过与 DNA 的共价结合，造成 DNA 损伤，并抑制 DNA 的甲基化，诱导抑癌基因 p53 突变，进而发生癌变。p53 抑癌基因编码一种分子量为 53 kD 的基因调节蛋白，能够帮助修复损伤 DNA，当 DNA 损伤不可修复时能够启动细胞凋亡程序，促使癌变细胞凋亡。黄曲霉毒素进入机体后，在细胞色素 P450 酶的催化作用下发生代谢转化，生成 AF-8,9-环氧化物；该环氧化物与细胞 DNA 的鸟嘌呤结合形成鸟嘌呤黄曲霉素，诱导基因外显子 7 的第 249 密码子 AGG 发生碱基置换成 AGT，致使抑癌基因 p53 突变，导致机体癌症发生。

黄曲霉毒素是空气和土壤中普遍存在的微生物，农作物在高温、潮湿、有氧条件下极易污染。结合黄曲霉毒素的结构和理化性质，目前的祛毒措施主要有以下几种。①物理祛除：直接筛选、挑除霉变粮食，此法简便但不易清除完全。②化学祛除：是利用次氯酸钠、臭氧等化学试剂改变黄曲霉毒素的结构，打开其结构中的内酯环，减小或去除其毒性；③利用现代生物技术，选育抗霉菌作物品种；④控制粮食、食品的储存和运输条件，减少黄曲霉毒素的发生。

4.2.2.2 生殖发育毒性和致畸作用

生殖发育过程指从精/卵子发生、配子形成、分娩、新生儿期、哺乳期直到性成熟的整个过程。生殖系统对外界环境因素的影响非常敏感，和外源化学物接触后，生殖系统早于其他器官率先出现响应。例如，成年人服用“反应停(thalidomide)”1 400 mg 以上尚无不良作用，但只要服用 100 mg“反应停”即可引起胎儿畸形。不同于一般毒性作用仅对个体产生影响，外源化学物对生殖发育过程的影响广泛而深远，不仅直接涉及雌雄个体，甚至影响第二代及后续子代。

外源化学物对生殖发育损害可分为对生殖过程的影响即生殖毒性，和对发育过程的影响即发育毒性，并逐步发展为生殖毒理学和发育毒理学。生殖毒理学主要研究外源化学物对生殖细胞发生、卵细胞受精、胚胎形成、妊娠、分娩和哺乳过程的损伤作用及评价；发育毒理学主要研究外源化学物对胚胎发育、胎仔发育及幼仔出生后发育的影响及评价。

1. 生殖毒性

生殖毒性是指对雄性和雌性生殖功能或能力的损害和对后代的有害影响。生殖毒性既可发生于妊娠期，也可发生于妊前期和哺乳期，表现为外源化学物对生殖过程的影响，如生殖器官及内分泌系统的变化，对性周期和性行为的影响，以及对生育力和妊娠结局的影响等。

(1)雄性生殖毒性。睾丸的功能主要是生成精子和合成雄性激素。成熟精子由精原细胞发育而成，是一种高度分化的细胞。外源化学物的雄性生殖毒性主要表现为：损伤睾丸功能，造成精子减少和精子畸形；抑制促性腺激素分泌，打破各激素间的动态平衡；影响性能力，造成雄性生殖功能障碍。

(2)雌性生殖毒性。卵巢由正在生长的卵泡和支持细胞组成，卵泡的发育是一个连续变化的过程，一般可分为原始卵泡、初级卵泡、次级卵泡和成熟卵泡四个阶段。雌性出生后，卵细胞数目随即固定，不再形成新的初级卵母细胞。怀孕后的生理变化使雌性比同样环境中的男性更易受到外源化学物的影响，生殖毒性更加复杂，主要表现为：抑制排卵能力，减少排卵数量；使内分泌调节功能异常，卵巢萎缩；甚至造成子代畸形、死胎、功能不全等。

2. 发育毒性与致畸作用

发育毒性指个体在出生前暴露于受试物、发育成为成体之前(包括胚期、胎期以及出生后)出现的有害作用，表现为发育生物体的结构异常、生长改变、功能缺陷和死亡。发育毒性往往表现为致畸、生长发育迟缓、功能异常、死胎率增加等，其中，致畸作用是发育毒性最重要的一种表现形式。

致畸作用是指在外源化学物作用下，活产胎仔、胎儿某种器官形态结构异常。胚胎所处发展阶段不同，对具有发育毒性的外源化学物的敏感性也不同，胚胎对致畸物最敏感的阶段是器官形成期。自受精日计算，大鼠的器官形成期为 9～12 天，小鼠为 7.5～16 天，家兔为 11～20 天。在器官发生期接触致畸物，会使细胞分化、器官形成和正常发育受到阻滞，以致出现胎仔器官的器质性缺陷而呈现畸形；如在更早时间，如着床前胚泡形成阶段接触致畸物，则会直接出现胚胎死亡，畸形概率较小。过去往往要等到胎儿出生后才能发现发育畸形，给亲代、子代均造成较大的负担和痛苦，目前利用超声波成像技术可在胚胎发育期做到早日发现、及早矫正或停止妊娠。

致畸作用的机制十分复杂，目前尚未完全阐明。一般认为外源化学物从以下方面造成发育损失：①基因表达受到抑制或异常表达，或者在外源化学物的作用下产生基因突变或染色体畸变。②抑制细胞增殖，加速细胞凋亡。致畸物质进入胚胎后，使细胞分裂和核酸完整性与功能破坏，引起细胞增殖减慢或死亡，使某些组织生长迟缓、变性或坏死。③干扰细胞交互作用，造成细胞与细胞间、细胞与基质间通讯障碍。④抑制营养物质传送，母体正常代谢过程被破坏，使子代细胞的生物合成过程中缺乏必需的物质，影响胎儿正常发育。⑤内分泌干扰物干扰激素的制造、释放、传送、代谢、结合，影响内环境稳定，造成发育调节失衡。

3. 食品化学成分对生殖发育的影响

食品中的农药、兽药、激素残留，化肥的大量使用以及外部感染均会导致有机体生殖发育障碍，产生生殖发育毒性。

棉籽的中棉酚是典型的影响睾丸功能的外源化学物，长期食用粗制棉籽油，可使睾丸内精子细胞顶体肿胀、破碎，数目减少，精子活力降低。

铅、镉、汞、锰等重金属能够穿过血-睾屏障，对睾丸形态和功能产生损伤，造成畸形精子增多，正常精子数目减少，精子活性降低。同时，重金属还会干扰下丘脑-垂体-睾丸轴的正常功能，使卵泡雌激素、黄体生成激素水平降低。镉能够抑制雌性小鼠排卵，并直接进入卵母细胞损伤其遗传物质，或与纺锤体的含巯基蛋白质相互作用干扰染色体分离。

食品中农药、兽药残留会造成精子数目减少，睾丸萎缩，畸形精子增多，性功能减退。如有机氯农药会导致自然流产和死胎率增加，胎仔足内翻和多指畸形增加；链霉素、庆大霉素等氨基糖苷类抗生素能透过血胎屏障直接损伤胎儿的听觉。

食品中雌性激素残留会引起女性早熟、男性女性化，雄性激素残留则会导致男性早熟、第二性征提前、女性男性化等。

N-亚硝胺具有较强的致畸性，会使胎儿出现无眼、脑积水、脊柱裂和少趾等神经系统畸形，且有明显的剂量-效应关系。

4.2.2.3 致突变

地球上的任何物种都能以相对稳定的生命形式和状态存在于自然界，并不断地繁衍后代。但遗传的稳定是相对的，一方面生物的遗传物质在自我复制过程中可能发生改变，另一方面，复杂的内外环境也使得生物个体性状发育有所不同。这种在同一物种的个体或各代之间出现的不同程度的差异称为变异。变异是生物体推陈出新的来源。

从现代基因论的观点出发，只有源于基因和染色体的变异才能够遗传，这种可遗传的变异称为突变。突变可分为自发突变和诱发突变。自发突变是自然条件下发生的突变，发生概率极低，与物种进化有密切关系。诱发突变是指人为造成的突变，能够导致物种性状改变，可用于培育增产、抗病、耐寒的生物新品种，但诱发突变也会给人体健康带来严重危害。1927 年 Muller 发现 X 射线能够诱发果蝇基因突变，并推测体细胞突变可引起癌症。1947 年 Auerbach 和 Robson 发现芥子气具有突变型，会导致基因突变。随后，很多研究关注了化学物质对生物体遗传机制的影响，认识到外源化学物能够引起机体突变，并会对机体健康产生严重影响。

1. 致突变的类型

致突变作用是指外源化学物及环境因素引起细胞核中遗传物质发生改变的能力，而且这种改变会随同细胞分裂过程而传递。突变是致突变作用的结果，而能够引起生物体遗传物质发生改变的物质或环境因子称为致突变物。

致突变物造成的遗传性损伤可分为 3 类:基因突变、染色体畸变、染色体数目异常。其中,基因突变和染色体畸变本质是相同的,均是致突变物诱发的 DNA 分子损伤,两者的区别在于损伤程度不同。当染色体损伤小于 0.2 μm 时,无法用光学显微镜观察(分辨率为 0.2 μm),只能通过对其生长发育、生化、形态等表型变化来判断,称为基因突变;损伤大于或等于 0.2 μm 时可在光学显微镜下直接观察到,称为染色体畸变。

(1)基因突变。基因突变是 DNA 分子中碱基对发生增加、减少或改变,进而引起基因结构发生改变。基因突变只发生在 DNA 的特定部位,又称为点突变。按照基因结构改变程度,基因突变可分为 4 类。①碱基置换,指 DNA 序列上的某个碱基被其他碱基所取代。②移码突变,指翻译过程中遗传密码子读码顺序改变。移码突变通常会造成后续所有三联密码子发生改变,从而造成翻译产物极大改变。③整码突变,指在 DNA 链中增加或减少的碱基对为一个或几个密码子,此时基因产物多肽链中会增加或减少一个或几个氨基酸,而此部位之后的氨基酸序列无改变。④片段突变,也称大段损伤,指基因中较长的一段核苷酸序列发生改变,这种改变有时会导致数以千计的核苷酸片段缺失、重复、重组、重排。大段损伤中缺失的片段仍远小于光学显微镜可观察到的范围,故仍属于基因突变范畴。

(2)染色体畸变。染色体畸变是指染色体或染色单体断裂、重排所出现的染色体结构异常。一般可用光学显微镜检查细胞有丝分裂中期的染色体变化。如果畸变仅涉及两条染色单体中的一条,称为染色单体型畸变;如果两条染色单体均发生畸变,则称为染色体型畸变。发生何种畸变,取决于损伤发生的阶段:当损伤发生在 DNA 复制前,可发生染色体型畸变;如果损伤发生在 DNA 复制后,则诱导染色单体型畸变。但任何情况下的染色单体型畸变都将在下一次细胞分裂时衍生为染色体型畸变。染色体畸变的类型有以下几种:①缺失,指染色体臂发生断裂而不重接,导致遗传物质损失;②重复,指染色体上某一片段多次重复出现;③倒位,指染色体上同时出现两处不同部位断裂,中间片段扭转 180°后重新连接,导致基因排列顺序颠倒的现象;④易位,从某个染色体断下的节段连接到另一个染色体上所形成的染色体结构畸变。

(3)染色体数目异常。由受精卵发育而成的个体,体细胞中含有两套完整的染色体组的称为二倍体。几乎全部动物和过半数的高等植物都是二倍体。细胞进行有丝分裂过程中,染色体经复制后已经分裂,由于外界环境条件(如温度骤变)或生物内部因素的干扰,纺锤体的形成受到破坏,以致染色体不能被拉向两极,细胞也不能正常分裂,从而形成了染色体数目异常。染色体数目异常可分为整倍体畸变和非整倍体畸变。整倍体畸变以染色体组为单位改变,如人体正常体细胞为二倍体($2n$),有 46 条染色体,发生整倍体畸变时会形成多倍体,如三倍体($3n$)69 条、四倍体($4n$)92 条。非整倍体畸变时,染色体数比正常数值增减 1 条或多条,如人体染色体数变为 45 或 47 条。

2. 致突变的机制

在诱变物的作用下,生物体会受到遗传性损伤,但这些损伤是否会最终导致基因突变、染色体畸形和染色体数目异常,不仅和损伤强度有关,还和生物体内的 DNA 修复系统有密切关系。当 DNA 损伤被准确修复时,突变便不会发生;如果修复错误或无法修复时,损伤就会引起突变。致突变物往往具有特异性,有些作用的靶位点为 DNA 分子,导致基因突变和染色体畸变；有些作用的靶位点是DNA分子以外的其他部位，如以染色体分裂组分为靶部位，就会导致染色体数目异常。诱变物对DNA修复的酶系统作用也会引起突变。

(1)DNA分子为靶位点的突变机制。DNA损伤指在致突变物的作用下，DNA的核苷酸序列改变，进而影响其结构和功能，导致遗传特征发生改变的现象。致突变物可以直接和DNA分子发生结合或替换，引起DNA分子损伤；也可以诱导DNA分子自身变异，阻止DNA分子复制。其突变机制可分为以下几个方面。

①烷化剂导致碱基错配：烷化剂可提供甲基或乙基等烷基与DNA发生共价结合，造成DNA分子甲基化或乙基化，产生碱基置换或移码错配，进而诱发突变。

②平面大分子嵌入DNA链：吖啶等多环平面大分子以非共价键的方式嵌入单链DNA分子的碱基之间或DNA双螺旋结构的相邻核苷酸链之间，造成碱基对缺失或额外碱基对嵌入，发生移码突变。

③DNA加合物或交联物的生成：许多诱变物或其活化产物都是亲电子剂，化学性质活泼，极易与蛋白质或核酸大分子发生共价结合，形成加合物，一般的化学或生物学方法难以使其解离，导致DNA链不易修复或发生易错修复，使染色单体或染色体断裂，容易发生致死性突变。

④碱基的化学结构改变或破坏：致突变物破坏或改变碱基结构，有时还引起DNA链断裂，如亚硝酸根使腺嘌呤和胞嘧啶氧化脱胺，生成次黄嘌呤和尿嘧啶，导致碱基转换突变；此外，一些致突变物还可通过另一机制破坏碱基结构，如甲醛可在机体内形成过氧化物或自由基破坏嘌呤的化学结构，导致DNA链断裂。

⑤形成二聚体：细胞或有机体受到紫外线刺激后，DNA分子中形成环丁烷嘧啶二聚体和(4-6)光产物，这些较大的损失可阻止DNA复制，引起细胞死亡。

(2)染色体数目异常的机制。染色体数目异常表现的整倍体畸变和非整倍体畸变，主要是由于染色体分离异常，导致染色体数目改变而产生。其主要涉及纺锤体、微管蛋白的合成与聚合、微管结合蛋白的合成和功能发挥、细胞分裂纺锤纤维的功能发挥、着丝粒及与之有关的蛋白质作用、极体的复制与分离、减数分裂时同源染色体的联合配对重组等。整倍体畸变和非整倍体畸变机制类似，但程度不同，例如，对纺锤体形成的干扰，如果完全阻止，则形成整倍体畸变；如果部分阻止，则形成非整倍体畸变。

目前，对染色体数目异常的机制已有一定研究。

①与微管蛋白二聚体结合：微管蛋白二聚体是构成纺锤体纤维的基本原料，当该蛋白的特定位置被突变物占据后，将妨碍微管的正确组装，导致细胞分裂被完全抑制。

②与微管蛋白上的巯基结合：一些致突变物能与微管蛋白上的巯基特异性结合，影响微管作用。与微管蛋白上的巯基结合可有多种后果，但细胞分裂不会被完全抑制，即造成非整倍体畸变。

③破坏已组装的微管：正常细胞中，微管经常和游离的二聚体处于聚合和解聚的动态平衡中，微管结合蛋白可使二聚体聚合，维持微管的结构和功能发挥。

致突变物破坏已组装微管的方式主要有：直接与微管结合蛋白结合，使已组装好的微管解聚；通过非特异性的蛋白变性破坏微管；通过对细胞分裂和DNA合成的复杂作用，使微管失去定向能力。

④妨碍中心粒移动：一些致突变物可妨碍有丝分裂早期两对中心粒的分离和向两极移动，但机制尚不清楚。

⑤其他作用：N_2O 会导致染色体数目异常，但观察不到微管组装受抑制、组装好的微管被破坏、中心粒位置不正常等现象，机制尚不明确。

(3)对 DNA 合成和修复有关酶作用而引起的突变。DNA 的高保真复制需要多种酶的参与，并且在基因调控下进行。对 DNA 合成和修复有关的酶系统作用可间接导致 DNA 损失，从而发生基因突变和染色体畸变。此外，DNA 分子具有自我修复能力，其修复过程也有多种酶的参与，当这些酶类被致突变物影响后，会造成 DNA 修复功能缺失或修复能力降低，使 DNA 修复无法正常进行，导致突变发生。

3. 食物中的致突变因素

亚硝酰胺、亚硝酸盐均能引起细菌、真菌和哺乳动物发生突变，其中亚硝酰胺是直接致突变物，亚硝酸盐是间接致突变物。如 *N*-3-甲基丁基-*N*-1-甲基丙酮基亚硝胺，经代谢激活后能诱发微生物和哺乳动物细胞突变。

苯并[a]芘是间接致突变物，其活性代谢物 *N*-羟基化合物经乙酰转移酶和硫转移酶作用生成终致突变物，造成哺乳动物基因突变、染色体畸变、姐妹染色单体交换、DNA 断裂，影响 DNA 修复合成。

秋水仙碱会与微管蛋白二聚体特定部位结合，破坏已组装的微管，导致细胞染色体不分离，造成生物体整倍性畸变。秋水仙碱在鲜黄花菜中大量存在，但其热稳定性较低，因此，不要食用未经热处理或热处理不彻底的鲜黄花菜。

有机磷农药残留可增加机体细胞突变风险。研究发现，乐果可引起小鼠骨髓细胞姐妹染色单体交换率增高；氧化乐果对小鼠骨髓细胞微核出现率呈剂量-效应关系，小鼠精子畸变率显著高于对照组。

富含淀粉的食物经油炸或高温烘烤时会生成丙烯酰胺，经代谢后生成的环氧丙烯酰胺会引起哺乳动物细胞、生殖细胞基因突变和染色体异常，如微核形成、姐妹染色单体交换、多倍体、非整倍体和其他有丝分裂异常。

4.2.2.4 其他影响

1. 心脑血管疾病

心脑血管疾病是心脏血管与脑血管疾病的一个统称，泛指由于高脂血症、血液黏稠、动脉粥样硬化、高血压等所导致的心脏、大脑及全身组织发生的缺血性或出血性疾病。心脑血管疾病多共同发生，且可相互影响，是一种严重威胁人类健康的常发病。全世界每年死于心脑血管疾病的人数高达 1 500 万，居各种疾病之首。

(1)心脑血管疾病的类型及发病机制。动脉粥样硬化：动脉粥样硬化是一种复杂的、多因素的全身性疾病。脂质代谢障碍为动脉粥样硬化的病变基础，其特点是病变从内膜开始，一般先有脂质和复合糖类积聚，进而纤维组织增生及钙质沉着，并有动脉中层的逐渐蜕变和钙化，导致动脉壁增厚变硬、血管腔狭窄。动脉粥样硬化发病机制至今尚不清楚，研究发现，氧化应激在动脉粥样硬化斑块形成与破裂中起重要作用。氧化应激可直接导致血管内皮损伤,使活性氧自由基(ROS)大量释放;过量的 ROS 氧化修饰低密度脂蛋白(LDL)成 ox-LDL,氧化修饰后的 LDL 不再被 LDL 受体识别,而被巨噬细胞识别、吞噬,形成泡沫细胞;泡沫细胞堆积演变成脂核,形成动脉粥样硬化斑块。此外,ox-LDL 直接与其受体(lox-1)结合,介导血管内皮细胞、血管平滑肌细胞和巨噬细胞的氧化应激损伤或凋亡,触发动脉粥样硬化早期的血管病变。

高血压:高血压是指以体循环动脉血压(收缩压和/或舒张压)增高为主要特征(收缩压≥140 毫米汞柱,舒张压≥90 毫米汞柱),可伴有心、脑、肾等器官的功能性或器质性损害的临床综合征。高血压是最常见的慢性病,也是心脑血管病最主要的危险因素。高血压本身并不可怕,可怕的主要是由它而引起的各种并发症。高血压常见的并发症有冠心病、糖尿病、肾病、中风等,以心、脑、肾的损害最为显著。高血压病症中,血管平滑肌细胞胞膜上 Ca^{2+} 通道出现异常,电压依赖性 Ca^{2+} 通道活性增强,细胞外电压依赖性 Ca^{2+} 内流,造成血管平滑肌紧张,血管张力增加。此外,氧化应激可引发血管内皮损伤和血管重构等关键性血管病变,患者血管中内皮细胞体积增加,突入血管管腔中,导致血管内膜下腔发生结构改变,纤维素和细胞沉积增加,血管内皮与血小板、单核细胞相互作用增强,导致高血压并引发不良预后(如脑卒中发生)。

脑卒中:脑卒中又称“中风”,是由于脑部血管突然破裂或因血管阻塞导致血液不能流入大脑而引起脑组织损伤的一种疾病。脑卒中临床上表现为一过性或永久性脑功能障碍的症状和体征,包括缺血性卒中和出血性卒中。脑卒中具有发病率高、死亡率高和致残率高的特点,是中国成年人残疾的首要原因。高血压和动脉粥样硬化斑块是脑卒中发生的重要危险因素,脑血管内壁上的斑块脱落易栓塞动脉,导致缺血性卒中或出血性卒中;冠心病伴有房颤患者的心脏瓣膜容易发生附壁血栓,栓子脱落后可以堵塞脑血管;此外,氧化应激会损伤血管内皮细胞和神经细胞,使血管舒缩功能下降,加速脑梗塞发展。研究发现,抗氧化应激治疗可保护血管内皮,抑制斑块形成,改善血管重构和促进侧支循环生成,这为脑卒中防治提供一个新的方向。目前,尚缺乏有效控制和治疗脑卒中的理想药物。

肥厚型心肌病:肥厚型心肌病的临床特征为心室壁呈不对称性肥厚,常侵及室间隔,心室内腔变小,左心室血液充盈受阻,舒张期顺应性下降。本病可分为梗阻性及非梗阻性肥厚型心肌病。肥厚型心肌病有猝死风险,是运动性猝死的原因之一。心肌肥厚常伴有炎性反应和缺血缺氧,导致 ROS 大量生成,而过量的 ROS 加速心肌细胞损伤和凋亡,并通过激活转录因子介导心肌肥厚的发生发展;氧化应激会使肌浆网膜上的 Ca^{2+}-ATP 酶失活,钙离子调控异常,进而影响心肌的收缩与舒张功能,使心肌肥厚逐渐加重,最终导致心力衰竭。

(2)食物中诱发心脑血管病的因素。近年来,心脑血管病发病率持续升高,并呈现年轻化趋势。大量研究数据表明,心脑血管疾病的发生和饮食结构密切相关。

首先,高盐饮食会引起水钠潴留和血管平滑肌肿胀,使血容量增加,血管腔变窄,增加血管阻力,导致出现高血压及其并发症。世界卫生组织建议成年人日均食盐摄入量为 5 g,而目前我国人均食盐摄入量为 12 g/天。

其次,高脂饮食尤其是饱和脂肪酸、胆固醇的摄入,会增加体内血脂水平,诱发血栓和动脉硬化，引起冠心病、脑血管疾病等。

一些研究发现，食品加工过程中产生的美拉德反应产物，尤其是美拉德反应高级阶段产物（AGEs）的摄入能够显著增加血清中的 AGEs 含量，而血清中 AGEs 的含量和心血管疾病病情的发展呈显著的正相关性。同时，食物中高含量的 AGEs 还能引起氧化型低密度脂蛋白和糖基化低密度脂蛋白的产生，引起血管内皮功能紊乱，导致动脉粥状硬化。

2. 免疫毒性

免疫系统对于防御病原体入侵和维持机体自身的稳态具有十分重要的作用。外源性化学物可直接损伤免疫细胞的形态和功能，使机体免疫功能低下，导致个体易受感染因素或肿瘤的攻击；也可影响免疫细胞的抗原识别能力或敏感性，引起过度的或不适应的免疫应答，表现为超敏反应或自身免疫性疾病。化学物对免疫系统的作用具有双相性，同一化学物可在不同条件下分别表现为对机体的免疫抑制或免疫增强。

（1）免疫毒性的类型及作用机制。免疫抑制：外源性化学物通过多种物质介导、多种作用途径而使机体免疫功能下降，宿主抵抗能力降低，从而表现为免疫抑制。免疫抑制可导致机体抗感染能力降低，增加细菌、病毒、寄生虫等生物因子对宿主的感染几率。免疫抑制尤其是细胞免疫和 NK 细胞受到抑制，会损伤机体的免疫监视功能，使机体无法及时识别和准确杀灭癌变细胞，导致肿瘤发生率增高。外源化学物的免疫抑制可通过抑制核转录因子，如 κ 基因结合因子（NF-κB）、T 细胞活化核因子（NF-AT）的活性，抑制正常的免疫功能。此外，外源化学物也可以作用于细胞内第二信使通路中的各个环节，如酪氨酸磷酸化作用、cAMP 和 Ca^{2+} 等，从而使第二信使介导的免疫过程发生变化，最终导致免疫抑制。

超敏反应：超敏反应又称为变态反应，是指机体对某些抗原初次应答后，再次接受相同抗原刺激时，发生的一种以机体生理功能紊乱和组织细胞损伤为主的异常免疫应答。超敏反应和免疫反应本质上都是机体对某些抗原物质的特异性免疫应答，但超敏反应主要表现为组织损伤和/或生理功能紊乱，免疫反应则主要表现为生理性防御效应。根据超敏反应发生的机制和临床特点，可将其分为 4 种类型。①Ⅰ型超敏反应，又称速发型超敏反应，由抗原与抗体（通常是 IgE 类，部分 IgG 亚类）结合，使细胞脱颗粒，并释放多种活性介质如组胺、5-羟色胺等，引起平滑肌收缩、毛细血管扩张、通透性增加和腺体分泌增多。②Ⅱ型超敏反应，又称细胞溶解型超敏反应，由 IgG 或者 Ig M 类抗体与靶细胞表面相应抗原结合后，在补体、吞噬细胞和 NK 细胞参与作用下引起的以细胞溶解或组织损伤为主的病理性超敏反应。③Ⅲ型超敏反应，又称免疫复合物型超敏反应，由中等大小可溶性的抗原抗体复合物沉积到局部或全身毛细血管基底膜，通过激活补体，以及在血小板、嗜碱性粒细胞、中性粒细胞参与下，引起以充血水肿、局部坏死和中性粒细胞浸润为主要特征的炎症反应和组织损伤。④Ⅳ型超敏反应，又称迟发型变态反应，指机体初次接触抗原后，T 细胞转化为致敏淋巴细胞，使机体处于过敏状态；当相同抗原再次进入时，致敏 T 细胞识别抗原，出现分化、增殖，并释放出许多淋巴因子，吸引、聚集并形成以单核细胞浸润为主的炎症反应，甚至引起组织坏死。

自身免疫应答：机体对自身组织成分或细胞抗原性失去免疫耐受性，导致自身免疫效应细胞和自身抗体产生，当自身免疫反应达到一定程度后，就会破坏正常组织结构并引起相应临床症状。外源化学物引起自身免疫应答的机制尚不明确，基本的病理特征为化学物作为自身抗原,刺激机体免疫活性细胞,特别是辅助T淋巴细胞,进而激活B淋巴细胞,产生一种或多种抗自身抗体,与靶部位的自身抗原结合,形成抗原抗体复合物,导致相应的组织或器官发生结构改变或功能障碍。

肿瘤免疫:肿瘤抗原是细胞癌变过程中出现的新抗原或过度表达的抗原的总称,它能被T淋巴细胞和B淋巴细胞识别,诱导机体产生抗肿瘤的细胞免疫和体液免疫。肿瘤抗原的主要特点是器官特异性抗原的丢失、胚胎性抗原的重现及新生肿瘤特异性抗原的出现。肿瘤抗原可分为两类:肿瘤特异性抗原和肿瘤相关抗原。肿瘤特异性抗原是肿瘤细胞特有的新抗原,在正常细胞中不存在;肿瘤相关抗原非肿瘤细胞所特有,在正常细胞和组织中同样存在,只是在正常细胞中含量很少,但在肿瘤发生时含量明显增加。肿瘤发生时,机体可通过细胞免疫及体液免疫发挥抗肿瘤作用,但一般认为细胞免疫是机体抗肿瘤免疫的主要力量。机体抗肿瘤免疫机制十分复杂,它涉及多种免疫过程,由多种免疫细胞参与,包括T淋巴细胞、B淋巴细胞、单核/巨噬细胞和NK细胞等,最终导致肿瘤细胞膜溶解穿孔,细胞内容物外溢,细胞破裂死亡。

(2)食品中的免疫毒性因素。食品加工过程中产生的多环芳烃类化合物、农副产品中的农药残留及重金属污染、二氧化硫等大气污染物等均会诱发免疫抑制作用,导致机体对病原菌或肿瘤的易感性增加,严重时表现为免疫缺陷。

4.2.3 食品安全影响健康典型案例

2008年9月,我国发生了三鹿牌奶粉含有三聚氰胺致婴幼儿中毒的重大食品安全事故。石家庄三鹿集团当时是国家农业产业化重点龙头企业,连续6年入选中国企业500强,2007年销售收入100.16亿元,位居全国乳品行业第3位,其中,三鹿奶粉产销量连续15年全国第一,市场占有率达到18.26%,比位居第二、第三的其他品牌分别高出5.68%和9.43%。

2008年9月8日,甘肃岷县14名婴儿同时查出肾结石病症,至9月11日,甘肃全省共发现59例肾结石患儿,部分患儿已发展为肾功能不全,1人死亡,这些婴儿均食用了三鹿牌婴幼儿配方奶粉,事件引起了社会广泛关注。截至2008年9月21日,因食用三鹿牌婴幼儿配方奶粉而接受门诊治疗咨询且已康复的婴幼儿累计39 965人,正在住院的12 892人,死亡4人。中国国家卫生部经调查,确定三鹿牌婴幼儿配方奶粉受到三聚氰胺污染,三聚氰胺是一种化工原料,可以提高蛋白质检测值,人如果长期摄入会导致人体泌尿系统膀胱、肾产生结石,并可诱发膀胱癌。

在随后国家质检总局公布的对国内乳制品企业生产的婴幼儿奶粉的三聚氰胺检验报告中,又有多家企业产品中被检出三聚氰胺,中国乳制品行业的民众信心指数降至历史最低点,本土品牌乳制品严重滞销,多地出现"倒奶杀牛"现象。"三聚氰胺事件"重创了中国制造商品的信誉,多个国家禁止中国乳制品进口,中国乳业进入了寒冬期。2008年9月24日,中国国家质检总局表示,牛奶中非法添加三聚氰胺事件已得到控制,2008年9月14日以后新生产的酸乳、巴氏杀菌乳、灭菌乳等主要品种抽样检测中均未检出三聚氰胺。

"三聚氰胺事件"发生后,中国奶业拉开了全面整顿、转型的序幕。首先,国家从政策层面加强监管和产业布局,规范中国奶业发展,从饲料到养殖,从原奶到成品全程严格监控监管。2008 年，国务院印发《乳制品质量安全监督管理条例》和《奶业整顿和振兴规划纲要》；2009—2010 年，国务院办公厅印发《关于进一步加强乳品质量安全工作的通知》，国家发改委修订《乳制品工业产业政策》，原国家卫生部发布 66 项新乳品安全国家标准；2013 年，习近平总书记提出建设“一带一路”的战略构想，引领新的经济全球化，促进奶业经济要素的有序流动、资源高效配置和市场深度融合；2015 年，成立中国奶业 D20 企业联盟，并举办首届 D20 峰会，推动我国奶业持续健康发展；2016 年，原国家农业部等五部门联合印发《全国奶业发展规划（2016—2020 年）》，加快转变奶业生产方式，提升奶业一体化水平；2018 年：国务院办公厅印发《关于推进奶业振兴保障乳品质量安全的意见》，农业农村部等九部委联合印发《关于进一步促进奶业振兴的若干意见》，推动奶业振兴，保障乳品质量安全，提升广大群众对国产乳制品信心。其次，从企业层面，各乳品企业加大奶源基地建设投入，发展适度规模化养殖，优化产业布局，打造全产业链生产模式，从源头上保障乳品安全；在加工中恪守“质量至上”理念，严格落实企业主体责任，推动乳业高质量发展。目前，我国奶业已初步建成基于风险分析和供应链管理的治理体系，涵盖法律法规、技术标准和监督管理，涵盖从牧场到餐桌全过程。

《2020 中国奶业质量报告》显示，2019 年，全国奶类产量达到 3 297.6 万 t，居世界第 4 位，规模牧场奶牛单产接近国际先进水平；生鲜乳抽检合格率 99.9%，持续保持较高水准；乳蛋白、乳脂肪的抽检平均值分别为 3.25%、3.82%，达到了发达国家的水平；菌落总数、体细胞抽检平均值优于欧盟标准。三聚氰胺等重点监控违禁添加物抽检合格率连续 11 年保持 100%；乳制品总体抽检合格率 99.76%，婴幼儿配方乳粉抽检合格率 99.79%。我国奶业质量安全水平正处于历史最好时期。

思考与复习题

1. 食品食用价值丧失的原因有哪些？试举例说明食用价值和商品价值的区别与联系。
2. 食物中毒的特点有哪些？试述细菌性食物中毒的表现、处置方法和预防措施。
3. 论述化学致癌过程的引发、促长、进展阶段及其特征。
4. 食物中的主要致癌物有哪些？并描述其作用机制。
5. 什么是发育毒性、致畸作用和生殖毒性？致畸作用的机制有哪些？
6. 化学致突变的类型有哪些？并简述致突变的作用机制。
7. 简述食物中的致突变因素及其作用位点。
8. 简述心血管疾病的形成机制。如何通过健康饮食预防心血管疾病的发生？

参考文献

[1] 丁晓雯，柳春平. 食品安全学[M]. 北京：中国农业大学出版社，2016.
[2] 姜培珍. 食源性疾病与健康[M]. 北京：化学工业出版社，2006.
[3] 朱梅刚. 肿瘤病理鉴别诊断手册[M]. 北京：军事医学科学出版社，2000.

[4] 张桥. 卫生毒理学基础(第三版)[M]. 北京:人民卫生出版社,2000.
[5] 刘宁,沈明浩. 食品毒理学[M]. 北京:中国轻工业出版社,2016.
[6] 严卫星,丁晓雯. 食品毒理学[M]. 北京:中国农业大学出版社,2015.
[7] 中华人民共和国法典 (2018) [M]. 北京:中国法制出版社,2018.
[8] 印木泉. 遗传毒理学[M]. 北京:科学出版社,2002.

HAPTER 5

第 5 章 食品毒理学与食品安全评价

【本章主要内容】

食品毒理学的概念、研究任务和方法；食品安全性评价的基本原理、评价程序和内容；食品安全风险分析的基本内容；食品安全风险评估的步骤及内容。

【教学要求】

1. 掌握食品毒理学的研究任务及方法，了解食品毒理学和安全性的关系。
2. 掌握毒性的分级及评定指标，了解外源化学物在体内的生物转运和转化。
3. 掌握食品安全性评价的程序和内容。
4. 了解国内外食品安全风险分析的现状。
5. 掌握食品安全风险分析的内容及意义。
6. 掌握食品安全风险评估的基本步骤。

5.1 食品毒理学概述

“民以食为天，食以安为先”，食品安全状况与人的身体健康和生命安全息息相关。随着社会经济的发展，食品安全问题日益受到人们的关注。人们购买肉、蛋、奶等产品时，总要查看一下是否新鲜、有无腐败变质、是否在保质期内；在超市，“绿色食品”“有机食品”“纯天然”“非转基因”等标志的商品格外吸引消费者的注意，成为购买意愿的重要驱动因素；购买水果、蔬菜时，家庭主妇也会留意蔬菜的产地、农药残留检测情况。这些都反映了人们已经把食品的安全性作为购买食品的重要原则和基本选择标准。我国每年食物中毒的报告约3万例，据估算，该数字仅为实际发生数的10%左右。随着经济和社会发展，食品的种类和数量日益丰富，如何提高食品的质量与安全性就成为社会公众关心的重要问题。近年来，人们的生活节奏加快，饮食方式和饮食习惯也发生了巨大变革，这些都给食品安全带来了严峻挑战。

食品毒理学是研究食品中毒物的性质、来源及形成，以及它们对人体产生的危害作用与机制，并评价其安全性及确定这些物质安全限量的一门科学。食品毒理学的作用就是从毒理学的角度，研究食品中可能含有的毒物对生物体特别是人体健康的危害，检验和评价食品和食品添加剂的安全性和安全用量范围，从而达到保护人体健康的目的。目前，食品毒理学已形成了具有自身特点和系统的概念、理论和方法体系。随着毒理学实验方法和技术的快速发展，食品毒理学的发展将以毒理基因组学为先导，整体迈入分子毒理学时代。进入21世纪以后，食品毒理学已成为保障人们生命安全与健康生活、维护环境友好与生态平衡、促进经济可持续发展、推动社会文明进步的重要科技力量。

随着毒理学的发展，与食品相关的毒理学评价程序和指南也得到不断更新和补充，国际组织和一些发达国家都出版了食品毒理学安全评价原则和指南，例如，JECFA（Joint FAO/WHO Expert Committee on Food Additives，FAO/WHO 食品添加剂联合专家委员会）发布的《食品中添加剂和污染物的毒理学安全性评价原则》；JMPR（Joint FAO/WHO Meeting on Pesticide Residues，FAO/WHO 农药残留联合会议）的《食品中农药残留的毒理学安全性评价原则》；OECD（Organization for Economic Cooperation and Development，经济合作与发展组织）的《化学品测试准则》；美国 FDA（Food and Drug Administration，食品药品管理局）的《食物成分毒理学安全性评价原则》等。我国参照国际相关标准规范，近年也制定和修订完善了新资源食品、保健食品、食品添加剂、转基因食品的相关管理法规，目前已制定了《食品容器和包装材料安全性评价毒理实验要求》《新资源食品安全性评价规程》《实验室质量控制规范食品毒理学检测》等21项食品安全性毒理学评价的标准和技术规范。2001年、2002年国务院、农业部相继颁布了《农业转基因生物安全管理条例》《农业转基因生物安全评价管理办法》等一系列转基因食品相关法规。2006年4月29日全国人大常委会通过了《农产品质量法》，确立了农产品质量安全风险评估的法律地位。2009年2月28日十一届全国人大常委会第七次会议审议通过了《中华人民共和国食品安全法》，使我国食品安全风险分析及预警的法律基本原则和制度得以确认。随着国际毒理学技术的发展和新的食品安全性问题的出现，卫生部组织专家对《食品安全性毒理学评价程序》(GB 15193—2003)进行修订，拓展安全性评价范围，《食品安全国家标准　食品安全性毒理学评价程序》(GB 15193.1—2014)已于2015年5月1日开始实施。总之，我国食品相关的管理法规和技术规范的不断完善，使我国食品毒理检测机构得到规范化和标准化管理，整体安全性评价水平无论从检验设备、人员素质，还是检验的技术水平等均有显著的提高。

5.1.1　毒物的概念

食品毒理学的研究对象主要是食品中的毒物。毒物是指在一定条件下，较小剂量即能够对机体产生损伤作用或使机体出现异常反应的外源性有害物质。毒物的形态多种多样，可以是气体、液体、固体、粉尘、烟雾等。当毒物作用于体表或经其他途径进入机体后会引起暂时或永久性的病理改变，甚至会危及生命。按照来源，毒物可分为内源性毒物和外源性毒物。

(1)内源性毒物，指机体自身代谢所形成的毒物。当机体生理活动紊乱，解毒或排泄功能发生障碍时，就会使代谢产物蓄积发生毒性作用。例如肾功能不全时，机体代谢废物无法及时排除，导致非蛋白氮和尿素等物质蓄积，严重时会导致水肿、尿毒症等。

(2)外源性毒物，又称为外源化学物，指来自外部环境中的毒物。外源性毒物主要包括：①外源化学物质，包括工业污染物(如镉、砷、汞、铅)、农药残留(有机磷)、兽药残留(抗生素)等；②生物性污染物，如细菌、真菌、寄生虫、病毒污染等；③天然有毒有害物质，如动植物本身含有的有毒有害成分(如毒苷类、河豚毒素)或由于保存不当形成的有毒有害成分(如土豆发芽形成的龙葵碱类)；④食品加工过程中形成的有毒有害物质，如腌制过程中形成的亚硝基化合物，高温、烟熏、油炸过程中形成的杂环胺、苯并芘类化合物；⑤食品添加剂指食品生产加工过程中因技术性目的而人为添加到食品中的物质。外源性毒物本身毒性较强，还可以促进内源性毒物的生成，加重病理发展过程，产生更严重的临床表现。外源性毒物是食品毒理学的主要研究对象。

5.1.2　食品毒理学的研究任务

食品毒理学的主要任务就是研究食品中外源化学物的分布、形态及其进入人体的途径与代谢规律，阐明影响毒性发生和发展的各种条件；研究外源化学物在食物中的安全限量，评定食品的安全性，制定相关的卫生标准；研究食品中化学物的急性和慢性毒性，特别应阐明致突变、致畸、致癌和致敏的特殊毒性，提出诊断方法和管理措施。食品毒理学的一个基本原则和首要目的就是要对毒性进行定量，通过研究外源化学物的毒理学安全性，得到安全限量，制定食品中有毒有害物质的预防和管控措施，确保食品安全。

5.1.3　食品毒理学的研究方法

20世纪50年代起，我国由中央卫生研究院营养学系与卫生部药品生物鉴定检定所最先开展了食品毒理学研究，重点是急性毒性实验方法的研究，包括 LD_{50} 测试、LD_{50} 计算方法的探讨。此后，随着经济和科学技术的不断发展，我国已相继建立了急性毒性、长期毒性、蓄积毒性、遗传毒性、生殖发育毒性等毒性评价方法，在农药残留量标准的制定、辐照食品的安全性评价、食品添加剂使用的研究、霉菌毒素污染的研究、化学污染物的研究、茶叶防癌机制的研究、保健食品的安全性评价及功能性评价等方面发挥了重要的作用。

毒理学研究的最终目的是研究外源化学物对人体的损害作用及其机制，但对人体直接研究难以实现，目前主要借助于动物模型来模拟引起人体中毒的各种条件，观察实验动物的毒性反应，再外推到人。由于动物特别是哺乳动物和人体在解剖、生理、生化代谢过程等方面有很多相似之处，故而为动物实验结果外推到人提供了基础依据。毒理学还可用限定人体实验和流行病学调查直接研究外源化学物对人体和人群健康的影响。

5.1.3.1 体内实验

体内实验也称为动物实验，实验对象多采用哺乳动物，如小鼠、大鼠、家兔、猪、犬等，也可根据实验要求采用水生动物、鸟类、昆虫等。体内实验可分析外源化学物的毒性，根据要求进行急性毒性实验、亚急性毒性实验和慢性毒性实验，整个实验过程需要符合动物福利和动物实验伦理规范。根据体内实验结果，合理分析后原则上可外推到人。

5.1.3.2 体外实验

体外实验可研究外源性化学物对生命细胞损伤作用规律及其机制，实验对象为离体培养的细胞系或者原代培养细胞、分离出的细胞器、游离出的器官等。体外实验多用于外源化学物的急性毒理作用初步筛查、作用机制分析及代谢转化过程的研究。体外实验成本低、实验周期短、干扰因素少，但无法真实反映生物体的体内实际作用效果。

5.1.3.3 人体观察

人体观察指在完全知情的情况下，征集志愿者进行一些不损害人体健康的实验。此类实验需制订严格可控的实验方案，采用低浓度剂量、短时间的接触，并且要切实保证毒性作用的可逆性。此外，也可通过中毒事件的处理和治疗过程，直接获取不同人群的人体毒理学数据。

5.1.3.4 流行病学研究

根据动物实验结果和外源化学物的化学特性，采用流行病学的方法（观察法、实验法、数理法），选择适当的指标在人群调查中验证。流行病学研究接触条件真实，可用于制定和修订卫生标准，为预防治疗和健康服务提供参考依据。

单一的毒理学研究方法均存在明显的缺陷和不足，实际操作中需要将体外实验和体内实验结合起来，将其实验结果外推到人，并与人体观察和流行病学研究结果综合起来分析，以期客观、全面、真实地分析外源化学物的危害程度。近年我国食品毒理学研究主要针对急性毒性、遗传毒性、致畸性和致癌性等领域，积极与国际接轨，致力于特殊毒理包括神经毒性、免疫毒性与过敏性、内分泌干扰作用等新评价技术和标准化方法的建立，广泛运用现代分子生物学技术、毒理组学技术、生物标志物、转基因动物、体外替代法等高新技术，推动食品毒理学由被动毒理学向主动毒理学发展、由高剂量测试向低剂量测试发展，实验动物由单一性模型向特征性模型发展、由低通量测试向高通量测试发展、由单一用途向多用途、多领域发展。

5.1.4 食品毒理学和安全性的关系

随着工业化、城市化进程加速，工业、农业及生活污染物给大气、土壤、饮用水安全带来了重大挑战，外源化学物进入外环境并通过食物链的生物学富集效应蓄积在食品中，对地球上的生命体安全造成巨大威胁。随着改革开放和社会经济的快速发展，我国的食品安全事件频发，如何提供食品安全性的问题日益突出。

食品的安全性隐患，可产生于人类食物链的不同环节。首先，来自生态环境，包括水、土、空气的质量，这些食品原料生长的生物学环境会直接影响食品的质量和安全性，自然资源的过度利用会引发生态环境退化和生态循环失调，加剧农作物和养殖动物的病虫害，降低产品质量，最终危及食品安全。其次，种植业生产中有机肥的无序堆制和不当使用，会产生对人体有害的病原菌和寄生虫，这些病原菌和寄生虫可能会进入农田、养殖场和水塘，通过食物链影响人类健康；滥用农药、化肥或其他有害物质可通过施肥、除草、灌溉等途径进入农田，这些化学合成的、难于生物代谢的有毒化学成分就在食物链中存在并富集起来，最终构成人类食物中重要的危害因子；由于疏于管理，可能会使真菌毒素、人畜共患病原菌、有害化学杂质混入饲料，大量使用兽药、抗生素、生长激素等化学或生物制剂都会使其在动物体内蓄积，最终在消费者体内超量积累，产生严重的不良后果。最后，现在市场经济条件下，食品加工、包装、运输过程中滥用人工添加剂、防腐剂、不安全的包装材料以及不适宜的储运环境都会使食品出现新的不安全因素。

食品毒理学是食品安全性评价的基础。不同物质毒性大小有较大差异，毒性较高的物质，相对较小的剂量就能对机体造成一定的伤害；毒性较低的物质，需要较大的剂量才会出现毒性。但一种物质是否有毒性、毒性大小也是相对的，物质毒性大小的关键是此种物质与机体接触的量。从某种意义上讲，只要达到一定的剂量，任何物质都有毒性，例如我们日常生活中不可或缺的食盐，如果一次摄入量超过 60 g 就会导致体内电解质紊乱而发病，超过 200 g 则会导致死亡。食品毒理学的作用就是从毒理学的角度，研究食品中可能含有的外源化学物对食用者的毒理作用机制，检验和评价食品的安全性和安全范围，保证人体健康。现代毒理学从现代医学的角度研究人类生产和生活实践中接触的各种（化学、物理、生物）有害因子，对生物体特别是对人体产生危害和毒作用机制、医学防护和环境保护，为食品安全性评价和监控提供翔实的理论支持和技术指导。

5.2 食品安全性评价程序和内容

食品安全性评价是对食品中存在的潜在危害进行科学检测、得出结论，以确定该潜在危害能否为消费者或社会所接受，并据此制定相应的标准。食品安全性评价的目的是阐明某种食品是否安全可食用、食品中有害成分或物质的毒性及风险大小，利用足够的毒理学资料确认物质的安全剂量，并通过风险评估进行风险控制。由此可见，食品安全性评价在食品安全性研究、监控、管理和预防上有着重要的现实意义。

5.2.1 食品安全性评价的基本原理

5.2.1.1 食品安全及食品安全性评价

1984年,世界卫生组织(WHO)将"食品安全"定义为:"生产、加工、贮存、分配和制作食品过程中确保食品安全可靠,有益于健康并且适合人消费的种种必要条件和措施。"1996年,WHO将"食品安全"和"食品卫生"分开描述,将"食品安全"定义为"对食品按照其原定用途进行制作和食用时不会使消费者受害的一种担保"。国际食品卫生法典委员会(Codex Committee on Food Hygiene,CCFH)对"食品安全"的定义是:消费者在摄入食品时,食品中不含有害物质,不存在引起急性中毒、不良反应或潜在疾病的危险性。在我国,已经在法律层面建立了"食品安全"的概念和相关规定,颁布了《中华人民共和国食品安全法》,明确规定了"食品安全"的概念:食品的种植、养殖、加工、包装、储藏、运输、销售、消费等活动符合国家强制标准和要求,不存在可能损害或威胁人体健康的有毒有害物质,以及导致消费者病亡或者危及消费者及其后代的安全隐患。可见,食品安全既包括生产安全,也包括经营安全;既包括过程安全,也包括结果安全;既包括当前安全,也包括未来安全。食品安全性是相对的,绝对安全的食品是不存在的,即便是维持人体健康的各种维生素、矿物质,甚至脂肪、蛋白质和糖类,过量摄入都会引发某些毒副作用。因此,食品安全性从广义上讲就是"食品在食用时完全无有害物质和无微生物的污染",从狭义上讲是指"在规定的使用方式和用量的条件下长期食用,对食用者不产生可观察到的不良反应",即食品中不应含有可能损害或者威胁人体健康的有毒有害物质或因素,从而导致消费者急性、慢性中毒、感染疾病,或产生危及消费者及其后代健康的隐患。

食品安全性评价是指通过科学实验和分析,对食品中存在的潜在风险进行评价的过程。食品安全性评价的主要目的是评价某种食品是否可以食用,分析食品中的有关危害成分或者危害物质的毒性以及相应的风险程度。食品安全性评价的基本流程为:初步设计→急性毒性实验→遗传毒理学实验→亚慢性毒性实验→慢性毒性实验,在此基础上,根据待评价物的毒作用性质、特点、剂量-效应关系及人实际接触情况等进行综合分析,确定安全系数,再外推到人,某些情况也可进行人体实验,最终做出安全性评价。现在食品安全性评价在传统毒理学评价的基础上,还要进行化学物质评价、人体研究、残留量研究、暴露量研究、摄入风险评价、微生物评价和营养学评价等。现代食品工业的发展使食品的种类和产量日益增加,直接应用于食品的化学物质(如食品添加剂、营养强化剂)和混入食品的有害物质(如污染物、农药残留、兽药残留)也日益增多,食品安全已成为全球性的重要问题。

5.2.1.2 毒性

1. 毒性分级及影响毒性的因素

毒性是指外源化学物与机体接触或进入机体内的易感部位后,能引起损伤作用的相对能力,包括损伤正在发育的胎儿(致畸)、改变遗传密码(致突变)或引发癌症(致癌)的能力。外源性化学物的毒性大小是相对的,在同等剂量下,对机体损害能力越大的物质,其毒性越高;相对于同一损伤来说,需要的剂量越小,毒性越大。我们平时见到的"无毒""低毒""剧毒”就是指毒物的毒性。《食品安全性毒理学评价标准》中将各种物质按照对大鼠经口 LD_{50} 的大小，分为极毒、剧毒、中毒、低毒、实际无毒和无毒 6 级。WHO 急性毒性分级标准，将毒物的毒性分为剧毒、高毒、中低毒、低毒和微毒 5 级（表 5-1）。但这些分级方法既不能反映动物接触毒物的持续时间，亦不能反映影响机体对毒物产生反应的各种因素。当动物和毒物剂量固定不变时，动物所呈现的毒效应可能存在巨大差异。例如，空腹服下外源性毒物时，往往毒效应表现较剧烈；相反，当胃饱满时，毒效应相对较小。除剂量外，影响毒物毒性的因素还有以下几种：①机体因素，如机体的年龄、遗传背景、性别、饮食、生理和健康状况等；②接触条件，如接触途径、接触时间、接触频率、吸收速率等；③外源化学物的结构和性质，如官能团结构、电荷性、旋光性、挥发性等。

表 5-1　毒物的毒性分级

毒性	微毒	低毒	中低毒	高毒	剧毒
分级	Ⅰ	Ⅱ	Ⅲ	Ⅳ	Ⅴ
成人致死量/（mg/kg 体重）	＞15 000	5 000～15 000	500～5 000	50～500	＜50

2. 毒性的评定指标

食品中毒物毒性大小在很大程度上取决于摄入的剂量，并且，毒性是很复杂的生物学现象，取决于多种因素的相互影响。某种物质在正常食用方式和用量情况下，长期食用不产生毒性，可认为是安全的，但安全是有条件的、相对的。瑞士医学家 Paracelsus 曾经说过，“所有的物质都可被认为是有毒的，正确的剂量才使得毒物与药物得以区分”。同一种化学物质，由于使用剂量、方法、对象不同，可能是毒物，也可能是非毒物，甚至可能是治病的良药。As_2O_3（俗称砒霜）为无机剧毒品，大鼠经口 10 mg/kg 体重、小鼠经口 20 mg/kg 体重即可产生急性中毒，并且具有明显的致突变性、致癌性和致畸性；然而，适当剂量的 As_2O_3 对治疗急性早幼粒细胞性白血病、恶性肿瘤、血管成形术后再狭窄等具有显著的治疗效果。硒是人体必需的微量元素，每日的安全摄入量为 50～250 μg，缺硒会导致心血管病、肝病，造成机体免疫力低下，甚至增加癌变的风险；但如果摄入量过高，又会引发慢性中毒，日摄入量超过 1 mg 可导致死亡。外源化学物毒性的大小通常用以下指标进行描述。

（1）绝对致死量（LD_{100}）：指某种外源化学物引起机体全部死亡的最低剂量。

（2）半数致死量（LD_{50}）：指某种外源化学物引起群体 50％死亡所需要的剂量。LD_{50} 的单位是 mg/kg 体重。LD_{50} 值越小，表示该外源化学物的毒性越强；反之，毒性越弱。

（3）最小有作用剂量：也称阈剂量，指在一定条件下，外源化学物作用机体后，某项灵敏的观察指标开始出现异常变化或机体开始出现损害作用的最低剂量。例如观察生化酶指标、亚细胞结构形态变化等。

（4）最大无作用剂量：指某种外源化学物在一定条件下与机体接触后，利用当前最灵敏的实验方法和观察指标也未能观察到对机体的损伤作用或使机体出现异常反应的最高剂量。

（5）每日允许摄入量：指允许正常成年人每日摄入的特定物质的总量，在此剂量下，终生不会对人体造成任何可检测的健康危害，单位为 mg/kg 体重。

3. 毒性作用及其分类

毒性作用是指外源化学物对生物体的损害作用，该作用可以在机体的各个系统、器官或组织中出现。外源化学物对机体的毒性作用可以按以下几方面进行分类。

(1)过敏性反应。过敏反应也称变态反应或超敏反应，许多外源性化学物作为半抗原进入人体后，与内源性蛋白结合形成抗原，随后激发抗体的产生；当这类半抗原再次进入人体时，就会引发抗原抗体反应，随即产生过敏反应症状。过敏反应是一种损害作用，会引起皮肤红肿，重者能导致死亡。

(2)速发与迟发型作用。速发型毒性作用指外源化学物与机体接触后短时间内出现的毒性作用，如氰化物和一氧化碳中毒；迟发型毒性作用指外源化学物与机体接触后，一定时间间隔后才出现的毒性作用，如有机磷和一些辐射作用在多年后才会出现异常症状。

(3)局部或全身作用。局部毒性作用是指某些外源化学物质和机体接触后，仅在接触部位造成损伤作用，如强酸或强碱灼伤、刺激性气体对呼吸道的损伤等；全身毒性作用是指某些外源性化学物和机体接触、吸收后，经循环系统分布到全身后所产生的损害作用，如某些重金属盐类经皮肤吸收后分布到全身，对中枢神经系统和其他靶器官产生损伤。

(4)可逆和不可逆作用。可逆作用是指外源化学物停止接触机体后，机体损伤能够逐渐恢复的毒性作用。一般情况下，和机体接触的外源化学物浓度越低、接触时间越短，造成的损失越轻，损伤恢复的速度越快。不可逆作用指机体停止接触外源性化学物后，造成的损伤继续存在，甚至损伤加重。

(5)功能或形态损伤作用。功能损伤作用是指靶器官或者组织在外源化学物的作用下发生可逆性变化，如肝、肾功能性损伤在特定条件下能够恢复。形态损伤作用是指在外源化学物的作用下，机体组织形态发生肉眼可见或显微镜下所能观察到的形态学变化。外源化学物引起的形态损伤作用许多是不可逆的，如组织坏死、神经元损伤等。

(6)特异体质反应。特异体质反应通常指遗传因素引起的机体对某些外源化学物的异常反应，表现为对剂量的极端敏感或高剂量的高度耐受。例如一些人群对亚硝酸盐和其他能引起高铁血红蛋白的外源化学物异常敏感，就是由于遗传所导致的体内缺乏 NADH 高铁血红蛋白还原酶。

5.2.1.3 剂量和剂量-反应关系

1. 剂量

剂量是指机体接触到的外源化学物的数量。剂量的概念比较宽泛，既可以是机体接触到的外源化学物的量，又可以是实验中给予实验动物的数量，还可以是机体血液、体液和组织中的含量。剂量是决定化学物对机体造成损害的最主要因素，单位通常以单位体重接触到化学物的数量(mg)或环境空气或水中的浓度(mg/m^3，mg/L)来表示。

2. 剂量-量反应关系和剂量-质反应关系

反应是指外源化学物与机体接触后引起的一系列生物学改变。反应可分为量反应和质反应两类：量反应属于计量资料，有强度和性质的差别，可以用测量数值来表示，所得到的资料是联系性的；质反应属于计数资料，不能用具体数值表示，只有发生、不发生两种可能，如“阴性和阳性”“死亡和生存”。

剂量-量反应关系表示某种外源化学物的剂量与其在个体中呈现效应强度的关系，如空气中CO浓度升高和红细胞氧合血红蛋白含量降低之间的关系；剂量-质反应关系指外源化学物剂量和群体中质反应发生率的关系，如随着药物注射剂量的升高，各实验组大鼠死亡率随之增加。

剂量-量反应关系和剂量-质反应关系统称剂量-反应关系，这是毒理学的重要概念。外源化学物的剂量越大，量反应强度越大，或出现质反应发生率越高。剂量-反应关系是评价外源性化学物毒性和确定安全限值的基本依据，是毒理学各分支领域中的最基本的研究内容。

3. 剂量-反应曲线

剂量-反应关系是毒理学的重要概念，是指不同剂量的外源化学物与其所引起的个体中的量效应关系。以外源化学物剂量为横坐标，以生物体的毒性效应为纵坐标绘制散点图所得到的曲线即为剂量-反应曲线。不同的外源化学物、不同的个体、不同的接触条件，剂量-反应关系不尽相同，表现为不同的剂量-效应曲线。

(1)直线形。外源化合物的剂量与反应强度呈直线关系，随着剂量的增加，反应强度随之呈正比例增加。此种关系较少见，有时会出现在某些体外实验中。

(2)S形。S形是典型的剂量-反应曲线，其特点是随着剂量增加，反应强度缓慢增加；当达到一定剂量后，反应强度陡然增加；但随着剂量的持续增加，反应强度又逐渐放缓，整条曲线呈“S”形。

“S”形曲线又可分为对称性“S”曲线和非对称性“S”曲线。当实验群体中所有个体对外源化学物的易感性呈正态分布时，剂量-反应曲线为对称性“S”曲线；当实验群体样本总量有效，且存在一些耐受性较高的个体时，剂量-反应曲线为不对称性“S”曲线。后者在毒理学实验中最为常见。

(3)抛物线形。外源化学物的剂量和反应强度呈非线性关系，随着剂量的增加，反应强度随之增加；初始阶段反应增速较快，随后逐渐变慢；曲线先陡峭后平缓，呈现抛物线形。如将此曲线的剂量值转换为对数值，就能将剂量-反应关系转换成直线。

剂量-反应关系是毒理学的重要概念，如果某种毒物能够引起机体出现某种损害作用，一般就存在明确的剂量-反应关系(过敏反应除外)。剂量-反应曲线除上述主要类型外，还存在U形曲线、J形曲线、双曲线等多种形式。

5.2.1.4 外源化学物在体内的生物转运与生物转化

机体和外源化学物接触后，会对其进行一系列处理，可分为吸收、分布、代谢及排泄四个过程。首先，外源化学物会通过和机体部位接触而进入人体；然后，由体循环分散到全身组织细胞中分布；随后，在组织细胞内经酶类催化发生结构和性质变化，并形成新的衍生物或分解产物；最后，进入机体的化学物及其代谢产物通过排泄过程离开机体。

外源化学物的吸收、分布和排泄过程称为生物转运，生物转运过程实质就是外源化学物量的变化过程。外源化学物经过机体内酶系统作用后发生化学结构改变称为生物转化。在生物转化的过程中,外源化学物在机体内发生了质的改变。

1.外源化学物的生物转运

(1)外源化学物的吸收。机体对外源化学物的吸收主要通过机体内表面或外表面的生物膜转运至血液循环系统,主要的吸收部位是消化道、呼吸道、皮肤,毒理学实验和药物治疗中还通常选用皮下注射、静脉注射、腹腔注射等注射方式。吸收部位既可能会对外源化学物有不同的屏障作用,也可能是外源化学物直接作用的靶。

消化道吸收。外源化学物主要通过生物体的消化道(口腔、食管、胃、小肠、大肠)吸收后进入体循环,有害物质的吸收可发生于整个胃肠道,甚至口腔和直肠中,但主要在小肠中。小肠中皱襞、肠绒毛及微绒毛结构使肠黏膜表面积增加约600倍,达到200～400 m^2,巨大的吸收面积使摄入的外源化学物能够在小肠中被快速吸收。有害物质主要通过被动扩散、膜孔过滤、载体中介、吞噬或胞饮等机制经胃肠道吸收。多种因素会影响有害物质在消化道中的吸收,如有害物质的性质、胃肠的蠕动情况、胃肠道的酸碱性、胃肠道中同时存在的其他食物、肠道菌群状况及某些特殊的生理状况等。

呼吸道吸收。空气中的外源化学物根据组成可分为气态和气溶胶,它们主要通过呼吸道进入机体。气态外源化学物的水溶性不同,吸收部位也不相同。二氧化碳、氯气等易溶于水的化学物在上呼吸道被吸收;二氧化氮、碳酰氯等不溶或微溶于水的化学物则可深入肺部,通过肺泡吸收。固态颗粒、液体小质点的外源化学物悬浮在气体介质中可形成气溶胶,气溶胶的吸收受颗粒大小和水溶性的影响。呼吸道从上端到下端的管径不断缩小,可起到过滤作用,大颗粒的气溶胶附着在呼吸道黏膜表面,通过纤毛运动作为鼻液、痰被清除,或被咽入胃肠道而被吸收或排除;只有小于1 μm的颗粒物可以达到肺泡,这些颗粒物一部分经吸收进入血液,另一部分被肺泡内巨噬细胞吞噬后清除。

经皮肤吸收。皮肤是外源化学物的天然屏障,除非表皮角质层受损、通透性提高,否则吸收较为困难,但一些高脂性杀虫剂、多环芳烃类和重金属可经皮肤吸收后引起全身中毒。外源化学物经过皮肤表皮(上皮细胞、结缔组织)或附属物(汗腺、皮脂腺和毛囊),扩散至真皮内静脉和毛细淋巴管进入体循环。脂溶性高、分子量小的外源化学物更容易被皮肤吸收;皮肤通透性高的物种(如大鼠、兔子)、生物体部位(腹部、额部)更容易通过皮肤吸收外源化学物;接触面积大、皮肤的血流量快及皮肤潮湿均会加速皮肤吸收。

除上述3种途径外,外源化学物还存在静脉注射、肌肉注射、腹腔注射等特殊的吸收途径。

(2)外源化学物的分布。分布是指外源化学物吸收进入血液或淋巴液后,随体循环分散到全身组织器官的过程。外源化学物进入机体后,对体内各器官的毒作用并不一样,往往具有选择毒性。外源化学物可以直接发挥毒作用的器官或组织称为该物质的靶器官。外源化学物除了在靶器官蓄积外,还会在其他组织蓄积,但不显示明显的毒作用,这些器官和组织统称为储存库。储存库具有降低靶器官损伤和延长毒物生物学半衰期的双重作用。

外源化学物在体内运输的主要形式有:以游离的形式溶解在血液中运输、与血浆蛋白结合运输、与血红蛋白结合运输、与细胞表面某些成分结合运输、与血浆中有机酸结合运输等。外源化学物在机体各部分的分布并不均匀。由于吸收的外源化学物要靠血液运送到所有的器官和组织，因此，在分配的初始阶段，器官和组织内的外源化学物含量和血液供应量直接相关。但随着时间的延长，外源化学物在器官中的分布则更容易受到组织本身"吸收"特性的影响，即根据器官的亲和力进行外源化学物的再分配。此外，造成外源性化学物在各器官中分布不均衡的另一重要原因是机体的一些组织或器官对外源化学物的透过有明显的屏障作用，如血脑屏障、胎盘屏障、血睾屏障等。屏障作用对阻止或减少外源化学物对器官的损伤具有一定的保护作用。

(3)外源化学物的排泄。排泄是外源化学物及其代谢产物由机体向外转运的过程，主要途径是经肾脏随尿液排出和经肝、胆通过肠道随粪便排出；其次，随各种分泌液体，如汗液、乳汁、唾液排出；此外，挥发性的物质还可以经呼吸道排出。

经肾脏排出。肾脏排泄外源化学物的效率极高，是水溶性化学物及其代谢产物的主要排泄器官。肾脏清除毒物的机理与其正常代谢产物的清除机理一致，即肾小球滤过、肾小管重吸收和肾小管分泌。①肾小球滤过：血液中分子量 50 000 以下的物质可以滤过，而蛋白质等大分子物质(血浆蛋白中分子量最小的血浆白蛋白分子量约为 69 000)基本不能滤过。因此，游离的外源化学物可以滤过，但与血浆蛋白结合后就难以过滤。②肾小管重吸收：肾小球的简单过滤使得滤液中含有大量的机体必需物质，如葡萄糖、钠离子及水分，为了保持机体健康，这些成分大部分被重吸收。经过肾小管的重吸收，原尿液中外源化学物的浓度显著增加，一般的外源化学物经过生物转化后成为极性更大的高水溶性代谢产物，重吸收较小；但脂溶性化学物会以简单扩散的方式进行重吸收。③肾小管分泌：肾小管包含有机酸类和有机碱类两套转运系统，可通过主动运输逆浓度梯度将这两类外源化学物由近曲小管的毛细血管中转运到肾小管中，称为肾小管分泌。某些毒物，如青霉素、四乙胺等，可通过肾小管分泌排出体外。

经肝、胆排泄。肝、胆系统也是外源化学物自体内排出的重要途径之一。肝脏是外源化学物代谢的主要器官，进入肝脏细胞后的外源化学物及其代谢产物会主动转运至胆汁中，并随胆汁排入十二指肠。胆汁排泄是多种结合产物的主要排泄途径，可视为肾脏的补偿性排泄途径。通常情况下，小分子物质经肾脏排泄，大分子物质经胆排泄。外源化学物及其代谢产物的结合产物随胆汁进入肠道后，一部分随粪便排出；另一部分在肠道黏膜和肠道菌群上酶类的作用下成为游离态，被肠道吸收后经肝门静脉重新进入肝脏，这种现象被称为肠肝循环。肠肝循环可使一些机体需要的化学物被重新利用，但也会导致一些毒物在体内的停留时间延长，毒性增加。

经肺和其他途径排泄。在体内未分解的气态毒物及在体内形成的挥发性代谢产物均会经肺通过呼吸道排出，排出方式为通过细胞膜的被动扩散，其速度取决于肺泡壁两侧的气体分压差。此外，一些外源化学物可通过被动扩散的方式经乳腺随乳汁排出。由于乳汁偏酸性(pH＝6.5～7.0)且富含脂肪，因而脂溶性物质及弱碱性化学物容易在乳汁中聚集，如毒性极大的二噁英类物质。外源化学物从汗液和唾液排出量较小，排泄途径多为被动扩散。

2. 外源化学物的生物转化

外源化学物从不同途径被吸收进入人体后，将发生一系列化学变化并形成一些分解产物或衍生物，此种过程称为生物转化或代谢。外源化学物的生物转化主要在肝脏中进行，肺、肾、肠道、皮肤也有一定的生物转化能力。生物转化的主要作用是将亲脂的外源化学物转化为极性较强的亲水性物质，以降低其通过细胞膜的能力，更容易排泄到尿和胆汁中。经过生物转化之后，大多数情况是生物转化终止了药物的药效作用或降低了外源化学物的毒性，称为代谢解毒；但是有的外源化学物会生成反应活性高于原型的代谢产物，这些产物与细胞、组织、器官作用，产生高毒性甚至致癌、致畸、致突变效应，称为代谢活化或生物活化。

生物转化按照反应顺序的先后可分为Ⅰ相反应和Ⅱ相反应。

(1)Ⅰ相反应。Ⅰ相反应是指机体对外源化学物引入或脱去某些功能基团，如—OH、—COOH、—NH_2等，从而使外源化学物极性增高，脂溶性降低，水溶性增加。Ⅰ相反应主要包括氧化、还原和水解反应。

氧化反应是外源化学物生物转化的最重要反应，可分为微粒体混合功能氧化酶催化和非微粒体混合功能氧化酶催化两种氧化反应。微粒体混合功能氧化酶系又称细胞色素P-450酶系，它是细胞内质网膜上的一个酶系，主要由血红素蛋白类、黄素蛋白类和磷脂类三部分组成，其催化的反应主要有脂肪族和芳香族碳的羟基化反应、双键的环氧化反应、杂原子的氧化和*N*-羟基化反应、杂原子脱烷基反应、氧化基团转移、酯键断裂和脱氢反应。非微粒体混合功能氧化酶存在于肝组织胞液、血浆、线粒体或组织匀浆上清液中，包括醇脱氢酶、醛脱氢酶、过氧化氢酶等，可催化胺氧化和醇醛氧化等。

生物转化的还原反应通过还原酶类来实现，这些酶类来自哺乳动物组织和肠道菌群中，其中肠道菌群内还原酶的活性较高。还原反应可分为羰基还原反应、含氮基团还原反应、含硫基团还原反应、醌还原反应和脱卤反应。例如肝组织细胞中的微粒还原型细胞色素P-450在NADPH供氢条件下，能使一些硝基化合物或偶氮化合物还原；肠道菌群催化的硝基还原反应对某些硝基芳香类毒物的毒性起到重要作用。

水解反应是外源化学物与水发生反应而分为两个或两个以上较小的部分的反应，水解作用主要由脂酶、酰胺酶、肽酶和环氧水合酶催化。脂酶和酰胺酶可水解含有羧酸酯、酰胺、硫酯、磷酸酯及酸酐等功能基团的外源化学物；血液和组织中的肽酶可水解肽类；环氧化物水解酶催化环氧化物与水的加成反应，生成反式构型的邻位二醇。

(2)Ⅱ相反应。Ⅱ相反应指外源化学物原有的极性基团或经过Ⅰ相反应所引入的极性基团与内源性化学物进行化学结合反应。Ⅱ相反应需要辅酶和转移酶的参与并消耗能量，这些酶类包括UDP-葡萄糖醛酸转移酶、磺基转移酶、谷胱甘肽-*S*-转移酶、酰基转移酶、乙酰基转移酶和甲基转移酶等。根据结合机制，可将Ⅱ相反应分成以下几种类型。

①葡萄糖醛酸结合反应。葡萄糖醛酸结合反应是Ⅱ相反应中最普遍的一种，主要在肝微粒体中进行，在肾、肠黏膜、皮肤中也可发生。来自胞液的尿苷二磷酸葡萄糖醛酸和外源性底物如羟基、羧基、胺基和巯基在葡萄糖醛酸转移酶的催化下发生结合反应，生成醚型或酯型β-葡萄糖醛苷酸，并释放出UDP，生成物水溶解性提高，更易于从尿和胆汁排泄。经过葡萄糖醛酸结合反应，外源性化学物毒性消失或降低，水溶性增加，增大被有机阴离子转运系统转运的可能性。

②硫酸结合反应。硫酸结合反应是以3′-磷酸腺苷-5′-磷酰硫酸为供体，在磺基转移酶

的作用下与外源化学物及其代谢产物上的羟基结合生成硫酸酯。硫酸结合反应多发生在肝、肾、胃、肠等组织中，与葡萄糖醛酸结合反应同时发生。硫酸结合物主要经尿排泄，毒物与硫酸结合后尿液中有机硫酸酯和无机硫酸盐的比值明显升高，可以用作一些毒物的接触指标。

③乙酰化作用。乙酰化作用通过酶催化或非酶催化，将乙酰基从乙酰辅酶 A 转移到含伯胺、羟基或巯基的外源化学物上。肝是 *N*-乙酰化作用的主要器官，糖、脂肪以及蛋白质的代谢产物是乙酰辅酶 A 的供体，芳香伯胺和肼的伯胺基乙酰化作用是外源化学物的主要生物转化途径。

④甲基化作用。甲基化不是外源化学物的主要结合方式，甲基来自 *S*-腺嘌呤甲硫氨酸。甲基化反应可分为 *N*-甲基化、*O*-甲基化、*S*-甲基化。这种结合方式的产物虽然可能比母体化合物的水溶性低，但却能使化合物失去生物活性，起到解毒的效果。

⑤谷胱甘肽结合。谷胱甘肽是体内广泛存在的含巯基(—SH)物质，—SH 具有亲核特性，可以与含有亲电子中心 C、N、S、O 的毒物反应生成硫醚氨酸结合物。谷胱甘肽主要存在于胞液中，微粒体中含量较低，在肝、肾中也有分布。参与结合反应的谷胱甘肽必须为内源性，即来自体内的代谢中间产物，外源性谷胱甘肽不能参与该反应。谷胱甘肽-*S*-转移酶催化的谷胱甘肽结合反应符合亲电子剂解毒的一般机制。外源性化学物在生物转化过程中，有大量的亲电性化合物生成，这些产物能引起细胞凋亡或基因突变。谷胱甘肽通过与含亲电子性的外源化学物结合，从而阻止它们的损伤作用。谷胱甘肽结合产物的相对分子质量比原化合物大，具有极性和水溶性，可经胆汁排泄，经体循环转运至肾，最终由尿排泄。

⑥氨基酸结合。羧酸和芳香羟胺类外源化学物可以与机体内的氨基酸结合。羧酸经酰基辅酶 A 合成酶催化生成酰基辅酶 A 硫酯，再通过 *N*-乙酰转移酶催化，可与甘氨酸、谷氨酸等氨基酸的氨基反应，形成酰胺键，起到解毒作用。芳香羟胺则通过氨甲酰-tRNA 合成酶催化，与氨基酸的羧基结合生成 *N*-酯，产物中含有亲电子的氮宾离子和碳宾离子，因此是活化反应。

外源化学物的生物转化会受到多种因素的影响，动物的物种、性别、年龄不同，代谢酶的种类、数量和活性也有较大差异。此外，动物体在生产生活中往往同时接触多种化学物质(食物中、饮用水、治疗药物等)，这些物质可能会对参与生物转化的酶产生诱导和激活、抑制和阻遏作用，进而影响外源化学物的生物转化过程。

5.2.2 食品毒理学安全性评价程序

绝对的安全是无法实现的，世界各国对外源性化学物进行的毒理学安全性评价均以人类使用相对安全为前提。我国对不同物质进行毒理学安全性评价的要求是在国家法律法规允许下的安全，即社会发展到现今阶段所能接受的危险水平。

中华人民共和国成立之初即开始对化学物质进行毒性鉴定及开展毒理学实验，20 世纪五六十年代对食品、药品等曾作出过初步的法律规定，但随后进展缓慢甚至停滞不前。直到 20 世 80 年代以来，国家相关部门陆续发布了一些化学物质的毒性鉴定程序和方法，国家也颁布法律加强对外来化学物的管理。1983 年，国家卫生部公布《食品安全性毒理学评价程序(试行)》，1985 修订后开始在全国范围内实施。1994 年，卫生部批准通过《食品安全国家标准 食品安全性毒理学评价程序》(GB 15193.1—1994)，并于 2003 年、2014 年进行了两次修订。现行国家标准 GB 15193.1—2014 自 2015 年 5 月 1 日起实施。

5.2.2.1 评价程序的适用范围

食品安全性毒理学评价程序用于评价食品生产、加工、保藏、运输和销售过程中所涉及的可能对健康造成危害的化学、生物和物理因素的安全性，检验对象包括食品及其原料、食品添加剂、新食品原料、辐照食品、食品相关产品(用于食品的包装材料、容器、洗涤剂、消毒剂和用于食品生产经营的工具、设备)以及食品污染物。

5.2.2.2 食品安全性毒理学实验的阶段

(1) 第一阶段：急性毒性实验。

(2) 第二阶段：遗传毒性实验、致畸实验、短期(28 天)喂养实验。

(3) 第三阶段：亚慢性毒性实验——90 天喂养实验、繁殖实验、代谢实验。

(4) 第四阶段：慢性毒性实验、致癌实验。

5.2.2.3 不同受试物选择毒性实验的原则

(1)凡属我国首创的物质，特别是化学结构提示有潜在慢性毒性、遗传毒性、致癌性或该受实验物产量大、使用范围广、人体摄入量大的，应进行系统的毒性实验，包括急性经口毒性实验、遗传毒性实验、90 天经口毒性实验、致畸实验、生殖发育毒性实验、毒物动力学实验、慢性毒性实验和致癌实验(或慢性毒性和致癌合并实验)。

(2)凡属与已知物质(指经过安全性评价并允许使用者)的化学结构基本相同的衍生物或类似物，或在部分国家和地区有安全食用历史的物质，则可先进行急性经口毒性实验、遗传毒性实验、90 天经口毒性实验和致畸实验，再根据实验结果判断是否需要进行毒物动力学实验、生殖毒性实验、慢性毒性实验和致癌实验等。

(3)凡属已知的或多个国家有食用历史的物质，同时申请单位又有资料证明申报受试物的质量规格和国外产品一致的，则可先进行急性经口毒性实验、遗传毒性实验和 28 天经口毒性实验，再根据实验结果判断是否进行进一步的毒性实验。

(4)食品添加剂(香料、酶制剂等)、新食品原料以及与新资源食品、食品相关的产品的安全性毒理学评价实验，具体选择如下。

①香料。凡 WHO 已建议批准使用或已制定日容许摄入量者，以及香料生产者协会(FEMA)、欧洲理事会(COE)和国际香料工业组织(IOFI)四个国际组织中的两个或两个以上允许使用的，一般不需要进行实验。凡属资料不全或只有一个国际组织批准的，可先进行急性毒性实验和遗传毒性实验组合中一项，经初步评价后，再决定是否需进行进一步实验。凡属尚无资料可查、国际组织未允许使用的，先进行急性毒性实验、遗传毒性实验和 28 天经口毒性实验，经初步评价后，决定是否需进行进一步实验。凡属用动、植物可食部分提取的单一高纯度天然香料，如其化学结构及有关资料并未提示具有不安全性的，一般不要求进行

毒性实验。

②酶制剂。由具有长期安全食用历史的传统动物和植物可食部分生产的酶制剂，世界卫生组织已公布日容许摄入量或不需规定日容许摄入量者或多个国家批准食用的，在提供相关证明材料的基础上，一般不要求进行毒理学实验。对于其他来源的酶制剂，凡属毒理学资料比较完整，世界卫生组织已公布日容许摄入量或不需规定日容许摄入量者或多个国家批准使用的，如果质量规格与国际质量规格标准一致，则要求进行急性经口毒性实验和遗传毒性实验；如果质量规格标准不一致，则需增加 28 天经口毒性实验，并根据实验结果考虑是否进行其他相关毒理学实验。对其他来源的酶制剂，凡属新品种的，需要先进行急性经口毒性实验、遗传毒性实验、90 天经口毒性实验和致畸实验，经初步评价后，决定是否进行进一步实验。凡属一个国家批准使用，世界卫生组织未公布日容许摄入量或资料不完整的，先进行急性经口毒性实验、遗传毒性实验和 28 天经口毒性实验，再根据实验结果判定是否需要进一步的实验。通过转基因方法生产的酶制剂按照国家对转基因管理的有关规定执行。

③其他食品添加剂。凡属毒理学资料比较完整，世界卫生组织已公布日容许摄入量或不需规定日容许摄入量者或多个国家批准使用的，如果质量规格和国际质量规格标准一致，则要求进行急性经口毒性实验和遗传毒性实验。如果质量规格标准不一致，则需增加 28 天经口毒性实验，并根据实验结果考虑是否进行其他相关毒理学实验。凡属一个国家批准使用，世界卫生组织未公布日容许摄入量或资料不完整的，先进行急性经口毒性实验、遗传毒性实验和 28 天经口毒性实验，再根据实验结果判定是否需要进一步的实验。对于由动、植物或微生物制取的单一组分、高纯度食品添加剂，凡属新品种的，需要先进行急性经口毒性实验、遗传毒性实验、90 天经口毒性实验和致畸实验，经初步评价后，决定是否进行进一步实验。凡属国外有一个国家组织或国家已批准使用的，则进行急性经口毒性实验、遗传毒性实验和 28 天经口毒性实验，经初步评价后，决定是否需进行进一步实验。

④新食品原料。按照《新食品原料申报与受理规定》（国卫食品发〔2013〕23 号）进行评价。

⑤食品相关产品。按照《食品相关产品新品种申报与受理规定》（卫监督发〔2011〕49 号）进行评价。

5.2.2.4　食品安全性评价时需要考虑的因素

1. 实验指标的统计学意义、生物学意义和毒理学意义

对实验中某些指标的异常改变，应根据实验组与对照组指标是否有统计学差异、有无剂量-反应关系、同类指标横向比较、两种性别的一致性及与本实验室的历史性对照值范围等，综合考虑指标差异有无生物学意义，并进一步判断是否具毒理学意义。此外，如在受试物组发现某种在对照组没有发生的肿瘤，即使与对照组比较无统计学意义，仍要给予关注。

2. 人的推荐（可能）摄入量较大的受试物

应考虑给予受试物量过大时，可能影响营养素摄入量及其生物利用率，从而导致某些毒理学表现，而非受试物的毒性作用所致。

3. 时间-毒性效应关系

对由受试物引起实验动物的毒性效应进行分析评价时，要考虑在同一剂量水平下毒性效应随时间的变化情况。

4. 特殊人群和易感人群

对孕妇、乳母或儿童食用的食品，应特别注意其胚胎毒性或生殖发育毒性、神经毒性和免疫毒性等。

5. 人群资料

由于存在着动物与人之间的物种差异，在评价食品的安全性时，应尽可能收集人群接触受试物后的反应资料，如职业性接触和意外事故接触等。在确保安全的条件下，可以考虑遵照有关规定进行人体试食实验，并且志愿受试者的毒物动力学或代谢资料对于将动物实验结果推论到人具有很重要的意义。

6. 动物毒性实验和体外实验资料

以上所列的各项动物毒性实验和体外实验系统是目前管理（法规）毒理学评价水平下所得到的最重要的资料，也是进行安全性评价的主要依据，在实验得到的阳性结果，而且结果的判定涉及受试物能否应用于食品时，需要考虑结果的重复性和剂量-反应关系。

7. 不确定系数

不确定系数即安全系数。将动物毒性实验结果外推到人时，鉴于动物与人的物种和个体之间的生物学差异，不确定系数通常为100；但可根据受试物的原料来源、理化性质、毒性大小、代谢特点、蓄积性、接触的人群范围、食品中的使用量和人的可能摄入量、使用范围及功能等因素来综合考虑其安全系数的大小。

8. 毒物动力学实验的资料

毒物动力学实验是对化学物质进行毒理学评价的一个重要方面，因为不同化学物质、剂量大小，在毒物动力学或代谢方面的差别往往对毒性作用影响很大。在毒性实验中，原则上应尽量使用与人具有相同毒物动力学或代谢模式的动物种系来进行实验。研究受试物在实验动物和人体内吸收、分布、排泄和生物转化方面的差别，对于将动物实验结果外推到人和降低不确定性具有重要意义。

5.2.2.5 食品安全性综合评价

在进行综合评价时，应全面考虑受试物的理化性质、结构、毒性大小、代谢特点、蓄积性、接触的人群范围、食品中的使用量与使用范围、人的推荐（可能）摄入量等因素。对于已在食品中应用了相当长时间的物质，对接触人群进行流行病学调查具有重大意义，但往往难以获得剂量-反应关系方面的可靠资料；对于新的受试物质，则只能依靠动物实验和其他实验研究资料。然而，即使有了完整和详尽的动物实验资料和一部分人类接触的流行病学研究资料，由于人类的种族和个体差异，也很难做出能保证对每个人都安全的评价，所谓绝对的食品安全实际上是不存在的。在受试物可能对人体健康造成的危害以及其可能的有益作用之间进行权衡，以食用安全为前提。安全性评价的依据不仅仅是安全性毒理学实验的结果，而且与当时的科学水平、技术条件以及社会经济、文化因素有关。因此，随着时间的推移、社会经济的发展、科学技术的进步，有必要对已通过评价的受试物进行重新评价。

5.2.3　食品毒理学安全性评价内容

5.2.3.1　实验前的准备工作

1. 收集待评价物质的基本资料

进行毒理学实验前，需要进行充分的资料收集，并根据受试物的化学结构预测其毒性，以便于为毒理学实验设计提供参考。资料收集内容包括受试物的组成、纯度、化学结构、分子量、熔点、沸点、溶解度、稳定性、定性、定量的检测方法以及各检测方法的优缺点。

2. 了解待评价物质的使用情况

了解受试物的使用范围、用途、使用数量和方式、接触途径；受试物是否曾被人群接触及可能的人群流行病学资料；是否存在过度接触、滥用及误用的可能性；是否为环境污染物。

3. 产品形式选择

受试物应采用工业产品或市售商品，其成分、比例、纯度应与人类实际接触的产品相同，反映人体实际接触情况；在分析受试物毒性的具体来源时，可以将纯品、所含杂质及工业品分别进行毒性检测，将实验结果进行比对。

4. 实验动物选择

所选动物对受试物的代谢方式应尽可能地与人类接近，优先考虑哺乳动物。为减少同种动物不同品系造成的实验误差，保持稳定的生理常数、营养需要和应激反应，最好选择纯系动物、内部杂交动物或第一代杂交动物进行实验。大鼠、小鼠、豚鼠、家兔、猪是实验室经常选择的实验动物。

5.2.3.2　不同阶段毒理学实验项目

我国食品安全性毒理学评价实验可划分为 4 个阶段，需要按照顺序进行。一般情况下，下一阶段实验依据上一阶段实验结果进行设计，并且后一阶段实验的周期、人力物力投入一般大于前一阶段。一些待评价物质进行部分毒理学实验后，未出现或表现出轻微的毒性，根据已有实验结果即可做出评价；或者某些待评价物质在已有实验中已经显示极强的毒性，无法使用或食用，则不必进行下一阶段的实验。按顺序有层次地进行食品安全性毒理学实验，可在最短时间内、用最经济的办法取得有效的测试结果。

1. 第一阶段：进行急性毒性实验

一次或 24 h 内多次经口给予实验动物受试药物后，观察动物在短期内的毒性反应，包括中毒体征和死亡情况，通常用半数致死量（LD_{50}）来表示。急性毒性实验可在短期内提供经口接触受试物所产生的健康危害信息，能够为急性毒性的分级提供依据，也可为进一步毒性实验的剂量选择和观察指标提供依据，还可初步估测毒作用的靶器官和可能的毒作用机制。急性毒性实验方法主要有霍恩氏法、限量法、上-下法、寇氏法、概率单位-对数图解法、急性联合毒性实验等。

2. 第二阶段：28 天经口毒性实验、致畸实验和遗传毒性实验

（1）28 天经口毒性实验。28 天经口毒性实验是指实验动物连续 28 天经口接触受试物，观察由此所导致的健康损害效应。实验目的是了解受试物剂量-反应关系和毒作用靶器官，确定28天经口最小观察到有害作用剂量和未观察到有害作用剂量，初步评价受试物经口的安全性，并为下一步较长期毒性和慢性毒性实验剂量、观察指标、毒性终点的选择提供依据。

(2)致畸实验。致畸实验是为了评价受试物是否有致畸作用。母体在孕期受到可通过胎盘屏障的某种有害物质作用时，会影响胚胎的器官分化与发育，导致结构异常，出现胎仔畸形。因此，通过检测妊娠动物接触受试物后引起胎仔致畸的作用效果，可以检测该物质的致畸作用，并能外推预测对人体的可能致畸性。

(3)遗传毒性实验。遗传毒性实验包括细菌回复突变实验、哺乳动物红细胞微核实验、哺乳动物骨髓细胞染色体畸变实验、小鼠精原细胞或精母细胞染色体畸变实验、体外哺乳类细胞HGPRT基因突变实验、体外哺乳类细胞TK基因突变实验、体外哺乳类细胞染色体畸变实验、啮齿类动物显性致死实验、体外哺乳类细胞DNA损伤修复实验、果蝇伴性隐性致死实验。遗传毒性实验一般应遵循原核细胞与真核细胞、体内实验和体外实验相结合的原则。应根据受试物的特点和实验目的，几个实验组合联用以实现遗传毒性分析的目的。

3. 第三阶段:生殖发育实验、毒物动力学实验和90天喂养实验

(1)生殖发育实验。生殖发育实验是为了评价受试物对实验动物3代的毒性作用，观察受试物对第1、2代的生殖毒性，对第3代的生殖发育毒性。毒性作用主要包括子代出生后死亡率增加、生长与发育的改变、子代的功能缺陷(神经行为、生理发育)和生殖异常等。

(2)毒物动力学实验。毒物动力学实验是观察受试物在体内吸收、分布、生物转化和排泄等过程随时间变化的动态特征。对一组或几组实验动物分别通过适当的途径一次或在规定的时间内多次给予受试物，然后检测体液、脏器、组织、排泄物中受试物和(或)其代谢物的量或浓度的经时变化，探索其毒理学意义。

(3)90天喂养实验。90天喂养实验是指在不超过实验动物寿命期限10%的时间内，重复经口给予受试物，分析其毒性效应，了解受试物剂量-反应关系、毒作用靶器官和可逆性，为慢性毒性实验剂量、观察指标、毒性终点选择以及获得“暂定的人体健康指导值”提供依据。

4. 第四阶段:慢性毒性实验和致癌实验

(1)慢性毒性实验。慢性毒性实验是指实验动物经长期重复给予受试物所引起的毒性作用，了解受试物剂量-反应关系和毒性作用靶器官，确定最大未观察到有害作用剂量。

(2)致癌实验。致癌实验是确定实验动物的大部分生命期间，经口重复给予受试物引起的致癌反应，了解肿瘤发生率、靶器官、肿瘤性质，预测人群接触该受试物的致癌作用。

第四阶段实验周期长，二者可以结合进行，可为受试物最终能否应用于食品及确定健康指导提供依据。

5.2.3.3 食品安全性毒理学评价实验的目的和结果判定

1. 毒理学实验的目的

(1)急性毒性实验。主要是为了了解受试物的急性毒理性强度、性质和可能的靶器官，测定LD_{50}，为进一步进行毒性实验的剂量和毒性观察指标的选择提供依据，并根据LD_{50}进行急性毒性剂量分级。

(2)遗传毒性实验。主要是了解受试物的遗传毒性以及筛查受试物的潜在致癌作用和细胞致突变性。

(3)28 天经口毒性实验。是在急性毒性实验的基础上,进一步了解受试物毒作用性质、剂量-反应关系和可能的靶器官,得到 28 天经口未观察到有害作用剂量,初步评价受试物的安全性,并为下一步较长期毒性和慢性毒性实验剂量、观察指标、毒性终点的选择提供依据。

(4)90 天经口毒性实验。观察受试物以不同剂量水平经较长期喂养后对实验动物的毒作用性质、剂量-反应关系和可能的靶器官,得到 90 天经口未观察到有害作用剂量,为慢性毒性实验剂量选择和初步制定人群安全接触限量标准提供科学依据。

(5)致畸实验。了解受试物是否具有致畸作用和发育毒性,并可得到致畸作用和发育毒性的未观察到有害作用剂量。

(6)生殖毒性实验和生殖发育毒性实验。了解受试物对实验动物繁殖及对子代的发育毒性,如性腺功能、发情周期、交配行为、妊娠、分娩、哺乳和断乳以及子代的生长发育等,并得到受试物的未观察到有害作用剂量水平,为初步指导人群安全接触限量标准提供科学依据。

(7)毒物动力学实验。了解受试物在体内的吸收、分布和排泄速度等相关信息;为选择慢性毒性实验的合适实验动物种(species)、系(strain)提供依据;了解代谢产物的形成情况。

(8)慢性毒性实验和致癌实验。了解经长期接触受试物后出现的毒性作用以及致癌作用;确定未观察到有害作用剂量,为受试物能否应用于食品的最终评价和制定健康指导值提供依据。

2. 各项毒理学实验结果的判定

(1)急性毒性实验。如 LD_{50} 小于人的推荐(可能)摄入量的 100 倍,则一般应放弃该受试物用于食品,不再继续进行其他毒理学实验。

(2)遗传毒性实验。①如遗传毒性实验组合中两项或以上实验阳性,则表示该受试物很可能具有遗传毒性和致癌作用,一般应放弃该受试物应用于食品。②如遗传毒性实验组合中一项实验为阳性,则再选两项备选实验(至少一项为体内实验)。如再选的实验均为阴性,则可继续进行下一步的毒性实验;如其中有一项实验阳性,则应放弃该受试物应用于食品。③如三项实验均为阴性,则可继续进行下一步的毒性实验。

(3)28 天经口毒性实验。对只需要进行急性毒性、遗传毒性和 28 天经口毒性实验的受试物,若实验未发现有明显毒性作用,综合其他各项实验结果可做出初步评价;若实验中发现有明显毒性作用,尤其是有剂量-反应关系时,则考虑进行进一步的毒性实验。

(4)90 天经口毒性实验。根据实验所得的未观察到有害作用剂量进行评价,原则是:未观察到有害作用剂量小于或等于人的推荐(可能)摄入量的 100 倍者,表示毒性较强,应放弃该受试物用于食品;未观察到有害作用剂量大于 100 倍而小于 300 倍者,应进行慢性毒性实验;未观察到有害作用剂量大于或等于 300 倍者则不必进行慢性毒性实验,可进行安全性评价。

(5)致畸实验。根据实验结果评价受试物是不是实验动物的致畸物。若致畸实验结果阳性,则不再继续进行生殖毒性实验和生殖发育毒性实验。在致畸实验中观察到的其他发育毒性,应结合28天和(或)90天经口毒性实验结果进行评价。

(6)生殖毒性实验和生殖发育实验。根据实验所得的未观察到有害作用剂量进行评价,原则是:未观察到有害作用剂量小于或等于人的推荐(可能)摄入量的100倍者,表示毒性较强,应放弃该受试物用于食品;未观察到有害作用剂量大于100倍而小于300倍者,应进行慢性毒性实验;未观察到有害作用剂量大于或等于300倍者则不必进行慢性毒性实验,可进行安全性评价。

(7)慢性毒性实验。根据慢性毒性实验所得的未观察到有害作用剂量进行评价,原则是:未观察到有害作用剂量小于或等于人的推荐(可能)摄入量的50倍者,表示毒性较强,应放弃该受试物用于食品;未观察到有害作用剂量大于50倍而小于100倍者,经安全性评价后,决定该受试物可否用于食品;未观察到有害作用剂量大于或等于100倍者,则可考虑允许使用于食品。

(8)致癌实验。根据致癌实验所得的肿瘤发生率、潜伏期和多发性等进行致癌实验结果判定,原则是凡符合下列情况之一的,可认为致癌实验结果阳性;若存在剂量-反应关系,则判断阳性更可靠。①肿瘤只发生在实验组动物,对照组中无肿瘤发生。②实验组与对照组动物均发生肿瘤,但实验组发生率高。③实验组动物中多发性肿瘤明显,对照组中无多发性肿瘤,或只是少数动物有多发性肿瘤。④实验组与对照组动物肿瘤发生率虽无明显差异,但实验组中发生时间较早。

(9)其他。若受试物掺入饲料的最大加入量(原则上最高不超过饲料的10%)或液体受试物经浓缩后仍达不到未观察到有害作用剂量为人的推荐(可能)摄入量的规定倍数时,综合其他的毒性实验结果和实际食用或饮用量进行安全性评价。

5.3 食品安全风险分析框架

5.3.1 食品安全风险分析概述

5.3.1.1 食品安全风险分析的历史与发展

风险分析的概念来自环境科学领域的危害控制,20世纪80年代末开始出现在食品领域。1991年,FAO/WHO在"食品标准、食品中的化学物质及食品贸易会议"上建议食品法典委员会(CAC)在评价食品安全性时遵循风险评估的原理。随后,CAC在第19、20次会议接受并讨论了上述建议,提出在CAC的框架下,各分委会及专家咨询机构应在化学物质安全性评估中应用风险分析方法。为了推动食品安全风险分析工作,FAO/WHO在1995—1998年先后召开3次专家咨询会议:1995年,FAO/WHO在瑞士日内瓦WHO总部召开了第一次专家咨询会议,议题为"风险分析在食品标准中的应用",会议明确了风险分析的定义和风险评估模型的4个组成部分,即危害识别、危害特征描述、暴露评估和风险特征描述;1997年,FAO/WHO在罗马FAO总部召开第二次专家咨询会议,讨论了"食品安全中风险管理的应用",此次会议提出了风险评估的基本原理,建立了风险管理的总框架、基本方法,明确了管理机构的活动内容和作用;1998 年,第三次专家咨询会议在罗马 FAO 总部召开,主要议题为“风险交流在食品标准和安全性上的应用”,讨论了开展风险交流的障碍及解决办法,确定了风险交流的策略和组成部分。这三次会议构建了完整的风险分析理论体系,自此,风险分析作为食品安全领域的一种宏观管理模式在国际上不断得到应用、推广和发展。

风险分析是对食品安全进行科学管理的体现,也是制定食品安全监管措施的依据,已成为国际公认的食品安全管理理念和手段之一。发达国家为了提高食品安全监管效率、保护消费者健康和促进食品与农产品国际贸易,近年来在食品安全风险分析制度建设方面取得了很大的进展。一些发达国家的做法对于中国食品安全风险分析制度的建立具有重要的借鉴意义。党的十八大以来,以习近平同志为核心的党中央就食品安全风险治理提出了一系列重大理论观点,作出一系列重大制度安排,开启了新时代全面治理食品安全风险新的伟大实践,推进了我国食品安全风险治理体系与治理能力现代化,为新时代有效解决人民日益增长的美好生活需要和食品安全供给不平衡、不充分之间的矛盾奠定了最为关键的治理基础。

5.3.1.2 食品安全风险分析的概念

食品安全风险分析是一个发展中的理论体系,相关的概念和定义也在不断地修改和完善。根据 CAC 程序手册,食品安全相关的概念定义如下。

(1)危害。食品中或食品本身可能导致一种对健康不良效果的生物、化学或者物理因素。

(2)风险。由食品危害产生的不良效果的可能性及强度。

(3)风险分析。对可能存在的危害的预测,并在此基础上采取的规避或降低危害影响的措施。风险分析包含 3 个主要部分:风险评估、风险管理和风险交流。

(4)风险评估。指一个识别存在的不确定性,以及对暴露于危险因素的特定情况下,对人类或环境产生不良影响的可能性和严重程度的评估过程。

(5)危害识别。识别可能对健康产生不良效果并且可能存在于某种或者某类特别食品中的生物、物理和化学因素。

(6)剂量-反应评估。确定某种生物、物理或化学因素的暴露水平(剂量)与相应健康不良效果的严重程度和(或)发生频度(反应)之间的关系。

(7)危害特征描述。对于食品中可能存在的生物、物理和化学因素有关的健康不良效果的性质的定性和(或)定量评价。对化学因素应进行剂量-反应评估;对生物或物理因素,如数据可得到时,应进行剂量-反应评估。

(8)暴露评估。对于通过食品可能摄入的和其他有关途径暴露的生物、物理和化学因素的定性和(或)定量评估。

(9)风险特征描述。根据危害识别、危害特征描述和暴露评估,对某一给定人群的已知或潜在健康不良效果的发生可能性和严重程度进行定性和(或)定量的估计,其中包括伴随的不确定性。

5.3.1.3 食品安全风险分析的意义

近年来,全球食品安全问题频发,但各国食品安全风险分析框架并不一致,部分国家甚至还没有自己的食品安全风险分析框架。随着世界经济一体化进程的加速，制定一套国际认可、科学、系统的风险分析理论体系成为目前亟须解决的问题，对保证全球食品安全、推动经济全球化发展具有重要意义。

(1)科学、系统化的风险分析理论可作为国家卫生措施与食品法典不一致时的判定标准，为建立国际统一、协调的食品安全标准体系奠定基础。

(2)将政府、科研机构、企业、消费者及其他各方联系在一起，促进食品安全管理体系的进一步完善和发展。

(3)防止各国保护自身贸易利益的非关税贸易壁垒，促进国际食品贸易公平。

(4)同等对待原则简化食品进出口检验程序，促进国际食品贸易的发展。

5.3.2 食品安全风险分析框架

食品安全风险分析框架包含风险评估、风险管理和风险交流 3 个部分。其中，风险评估是风险分析体系的核心和基础，它以科学为依据，包含危害识别、危害特征描述、暴露评估和风险特征描述，体现了风险分析的科学性；风险管理是以政策为指导，注重管理决策的实用性；风险交流则强调风险分析过程中的信息互动。食品安全风险分析框架如图 5-1 所示。

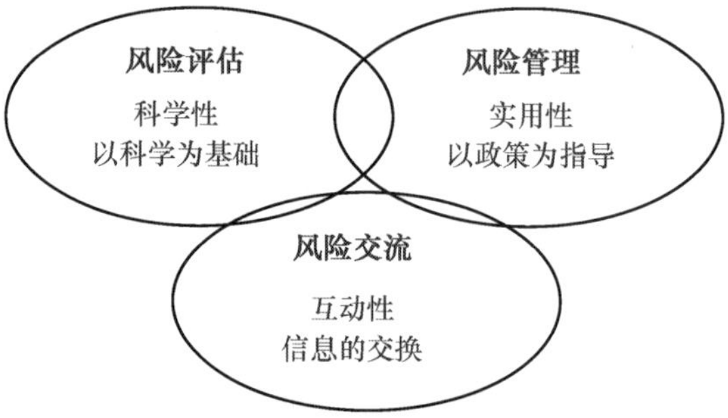

图 5-1　食品安全风险分析框架

食品安全风险分析框架的 3 个部分各有侧重、相互独立、相互联系、互为整体。风险评估作为风险管理和风险交流的理论依据，是食品安全风险分析的基础；风险管理对食品安全风险评估进行指导，针对食品安全危害制定措施；而风险交流贯穿于整个食品安全风险分析全过程中，既要及时地将食品安全危害相关信息发布给公众，同时又要将食品安全相关信息反馈到食品安全风险分析的风险评估与风险管理中去，从而为卫生行政部门采取相关的预防性措施提供可靠的依据，为事前性食品卫生监管提供可靠的保障。在解决食品安全问题时，3 个部分要紧密结合，联合实施，缺一不可。

5.3.2.1 风险管理

风险管理是依据风险评估的结果，权衡管理决策方案，并在必要时选择并实施适当的管理措施(包括制定规则)的过程。管理措施包括制定最高限量、制定食品标签标准、实施公众教育计划，通过使用替代品或改善生产规范以减少某些化学物的使用等。

1. 风险管理的目标

风险管理的目标是通过选择和实施适当的管理措施，尽可能有效地控制食品风险，保证公众健康。

2. 风险管理的内容

风险管理的内容分为 4 个部分:风险评价、风险管理选择评估、执行管理决定以及监控和审查。

(1)风险评价。风险评价的基本内容包括确认食品安全问题、描述风险概况、就风险评估和风险管理的优先性对危害进行排序、为进行风险评估制定风险评估政策、决定进行风险评估以及风险评估结果的审议。

(2)风险管理选择评估。包括确定现有的管理选项、选择最佳的管理选项(包括考虑一个合适的安全标准)以及最终的管理决定。

(3)执行管理决定。为了作出风险管理决定,风险评价过程的结果应当与现有风险管理选项的评价相结合。保护人体健康应当是首先考虑的因素,同时,可适当考虑其他因素(如经济费用、效益、技术可行性、对风险的认知程度等),并进行费用-效益分析,及时启动风险预警机制。

(4)监控和审查。是对实施措施的有效性进行评估,以及在必要时对风险管理和(或)评估进行审查,以确保食品安全目标的实现。

执行管理决定之后,应当对控制措施的有效性以及对暴露消费者人群风险的影响进行监控,以确保食品安全目标的实现。重要的是,所有可能受到风险管理决定影响的有关团体都应当有机会参与风险管理的过程。他们可能包括(但不应仅限于)消费者组织、食品工业和贸易的代表、教育和研究机构以及管理机构。他们可以以各种形式进行协商,包括参加公共会议、在公开文件中发表评论等。在风险管理政策制定过程的每个阶段,包括评价和审查中,都应当吸收有关团体参加。

3. 风险管理的一般原则

(1)风险管理应遵循结构化的方法,包括风险评价、风险管理选择评估、执行管理决定以及监控和审查。在某些情况下,并不是所有这些方面都必须包括在风险管理活动当中。

(2)在风险管理决策中应当首先考虑保护人体健康。对风险的可接受水平应主要根据对人体健康的考虑决定,同时应避免风险水平上随意性的和不合理的差别。在某些风险管理情况下,尤其是决定将采取的措施时,应适当考虑其他因素(如经济费用、效益、技术可行性和社会习俗等)。这些考虑不应是随意性的,而应当保持清楚和明确。

(3)风险管理的决策和执行应当透明。风险管理应当包含风险管理过程(包括决策)所有方面的鉴定和系统文件,从而保证决策和执行的理由对所有有关团体是透明的。

(4)风险评估政策的决定应当作为一个特殊的组成部分包括在风险管理中。风险评估政策是为价值判断和政策选择制定准则,这些准则将在风险评估的特定决定点上应用,因此最好在风险评估之前,与风险评估人员共同制定。从某种意义上讲,决定风险评估政策往往成为进行风险分析实际工作的第一步。

(5)风险管理应当通过保持风险管理和风险评估二者功能的分离,确保风险评估过程的科学完整性,减少风险评估和风险管理之间的利益冲突。但是应当认识到,风险分析是一个循环反复的过程,风险管理人员和风险评估人员之间的相互作用在实际应用中至关重要。

(6)风险管理决策应当考虑风险评估结果的不确定性。如有可能,风险的估计应包括将不确定性量化,并且以易于理解的形式提交给风险管理人员,以便他们在决策时能充分考虑不确定性的范围。例如,如果风险的估计很不确定,风险管理决策将更加保守,但决策者不能以科学上的不确定性和变异性作为不针对某种食品风险性采取行动的借口。也就是说,如果开始出现某种潜在危险和无法逆转的情况,而又缺乏科学证据进行充分的科学评估,风险管理人员在法律和政治上有理由采取预防措施,而不必等待科学上的确证。

(7)在风险管理过程的所有方面,都应当包括与消费者和其他有关团体进行清楚的相互交流。在所有有关团体之间进行持续的相互交流是风险管理过程的一个组成部分。风险情况交流不仅仅是信息的传播,而更重要的功能是将对有效进行风险管理至关重要的信息和意见并入决策的过程。

(8)风险管理应当是一个考虑在风险管理决策的评价和审查中所有新生产资料的连续过程。在应用风险管理决定之后,为确定其在实现食品安全目标方面的有效性,应对决定进行定期评价。

5.3.2.2 风险交流

风险交流是指在风险分析全过程中,就危害、风险、风险相关因素和风险认知等问题在风险评估人员、风险管理人员、消费者、产业界、学术界和其他感兴趣各方中对信息和看法的互动式交流,内容包括对风险评估结果的解释和风险管理决定的依据。

1. 风险交流的意义

近年来,全球范围内频发食品安全事件,公众对食品安全的关注日益增强,公众对风险交流也提出了更多的要求。风险交流有助于给风险分析团队的成员以及外部利益相关方提供及时的、相关的、准确的信息,同时也能从他们那里获得信息,进而能够进一步加强对某种食品安全风险的性质和影响的了解。成功的风险交流是有效的风险管理和风险评估的前提,有助于风险分析过程的透明化,能促进人们更广泛地了解和接受风险管理决策。

2. 风险交流的基础条件

(1)组织机构与人员。应当明确各级食品安全相关机构开展风险交流的职责与任务,并确定机构内风险交流的归口管理部门(人员),建立机构内部统一领导、各相关部门(人员)参与的工作机制,有条件的食品安全相关机构应当配备风险交流的专职人员。

(2)风险交流专家库。风险交流专家库的主要作用是为风险交流工作提供科学建议与策略支持,并根据需要参与风险交流相关活动。专家库成员应当涵盖食品安全、医学、社会学、心理学、传播学、公共关系和法律等领域。

(3)人员培训。食品安全相关机构应当开展多种形式的风险交流技能培训,培养风险交流人才队伍。培训内容包括食品安全基础知识、风险交流基础理论与技巧、媒体沟通原则与技巧、危机处理技巧、公共关系和心理学基本理论等。

(4)经费保障。风险交流经费应当纳入工作预算,以确保涉及食品安全政策、食品安全标准解读与宣贯、科普宣教与培训、食品安全舆情监测与应对、食品安全相关突发公共卫生事件处理等方面的风险交流工作顺利进行。

3. 风险交流的基本策略

(1)了解利益相关方需求。食品安全风险交流中的利益相关方包括食品生产经营者、食品安全监管部门、食品行业协会、相关研究机构、学者、消费者、媒体和其他社会团体等。应当根据不同的利益相关方的不同需求,采取不同的风险交流策略,以提高针对性、有效性。

(2)制订计划和预案。制订风险交流年度计划,并为重点风险交流活动配套具体实施方案。针对食品安全事件应当制订相应的风险交流预案,并进行预案演练。主管行政部门统筹协调所属食品安全相关机构的风险交流活动。

(3)加强内外部协作。建立健全机构内以及与上下级机构的信息通报与协作机制,与有关机构或部门建立信息交换和配合联动机制,通过有效地沟通协调达成共识,提高风险交流的有效性。

(4)加强信息管理。建立通畅的信息发布和反馈渠道,完善信息管理制度。明确信息公开的范围与内容,明确信息发布的人员、权限以及发布形式,确保信息发布的准确性、一致性。

4. 风险交流中的舆情监测与应对

(1)基本策略:制订预案,分级响应;客观公正,科学合理;快速反应,及时报告;综合判断,灵活处置。

(2)舆情的主要来源:互联网是舆情的主要来源,包括门户网站、食品安全相关机构网站、论坛、博客、微博、微信等。广播、电视、报纸、投诉举报、公众信息咨询等也可以作为重要舆情来源。

(3)舆情监测与应对的主要内容:①开展舆情监测,收集舆情信息及利益相关方诉求;②舆情研判,内容包括舆情定性、分析舆情敏感因素、传播特征及趋势、可能存在的炒作或恶意竞争因素等,筛选出的重点舆情可进行技术分析,提出应对建议,必要时召集相关领域专家进行专题研究;③拟定有针对性的风险交流口径,并通过适宜的形式、时机和渠道发布信息;④跟踪舆论反应,适时对应对措施进行调整和修正。

5. 风险交流的评价

食品安全相关机构可通过对程序、能力及效果的评价,总结经验教训,完善和提高风险交流工作水平。

(1)程序评价。是优先开展的评价,主要评价各项工作程序是否有效运转,内外部协调协作是否顺畅等,可用于对预案的验证。

(2)能力评价。主要评价相关人员的风险交流技能、组织协调能力和存在的不足等。

(3)效果评价。主要评价信息是否有效传达,以及各利益相关方的总体满意度等。

6. 风险交流的方式

风险交流评价的主要方式包括预案演练、案例回顾、专家研讨、小组座谈以及问卷调查等。

5.3.3 国内外风险评估的一些规定

风险评估是对由于人体暴露于食源性危害而产生的危害人体健康的已知或潜在的作用

的发生可能性与严重程度所作的科学评估。风险评估是风险管理和风险交流的基础，是国际食品法典委员会强调用于制定食品安全控制措施的必要技术手段，是政府制定食品安全法规、标准和政策的主要基础。风险评估主要是通过有害因子对人体不良影响发生概率的估算，评价暴露该因子的个体健康受到影响的风险，主要应用于有毒化学品的管理，因而通常所称健康风险评价即指有毒化学品对人体健康影响的健康风险评价。近年来，由微生物导致的食品生物性安全事件频发，生物性因素的风险评估也逐渐受到大众的关注。

5.3.3.1 国外风险评估运行机制

风险评估概念最初仅用于制定环境辐射标准。20 世纪 70 年代，随着致癌物越来越引起公众重视，风险评估被逐渐广泛用于评价致癌物的风险。1976 年美国环境保护局(EPA)公布了可疑致癌物风险评价准则。其后，许多技术及环境管理、立法机构接受了风险评估概念，其使用日渐普遍。1983 年，美国国家科学院(NAS)编制了健康风险评估方法的研究报告，该报告提出的风险评价程序及对一些技术术语做出的规定得到了普遍的认可，从而使风险评估方法得到了规范化。随着国际组织对人体健康、职业健康和环境影响越来越多的关注和重视，1992 年的联合国“环境与发展”大会要求加强对化学品安全的评估。因此，1999 年 WHO 出版了“暴露化学品对人体健康的风险评估方法及原理”的 EHC(environmental health criteria programme)专论，综述了化学品、物理和生物制剂对人体健康和环境的影响，提供了一套详细的风险评估的方法及步骤。

1. 欧盟风险评估运行机制

20 世纪 90 年代，口蹄疫、疯牛病、禽流感等疫情暴发，欧盟各国经济和贸易蒙受了巨大损失，暴露了欧盟原有食品法规和官方控制存在的缺陷，公众对食品安全普遍缺乏信任。为了解决信任危机，欧盟于 2002 年 1 月成立“欧盟食品安全局”，安全局主要承担风险评估和风险交流两个领域的工作，主要针对有关食品和饲料安全已存在的和潜在的风险提供独立客观的科学建议和明确的交流意见，为欧盟食品安全政策和立法提供科学基础，以确保欧盟委员会、成员国和欧盟议会及时有效地进行风险管理。

2. 德国风险评估运行机制

德国作为欧盟的主要成员国，2001 年发生的疯牛病危机严重挫伤了德国消费者对食品安全的信心。为应对危机及顺应食品安全领域发展需求，德国联邦政府将与健康相关的机构进行了重组。2002 年 11 月，德国出台了《消费者健康保护和食品安全重组法案》，成立了联邦风险评估研究所。2005 年 8 月，联邦风险评估研究所发布了《健康评估文件格式指南》，为风险管理和风险交流提供基础。详细规范的风险评估报告能够确保风险管理人员正确理解风险评估程序，并依据特定情况做出正确决策，同时也保证了决策过程的公开透明。

3. 日本风险评估运行机制

为应对国民对频繁发生的食品安全事件所引发的信任危机，日本政府根据国内和国际食品安全形势发展需求，于 2003 年 7 月颁布了《食品安全基本法》，并根据该法的规定成立了食品安全委员会。风险评估是食品安全委员会的主要职能。根据风险评估的结果，食品安全委员会向首相及具备风险管理职能的各省负责人提出政策建议，以便确保食品安全措施的实施。食品安全委员会已经开展了一系列的工作，利用完全独立的科学资源，委托其他机构进行必要的科学研究，并以开放和透明的方式授权于这类研究工作的开展，从而更早地确定潜在风险，提出分歧意见，共享科学信息，以保障消费者安全。

5.3.3.2 国外风险评估机制运行特点

1. 风险评估与风险管理职能分工明确

风险评估是风险分析的核心，是风险管理的科学依据。为确保风险管理的科学性、客观性和有效性，发达国家大多将风险评估和风险管理职能分开，成立专门的风险评估机构，把涉及食品安全管理的各行政机构的信息进行收集、交换和整合，遵循科学、透明、公开、预防的原则进行风险评估。风险管理机构和风险评估机构之间的合作具有很强的程序性，也由于工作的公开透明，风险管理机构对食品安全作出的各项决策都基于科学的基础之上，这对于真正确保消费者安全意义深远。例如德国和日本均专门成立了独立于风险管理机构的食品安全风险评估机构。

2. 风险分析的法律基础坚实

WTO/SPS 协定（实施卫生与动植物检疫措施协定）明确要求各国政府采取的卫生措施必须建立在风险评估的基础上，以避免隐藏的贸易保护措施。之后，各国在食品安全管理实践中，都率先通过立法的方式，明确了食品安全风险分析的法律框架，便于所有执行者实施。如欧盟通过颁布欧洲议会与理事会 178/2002 法规成立了“欧盟食品安全局”，日本通过颁布《食品安全基本法》成立了“食品安全委员会”，并赋予这些机构各项法律职责和义务，确保了食品安全风险分析工作的强制性和有效性。

3. 运行机制与工作制度完善

为了促进风险分析工作的顺利实施，发达国家大都制定了风险分析运作程序，从风险分析的启动到管理决策的制定整个过程都按照明确的流程进行，这大大提高了风险分析工作的效率。此外，发达国家还以国际食品风险分析准则为基础，制定了法规形式的风险评估标准和方法，如美国制定了《风险分析内部指南》；同时，在各项指导性准则中还确立了风险分析中应考虑的因素。

5.3.3.3 我国风险评估运行机制

目前，我国以风险评估为基础的食品安全性评价理念和机制已形成。《食品安全法》规定国务院卫生行政部门负责组织食品安全风险评估工作，成立由医学、农业、食品、营养等方面的专家组成的食品安全风险评估专家委员会，进行食品安全风险评估。中国疾病预防控制中心、中国检验检疫科学研究院和中国农业大学等机构初步建立了 3 个符合国际良好实验室规范（GLP）的国家食品安全中心，若干检测实验室参加国际有关实验室组织之间的检测比对实验，并得到国际相关实验室的互认。同时，与 JECFA、JMPR、OECD 等国际组织在加强食品安全体系的建立和国际标准的本地化方面的合作也取得预期的成效，初步构建了我国与国外对接的食品安全体系。

我国第一届食品安全风险评估专家委员会于 2009 年组织成立，并印发了《国家食品安全风险评估委员会章程》。在定位上，食品安全风险评估专家委员会是推进食品安全科学管理的智囊团，是我国食品安全风险评估工作的最高技术权威机构。在委员组成上，新修订的《食品安全法》要求增加生物、环境等方面的专家，从而进一步完善了委员会专业结构，加强了专家力量。食品安全风险评估专家委员会独立开展食品安全风险评估工作，主要职责包括：起草国家食品安全风险监测、评估规划和年度计划，拟定优先监测、评估项目；进行食品安全风险评估；负责解释食品安全风险评估结果；开展食品安全风险交流；承担国务院卫生行政部门委托的其他风险评估相关任务。鉴于食品安全风险中有相当一部分可能来自食用农产品的种植和养殖环节，根据《农产品质量安全法》的规定，农业部组织成立了"农产品质量安全风险评估专家委员会"，具体承担对农药、肥料、饲料和饲料添加剂等农业投入品的安全性评估。为了保障评估结果能有效保护人群健康和食品安全，确保风险评估在科学上的一致性，《食品安全法》规定食品安全风险评估专家委员会的专家应当参与上述风险评估。2014 年新修订的《食品安全法》规定食品安全风险评估结果由国务院卫生行政部门公布，由各级食品药品监督管理部门和其他有关部门、食品安全风险评估专家委员会及其技术机构，组织食品生产经营者、食品检验机构、认证机构、食品行业协会、消费者协会以及新闻媒体等进行交流沟通。

5.4 食品安全风险评估

5.4.1 食品中化学物的风险评估

食品中化学物的风险评估对象为有意加入的化学物（如食品添加剂、农药残留、兽药残留及其他农用化学品等）、无意进入的污染物以及天然存在的化学物（如真菌毒素、植物毒素、动物毒素等），通常情况下，微生物中的细菌毒素（如副溶血性弧菌的溶血毒素）不包含在内。

5.4.1.1 危害识别

危害识别也称为危害鉴定，是指对存在于食品中可能给人类及环境带来不良影响的生物性、化学性或物理性因素进行鉴定，以及对其所带来的影响或后果进行定性描述。危害识别的目的是对引起这些不良影响的因素划分风险等级。危害认定时，资料常不足，往往采用证据加权的方法进行危害认定。此方法需要对来源于适当的数据库、经同行专家评审的文献及诸如企业界未发表的研究报告的科学资料进行充分的评议。不同研究的重视程度从大到小顺序如下：流行病学研究、动物毒理学研究、体外实验以及定量结构与活性关系研究。目前的危害识别主要以动物和体外实验的资料为依据。虽然流行病学的资料价值大，但由于研究费用昂贵，故至今能够得到的数据较少。危害识别资料主要从以下几个方面获得。

1. 体外实验

体外实验方法是现代毒理学发展的重要标志之一，在毒理学研究中占有越来越重要的地位。国内外采用的体外实验主要包括各种微生物诱变实验、各种脏器灌流、组织培养、细胞培养和细胞受体培养等，近年来高通量筛选技术也渐渐应用到体外实验当中。体外实验在分析"毒性作用路径"上发挥着重要作用，它可以对目标化学物进行筛选和分级，研究化学物的结构-活性关系，预测类似毒性的化学物结构；也可以在基因、蛋白质等不同水平上观察各种相互作用、代谢途径、调控通路的改变，全面、系统地阐明复杂的毒性效应。

体外实验在毒理学研究中具有简单、快速、准确、实验条件易控制及操作过程易于标准化、自动化等优点。但体外实验的缺点也十分明显。首先，在离体培养的条件下，它不能完全模拟化学物在生物体内的生物运转和生物转化过程，也无法获取毒性作用效应及毒性动力学的资料，且难以预测化学物的慢性毒性。其次，某些体外实验容易染菌，或者受其他因素影响，难以长期维持生理状态。最后，它对于计算每日允许摄入量（ADI）没有直接意义。由此可见，体外实验的资料可以作为毒性作用机制的补充资料，也能更有针对性地评估化学物的风险，但必须与其他实验研究相结合，其数据不能作为预测对人体危害性的唯一资料来源。此外，体外实验必须遵循良好实验室规范或其他被广泛接受的程序。

2. 动物实验研究

虽然用动物代替人体进行危害鉴定并非是一种理想的方法，但目前仍然认为动物实验是现有方法中最好的一种。由于用于危险性评估的绝大多数毒理学数据来自动物实验，这就要求这些动物实验必须遵循国际上广泛接受的标准化实验程序。国际上的一些机构如联合国经济合作发展组织（OECD）、美国环境保护局（EPA）等曾经制定了化学品的危险评价程序，我国也以国家标准形式制定并修订了《食品安全性毒理学评价程序和方法》。无论采用哪种程序，所有实验必须按照良好实验室规范（GLP）和标准化质量保证/质量控制（QA/QC）方案实施。

长期（慢性）动物实验数据至关重要，涉及的毒理学效应终点包括致癌性、生殖/发育毒性、神经毒性、免疫毒性等；短期（急性）毒理学实验资料也有重要作用，因为化学物的毒性分级是以急性毒性实验获得的 LD_{50} 数值大小为依据。动物实验有助于毒理学作用范围的确定，找出观察到有害作用的最低剂量、未观察到有害作用剂量或者阈剂量。同时，动物实验还可获得外源化合物的吸收、分布和排泄情况，毒性的作用机制和影响因素，化学物的结构-活性关系等。

3. 流行病学研究

按性质来区分，流行病学研究可以分为观察性研究和实验性研究。

观察性研究是流行病学研究的基本方法，包括描述流行病学研究和分析流行病学研究。由于研究者往往不能控制研究对象的暴露条件，故无法用人群进行有害作用的实验研究，如高诱变性实验、生理损伤性实验等。观察性研究通过观察研究对象在自然状态下的发展，分析结果与疾病之间的关系，为人们提供一些证据，这些证据有助于研究疾病的决定因素及人群暴露于这些有害因素的风险。

实验性研究又称干预研究，可分为临床实验、现场实验和社区干预实验。如果能够从临床研究中获得数据，在危害鉴定和其他步骤中也应充分利用。事实上，对于大多数化学物而言，临床和流行病学资料难以得到。当流行病学研究数据结果呈阳性时，应当将该数据应用于风险评估中。但大部分流行病学研究的统计学力度不足以发现人群中低水平暴露的效应，阴性的流行病学研究数据在危害识别中也难以得到肯定。需要强调是，即使流行病学的资料价值最大，风险管理者也不能完全依赖流行病学研究，因为等阳性结果出现时，不良效应已经发生，而风险管理者应当在危害出现前就做好预防措施。

5.4.1.2 危害特征描述

危害特征描述的主要目的是对危害进行定性或定量的评估，其核心是对剂量-反应关系的评估，使这一阶段获得的剂量-反应关系能够与可能的暴露相比较，由毒理学实验研究获得的数据外推到人。由于食品中化学物的实际含量很低，通常只有百万分之几甚至更低，而为了达到一定的敏感度，一般毒理学实验的剂量设计必须很高，因此为了与人体的摄入水平相比较，需要把高剂量条件下的动物实验数据外推到低得多的人体可能暴露剂量，这种剂量-反应关系的外推存在质和量两方面的不确定性。但目前人体健康风险评估多数是基于动物实验所得的资料，在无阈值计量的假设下，这种由高至低的外推是必要的，也是可行的。

1. 剂量-反应关系的评估

剂量-反应关系的评估就是确定化学物的暴露量与不良健康效应的强度和频率，包括剂量-效应关系和剂量-反应关系。前者是指不同剂量外源化学物与其在个体或群体中所表现的量效应（大小）关系；后者是指不同剂量的外源性化学物与其在个体或群体中所表现的质效应（发生率）关系。

在将动物实验数据外推到低得多的剂量过程中，在量和质上均存在极大的不确定性。如果动物与人体的反应在本质上不一致，则所选的剂量-反应模型可能有误。即使外推过程中的剂量与靶器官对化学物的暴露存在线性关系，但毒物代谢动力学和毒效动力学中也可能存在非线性关系，因此危害的性质在从动物外推到人时也许会随剂量的改变而改变或完全消失。即使剂量相同，人体与动物的毒物代谢动力学和代谢方式也可能有所不同；如果剂量不同，则存在不同的可能性更大。最后，高剂量化学物还可能通过代谢酶饱和、抑制终产物或耗竭辅助因子等途径影响代谢过程，高剂量时甚至会出现与正常情况和低剂量水平不同的代谢途径。因此，在将高剂量的不良效应外推到低剂量时，必须考虑这些与其他剂量有关的变化存在的差异和潜在影响。

2. 遗传毒性和非遗传毒性致癌物

毒理学家普遍认同化合物的不良效应存在阈值，但遗传毒性致癌物除外。20 世纪 40 年代，人们就已经认识到少数几个分子甚至一个分子的突变都有可能诱发人体或动物的癌症，因此，在理论上，遗传毒性致癌物不存在阈值。遗传毒性致癌物主要作用于遗传位点，能够直接或间接地引起靶细胞遗传突变；非遗传致癌物作用于非遗传位点，促进靶细胞增殖和/或持续性靶位点功能亢进/衰竭。世界上许多国家的食品安全管理机构认定遗传毒性和非遗传毒性致癌物之间存在差异，国际上已经建立了一套鉴别化合物是否具有致突变效应的实验，包括体内实验和体外实验，通过多个实验的组合，区分遗传毒性和非遗传毒性致癌物。

3. 阈值法和非阈值法

将动物实验获得的最大无毒性反应剂量（NOAEL）或最低可见有害作用剂量值（LOAEL）除以合适的安全系数，就得到安全阈值水平，即每日允许摄入量（ADI 值）。安全系数由两部分组成，一部分为动物和人之间的种属间差异，即动物实验数据外推给人时的安全系数；另一部分为个体敏感性差异造成的种属内差异，即人群之间妇女、儿童、老人以及易感群体间的敏感性差异。通常对长期动物实验资料的安全系数为100,包括来自种属的10倍差异和个体间的10倍差异。不同国家的卫生机构有时会采用不同的安全系数,部分卫生机构会根据危害物质的作用强度和可塑性调整ADI值。ADI值的差异构成了一个重要的风险管理问题,应该受到重视。

遗传毒性致癌物即使在最低摄入量水平也有致癌危险,故不存在阈值。由于致癌物零阈值的概念难以在管理中实行,故不得不演变为可接受风险的概念。目前对遗传毒性致癌物的管理办法有两种:一种是禁止生产及使用该种化学物;另一种是对化学物制定一种极低而可以忽略不计、对健康影响甚微或社会能够接受的风险水平,即非阈值法。

5.4.1.3 暴露评估

暴露评估是指对通过食物或其他途径而可能摄入体内的生物性、化学性、物理性成分进行定性和(或)定量评价。评估化学物摄入量有4个指导原则:评估应与所要达到的目的相一致;评估应包括对精确度的评价;应阐明所提出的假设;应当考虑受化学物影响作用效应存在差异的特殊人群。

进行暴露评估需要两方面的基础资料:食品中相关化学物的含量和含某种化学物食品的消费量。获得上述数据后,可利用代表膳食暴露情况的数学模型来进行暴露估计。

1. 食品中化学物的含量

食品中化学物含量数据主要来源于3类:代表性采样数据、目标采样数据和最大限量值。在采用预算法进行筛选评估的时候,一般可以直接利用国际或国家标准中规定的食物中某化学物的最大限量值来作为食品中化学物的含量进行筛检。代表性采样数据主要是根据随机抽样原则,通过监测、总膳食研究数据、全球环境监测规划/食品污染监测与评估计划数据库等途径获得食物化学物含量数据。目标采样数据通常是执法机构、食品管理机构或者生产企业怀疑某些产品超出目标水平或法定范围时而获得的数据。

2. 摄入量评估

评估化学物的摄入量需要有我国居民食物消费的平均数和不同人群的食物消费资料,特别是敏感人群的资料。食物的消费数据来自食物供应资料、总膳食研究、家庭调查和个人膳食调查,调查方法包括市场菜篮子法、单一食物选择性研究法、食品消费记录、食品消费频度问卷调查和饮食历史调查等。另外,以检测接触性生物标志物为基础的方法也能用于食品中化学物的暴露评估,它比传统的摄入量暴露评估更为客观。常见的标志物有血清、脂肪、尿液、母乳或毛发等样本中化学物及其代谢物的浓度(如血液中铅的浓度、毛发中汞的浓度等)。

3. 暴露评估模型

在获得化学物含量和食物消费量数据后,一般可采用以下3种方法进行暴露评估:点评估、简单分布和概率分布评估。点评估是将食物消费量设为一定值,再乘以固定残留量/浓度,然后将所有摄入量相加的方法。简单分布是将残留量/浓度设为一固定值,与食物摄入量分布进行整合的方法。简单分布法考虑了食品消费模式的变异,较点评估法更精确。概率分布评估是用频率分布来描述各个变量的变异性或不确定性的,它利用模型中食物消费量和化学物残留量/浓度数据的分布，并使用随机数据选择输入分布的值来模拟膳食暴露，从而能够更切实地反映消费者的行为。

4. 暴露评估准则

暴露评估需要进行的工作项目多，完整的暴露评估应包括以下6项工作：单一化学危害物或混合物的基本特性；污染源；暴露路径及对环境的影响；通过测量或估计的危害物浓度；暴露人群情况；整体暴露分析。

5.4.1.4 风险特征描述

风险特征描述是风险评估的最后一个环节，是在危害识别的基础上，对暴露评估和危害特征描述阶段得到的数据和资料进行综合整理，对某种暴露条件下对人群健康产生不良作用的可能性估计。

1. 有阈值的化学危害物

FAO/WHO对有阈值的化学危害物设置了健康指导值，包括ADI，每日可耐受摄入量(TDI)，暂定每日、每周、每月最大耐受摄入量。有阈值的化学危害物的风险特征描述是将估计或计算出的人体暴露水平与健康指导值进行比较：人体暴露水平＜健康指导值，该危害物不会产生可觉察的风险或其风险可以接受；人体暴露水平＞健康指导值，该危害物的风险超过了可以接受的限度，应当采取适当的风险管理措施。

2. 无阈值的化学危害物

既有遗传毒性又有致癌性的物质在任何暴露水平都有不同程度的风险，没有阈值剂量。对于那些遗传毒性致癌物质(如某些污染物)，FAO/WHO并未设定其健康指导值。

风险特征描述的最后一个重要步骤是描述风险评估过程中每一步所涉及的不确定性。风险特征描述的不确定性反映了前3个阶段评价中的不确定性，在实际工作中，可通过人体研究和专家评估降低不确定性。风险特征描述最后以明确的结论、标准的文件形式和可被风险管理者理解的方式表述出来，最终达到为风险管理部门和政府提供科学决策依据的目的。

5.4.2 食品中生物性因素的风险评估

生物性因素的风险评估是利用现有的科学资料，对食品中使人体健康产生不良后果的某些生物性危害进行鉴定、确认和定量，最后做出风险特征描述的过程。食品中生物性危害包括致病性细菌、病毒、蠕虫、原生动物、藻类和它们产生的某些毒素，目前全球食品安全最显著的危害是致病性细菌。

微生物危害一般通过两种机制导致人类疾病。一种作用模式是产生能够起作用的毒素，这些毒素既可引起短期轻微的症状，也可引起长期的或危及生命的严重中毒后果。第二种作用模式是摄入能够感染宿主的活病原体而产生病理反应。在第一种情况下，很容易确定一个阈值，这使某种生物危害物的定量危险性评估成为可能。但对于第二种情况，由于微生物病原体可以繁殖，也可以死亡，其生物学作用复杂，因此要进行生物性危害的定量评估也就相对困难。主要的困难体现在：①危害识别时，缺乏可靠或完整的流行病学数据，无法分离和鉴定新的病原体；②在危害特征描述中，宿主对病原菌的易感性有高度差异，病原菌侵袭力的变化范围大，病原菌菌株间的毒力差别大，病原菌的致病力易受因频繁突变产生的遗传变异影响，食品或人体消化系统的其他细菌的拮抗作用可能影响致病力，食品本身会改变细菌的感染力和(或)影响宿主；③在暴露评估步骤中，食品中的细菌性病原体会发生动态变化，主要受细菌性病原体的生态学、食品的生产贮藏过程、消费者的文化因素等的影响。由于存在以上限制，早期的微生物风险评估主要停留在定性阶段。但近年来，随着预测微生物学及其数学模型研究的进步，微生物定量风险评估的研究和应用也取得了较大进展。

5.5　食品安全分析实例

5.5.1　微生物风险评估实例

5.5.1.1　危害识别

金黄色葡萄球菌 (*Staphylococcus aureus*，*S. aureus*)广泛存在于自然界中，如空气、水、灰尘及人和动物的排泄物等。易被 *S. aureus* 污染的食品主要有奶、肉、蛋、鱼及其制品，在我国它是引起食物中毒的主要病原菌。*S. aureus* 能产生高温灭菌不能破坏的肠毒素，对人体造成危害。*S. aureus* 肠毒素是一个世界性卫生问题，已经引起了世界各国的广泛关注。

1. 金黄色葡萄球菌及其肠毒素的生物学特征

金黄色葡萄球菌为革兰氏阳性菌，需氧或兼性厌氧，有高度的耐盐性，生长温度范围为7～48 ℃，最适温度 37 ℃，生长所需 pH 为 4～10，最适生长 pH 为 7.4。金黄色葡萄球菌肠毒素是一种典型的细菌外毒素，主要是由金黄色葡萄球菌在特定的生长条件下合成的。据统计，有 50%～75%的金黄色葡萄球菌菌株在合适的环境条件下能够产生肠毒素，且肠毒素对高温、低 pH 具有很强的耐受性。到目前为止，已经鉴定出 21 种完全不同的金黄色葡萄球菌肠毒素，其中 SEA、SEB、SEC、SED、SEE 和 SEH 等主要肠毒素均引起过原料乳及其乳制品污染而导致的中毒事件，最常见的为 SEA 和 SED，SEB 和 SEC 型次之。有研究表明，SEA 的毒力最强。通常，金黄色葡萄球菌不需要进入宿主或在宿主体内生长，其产生的毒素便可以引起肠胃炎。金黄色葡萄球菌已被列为世界上引起肠胃炎的祸首之一，一般在摄入食品 3 h 左右出现症状，症状包括恶心、呕吐、不同程度的腹部痛性痉挛和腹泻。大部分人可以在 1～3 天内恢复，如果病情比较严重，还可能会引起败血症、肺炎、脊髓炎等病症。

2. 流行病学研究和监测资料

金黄色葡萄球菌肠毒素是一个世界性卫生问题。2011 年美国疾病控制与预防中心报告指出，每年因金黄色葡萄球菌引起的中毒人数为 241 148 人，由此导致的住院率高达 6.4%，是美国最常见的引发食物中毒的 5 种食源性致病菌之一，每年造成的经济损失达 15 亿美元。2013 年我国国家卫生和计划生育委员会在《关于 2013 年全国食物中毒事件情况的通报》中指出，通过突发公共卫生事件网络直报系统共收到全国食物中毒类突发公共卫生事件报告 152 起，中毒 5 559 人，死亡 109 人，其中金黄色葡萄球菌在微生物性食品中毒事件中排第 3 位。世界卫生组织估计发达国家食源性疾病的漏报率在 90%以上，发展中国家每年的漏报率更高。

乳和乳制品也是金黄色葡萄球菌污染的重灾区。美国加州戴维斯大学的 VMTRC 中心对来自加州的 51 963 份牛乳样品分析后发现，金黄色葡萄球菌阳性样品 13 157 份，阳性率为 25.3%。据 2008 年全国食源性疾病监测网中 21 个省/直辖市致病菌监测结果显示，556 份生奶样品中金黄色葡萄球菌阳性样品为 122 份，阳性率为 21.94%，居于所监测的 7 种致病菌之首。2007—2009 年，黑龙江省疾病控制中心选取黑龙江省部分奶牛场及个体奶户的产奶牛共 1 246 头，从中随机抽取 400 份原料奶进行金黄色葡萄球菌污染度检测，结果显示阳性率达 83.5%。

5.5.1.2　危害特征描述

1. 金黄色葡萄球菌肠毒素对健康的危害

金黄色葡萄球菌肠毒素作用于胃肠黏膜，引起充血、水肿，甚至糜烂等炎症反应，伴随水、电解质代谢紊乱，导致腹泻；同时，金黄色葡萄球菌肠毒素还会刺激迷走神经的内脏分支，继而引起反射性呕吐。有报道指出，20～100 ng 金黄色葡萄球菌肠毒素能引起食物中毒，症状的严重程度取决于摄入食物量、个人健康水平及对毒素的敏感程度，一般不会导致死亡，但也有老人、婴幼儿和过度疲劳者等免疫力较差人群的死亡病例。金黄色葡萄球菌食物中毒全年皆可发生，但病例暴发常在天气炎热的夏季。此外，食物中某些成分会对金黄色葡萄球菌的生长产生影响，如丰富的淀粉和蛋白质就可能增强毒素的产生，鱼、肉、蛋及乳制品是易被金黄色葡萄球菌污染产生肠毒素的高危食品。

2. 剂量-反应关系

剂量-反应关系是危害特征描述的一个重要的组成部分，现有的定量风险评估常采取国际公认的 0.1～1.0 μg/kg 毒素浓度作为阈值，以此来判断是否对人体健康产生危害，即摄入这个浓度范围的肠毒素就可以产生中毒症状。当 *S. aureus* 菌数超过 10^5 CFU/mL 时，就会产生足够量的肠毒素。但是按照统一的剂量评估，会带来过高或过低的估计结果，因此，在计算剂量-反应关系时，应注意人群的区分。例如有研究称，剂量为 17 ng 的金黄色葡萄球菌肠毒素可以导致儿童出现临床症状，而一旦超过 50 ng 则所有年龄段的人群都可能中毒。总之，目前基于金黄色葡萄球菌数量(CFU/mL)或者统一剂量的肠毒素质量浓度(μg/kg)来进行安全性评估有一定的局限性。因此，在金黄色葡萄球菌肠毒素的定量检测、引起不同群体食物中毒肠毒素含量以及相应的毒理学实验方面应加强深入研究。

5.5.1.3　暴露评估

1. 预测微生物学在金黄色葡萄球菌暴露评估的应用

国内外关于金黄色葡萄球菌风险评估的预测模型有 3 个水平。初级模型一般都是采用 Gompertz、Logistic、Baranyi 模型。二级模型包括二次响应面方程、Arrhenius 方程和平方根模型，以此来描述初级模型参数随环境条件改变而变化，或者描述对模型的主要特征(如迟滞期和指数期生长速率)的影响。三级模型方面，大量的微生物动力学模型被构建并得以推广应用。例如美国农业部、英国食品研究中心和日本国家食品研究所的研究人员已经基于不同的应用目的分别创建开发了 pathogen modeling program(PMP)、combined data base for predictive microbiology(Com Base)和 microbial responses viewer(MRV)等预测微生物数据库。近些年,预测模型在原料乳金黄色葡萄球菌风险评估中的应用也越来越广泛。然而受条件所限,各模型均没有考虑环境因素对金黄色葡萄球菌和肠毒素的影响,故而不能全面、准确地为风险评估提供有效的信息。

2. 国内外原料乳中金黄色葡萄球菌的暴露评估

国内常用概率评估方法估计原料乳中金黄色葡萄球菌的暴露程度,以此来推断肠毒素产生的可能性。其构建的过程中风险模型的起点为挤乳过程结束,终点是运输到乳品厂,整个过程包括贮藏和运输两个阶段。有研究对奶牛场及个体奶户的原料乳收购过程进行分析风险评估,以金黄色葡萄球菌的产毒素阈值(菌数为 10^5 CFU/mL)评估风险大小,结果表明个体奶户直接将原料乳送至乳品厂的收购方式产生的肠毒素风险最大,在此过程金黄色葡萄球菌的最终暴露浓度大于 10^5 CFU/mL 的概率为 25.59%;而奶牛场集中挤乳、个体奶户将原料乳送至奶站再由奶站运至乳品厂的两种收购方式风险相近,金黄色葡萄球菌的最终暴露浓度大于 10^5 CFU/mL 的概率分别为 8.22%和 7.16%。国内目前只研究了贮藏和运输这两个阶段的暴露水平,没有系统地对原料乳从牧场到餐桌进行全程监控和评估,导致评估报告可提供的信息量有限。

国外常用定量风险评估的方式对生乳中金黄色葡萄球菌进行风险评估。Heidinger 等建立了一个从资料收集、分析到定量危害性评估的风险评估技术路线,采用蒙特卡罗模型,用成熟的@RISK 软件来实现风险分析,描述了整个“乳品厂—消费者”的暴露路径,并基于原料乳污染水平、消费频率、生长情况、贮藏时间、贮藏温度等参数的可得数据,用先进的预测微生物学模型 PMP、Com Base 模拟金黄色葡萄球菌的生长情况。该方法值得国内风险评估借鉴。首先,此方法对乳品污染水平、贮藏温度和时间、消费频率的数据收集较完善。其次,基于预测微生物学和数学模型的定量风险评估量化了原料乳在生产、加工、消费过程中金黄色葡萄球菌及肠毒素的危害,并把这一危害与因其所导致疾病的概率直接联系起来,获得的结果有利于制定风险管理政策。最后,合理使用肠毒素模型对肠毒素产生及肠毒素产量变化实施更准确预测,使风险评估结果更加接近实际。

5.5.1.4 风险特征描述

1. 风险评价

风险评价通过整合危害识别、危害特征描述和暴露评估信息,以实现估计消费金黄色葡萄球菌及其肠毒素污染食品后产生的后果。Heidinger 等对原料乳中金黄色葡萄球菌及肠毒素 A 进行了定量风险评估,模拟了产乳、收购、贮存、运输的条件,生长模型预测生乳在加工前金黄色葡萄球菌生长水平超过 10^5 CFU/mL 的概率为 1/10 000~1/1 000,存在潜在的消费风险;按照肠毒素剂量在 94 ng 认为足以引起中毒,肠毒素 A 产生模型预测暴露在第 99.99 位点处产生的肠毒素剂量能使所有年龄组的消费者中毒。Makita 等分析了埃塞俄比亚德布雷塞特地区非正式销售原乳和家庭自制酸乳在消费中金黄色葡萄球菌中毒的风险。金黄色葡萄球菌生长模型分析显示,通过传统食品发酵之后能够显著缓解风险出现。

2. 风险评估中的变异和不确定性

在暴露评估的步骤中采用的预测模型是数学模型，因此变异性是一定存在的。模型中的参数，如初始污染水平、贮藏时间、贮藏温度、pH 等，它们的变异性对模型的影响很大。有研究表明，缺乏金黄色葡萄球菌的剂量-反应模型是不确定性的最重要来源，其次模型的使用简化了原料乳中金黄色葡萄球菌生长及肠毒素产生的复杂情况，且没有考虑金黄色葡萄球菌与乳中其他微生物的种类、数量及相互作用。因此，原料乳在真正消费时其中所含金黄色葡萄球菌的数量及肠毒素的含量很难被精准预测。

3. 敏感性分析

敏感性分析是风险评估中的重要组合部分，用来分析评估过程中主要参数变化对于风险结果的影响，其结果可以作为制定关键控制点的依据，从而得到比较有效的控制措施，将风险降至最低。研究表明，初始污染水平、贮藏温度、贮藏时间、pH 是影响原料乳中金黄色葡萄球菌风险评估结果的关键性因素，其中初始污染水平的影响最大。无论原料乳的收购方式如何，金黄色葡萄球菌污染的初始浓度都是引起风险的最重要因素。因此，在源头上防止金黄色葡萄球菌的污染，对控制乳品品质起着至关重要的作用。

5.5.2 化学物风险评估实例

中国是农药的生产和使用大国。据统计，我国农药每年用量达 50 万～60 万 t，其中 70％为有机磷农药。有机磷农药的广泛应用显著提高了农作物的产量，但同时也增加了水源、食物中农药的残留量，人群暴露于多种有机磷农药，可使健康受损。

5.5.2.1 危害识别

1. 有机磷农药结构特征

有机磷农药（organophorous pesticides，OPPs）是现有农药中品种最多、使用最广的一类，约有 100 多种，多为磷酸酯类或硫代磷酸酯类化合物。有机磷农药大多呈油状或结晶状，工业品呈淡黄色至棕色，易溶于有机溶剂如苯、丙酮、乙醚、三氯甲烷及油类。有机磷农药分子结构一般具有容易断裂的化学键，在酸性和中性溶液中较稳定，遇碱易分解，对光、热、氧均较稳定，略具挥发性，遇高热可异构化，加热遇碱会加速分解。

按照有机磷农药的毒性，可以将其分为 4 类。①剧毒类：甲拌磷、内吸磷、对硫磷等；②高毒类：甲基对硫磷、甲胺磷、氧化乐果、敌敌畏等；③中毒类：乐果、倍硫磷、乙硫磷、敌百虫等；④低毒类：马拉硫磷、杀螟硫磷等。

2. 流行病学研究和监测资料

有机磷农药具有高药效、低成本、多品种、广防治、小药害、易降解、低残毒等优点，逐步发展成为国内主要的农药品类。巨大的需求量带动农药生产能力和产量迅速增长。1997 年，我国的农药总产量为 35.08 万 t，有机磷农药在农业中的使用量约占农药总产量的 57％；2001 年我国的农药总产量为 78.72 万 t，而有机磷农药占农药总产量的 60％；2007 年我国的农药使用总量虽下降为 1997 年的 84％左右，但有机磷农药在总量中的占有率却上升了 13 个百分点。

中国农业部门在2002年宣布了在蔬菜、果树、茶叶、中草药材上不得使用和限制使用的19种高毒农药，从2004年6月30日起，禁止销售和使用含有甲胺磷、甲基对硫磷、对硫磷、久效磷与磷胺类产品。2007年1月1日起，全面禁止甲胺磷、甲基对硫磷、对硫磷、久效磷与磷胺等5种高毒有机磷农药在农业上使用。但由于植物根系吸收土壤有机磷农药等原因，某些农作物中仍能检出已禁农药。

5.5.2.2 危害特征描述

1. 有机磷农药对健康的危害

有机磷农药是一种神经毒剂，可通过抑制胆碱酯酶活性使乙酰胆碱聚积，导致神经功能紊乱。长期接触农药可产生免疫功能损害、生殖毒性、致癌性等。即使在低剂量有机磷农药环境中长期暴露，也会对中枢神经系统的高级认知功能产生影响，表现为自主神经功能障碍，记忆、语言和视觉注意力等认知功能障碍，以及神经精神改变等。对于男性而言，直接或间接地接触有机磷农药都会影响精子的质量，增加精子畸形出现率，甚至造成男性不育。处于发育期的胎儿和儿童暴露在有机磷农药环境下，会造成神经系统危害，导致儿童短程记忆下降、手眼协调性不佳、出现认知功能障碍等。长期低剂量暴露在有机磷农药环境中，会增加白血病、恶性肿瘤的发病率。

2. 剂量-反应关系

有机磷农药对人类健康的危害程度，中毒及中毒症状出现的时间和严重程度，主要与环境中残留农药的浓度及进入途径、农药毒性、食用食物的受污染程度（进入量）和吸收量、人体的健康情况等有密切关系。有机磷农药皮肤接触中毒发病时间较为缓慢，经皮肤吸收者潜伏期最长2～6 h，吸收后有头晕、烦躁、出汗、肌张力减低及共济失调等症状。经口服者5～20 min早期出现恶心、呕吐，以后进入昏迷状态；经呼吸道者，潜伏期约30 min，吸入后产生呼吸道刺激症状，呼吸困难、视力模糊，而后出现全身症状。有机磷农药按照毒性的强弱，分为高毒性、中毒性和低毒性三类。

(1)高毒性类。高毒性类有机磷农药少量接触即可中毒，大鼠经口半数致死量(LD_{50})为：甲拌磷2.1～3.7 mg/kg，内吸磷4～10 mg/kg，对硫磷3.5～15 mg/kg，乙拌磷4 mg/kg体重，硫特普5 mg/kg，磷胺7.5 mg/kg，保棉丰7.9 mg/kg，氧化乐果30～60 mg/kg，稻丰散71 mg/kg。

(2)中毒性类。大鼠经口LD_{50}为：甲基对硫磷14～42 mg/kg，二甲硫吸磷73 mg/kg，敌敌畏50～110 mg/kg，亚胺磷203 mg/kg，甲级内吸磷80～130 mg/kg。

(3)低毒性类。大鼠经口LD_{50}为：敌百虫450～500 mg/kg，乐果230～450 mg/kg，马拉硫磷1 800 mg/kg，二溴磷430 mg/kg，杀螟松250 mg/kg，氯硫磷625 mg/kg，乙基稻丰散160 mg/kg。

5.5.2.3 暴露评估

1. 农药中有机磷的暴露评估

我国既往膳食暴露评估研究主要针对单种农药，并未考虑多种农药残留问题，因而无疑会低估多种有机磷农药同时存在对机体可能的危害。1996年，美国食品质量保护法案

(FQPA) 要求美国环境保护局(EPA) 对具有共同作用机制的一类化学物进行累积风险评估。随后,国际生命科学会(ILSI) 风险科学研究所(RSI) 召集一组专家,将有机磷农药定为首批研究对象。目前研究和制定的有机磷农药评估方法主要有危害指数法(HI)、毒性当量因子法(TEF)、相对强度系数法(RPF)、暴露边界比(MOE)、分离位点指数(PODI) 和累积风险指数(CRI)等。

RPF 法是目前国际上普遍认可的用于累积风险评估的较合适方法,其步骤是,在确定具有相同毒性机制的一组待评价的化学物后,选择一种与待评价组具有共同毒性机制的化学物作为指示化学物,待评价的各化学物浓度通过这些 RPF 分别换算为指示化学物的当量浓度后累加,得到指示化学物的累积当量浓度,然后按照单种化学物暴露评估步骤来评价该组化学物的累积暴露效应。

毒性当量因子法是美国 EPA 推荐的方法,与 RPF 方法相似,其要求所有组分的毒性效应都必须具有同一毒性作用机制。该方法已经成功运用于多氯联苯、二噁英等特定环境污染物评估,也有相关学者使用该种方法对有机磷农药累积暴露进行风险评估。

2. 生理基础药物代谢动力学模型在有机磷暴露评估中的应用

生理基础药物代谢动力学模型(physiologically based pharmacokinetic modeling, PBPK)是将每个器官或组织按照解剖结构作为一个房室并用心血管系统联系起来的模型。该模型描述了动物的生理解剖,并提供了一些参数,如血流、通气速率、代谢常数、组织可溶性和大分子结合等。PBPK 模型可以应用于人类有机磷农药健康危险度评价,可为危险度评价的剂量-效应关系研究提供可靠基础,能够预测和估算不同暴露方案、途径、剂量和毒物的靶组织剂量,有助于降低传统外推方法的不确定性。目前,该模型已经应用于氨基甲酸酯类农药的累积暴露风险评估,如对儿童暴露于有机磷农药“毒死蜱”进行风险评估。

5.5.2.4 风险特征描述

近年来,由于对乙酰胆碱酯酶抑制类杀虫剂的毒理学机制研究比较明确,国外学者优先使用 RPF 方法评估了有机磷类和氨基甲酸酯类农药的膳食累积暴露风险。研究结果表明,不同国家的儿童及成人均存在高端暴露人群累积摄入过高问题,其中贡献度较大的食物主要包括葡萄和菠菜(荷兰)、西红柿(巴西)、苹果(丹麦)。当前国内对有机磷农药膳食暴露风险评估研究主要集中于对食品中有机磷农药的常规监测、总膳食研究以及单种有机磷农药的暴露评估,而对多种有机磷农药累积暴露评估研究的相关报道较少。一些研究表明,我国居民膳食有机磷农药累积暴露分布人群变异较大,2～6 岁儿童及高端暴露人群累积摄入量过高。

流行病学和动物实验表明,有机磷农药联合暴露能对人体产生多种危害,多种有机磷农药的联合毒性不同于单种农药引起的危害。目前,国内外关于农药的联合毒性研究取得了一定进展,但是对有机磷农药联合毒性的研究还比较少,并且对有机磷农药的长期低剂量的毒性研究资料也相对更少,因此需要重视及加强有机磷农药的联合暴露对人体危害的研究。

思考与复习题

1. 简述食品毒理学的定义和研究对象。
2. 简述食品毒理学的研究任务和方法。
3. 简述食品毒理学和安全性的关系。
4. 什么是毒性？影响毒性的因素有哪些？
5. 什么是毒性作用？它的分类有哪些？
6. 什么是剂量-反应曲线？有哪些类型？
7. 什么是生物转运？生物转运的方式有哪些？
8. 什么是生物转化？简述Ⅰ相反应和Ⅱ相反应的概念及反应类型。
9. 简述我国食品安全毒理学实验的评价范围和实施阶段。
10. 食品安全性评价时需要考虑的因素有哪些？
11. 论述食品毒理学安全性评价内容。
12. 简述风险分析的组成部分及各部分的关系。
13. 什么是风险管理？风险管理的主要内容有哪些？
14. 什么是风险交流？风险交流的策略有哪些？
15. 风险评估的主要内容是什么？
16. 以微生物危害为例，阐述风险评估的过程。

参考文献

[1] 丁晓雯，柳春平. 食品安全学[M]. 北京：中国农业大学出版社，2016.
[2] 谢明勇，陈绍军. 食品安全导论[M]. 北京：中国农业大学出版社，2016.
[3] 刘宁，沈明浩. 食品毒理学[M]. 北京：中国轻工业出版社，2016.
[4] 严卫星，丁晓雯. 食品毒理学[M]. 北京：中国农业大学出版社，2015.
[5] 陈辉. 食品安全概论[M]. 北京：中国轻工业出版社，2016.
[6] 中华人民共和国法典（2018）[M]. 北京：中国法制出版社，2018.

HAPTER 6

第6章 食品安全控制技术

【本章主要内容】

本章简要介绍了食品安全检测与食品安全控制技术及规范;针对当前主要的食品安全危害因子介绍了相应的检测方法;详细论述了我国食品安全管理体系及国内外食品安全控制技术。

【教学要求】

1. 熟悉各类有毒有害物质分析方法及样品前处理技术。
2. 掌握各类食品安全控制技术及规范的基本概念。
3. 认识食品安全控制技术及规范的重要性。
4. 掌握食品安全溯源及预警的相关概念。

随着我国经济的快速发展，人们的物质文化生活也发生着质的变化，人们对更高更好美好生活的向往使得人们更加注重生活水平和质量。人们对于饮食的安全性意识在多次的食品安全事故的报道中不断被加深，对于食品安全问题也更加关注。如何有效地增强食品安全控制技术与能力，快速提升食品安全水平，满足人们日益增长的食品安全需求，就显得尤为迫切和重要。

6.1 食品安全检测技术

6.1.1 概述

欧美等国家自 20 世纪 60 年代开始对食品中药物残留进行了研究，70 年代就开展了食品药物残留的检测工作，现已形成了非常完善的检测体系，包括法律法规体系、监督管理体系、检测机构体系、技术队伍体系和技术标准体系。我国动物性食品药物残留的研究和监控工作起步较晚，检测技术及手段滞后，限量标准和检测方法标准不够完善，严重制约了对动物性食品安全的有效监控。

检测技术是一个国家食品安全科学发展的核心标志之一，是一个国家食品安全监管能力的重要体现。近年来欧美等国家投入大量资金对食品安全检测关键技术进行攻关，检测技术水平快速提高，并以此为基础对残留限量标准提出越来越高的要求，限制残留超标的国外产品进入。因此，突破检测技术的制约，已成为保障我国食品安全、应对贸易非关税技术壁垒的关键。

检测技术是保障食品安全的重要技术手段，是一个国家食品安全工作水平的重要体现。目前，国际食品安全保障以检测技术和预防技术为主要手段，实行以预防为主、从“农田到餐桌”的全程质量监测体系。在化学有害物检测方面，发达国家对食品的检测技术日益呈现速测化、准确化、精确化和高通量化特点，技术的提高和更新十分迅速。发达国家主要采用先进的残留检测技术来加强化学物残留检测工作，如气相色谱与质谱联用技术、液相色谱与质谱联用技术、多维色谱与高分辨质谱联用技术等，这些技术极大地提升了食品安全检测的定性能力、检测的灵敏度和检测限。此外，通过这些技术还可以建立食品中化学有害物的高通量筛选识别技术平台，在短时间内对大量化学物质进行确证和定量。由于我国在食品安全检测新技术上起步较晚，故总体技术水平较国际先进水平尚有一定的差距，现有分析检测技术还无法满足复杂的食品安全监管的需求。因此，现阶段迫切需要在我国推广食品分析检测新技术、新方法，建立和完善具有中国特色并与国际接轨的食品安全保障技术体系，实现我国食品安全保障从“被动应付型”向“主动保障型”的转变。

目前食品安全问题主要集中在以下几个方面：生物性危害(包括细菌性危害、真菌性危害、病毒危害)；化学性危害包括(食品添加剂、农药残留、兽药残留、重金属的超标)；食品掺假等。

6.1.2 检测技术体系

6.1.2.1 样品的采集与预处理

1. 样品采集

样品采集简称采样，也称检样，是为了满足现场检测或实验室检测的需要而对样品进行采集的一种行为。由于要达到的检测目的不同，采样的形式也有所不同。如为了检测总体样品的安全卫生状况，应注意采样的代表性原则，均衡地、不加选择地从总体样品的各部分随机进行采样；而为了检验样品是否掺假、投毒或怀疑是导致食物中毒的食品等，应注意采样的典型性原则，根据已掌握的情况有针对性地采集可能掺假、投毒或怀疑是导致食物中毒的样品。另外，为了检测微生物项目，还要注意无菌采样原则等。

2. 采样方法

(1)常用的采样方法。①三层五点法：按堆形和面积大小采用分区设点，或按食品堆高度采用分层采样、分区设点，每区面积不超过 50 cm^2，各设中心、四角共 5 点。②刮涂法：在酒精灯火焰下灼烧小刀(放凉)为其灭菌，用灭菌的小刀把表面干燥的污物刮下后装入干燥的灭菌容器中送检。③涂抹法：用灭菌棉拭子沾湿灭菌生理盐水抹擦表面一定面积后，放入灭菌生理盐水管。④滤纸贴附法：用灭菌生理盐水沾湿经预先消毒的大肠菌群纸片，然后贴附于采样的表面，2 个纸片为 1 件；经 1 min 后用灭菌镊子取出纸片置于无菌塑料袋内。⑤筷子洗脱法：以 5 只为一件样品，用毛细吸管吸取无菌生理盐水湿润纸片后，立即用纸片抹拭筷子进口端(约 5 cm)，每件样品抹拭 2 张，洗脱装入有 50 mL 灭菌生理盐水的试管中。

(2)随机采样。随机采样是指均衡地、不加选择地从全部批次的各部分按规定数量采样。采用随机采样方式时，必须克服主观倾向性。

(3)针对采样。针对采样是指根据已掌握的情况有针对性地选择采样。如怀疑某种食物可能是导致食物中毒的食品，或者感官上已初步判定该食品存在卫生质量问题，从而有针对性地选择采集样品。

3. 样品的制备

一般来说，按采样规程采取的样品往往数量过多、颗粒太大且组成不均匀。因此，为了确保检验结果的正确性，必须对样品进行粉碎、混匀、缩分，这项工作即为样品制备。样品制备的目的是要保证样品十分均匀，使在检验时取任何部分都能代表全部样品的成分检验结果。样品的制备方法因产品类型不同而异。对于液体、浆体或悬浮液体，一般应将样品摇匀，充分搅拌。固体样品应采用切细、粉碎、捣碎、研磨等方法将样品制成均匀可检状态。对于罐头样品，不同种类有不同的处理方法，如水果罐头在捣碎前需清除果核，肉禽罐头应预先剔除骨骼，鱼类罐头要将调味品(如葱、蒜、辣椒等)分出后再进行捣碎。

在样品制备过程中，应注意防止易挥发性成分的逸散以及避免样品组成和理化性质发生变化。作微生物检验的样品，必须根据微生物学的要求，按照无菌操作规程制备。

4. 样品的预处理技术

样品预处理总的原则是：消除干扰因素，完整保留被测组分，并使被测组分浓缩，以获得可靠的分析结果。以下为目前常用的几种样品预处理的方法。

(1)固相萃取法(SPE)。主要通过吸附填料和洗脱液互相作用,实现组分分离净化,例如有机氯和有机磷农药预处理常用的 Florisil 柱。

(2)固相微萃取法(SPME)。主要通过萃取介质对目标物进行吸附,然后再通过解吸进行分析。SPME 技术不需要溶剂,集萃取、纯化、浓缩为一体,可以实现对固、液、气样品的分析。

(3)超临界流体萃取法(SFE)。主要利用超临界流体中不同组分溶解度不同,在不同压力状态下溶解能力会发生变化的原理,改变萃取剂流体压力,从而将组分逐一萃取。SFE 具有极好的萃取效力和速度,与分析仪器在线联机,可以大大提高灵敏度。

(4)凝胶渗透色谱法(GPC)。主要利用多孔物质,依据不同组分的分子大小和形状不同来进行分离、萃取和净化,尤其是对高脂含量样品,更显现其快速、高效的净化优势。

(5)基质固相分散萃取法(MSPDE)。在常规固相萃取的基础上发展而来。MSPDE 将样品和固定相混合、研磨、装柱、溶剂淋洗,具有同时制备、萃取和净化样品的优点。

(6)加速溶剂萃取法(ASE)。具有溶剂用量少、萃取时间短、萃取效率高等优点。ASE 提取溶剂的选择与索氏提取法相同,提取液需净化后才能检测,其作用能减少提取溶剂用量,缩短提取时间。

6.1.2.2　农药残留物的检测技术

农药是指在农业生产中用于防治农作物病虫害、消除杂草、促进或控制植物生长的各种药剂的统称。农药根据防治对象可分为杀虫剂、杀菌剂、杀螨剂、杀线虫剂、灭鼠剂、除草剂、脱叶剂、植物生长调节剂等;根据原料来源可分为有机农药、无机农药、植物性农药、微生物农药等。

1. 常见的农药残留检测技术

(1)气相色谱分析技术(GC)。气相色谱法(gas chromatography,GC)是英国生物化学家 Martin 和 Jame 在研究液液分配色谱的基础上,于 1952 年创立的一种极有效的分离方法,可用于分析和分离复杂的多组分混合物。

(2)高效液相色谱法(HPLC)。高效液相色谱法是采用液体作流动相并使用高效填料的一种色谱法。它可以分离检测极性强、分子质量大的混合物及离子型农药,可用于不易汽化或受热易分解的农药的检测。

(3)毛细管电泳分析法(CE)。毛细管电泳分析法(capillary electrophoresis,CE)又称高效毛细管电泳或毛细管分离法,是以高压电场为驱动力,以毛细管为分离通道,依据样品中各组分之间的淌度和分配系数的不同而进行分离的一类新型液相分离技术。

(4)薄层色谱法(TLC)。薄层色谱法(TLC)是将适宜的固定相涂布于玻璃板、塑料或铝基片上,呈均匀薄层,待点样品展开后,根据比移值(Rj)与适宜的对照物按同法所得的色谱图的比移值作对比,用以进行药品的鉴别、杂质检查或含量测定的方法。

(5)气相色谱-质谱联用技术。气相色谱-质谱联用技术(gas chromatography mass pectrometry,GC-MS)是残留分析理想的检测手段。对于需要高灵敏度、宽适用范围、复杂基质的多残留快速筛选工作而言,GC-MS 无疑是首选的最佳检测手段。气相色谱-质谱联用技术是现代分析化学中发展最快、应用最广泛的分析技术，它解决了科学领域中复杂有机化合物定性、定量分析的需要，特别适合于农药代谢物、降解物的检测和多残留检测等。

(6)液相色谱-质谱联用技术。液相色谱-质谱联用技术(liquid chromatography mass spectrometry，LC-MS)是以质谱仪为检测手段，集 HPLC 高分离能力与 MS 高灵敏度和高选择性于一体的强有力分离分析方法。

2. 分析检测新技术和方法

在检测技术方面，目前国际上已普遍采用多残留检测技术。这些方法的建立得益于气-质联用(GC-MS)、液-质联用(LC-MS)技术的应用以及常规使用的气相色谱仪(GC)、液相色谱仪(LC)技术上新的突破，并在提高农药定性、定量准确性、多残留检测、快速检测等方面发挥着巨大的作用。

(1)色谱联用技术。色谱技术以其快速、高效、灵敏和具有极强的分离能力等特点在农药残留检测方面发挥了重要作用。目前，气相色谱、高效液相色谱、超临界流体色谱、凝胶渗透色谱、薄层色谱等仪器都已在农药残留检测中广泛应用。

(2)免疫分析法。免疫分析法(immunoassay analysis，IA)是利用抗原和相应抗体在体外也能特异性结合的原理发展的一类特异性强、灵敏度高、分析容量大、分析成本低、安全可靠的检测方法，是一种以抗体作为生物化学检测器，对化合物、酶或蛋白质等物质进行定性和定量分析，将免疫反应与现代测试手段相结合而建立的超微量测定技术。由于免疫分析法特有的优点，农药免疫分析的研究得到了更多农药研究工作者的重视，正在逐渐成为农药研究领域的一个热点。

①酶联免疫吸附测定法(ELISA)。酶联免疫吸附测定法 (enzyme-linked immunosorbent assay，ELISA)：将抗原或抗体与某种酶连接成酶标抗原或抗体，这种酶标抗原或抗体既保留其免疫活性，又保留酶的活性。在测定时，把受检样品(测定其中的抗体或抗原)和酶标抗原或抗体进行结合反应，去除未结合的酶标抗原或抗体后，加入酶催化底物，底物被酶催化变为有色产物，利用酶催化的放大效应和有色产物形成的色泽变化效应，实现检测方法的高灵敏度和可视化。

②放射免疫法(RIA)。放射免疫法是将抗血清与待测农药在试管中培养一定时间后，加入同位素标记的待测农药，该同位素标记农药和待测农药与抗体发生竞争反应，采用适宜的方法将被抗体结合的和未被抗体结合的标记农药分离，未被抗体结合的放射性标记农药留在溶液中。

③荧光免疫法(FIA)。荧光免疫法是将抗血清、待测农药、荧光标记待测农药混合在聚苯乙烯管中，经培育后加入 γ-球蛋白和相对分子质量 6 000 的聚乙二醇，使与之结合的待测农药和光标记农药留在上清液中。当抗血清与荧光标记农药的量一定时，含待测农药多的试管中，抗体结合的荧光标记农药少，上清液中游离的荧光标记农药就多，即待测物含量与游离的荧光标记物含量成正比，测定上清液的荧光强度即算出待测物含量。

④流动注射免疫分析法(FHIA)。流动注射免疫分析法是农药残留分析中较为先进的技术。它是由免疫分析系统和流动分析系统相结合而形成的，农药抗体固定在可更换的膜上。

(3)生物传感器。生物传感器是将传感器技术与农药免疫分析技术相结合而建立起来的检测方法,是用固定化的生物体成分(酶、抗原、抗体等)或生物体本身(细胞、微生物等)为敏感元件,再与适当的能量转换器结合而成的器件。传感器的生物敏感层与复杂样品中特定的目标分析物之间的识别反应会产生一些物理化学信号的变化,这些变化通过不同原理的传感器转换成次级信号(通常为电信号),经放大显示或记录下来,再通过分析信号对待测物进行定性和定量测量。生物传感器是将化学量转化为其他可测量的物理量,集生物化学、生物工程、电化学、材料科学和微型制造技术于一体。

生物传感器的分类方法很多。按生物敏感材料的不同,生物传感器可分为酶传感器、免疫传感器、细胞传感器和组织传感器;按换能器的不同,生物传感器可分为电化学生物传感器、热学生物传感器、光学生物传感器、半导体生物传感器和声学生物传感器。

(4)直接光谱技术。直接光谱技术包括近红外光谱分析技术和荧光光谱分析技术。现代近红外光谱分析是将光谱测量技术、计算机技术、化学计量学技术与基础测试技术有机结合的一种分析方法,主要利用近红外或红外光谱仪直接对农药残留进行分析。近红外光谱分析方法具有检测快速、不破坏样品、绿色无污染、可同时对多种成分进行定量分析等优点。荧光光谱分析技术是利用农药残留物在激光照射下会产生荧光的原理,由于不同农药荧光的频谱分布、时间延迟及产生效率等特性往往具有明显差异,因此通过对其激光诱导荧光特性的研究可以探测出农药残留的种类及浓度。

(5)电化学分析法。电化学分析法是一种快速、灵敏、准确的微量和痕量分析方法。电化学分析法的基础是在电化学池中所发生的电化学反应。电化学池是由电解质溶液和浸入其中的 2 个电极组成,2 个电极用外电路接通。在 2 个电极上发生氧化还原反应,电子通过连接 2 个电极的外电路从一个电极流到另一个电极。根据溶液的电化学性质与被测物质的化学或物理性质之间的关系,将被测定物质的浓度转化为一种电学参量加以测量。近年来电化学分析法在有机分析领域中越来越显示出较大的潜力和优越性,在农药分析中的应用也日趋增多,有一些研究结合了化学计量学,大大提高了分析的范围。

6.1.2.3 兽药残留物的检测技术

兽药残留是指食用动物在应用兽药(包括药物添加剂)后,蓄积或储存在细胞、组织或器官内,或进入泌乳动物的乳或产蛋家禽的蛋中的药物原型以及有毒理学意义的代谢物和药物杂质。兽药残留主要是由于非法使用违禁药物,滥用抗菌药物和药物添加剂,不遵守休药期的规定而引起的。

常用的兽药检测方法有色谱法、色谱-质谱联用法、免疫分析法。其中色谱法主要用于国标检测方法的仲裁,与农药残留的检测较为类似。免疫分析法主要用于样品的初筛、快检,主要包含以下 4 种方法。

(1)酶联免疫吸附法。酶联免疫吸附法具有灵敏度高、特异性强、操作简便、快速、可用于大批量样品检测的特点,已成为对磺胺类药物残留大批样本进行定性、定量测定的方法。

(2)放射性免疫法。放射性免疫法是最早建立的经典免疫分析方法,此法样品前处理提取方法简便,可以检测磺胺类总残留量,已经被欧盟和美国认可并且应用于初筛分析。

(3)荧光偏振免疫分析法。荧光偏振免疫分析法是将免疫竞争和荧光偏振相结合的一种以快速筛选为目的的分析技术，其原理是以竞争性免疫分析方法为基础，通过检测荧光标记抗原在结合特异性的抗体前后荧光偏振值的变化，来测定小分子质量物质的含量。

(4)胶体金免疫层析法。胶体金免疫层析法是应用胶体金标记技术，以纳米级胶体金颗粒作为示踪物，利用抗原抗体反应进行检测的免疫检测方法。与荧光素、酶等标记物相比，胶体金更稳定，更适用。

6.1.2.4 重金属残留物的检测技术

目前，测定食品中砷、汞、镉、铅的含量一般采用原子吸收技术(AAS)、原子荧光技术(AFS)、电感耦合等离子体发射光谱技术(ICP-AES)、电感耦合等离子体质谱技术(ICP-MS)、同位素稀释质谱技术(IDMS)等。

(1)原子吸收技术(AAS)。原子吸收分光光度计是用来测量溶液中金属元素浓度的一种仪器，大约可测 68 种元素。自 20 世纪 60 年代发展以来，原子吸收技术由于具有灵敏度高、准确性好、简便、快速等优点，已成为测定痕量金属元素的有效手段。

(2)原子荧光技术 (AFS)。原子荧光光谱法是介于原子发射光谱法(AFS)和原子吸收光谱法(AAS)之间的光谱分析技术。AFS 技术具有谱线简单、灵敏度高、检出限低、适合多元素同时测定等优点。

(3)电感耦合等离子体发射光谱技术(ICP-AES)。电感耦合等离子体发射光谱法的基本原理是将高频电能通过感应线圈耦合到等离子炬(由于正负电荷相等而得名)，得到外观上类似火焰的高频高温放电光源(ICP)；待测样品溶液经进样系统导入雾化器，从而形成气溶胶被氩气携带进入等离子炬；等离子炬产生的高温将气溶胶中的元素电离激发，由于不同的元素有不同的能级结构，可发射出各自的特征谱线，且谱线强度与浓度成正比函数关系，因而可以通过光电转换器将各谱线强度信息转换为电信号进行测量，从而进行各待测元素的定量、半定量及定性分析。对于食品中含量较低的重金属污染物汞、砷、铅，电感耦合等离子体发射光谱法不能满足其测定的需要。

(4)电感耦合等离子体质谱技术(ICP-MS)。电感耦合等离子体质谱法是 20 世纪 80 年代发展起来的分析测试技术，它以独特的接口技术将 ICP 的高温(7 000 K)电离特性与四极杆质谱的灵敏快速扫描的优点相结合，从而形成的一种新型的元素和同位素分析技术。

(5)同位素稀释质谱技术(IDMS)。同位素稀释质谱技术是一种计数原子的方法，在分析样品中加入已知量的待测元素的某一富集同位素，使之与样品同位素混合均匀，从而改变样品中待测元素的各同位素丰度比例，用质谱法测定混合后样品的同位素比值，即可确定待测元素在样品中的含量。

6.1.2.5 食品添加剂的检测技术

(1)防腐剂的检测：主要有高效液相色谱法(苯甲酸和山梨酸)、气相色谱法(脱氢乙酸、对羟基苯甲酸酯)、分光光度法(甲醛)。

(2)漂白剂的检测：主要有盐酸副玫瑰苯胺法、充氮蒸馏-分光光度法、蒸馏法等。

(3)抗氧化剂的检测：主要有毛细管电泳法、气相色谱法、高效液相色谱法(HPLC)、色谱-质谱联用法。

(4)甜味剂的检测:主要有薄层色谱(TLC)、高效液相色谱(HPLC)、离子色谱(IC)、气相色谱(GC)、毛细管电泳(CE)、流动注射分析(FIA)、电化学(ET)和光谱法(ST)。

6.1.2.6 微生物检测技术

食品微生物检验主要包括菌落总数计数、大肠杆菌菌群计数、常见致病菌(如单增李斯特氏菌、沙门氏菌、肠炎弧菌、弯曲菌属和致病性大肠菌)检验。传统的检测方法包括增菌培养筛选及后续计数检测、生化反应鉴定或血清学鉴定等方法,这些传统方法技术成熟、准确性高、所需设备简单,目前仍然是食品卫生监管机构常用的检测方法。

6.1.2.7 食品中生物毒素检测方法

生物毒素,又称天然毒素,是指生物来源且不可自复制的有毒化学物质,包括动物、植物、微生物在其生长繁殖过程中或一定条件下产生的,对其他生物物种有毒害作用的各种化学物质。现已发现的生物毒素有 2 000 多种,其多样性反映了机能上的多样性。生物毒素按来源可分为动物毒素、植物毒素、微生物毒素、海洋生物毒素。生物毒素具有较高的生物毒性,例如污染了真菌毒素和微囊藻毒素等生物毒素的食品,对大众健康会造成极大危害;而具有极高毒性的肉毒毒素等还具备发展成潜在生物武器的可能性。因此,对食品、环境样本中生物毒素的检测已得到各国化学与生物分析工作者的重点关注。

生物毒素检测方法主要有酶活性抑制法、免疫分析法、仪器分析检测方法、分子生物学技术、生物传感器法等。

6.1.2.8 转基因食品检测方法

对于转基因食品的安全性评价,目前国际上没有统一的方法,但一个重要的原则是在评价转基因食品的安全性时所必须考虑的因素与以前未曾使用过的任何其他食品相同。在此基础上,遵循以科学为基础的"实质等同性""风险分析""预先防范""个案分析""逐步完善""风险效益评估""熟悉性" 等原则。

转基因食品检测方法主要有 PCR 检测技术、免疫化学检测技术、基因芯片、转基因食品的核酸印迹杂交检测技术等。

6.1.2.9 食品掺伪检测

食品掺伪检测较为困难,主要是因为掺伪的物质具有非食品源、化学多样性大等原因,一般其检测技术均滞后于掺伪安全事件发生。

(1)粮谷类食品掺伪检测。①新米与陈米互掺,可用酸度检测法、染色检测法进行检测。②大米中掺入砂粉、滑石粉等,可用摩擦实验、氯仿沉淀法、碘染色法进行检测。③涂渍油脂或石蜡大米,可用油斑检测、傅立叶变换红外线吸收光谱法、测定不皂化物含量等方法进行检测。④小米、黄米用姜粉染色,可采用定性检测、化学法检测。

(2)面粉掺伪检测。①面粉中掺入滑石粉、石膏粉及荧光增白剂等,可以采用灰分检测、灰分中二氧化硅定性检测、灰分中钙离子和硫酸根离子检测、荧光增白剂的紫外光照射检测等方法进行检测。②面粉中掺入增白剂过氧化苯甲酰,常采用快速简捷测定法、碘量法、液相色谱法、分光光度法等测定。③粉条、馒头、米粉中掺入工业用增白剂,常用高效液相色谱法、离子色谱法等方法进行检测。④米、面制品中掺入硼砂,常采用 pH 试纸法、感官检验、姜黄试纸特性检验法等方法进行检测。⑤用硫黄熏蒸面制食品，常采用碘量法检测。

(3)牛奶掺伪检测。①牛奶中掺水，常采用相对密度法、冰点测定法、二苯胺法等方法进行检测。②牛奶中掺淀粉、米汤类物质，可采用碘液显色法检测。③牛乳中掺入三聚氰胺，利用液相色谱法进行检测。

(4)肉及其制品掺伪检测技术。高效毛细管电泳法测定畜禽肌肉中肌红蛋白和血红蛋白，薄层层析法测定苏丹红，高效液相色谱法测定肉制品中人工合成色素，免疫学法、分子生物学技术检测肉的纯度。

(5)食用油脂掺伪鉴别检验。气相色谱法测定花生油掺伪大豆油，气相色谱法判定芝麻油掺伪，核磁共振法鉴别食用植物油掺伪餐饮业废油脂。

(6)酒类的掺伪识别方法。气相色谱法检测酒精度，以及检测酒、啤酒中的 *N*-亚硝胺含量。

6.2　食品安全管理

6.2.1　概述

党的十八大以来，以习近平同志为核心的党中央坚持以人民为中心的发展思想，从党和国家事业发展全局、实现中华民族伟大复兴中国梦的战略高度，把食品安全工作放在“五位一体”总体布局和“四个全面”战略布局中统筹谋划部署，在体制机制、法律法规、产业规划、监督管理等方面采取了一系列重大举措。各地区各部门认真贯彻党中央、国务院决策部署，食品产业快速发展，安全标准体系逐步健全，检验检测能力不断提高，全过程监管体系基本建立，重大食品安全风险得到控制，人民群众饮食安全得到保障，食品安全形势不断好转。

但是，我国食品安全工作仍面临不少困难和挑战，形势依然复杂严峻，主要表现在以下方面。微生物和重金属污染、农药兽药残留超标、添加剂使用不规范、制假售假等问题时有发生，环境污染对食品安全的影响逐渐显现；违法成本低，维权成本高，法制不够健全，一些生产经营者唯利是图、主体责任意识不强；新业态、新资源潜在风险增多，国际贸易带来的食品安全问题加深；食品安全标准与最严谨标准要求尚有一定差距，风险监测评估预警等基础工作薄弱，基层监管力量和技术手段跟不上；一些地方对食品安全重视不够，责任落实不到位，安全与发展的矛盾仍然突出。这些问题影响到人民群众的获得感、幸福感、安全感，成为全面建成小康社会、全面建设社会主义现代化国家的明显短板。

一方面，人民日益增长的美好生活需要对加强食品安全工作提出了新的更高要求；另一方面，推进国家治理体系和治理能力现代化，推动高质量发展，实施健康中国战略和乡村振兴战略，为解决食品安全问题提供了前所未有的历史机遇。因此，必须深化改革创新，用最严谨的标准、最严格的监管、最严厉的处罚、最严肃的问责，进一步加强食品安全管理工作，确保人民群众“舌尖上的安全”。

用科技和法制的手段对危害食品安全的因素实施有效监控，加大食品安全科技投入，建立健全国家食品与生物安全监测体系及其控制网络，具有以下重要意义：①有助于解决中国的食品安全问题，保障广大人民群众的健康；②有助于发现食品安全控制的总体趋势和一般规律；③研究中国的食品安全问题，有助于全世界食品安全事业的良好发展。此外，研究中国的食品安全控制，对于其他发展中国家的食品安全控制也具有重要的借鉴意义。

6.2.2 无公害、绿色、有机食品管理

6.2.2.1 无公害农产品

根据农业部、国家质量监督检验检疫总局发布的《无公害农产品管理办法》的定义，无公害农产品是指产地环境、生产过程和产品质量符合无公害农产品标准和规范，经认证合格获得认证证书，并允许使用无公害农产品标志的未经加工或初加工的食用农产品。也就是说，无公害农产品既要有优质农产品的营养品质，又要有健康安全的环境品质。

无公害农产品是绿色食品和有机食品发展的基础，绿色食品和有机食品是在无公害农产品基础上的进一步提高。

无公害农产品具有高附加值、安全性、优质性的特点。无公害农产品必须具备以下 5 种条件：①产地生态环境质量必须达到农产品安全生产要求；②必须按照无公害农产品管理部门制定的生产方式进行生产；③产品必须对人体安全符合有关卫生标准；④无公害农产品的品质应该是优质的；⑤必须取得无公害农产品管理部门颁发的标志或证书。

无公害农产品的管理通过相关标准的制定实施。无公害食品标准主要包括无公害食品行业标准和农产品安全质量国家标准，二者同时颁布。无公害食品行业标准由农业部制定，是无公害农产品认证的主要依据；农产品安全质量国家标准由国家质量技术监督检验检疫总局制定。另外，地方标准和企业标准也在无公害农产品生产中起着重要作用，许多省（市）和企业已经按照农产品质量安全体系的要求，制定了地方和企业无公害农产品标准。

1. 无公害农产品行业标准

对生产过程的控制是保证无公害农产品质量的关键环节，因而生产技术标准是无公害农产品标准体系的核心。我国农业部于 2001 年和 2002 年发布了两批共 199 项无公害农产品行业标准，涉及产地环境、生产技术规范和产品质量安全等方面。

无公害食品产地环境质量标准：无公害农产品的产地应选择在生态环境条件良好，远离污染源，并有可持续发展生产能力的农业生产地区。产地的环境空气、灌溉水、土壤环境中环境污染物的浓度限值，必须符合农业部颁布的各种无公害食品的产地环境条件标准。

无公害食品生产技术标准：无公害食品生产过程的控制是无公害食品质量控制的关键环节，无公害食品生产技术操作规程按作物种类、畜禽种类和不同农业区域的生产特性分别制定，用于指导无公害食品生产活动，规范无公害食品生产，包括农产品种植、畜禽饲养、水产养殖和食品加工等技术操作规程。

无公害食品产品标准：无公害食品产品标准是衡量无公害食品终产品质量的指标尺度，主要包括技术要求（原料要求、感官指标、卫生指标）、实验方法、检验规则、标志、包装、贮存和运输要求等。无公害食品卫生标准严于国家现行普通食品标准，主要表现在对农药残留、兽药残留、有害毒素、添加剂及其他有毒有害污染物的检测项目增多且指标严格。

无公害食品包装储运标准：无公害食品包装标签标准规定了进行无公害食品产品包装

时应遵循的原则，包括包装材料选用的范围、种类，包装上的标识内容等，要求产品包装从原料、产品制造、使用、回收和废弃的整个过程都应有利于食品安全和环境保护；无公害食品储藏运输标准对无公害食品储运的条件方法、时间也做出了规定，无公害食品在储运过程中不遭受污染，不改变品质，并有利于节约能源、保护环境。

2. 无公害农产品的认证

无公害农产品的认证机构由国家认证认可监督管理委员会(简称国家认监委)批准，并获得国家认监委授权的认可机构的资格认可后，方可从事无公害农产品认证活动。

凡符合《无公害农产品管理办法》规定，生产《实施无公害农产品认证的产品目录》内的产品，产品产地获得无公害农产品产地认定证书的单位(包括企业、事业、社团)或个人，均可对该产品申请产品认证。但各级行政部门不具备申请资格，不能作为申请人。

无公害农产品认证程序如下。①申请人从认证机构或所在地省级无公害农产品认证归口单位领取，或者从中国农业信息网(www.agri.gov.cn)下载《无公害农产品认证申请书》及有关资料。②申请人向认证机构提交相关材料(一式两份)。③认证机构自收到申请材料之日起，在10个工作日内完成申请材料的审查工作。申请材料不符合要求的，认证机构书面通知申请人，生产周期内不再受理其申请。申请材料不规范的，认证机构书面通知申请人补充相关材料。申请人在规定时间内按要求完成补充材料并报认证机构。认证机构在5个工作日内完成补充材料的审查工作。申请材料符合要求但需要对产地进行现场检查的，认证机构组织检查员和专家组成检查组，进行现场检查。现场检查不符合要求的，认证机构书面通知申请人，生产周期内不再受理其申请。④申请材料符合要求(不需要对申请认证产品产地进行现场检查的)或者申请材料和产地现场检查符合要求的，认证机构书面通知申请人委托有资质的检测机构对其申请认证产品进行抽样检验。⑤产品检验不合格的，认证机构书面通知申请人，生产周期内不再受理其申请。⑥认证机构在5个工作日内完成对材料审查、现场检查(需要时)和产品检验的审核工作。组织评审委员会专家进行全面评审，在15个工作日内做出认证结论。同意颁证的，认证机构主任签发《无公害农产品认证证书》；不同意颁证的，认证机构书面通知申请人。⑦认证机构根据申请人生产规模、包装规格核发无公害农产品认证标志。⑧《无公害农产品认证证书》有效期为3年，其间，认证部门将不定期组织抽检、审查，发现不合格随时吊销其无公害农产品认证证书。期满如需继续使用，证书持有人应当在有效期满90日前按本程序重新办理。

无公害农产品标志如图6-1所示。标志图案主要由麦穗、对勾和无公害农产品字样组成，麦穗代表农产品，对勾表示合格，金色寓意成熟和丰收，绿色象征环保和安全。标志图案直观、简洁、易于识别，含义通俗易懂。

6.2.2.2 绿色食品概述

绿色食品(green food)是遵循可持续发展原则，按照绿色食品标准生产，经专门机构认定，许可使用绿色食品标志的无污染、安全、优质、营养类食品。绿色食品并非指绿颜色的食品，而是对无污染食品的一种形象描述。绿色象征生命和活力，而食品是维系人类生命的物质基础。为了突出食品出自良

图 6-1　无公害农产品标志

好的生态环境，并能给人们带来旺盛的生命活力，因此将其定名为“绿色食品”。

绿色食品的真正含义在于它具有比一般食品更强调“无公害”或“无污染”等安全卫生标准的特征，具备“安全”和“营养”双重质量保证，具有“环境”与“经济”双重效应。其概念中的“按照绿色食品标准生产”，是指在生产、加工过程中按照绿色食品的标准，禁用或限制使用化学合成的农药、肥料、添加剂等生产资料及其他可能对人体健康和生态环境产生危害的物质，并实施“从土地到餐桌”全程质量控制。这是绿色食品工作运行方式中的重要部分，同时也是绿色食品质量标准的核心。“经专门机构认定，许可使用绿色食品标志”是指绿色食品标志是中国绿色食品发展中心在国家工商行政管理总局商标局注册的证明商标，受《中华人民共和国商标法》保护，中国绿色食品发展中心作为商标注册人享有专用权，包括独占权、转让权、许可权和继承权。未经注册人许可，任何单位和个人不得使用。“安全、优质、营养”体现的是绿色食品的质量特性。

绿色食品有 3 个特征，即强调产品出自最佳生产环境、对产后品质实行全程质量控制、对产品依法实行标准管理。

绿色食品可分为两个等级：A 级绿色食品和 AA 级绿色食品。

绿色食品标志如图 6-2 所示，其图形由 3 部分构成：上方的太阳、下方的叶片和中心的蓓蕾，象征自然生态；颜色为绿色，象征着生命、农业、环保；图形为正圆形，意为保护、安全。

图 6-2 绿色食品标志

绿色食品标志管理因方法不同可分为法律管理、行政管理、消费者监督管理。

绿色食品标志商标专用权受《中华人民共和国商标法》保护，这样既有利于约束和规范企业的经济行为，又有利于保护广大消费者的利益。

6.2.2.3 有机食品概述

有机食品是高品质、纯天然、无污染、安全的健康食品，是国际上通行的环保生态食品，已经成为发达国家的消费主流。有机食品以有机农业生产体系为前提。有机农业是一种完全不用化学合成的肥料、农药、生长调节剂、畜禽饲料添加剂等物质，也不使用基因工程生物及其产物的生产体系，其核心是建立和恢复农业生态系统的生物多样性和良性循环，以维持农业的可持续发展。

有机食品比国内通行的绿色食品的环保标准更高，最主要的特点是在其生产与加工过程中不施用任何人工合成的农药、肥料、除草剂、生长激素、防腐剂、添加剂等化学物质。需要注意的是，该特点有两层不同的含义。首先是有机农业的生产方式解决了常规农业生产中最严重的环境污染和生态破坏的问题，是可持续的农作方式；其次才是产品没有污染物或污染物尽可能低，对人类健康有益。另外，有机食品不采用辐照处理，也不使用基因工程生物及其产品。

有机食品必须同时具备以下条件：①原料来自有机农业生产体系或采用有机方式采集的野生天然食品；②生产过程规格按有机食品的种养、加工、包装、贮藏、运输的标准进行生产；③在生产与流通过程中，有完善的质量跟踪审查体系和完整的生产及销售记录档案；

④通过授权的有机食品认证机构的认证审查。

有机食品标志如图 6-3 所示，其采用人手和叶片为创意元素，从中可以感觉到两种景象。其一是一只手向上持着一片绿叶，寓意人类对自然和生命的渴望；其二是两只手一上一下握在一起，将绿叶拟人化为自然的手，寓意人类的生存离不开大自然的呵护，人与自然需要和谐美好的生存关系。有机食品概念的提出正是这种理念的实际应用，人类的食物从自然中获取，人类的活动应尊重自然规律，这样才能创造一个良好的可持续发展空间。

图 6-3　有机食品标志

6.2.3　食品安全准入制度

6.2.3.1　准入制度概述

“质量安全”的英文名称 quality safety 的缩写“QS”，是我国的食品质量安全市场准入的标志。“国以民为本，民以食为天，食以安为先”，食品是一种特殊商品，它的质量安全最直接地关系到每一个消费者的身体健康和生命安全，关系到国家经济持续健康发展和社会的和谐与稳定。然而，我国食品生产企业数目多，许多食品企业规模小、加工设备简陋、技术力量薄弱、工艺水平相对较低，食品工业的生产力总体水平偏低。

此外，部分食品生产加工企业管理混乱，在经济利益的驱使下，食品生产中掺杂使假，偷工减料，以次充好、以假充真，致使假冒伪劣食品屡禁不止，食品安全事故时有发生，严重威胁人民群众的健康安全。为规范市场经济秩序，维护市场的公平竞争，创造良好的经济运行环境；为维护中国产品信誉和国家形象，履行对 WTO 的建立公平合理的市场准入制度的承诺；为保障食品安全，保护消费者的合法权益，保障人民群众生命健康和切身利益；为提高我国食品质量安全水平，促进我国食品工业健康快速发展，我国政府树立了全程监管的理念，坚持预防为主、从源头上抓质量，提出对国内生产企业实施质量监控和强制检验的要求，建立了一套完整的食品质量安全市场准入体系。

6.2.3.2　市场准入制度内容

我国《食品生产加工企业质量安全监督管理实施细则（试行）》中规定，从事食品生产加工的企业，必须具备保证食品质量安全必备的生产条件，按规定程序获取食品生产许可证。所生产加工的食品必须经检验合格并加印（贴）食品质量安全市场准入标志后方可出厂销售。国家已实行生产许可证管理的食品，企业未取得食品生产许可证的，不得生产。未经检验合格、未加印（贴）食品质量安全市场准入标志的食品，不得出厂销售。

食品质量安全市场准入制度是一项行政许可制度，主要包括以下三项具体的制度。

(1)对食品生产企业实施生产许可证制度。食品生产加工企业按照地域管辖原则，向所在地的质量技术监督部门提出办理食品生产许可证申请，经申请资料审阅和现场审核，对于具备保证产品质量安全生产条件的企业，发放食品生产许可证，准予生产许可证范围内的产品。不具备相应条件的，不发放食品生产许可证，不得进行食品加工生产。这就从生产条件上保证了企业能生产出符合质量安全要求的食品产品。

申请生产许可证的企业必须具有工商行政管理部门核发的营业执照，同时具备保证产品质量的环境、生产设备、加工工艺及过程、原材料、产品标准、人员、储运、检验、设备、质量管理、包装标识等相关要求的条件和能力。

(2)对食品生产加工企业的产品实施强制检验制度。食品出厂必须经过检验，未经检验或者检验不合格的，不得出厂销售。具备出厂检验能力的企业，可以按要求自行进行出厂检验。但是实施自行检验的企业，应当每年将样品送到质量技术监督部门指定的检验机构进行一次比对检验。不具备产品出厂检验能力的企业，必须委托有资质的检验机构进行出厂检验。

(3)对食品实施市场准入标志制度。对检验合格的食品出厂前必须在其包装或者标识上加印(贴)QS标志，没有加贴QS标志的食品不得出厂销售。

实施食品质量安全市场准入制度的食品，便于广大消费者选择，保障消费者的身体健康；便于有关行政执法部门监督管理，引导食品工业健康快速的发展；同时也有利于增强生产企业提高食品质量的自觉性和积极性。

6.2.4 GMP

良好操作规范(good manufacturing practice，简称GMP)，又称良好生产规范，是指政府制定颁布的强制性的有关食品原辅材料采购、生产加工、包装、储存、运输、人员等方面的卫生要求。它规定了食品生产必须满足的卫生条件，因此也可以说它是食品生产组织所必须满足的卫生标准。GMP是一套适用于制药、食品等行业的强制性标准，要求企业从原料、人员、设施设备、生产过程、包装运输、质量控制等方面按国家有关法规达到卫生质量要求，形成一套可操作的作业规范来帮助企业改善企业卫生环境，及时发现生产过程中存在的问题并加以改善，确保最终产品质量(包括食品安全卫生等)符合法规要求。

6.2.4.1 GMP的分类

1. 从GMP的适用范围进行分类

(1)具有国际性质的GMP。例如WHO的GMP，北欧七国自由组织联盟制定的PIC-GMP，以及东南亚国家联盟制定的GMP等。

(2)国家机关机构发布的GMP。例如中华人民共和国卫计委及国家食品药物监督管理局、美国的FDA、英国卫生和社会保险部、日本厚生省等国家机关制定的GMP。

(3)工业组织制定的GMP。例如中国医药工业公司制定的GMP指南，其标准不低于国家制定的GMP标准。甚至一些药厂和公司自己也会制定自己企业的GMP。

2. 从GMP制度性质进行分类

(1)强制性GMP。将GMP作为法典制定，例如中国、美国、英国等这些国家制定的GMP。

(2)指导或推荐性GMP。将GMP作为建议性规定，例如联合国的GMP对生产和质量管理起到指导的作用。

GMP 与一般食品标准的区别参见表 6-1。

表 6-1　GMP 与一般食品标准的区别

区别点	GMP	一般食品标准
性质	对企业生产条件、操作和管理等方面均提出标准性要求	只对生产终产品提出量化的要求
内容	对硬件(食品的企业产房、设备、卫生条件等方面)和软件(人员、生产工艺、管理组织和制度、记录、教育培训等方面)均提出要求	主要对产品的卫生和质量(如微生物指标、重金属指标、农兽药残留指标、水分、过氧化物、纯度、营养成分指标等)提出相应的要求
侧重点	注重于食品的整个生产过程,以及成品出厂前的任意一个步骤	只侧重于最终产品是否符合相应的指标

6.2.4.2　我国 GMP 的发展

20 世纪 80 年代初,中国卫生部组织完成并颁布实施的一系列食品生产卫生规范,参考引用了 CAC 的《食品卫生通则》,成为中国食品 GMP 的雏形,为建立和发展食品 GMP 体系奠定了坚实基础。1988 年,卫生部共颁布了 18 个国家标准食品生产卫生规范,并作为强制性标准准予发布。18 个专用卫生规范是罐头、白酒、啤酒、酱油、食醋、食用植物油、蜜饯、糕点、乳品、肉类加工、饮料、葡萄酒、果酒、黄酒、面粉、饮用天然矿泉水、巧克力、速冻食品良好生产规范。另外,1984 年由原国家商检局制定了类似 GMP 的卫生法规——《出口食品厂、库最低卫生要求(试行)》,对出口食品生产企业提出了强制性的卫生要求。后经过修改,于 1994 年 11 月由原国家进出口商品检验局发布了《出口食品厂、库卫生要求》。在此基础上,又陆续发布了 9 个专业卫生规范,共同构成了中国出口食品 GMP 体系的雏形。

1998 年,中国卫生部颁布实施了膨化食品良好生产规范、保健品食品良好生产规范,首次提出良好生产规范(GMP)的概念,中国食品 GMP 从此进入了发展阶段。2003 年和 2004 年,中国卫生部又启动和颁布了《乳制品企业良好生产规范》《熟肉制品企业良好卫生规范》《定型包装饮用水企业生产卫生规范》。

1999 年,农业部颁布了《水产品加工质量管理规范》。农业部制定的与食品 GMP 相关的还有绿色食品生产技术规程、无公害食品生产规程以及一些农产品生产技术规程等。

2003 年科技部启动食品安全重大专项科技行动计划,并组织"主要食品安全标准的基础研究和技术措施"课题攻关,"重要的食品安全控制标准的研究与制定"课题作为其中的子课题,重点开展中国食品 GMP 体系的基础研究、食品通用 GMP 的研究与制定、水产品加工食品 GMP 的研究与制定、啤酒生产 GMP 的研究与制定、罐装食品 GMP 的研究与制定、禽屠宰 GMP 的研究与制定、肉制品加工 GMP 的研究与制定。从此,中国食品 GMP 体系进入系统研究和全面建设阶段。

目前,中国已有一批食品生产企业建立了以 GMP 为基础的 HACCP 体系,并且企业对食品 GMP 有了进一步的理解和认识。GMP 作为国际上普遍采用的用于食品生产的先进管理系统,对于提高企业的品牌信誉和市场竞争力,提高企业的生产管理水平都具有十分重要的意义。

6.2.4.3 我国实行GMP的意义

(1)有利于我国食品产品质量的提高。GMP对食品生产、加工、包装、贮存,企业的厂房、建筑物与设施,加工设备用具,人员的卫生要求、培训,仓储与分销,以及环境与设备的卫生管理,加工过程的控制管理都做了详细的规定,有力地保证了食品生产的过程。

(2)有利于提高企业和产品的声誉,提高竞争力。凡通过GMP认证的企业或车间都发有GMP证书,而且也在有关报纸上刊登公告,通过GMP认证的有关内容也可在企业和产品宣传推广上使用。这样必然会进一步提高企业(车间)的形象和声誉,提高市场竞争力,占有更大的市场。

(3)有利于食品的国际贸易。GMP作为国际通用的生产及质量管理所必须遵循的原则,也是通向国际市场的通行证。企业获得GMP证书,有利于产品走出国门,进入世界市场。

(4)有利于提高科学的管理水平,促进企业人员素质提高和增强质量意识,保证产品质量。实施GMP使食品生产经营人员认识食品生产的特殊性,并为其提供重要的教材,由此使之产生积极的工作态度,激发其对食品质量高度负责的精神,消除生产上的不良习惯。

(5)为卫生行政部门、食品卫生监督员提供监督检查的依据。对食品企业进行GMP监督检查,可使食品卫生监督工作更具有科学性和针对性,提高对食品企业的监督管理水平。

6.2.4.4 GMP主要内容

GMP实际上是一种包括4M管理要素的质量保障制度,即选用规定要求的原料(material),以合乎标准的厂房设备(machines),由胜任人员(man)按照既定的方法(methods),制造出品质既稳定又安全卫生的产品的一种质量保证制度。因此,食品GMP也是从这四个方面提出具体要求,内容主要分为硬件和软件两部分。硬件是食品企业的环境、厂房、设备、卫生设施等方面的要求;软件是指食品的生产工艺、生产行为、制度管理以及人员要求等。

GMP主要包括以下内容。

(1)厂房设计要求。科学合理的厂房设计对减少食品生产环境中微生物的进入、繁殖、传播,防止或降低产品和原料间的交叉污染至关重要。对选址、总体布局、厂房设计、厂房布局、一般生产区、洁净区应根据相关国家标准实施。

(2)环境卫生控制。老鼠、苍蝇、蟑螂、蚊子和粉尘等都可以携带大量污染和致病菌,因此,它们是厂区环境卫生和原料安全的最主要危害因素,应最大限度地消除和减少这些危害因素。

(3)生产工具、设备要求。食品生产厂选择工具设备时,不仅要考虑生产性能和价格,还要考虑是否能保证食品的安全性,例如设备是否易于清洁消毒,与食品直接接触的工具及设备材料不与食品发生理化反应。另外,应建立设备档案及其零部件管理制度。

(4)加工过程的要求。主要包括对生产工艺规程与岗位操作规程、工艺卫生与人员卫生、生产过程管理、卷标与标识管理等要求。食品的加工、包装与储运必须保证卫生。加工过程的原辅料必须符合食品相关标准,加工过程要严格控制,研究关键控制点,对关键工序的监控必须要有记录(监控记录、纠正记录),制定检验项目、检验标准、抽样及其检验方法,防止出现交叉污染。食品包装材料不能对食品造成污染,更不能混入食品中。加工的产品应在适宜条件下储藏。

(5)厂房设备的清洗与消毒。车间地面与墙裙应该定期进行清洁,车间空气也应经常消毒杀菌,加工设备和器具应定时进行清洗、消毒。

(6)产品的储存与销售。定期对储存产品进行清洁,库内产品要堆放整齐,批次清楚,堆垛与地面的距离应符合相应的要求。食品的运输车、船必须保持良好的清洁卫生状况,并有相应的温、湿度要求。

(7)人员的要求。包括对有关人员的学历、专业、能力的要求,以及人员的身体健康、培训和卫生状况的要求。

(8)文件。所有的 GMP 程序、文件都应有文件档案,并记录执行过程中的维持情况。

6.2.4.5 实施 GMP 的三大目标

实施 GMP 的目标要素在于将人为的差错控制到最低的限度,防止对食品的污染,保证产品的质量管理体系高效。

1. 将人为的差错控制到最低限度

(1)管理方面。质量管理部门从生产管理部门中独立出来,建立相互督促检查制度;制定规范的实施细则和作业程序;各生产工序严格复核等。

(2)装备方面。各工作间要保持宽敞,消除妨碍生产的障碍;不同品种操作必须有一定的间距,严格分开。

2. 防止对食品的污染

(1)管理方面。制定操作室清扫和设备清洗的标准并予以实施;操作人员定期进行健康体检;限制非生产人员进入工作间等。

(2)装备方面。操作室专用化;对直接接触食品的机械设备、工具、容器,选用不使食品发生变化的材质制成;注意防止机械润滑油对食品的污染等。

3. 保证产品的质量管理体系高效

(1)管理方面。质量管理部门独立行使质量管理职责;定期进行机械设备、工具、量具的维修校正,对原料、半成品、成品及其生产环境的卫生与安全质量进行监督查验。

(2)装备方面。操作室和机械设备的合理配备,采用合理的工艺布局和先进的设备;为保证质量管理的实施,配备必要的实验、检验设备和工具,并保证这些设备和工具的正常使用。

6.2.5 SSOP

SSOP 即为卫生标准操作程序(sanitation standard operation procedures),是食品加工厂为了保证达到 GMP 所规定要求,用于控制加工的食品符合相关卫生标准,指导企业如何确保加工过程中消除不良因素,指导食品生产加工过程中如何实施清洗、消毒和卫生保持而制定的规定。SSOP 的正确制定和有效执行,对控制危害是非常有价值的。企业可根据法规和自身需要建立文件化的 SSOP。

SSOP和GMP是HACCP(危害分析与关键控制点)的前提条件,两者之间的关系参见表6-2。

表6-2　SSOP与GMP的关系

GMP	SSOP
是食品加工企业必须达到的基本条件	是企业为达到GMP要求而制定的在食品生产加工有关过程中实施清洗、消毒和保持卫生的作业指导文件
是政府有关部门制定的强制性规定	是企业内部的管理文件
规定是原则性的	规定是具体的
是制定SSOP计划的依据,是SSOP的法律基础	是落实GMP的要求,指导卫生操作管理具体实施"作业指导书"
目的是保证生产出符合安全卫生要求的食品	目的是使企业达到GMP的要求

6.2.5.1　SSOP的起源与发展

20世纪90年代,美国频繁地爆发食源性疾病,造成的结果便是:每年约有700万人次感染和7 000人的死亡。调查数据显示,其中有大半感染或死亡的原因与肉、禽产品有关。这一结果促使美国农业部(USDA)开始重视肉、禽产品的生产状况,并决心建立一套涵盖生产、加工、运输、销售所有环节在内的肉禽产品生产安全措施,从而保障公众的健康。1995年2月美国颁布的《美国肉、禽产品HACCP法规》(9CFR Part 304)中第一次提出了要求建立一种书面的常规可行程序,即卫生标准操作程序(SSOP),确保生产出安全、无掺杂的食品。同年12月,美国FDA颁布的《美国水产品的HACCP法规》(21CFR Part 123,1240)中进一步明确了SSOP必须包括的8个方面及验证等相关程序,从而建立了SSOP的完整体系。

从此,SSOP一直作为GMP和HACCP的基础程序加以实施,成为完成HACCP体系的重要前提条件。

6.2.5.2　SSOP的八项基本内容

1. 与食品接触或与食品接触物表面接触的水(冰)的安全

生产用水(冰)的卫生质量是影响食品卫生的关键因素。对于任何食品的加工,首要的一点就是要保证水(冰)的安全。食品加工企业一个完整的SSOP计划,首先要考虑与食品接触或与食品接触物表面接触的水(冰)的来源与处理应符合有关规定,并要考虑非生产用水及污水处理的交叉污染问题。

(1)食品加工者必须提供在适宜的温度下足够的饮用水(符合国家饮用水标准)。对于自备水井,通常要认可水井周围环境、深度,井口必须斜离水井以促进适宜的排水,而且应密封以禁止污水的进入。对贮水设备(水塔、储水池、蓄水罐等)要定期进行清洗和消毒。无论是城市供水还是自备水源都必须有效地加以控制,有合格的证明后方可使用。

(2)对于公共供水系统必须提供供水网络图,并清楚标明出水口编号和管道区分标记。合理地设计供水、废水和污水管道,防止饮用水与污水的交叉污染及虹吸倒流造成的交叉污染。在检查期间内，水和下水道应追踪至交叉污染区和管道死水区域。

(3)当冰与食品或食品表面相接触时，必须以一种卫生的方式生产和储藏。因而，制冰用水必须符合饮用水标准，制冰设备卫生、无毒、不生锈，储存、运输和存放的容器卫生、无毒、不生锈。食品与不卫生的物品不能同存于冰中。冰必须防止由于人员在其上走动引起的污染，制冰机内部应检验以确保清洁并不存在交叉污染。

2. 与食品接触的表面(包括设备、手套、工作服)的清洁度

保持与食品接触的表面清洁是为了防止污染食品。与食品接触的表面一般包括直接(加工设备、工器具和台案、加工人员的手或手套、工作服等)和间接(未经清洗消毒的冷库、卫生间的门把手、垃圾箱等)两种，要做到以下几点。

(1)食品接触表面在加工前和加工后都应彻底清洁，并在必要时消毒。加工设备和器具的清洗消毒，首先必须进行彻底清洗(除去微生物赖以生长的营养物质，确保消毒效果)，再进行冲洗，然后进行消毒。

(2)检验者需要判断是否达到了适度的清洁，因而需要检查和监测难清洗的区域和产品残渣可能出现的地方。

(3)设备的设计和安装应易于清洁，并对经试用后不符合要求的设备及时修理或替换。设计和安装应无粗糙焊缝、破裂和凹陷，表里如一，以防止或避开清洁和消毒化合物。在不同表面接触处应具有平滑的过渡。

(4)手套和工作服也是食品接触表面，如使用手套的话，应提供适当的清洁和消毒程序。不得使用线手套，且手套应不易破损。工作服应集中清洗和消毒，应有专用的洗衣房，洗衣设备、能力要与实际相适应，不同区域的工作服要分开，并每天清洗消毒。不使用时它们必须储藏于不被污染的地方。

3. 防止发生交叉污染

交叉污染是通过生的食品、食品加工者或食品加工环境把生物或化学的污染物转移到食品的过程。此方面涉及预防污染的人员要求、原材料和熟食产品的隔离和工厂预防污染的设计。

(1)人员的要求。对手进行清洗和消毒，以去除有机物质和暂存细菌；个人物品需要远离生产区存放；在加工区内禁止吃、喝或抽烟等。此外，人员处理非食品的表面后清洗和消毒手，以防接触产品时发生污染。

(2)隔离处理和工厂预防污染的设计。防止交叉污染的一种方式是工厂的合理选址和车间的合理设计布局。食品原材料和成品必须在生产和储藏中分开，以防止交叉污染。另外注意人流、物流、水流和气流的走向，要从高清洁区到低清洁区，要求人走门、物走传递口。

4. 手的清洗与消毒，厕所设施的维护与卫生保持

手的清洗和消毒的目的是防止交叉污染。一般的清洗方法和步骤为：清水洗手，擦洗洗手皂液，用水冲净洗手液，将手浸入消毒液中进行消毒，用清水冲洗，用热风吹干手。

卫生间需要进入方便、卫生和良好维护，具有自动关闭、不能开向加工区的门。这关系到空中或飘浮的病原体和寄生虫进入。卫生间的设施要求一般情况下要达到三星酒店的水平。

5. 防止食品被污染物污染

防止食品被污染物污染的关键卫生条件是保证食品、食品包装材料和食品接触面不被生物的、化学的和物理的污染物污染。食品加工企业经常要使用一些化学物质，如润滑剂、燃料、杀虫剂、清洁剂、消毒剂等，生产过程中还会产生一些污物和废弃物，如冷凝物和地板污物等。下脚料在生产中要加以控制，防止污染食品。

加工者需要了解可能导致食品被间接或不被预见的污染，以及导致食用不安全的所有途径，如被润滑剂燃料、杀虫剂、冷凝物和有毒清洁剂中的残留物或烟雾剂污染。工厂的员工必须经过培训，达到防止和认清这些可能造成污染的间接途径。可能产生外部污染的原因主要有：①有毒化合物的污染；②因不卫生的冷凝物和死水产生的污染。

6. 有毒化学物质的标记、储存和使用

食品加工可能需要特定的有毒有害物质，这些有害有毒化合物主要包括洗涤剂、消毒剂（如次氯酸钠）、杀虫剂（如 1605）、润滑剂、实验室用药品（如氰化钾）、食品添加剂（如硝酸钠）等。没有它们，工厂设施可能就无法运转，但使用这些有毒有害物质时必须小心谨慎，应按照产品说明书使用，做到正确标记、储存安全，否则会导致企业加工的食品被污染的风险。所有这些物品需要适宜的标记并远离加工区域，应有主管部门批准生产、销售、使用的证明，标明主要成分、毒性、使用剂量和注意事项；要有带锁的柜子；要有清楚的标识、有效期；要有严格的使用登记记录；要有自己单独的储藏区域；如果可能，清洗剂和其他毒素及腐蚀性成分应储藏于密储存区内；要有经过培训的人员进行管理。

7. 雇员的健康与卫生控制

食品加工者（包括检验人员）是直接接触食品的人，其身体健康及卫生状况直接影响食品卫生质量。对员工的健康要求一般包括以下 4 点。

（1）不得患有危及食品卫生的传染病（如肝炎、结核等）；不能有外伤，不得化妆、佩戴首饰和带入个人物品；必须具备工作服、帽、口罩、鞋等，并及时洗手消毒。

（2）应持有效的健康证，制订体检计划并设有体验档案，包括所有和加工有关的人员及管理人员，应具备良好的个人卫生习惯和卫生操作习惯。

（3）涉及有疾病、伤口或其他可能成为污染源的人员要及时隔离。

（4）食品生产企业应制订卫生培训计划，定期对加工人员进行培训，并记录存档。

8. 虫害的防治

通过害虫传播的食源性疾病的数量巨大，因此虫害的防治对食品加工厂是至关重要的。害虫主要包括啮齿类动物、鸟和昆虫等携带某种人类疾病源菌的动物。害虫的灭除和控制包括加工厂（主要是生产区）全范围，甚至包括加工厂周围，重点是厕所、下脚料出口、垃圾箱周围、食堂、储藏室等。食品和食品加工区域内保持卫生对控制害虫至关重要。

6.2.5.3　SSOP 的制定原则

在编写 SSOP 文件时，应遵循以下原则：

（1）描述在工厂中使用的卫生程序；

（2）提供这些卫生程序的时间计划；

(3)提供一个支持日常监测计划的基础；

(4)鼓励提前做好计划，以保证必要时采取纠正措施；

(5)辨别卫生事件发生趋势，防止同样问题再次发生；

(6)确保每个人，从管理层到生产工人都理解卫生概念；

(7)为从业者提供一种连续培训的工具；

(8)显示企业涉及卫生管理方面对外的承诺；

(9)引导厂内的卫生操作和卫生状况得以完善提高。

各个工厂的 SSOP 都是具体的。SSOP 应描述工厂、食品卫生操作和环境清洁有关的程序和实施情况。

SSOP 的制定应易于使用和遵守，不能过于详细，也不能过于粗略。过于详细的 SSOP 将达不到预期的目标，因为很难每次都严格执行程序，而且可能被非正式的修改。反之，过于粗略的 SSOP 对企业也没有多大用处，因为员工可能不知道该怎样做才能完成任务。

食品企业在实施 SSOP 时，对 SSOP 文件中要求的各项卫生操作，都应记录其操作方式、场所，由谁负责实施等；另外还应考虑卫生控制程序的监测方式、记录方式，以及怎样纠正出现的偏差。

6.2.5.4 SSOP 的一般要求

SSOP 的一般要求如下：

(1)加工企业必须建立和实施 SSOP，以强调加工前、加工中和加工后的卫生状况和卫生行为；

(2)SSOP 应该描述生产加工者如何保证某个关键的卫生条件；

(3)SSOP 应该描述加工企业的操作如何受到监控，以此来保证达到 GMP 规定的条件和要求；

(4)每个加工企业必须保持 SSOP 记录，至少应记录与加工厂相关的关键卫生条件和操作受到监控和纠偏的结果；

(5)执法部门或第三方认证机构应鼓励和督促企业建立书面的 SSOP 计划。

6.2.6 ISO

国际标准化组织(International Organization for Standardization，ISO)是标准化领域中的一个国际性非政府组织。ISO 并不是首字母的缩写，而是源于希腊的一个词，意味“平等”。ISO 的前身是国家标准化协会国际联合会和联合国标准协调委员会，它是目前世界上最大、最权威的标准化组织，拥有 162 个国家标准机构。其成立的目的是制定一系列国际标准，以此来推动国际标准的进程。国际标准为产品、服务和系统提供世界一流的规格，以确保质量、安全和效率，它们有助于促进国际贸易。通过其成员，ISO 汇集了各领域的专家，制定自愿的、基于共识的、市场相关的国际标准，支持创新并为全球挑战提供解决方案。

ISO 的组织结构参见表 6-3。

表 6-3 ISO 的组织结构

全体大会	由主要官员和各成员团体指定的代表组成,对群体成员和通信成员开放
理事会	由主要官员和 18 个选举出的成员团体组成,负责 ISO 日常运行
政策发展委员会	包括合格评定委员会、消费者政策委员会、情报服务委员会、发展委员会
技术委员会	包括技术委员会(TC)208 个、分技术委员会(SC)531 个、工作组(WG)2 378 个、特别工作组 66 个
中央秘书处	财政经费主要用于中央秘书处的活动及各技术委员会秘书处的技术工作

一个国际标准是 ISO 成员团体达成共识的结果,它可能被各个国家等同或修改采用成为该国的国家标准。国际标准由技术委员会(TC) 和分技术委员会(SC) 经过 6 个阶段形成:第一阶段,申请阶段;第二阶段,预备阶段;第三阶段,委员会阶段;第四阶段,审查阶段;第五阶段,批准阶段;第六阶段,发布阶段。若在开始阶段得到的文件比较成熟,则可省略其中的一些阶段。例如,某标准文本是由 ISO 认可的其他国际标准化团体所起草的,则可直接提交批准,而无须经历前几个阶段。

截至 2008 年 12 月 31 日,ISO 已制定国际标准共 17 765 个,主要涉及各行各业各种产品(包括服务产品、知识产品等)的技术规范。

ISO 制定出来的国际标准除了有规范的名称之外,还有编号。编号的格式是:ISO+标准号+ [杠+分标准号]+冒号+发布年号(方括号中的内容可有可无)。例如,ISO 8402:1987,ISO 9000-1:1994 等,分别是某一个标准的编号。

下面将分别对 ISO 9000、ISO 14000 和 ISO 22000 进行介绍。

6.2.6.1 ISO 9000

ISO 9000 质量管理体系不是一个标准,而是一组标准的统称。

根据 ISO 9000-1:1994 的定义:"ISO 9000 族"是由 ISO/TC176 制定的所有国际标准。TC176 即 ISO 中第 176 个技术委员会,它成立于 1980 年,全称是"品质保证技术委员会",1987 年又更名为"品质管理和品质保证技术委员会"。TC176 专门负责制定品质管理和品质保证技术的标准。

TC176 最早制定的一个标准是 ISO 8402:1986,名为《品质一术语》,于 1986 年 6 月 15 日正式发布。1987 年 3 月,ISO 又正式发布了 ISO 9000:1987,ISO 9001:1987,ISO 9002:1987,ISO 9003:1987,ISO 9004:1987 共 5 个国际标准,与 ISO 8402:1986 一起统称为"ISO 9000 系列标准"。

此后,TC176 又于 1990 年发布了 1 个标准,1991 年发布了 3 个标准,1992 年发布了 1 个标准,1993 年发布了 5 个标准;1994 年没有另外发布标准,但是对前述"ISO 9000 系列标准"统一作了修改,分别改为质量术语标准 ISO 8402,质量保证要求标准 ISO 9000-1、ISO 9000-2、ISO 9000-3、ISO 9000-4,质量保证模式标准 ISO 9001、ISO 9002、ISO 9003,质量管理指南标准 ISO 9004-1、ISO 9004-2、ISO 9004-3、ISO 9004-4,质量技术指南标准 ISO 9005、ISO 9006、ISO 90011-1、ISO 90011-2、ISO 90011-3、ISO 90012-1,并把 TC176 制定的标准定义为"ISO 9000 族"。1995 年,TC176 又发布了 1 个标准,编号是 ISO 10013:1995。至此,

ISO 9000 族共有 19 个标准。

2000 年 ISO 废止了 1994 版，公布了 ISO 9000:2000 基本原理和术语，ISO 9001:2000 质量管理体系要求，ISO 9004:2000 质量管理体系业绩改进指南，ISO 19011:2000 质量和环境审核指南。2008 年 10 月 31 日正式发布 ISO 9000:2008，增加了外包过程的控制、过程的监视和测量、不合格品的控制等。

2015 年最新发布的 ISO 9000 较 2008 版有以下几点变化：

(1)质量、环境、职业健康安全三个标准更加贴近，核心术语更加通用，方便三体系合一管理；

(2)更加强调和单独提出“基于风险和机遇”的思考，强调了风险的管控；

(3)比 2008 版提出更少的规定性要求，不再强制规定文件化的内容，企业灵活度更高；

(4)提高了对服务业的适用度，淡化生产行业的痕迹；

(5)强调组织对环境的识别；

(6)更加强调领导的作用；

(7)注重对绩效结果的规定和测量，并要求贯穿到每一个过程当中。

ISO 9000 的质量管理原则参见表 6-4。

表 6-4 ISO 9000 的质量管理原则

2008 版(8 个)	2015 版(7 个)
以顾客为关注焦点	以顾客为关注焦点
突出最高管理者的作用	领导作用
全员参与	全员参与
过程方法	过程方法
系统的管理方法	改进
持续改进	循证决策
基于事实的决策方法	关系管理
与供方的关系	

6.2.6.2 ISO 14000 环境管理体系

1. ISO 14000 概述

ISO 14000 系列标准是由国际标准化组织第 207 个技术委员会(ISO/TC207)组织制定的环境管理体系标准，其标准号从 14001 至 14100，共 100 个标准号，统称为 ISO 14000 系列标准。此系列标准是顺应国际环境保护的发展，依据国际经济贸易发展的需要而制定的。目前正式颁布的有 ISO 14001、ISO 14004、ISO 14010、ISO 14011、ISO 14012、ISO 14020、ISO 14030、ISO 14040 和 ISO 14050 共9 个标准，其中 ISO 14001 是系列标准的核心标准，也是唯一可用于第三方认证的标准。

ISO 14000 的主要特点是以市场驱动为前提，是自愿性标准；强调对有关法律、法规的持续符合性，没有绝对环境行为的要求；强调污染预防和持续改进。标准强调的是管理体系，特别注重体系的完整性，具有广泛的实用性、灵活性和兼容性。该系列标准有助于提高组织的环境意识和管理水平；有助于推行清洁生产，实现污染预防；有助于企业节能降耗、降低成本，减少污染物排放，降低环境事故风险；有助于企业保证符合法规、法律要求，避免环境刑事责任；有助于企业满足顾客要求，提高市场份额；有助于企业取得绿色通行证，走向国际贸易市场。

2. ISO 14000 的主要内容

目前已颁布的 ISO 14000 是一个系列的标准族，包括环境管理体系标准、环境审核标准、环境行为评价标准、环境标志标准、生命周期分析标准和产品标准中环境指标的标准。

环境管理体系标准是针对企业环境管理需求制定的，是通过环境管理中相关的管理要素来规范企业和环境行为，对企业的环境管理活动提出基本要求。环境审核标准是评价企业环境管理体系的方法标准，是评价工具。环境行为评价标准是评价企业的实施环境管理体系的最终结果，评价其适用性和有效性。环境标志标准是针对企业产品生产需求制定的。生命周期分析标准是确定产品的环境标准的理论基础和依据。产品标准中环境指标的标准是评价产品环境标志的标准。

3. ISO 14000 系列标准的构成

ISO 14000 系列标准有 100 个预留的标准号，目前已正式颁布的标准有以下几项。

(1)ISO 14001 环境管理体系(EMS)：规范及使用指南。

(2)ISO 14004 环境管理体系：原理、体系和支持技术通用指南。

(3)ISO 14010 环境审核指南(EA)：通用原则。

(4)ISO 14011 环境审核指南：审核程序、环境管理体系审核。

(5)ISO 14012 环境审核指南：环境审核员的资格要求。

(6)ISO 14020 环境标志(EL)。

(7)ISO 14030 环境行为评价(EPE)。

(8)ISO 14040 生命周期分析：原理和实践。

(9)ISO 14050 术语和定义(T&D)。

4. ISO 14000 中基本术语

环境(environment)：指组织运行活动的外部存在，包括空气、水、土地、自然资源、植物、动物、人以及它们之间的相互关系。环境是指围绕某一中心事物的外部客观条件的总和。对食品生产企业来说，环境应包括所有与食品生产运输及销售有关的外部客观条件。

环境因素(environment aspect)：是指一个组织的活动、产品或服务中能与环境发生相互作用的要素。如食品企业排出的废水、废气等都是环境因素。

环境绩效(environmental performance)：是指组织对环境因素进行管理所取得的可测量结果。

6.2.6.3 ISO 22000

ISO 22000《食品安全管理体系 食品链中各类组织的要求》标准是 2005 年由 ISO/TC 34 的第 8 工作组 WG8 颁布的一项基础性综合性管理标准。该标准覆盖了国际食品法典委员会 CAC(Codex Alimentarius Commission)关于 HACCP 体系的全部要求，并更关注对体系有效性的验证，以保证体系不断改进。

ISO 22000 系列标准除第一个标准 ISO 22000：2005 外，已发布或将要发布的其他标准还包括：①ISO 22003《食品安全管理体系 ISO 22000 认证指南》；②ISO 22004《食品安全管理体系 ISO 22000：2005 应用指南》；③ISO 22005《饲料和食品链的可追溯性 体系设计和开发的通用原理和指南》。

ISO 22000：2005《食品安全管理体系 食品链中各类组织的要求》是由 ISO 颁布的自愿执行的国际标准。该标准是一个适合审核且管理范围更全面的 HACCP 体系，其出台提供了一个关于 HACCP 概念的国际交流平台。ISO 22000 的目的是让食品链中的各类组织执行食品安全管理体系，确保各环节的组织将其终产品交付至下一阶段作为原料时，已通过控制管理将其中确定的食品安全危害消除或降低到可接受水平。

我国已等同采用 ISO 22000 标准，将其转化为相应的国家标准，代号为 GB/T 22000—2006。

1. ISO 22000 的主要内容

(1)互动沟通。沟通是确保在整条食品链的每个步骤所有相关的食品安全危害得到确认和控制所必需的。顾客要求、食品监督管理机构要求、法律法规要求以及一些新的危害产生的信息，都必须通过外部沟通获得，以获取充分的食品安全相关信息。通过内部沟通，可以获得体系是否需要更新和改进的信息。

(2)系统管理。最有效的食品安全体系是在架构化的管理体系框架内建立、运作和改进的。ISO 22000 标准适用范围为食品链中所有类型的组织，比原有的 HACCP 体系范围要广。

(3)危害控制。ISO 22000 动态地将 HACCP 的原则及其应用与前期要求整合了起来，用危害分析来确定要采取的策略，以确保食品安全危害通过 HACCP 和前期要求联合控制。

2. ISO 22000 文件要求

食品安全管理体系文件内容上的要求包括以下 7 个方面。

(1)文件化的食品安全方针和目标，应当是结合组织性质特点制定的具体方针和目标。

(2)描述食品安全管理体系的覆盖范围的文件。

(3)描述食品安全管理体系的主要要素及其相互关系和作用。

(4)提供查询相关文件的途径，以便根据审核或其他需要，快速查询到所需文件，特别是当食品安全管理体系文件与其他文件(如 ISO 9000)相互交叉时，更需要能够方便快捷地查询到任何文件。

(5)ISO 22000：2005 标准明确规定要编制的文件。

(6)ISO 22000：2005 标准明确要求的记录。

(7)确保食品安全管理体系有效建立、实施和更新所需的文件及记录。

6.2.7 HACCP

6.2.7.1 HACCP 体系概述

HACCP 是 hazard(危害)analysis(分析)critical(关键)control(控制)point(点)含义的

缩写，意为危害分析与安全控制点。HACCP体系是目前国际通行的最具权威性的针对食品生产全过程的安全预防监控体系，通过对可能发生在食品加工环节中的危害进行评估，进而采取控制的一种预防性的食品安全控制体系。

我国国家标准《食品工业基本术语》(GB/T 15091—1994)对HACCP定义是："生产(加工)安全食品的一种控制手段；对原料、关键生产工序及影响产品安全的人为因素进行分析，确定加工过程中的关键环节，建立、完善监控程序和监控标准，采取规范的纠正措施。"国际食品法典标准CAC/RCP 1—1969《食品卫生通用规范》1997年修订3版中对HACCP的定义是："鉴别、评价和控制对食品安全至关重要的危害的一种体系。"有别于传统的质量控制方法，HACCP是对原料、各生产工序中影响产品安全的各种因素进行分析，确定加工过程中的关键环节，建立并完善监控程序和监控标准，采取有效的纠正措施，将危害预防、消除或降低到消费者可接受水平，以确保食品加工者能为消费者提供更安全的食品。简单地说，HACCP体系是一种保证食品安全与卫生的预防性管理体系。

6.2.7.2　HACCP的起源和发展

1. HACCP在国际上的起源与发展

20世纪60年代，美国的拜尔斯堡(Pillsbury)公司承担太空计划中宇航食品的开发任务，这项工作是由该公司的H. Bauman博士领导的研究人员与美国陆军Natick实验室以及美国国家航天航空局(NASA)共同承担的。在开发过程中，研究人员认识到，基于传统的质量控制技术和最终产品检验的检查系统，在食品生产中并不能提供充分的安全措施来防止污染。为了尽可能减少风险，确保食品安全，他们不得不大量地对最终产品进行检测。这样，除了费用昂贵以外，每一批生产的食品的很大部分都必须用于检验，而用于检验的产品越多，最终可提供的宇航食品就越少。为了解决这一问题，他们提出应该建立一个预防性体系，在生产系统中对生产全过程实施危害控制，从管理控制上来保证食品安全。因此，Pillsbury公司率先提出了HACCP概念(虽然当时不是这样命名的)。事实证明，Pillsbury公司在正确使用这一预防性体系之后生产出了高度安全的食品。由于实施了HACCP管理，使该公司除了对加工过程中的关键工序和环节进行监测之外，只需对少量的成品做检验就可以了。尽管当时的HACCP只有三个原理，但从那时起，Pillsbury的预防性体系作为食品安全控制的有效方法被广泛认可。1971年，HACCP的原理被美国食品药物管理局(FDA)接受，并决定引入低酸罐头食品生产的操作规范(GMP)中。

鉴于HACCP在应用中的显著成效，HACCP原理和体系实施显著地提高了实施行业的食品安全水平，美国FDA开始考虑建立覆盖整个食品工业的HACCP食品安全标准，即用于指导从"农场至餐桌"的所有环节的本地食品的加工和食品的进口。随后，FDA在美国选择了奶酪、沙拉、面包、面粉等行业的企业进行试点。

HACCP体系在美国的成功和发展，特别是对进口食品的HACCP计划要求，对国际食品工业产生了深远的影响，各国纷纷开始实施HACCP体系。加拿大、澳大利亚、古巴、欧盟、冰岛、日本、马来西亚、新西兰和许多其他国家都颁布了相应的法规，强制推行采用HACCP体系。1993年，FAO/WHO食品法典委员会CAC批准了《HACCP体系应用准则》，1997年又颁发了新版法典指南《HACCP体系及其应用准则》，作为《食品法典——食品卫生基础文件》的三个文件之一。该指南已被广泛地接受并得到了国际上普遍的采纳，应用于所有鱼、冻鱼、鱼糜，软体贝类，咸鱼、烟熏鱼，水产罐头，模拟蟹肉，养殖水产品的 HACCP 模式。

HACCP 体系现已成为食品消费与国际食品贸易的重要前提和保障。是否建立健全的 HACCP 体系及与之相关的法律法规，也已经成为衡量一个国家食品工业发展水平和食品安全水平的重要标志。在欧洲国家，实施 HACCP 是法规规定的；在美国，HACCP 已被所有的执法机构采用，其对食品加工者来说是强制性的，并且向美国出口产品必须实施 HACCP 系统；中国也规定，列入《出口食品卫生注册需要评审 HACCP 管理体系的产品目录》的企业，必须建立和实施 HACCP 管理体系。

2. 我国关于 HACCP 的规定

我国自 1990 年开始应用 HACCP。当时，原国家商检局组织实施了“出口食品安全工程研究的应用”计划，包括在出口食品企业实施 HACCP 计划，涉及水产品、肉类、禽类和低酸罐头类食品。

1997 年 12 月，商检部门规定所有输往美国的水产品必须符合美国 HACCP 法规要求；此后，又将 HACCP 推广于低酸罐头、禽肉制品等出口食品。2002 年 3 月，国家认证认可监督管理委员会发布了《食品生产企业危害分析与关键控制点（HACCP）管理体系认证管理规定》，鼓励从事生产、加工、出口食品企业建立并实施 HACCP 安全管理体系；对于列入《出口食品卫生注册需要评审 HACCP 管理体系的产品目录》的企业，必须建立和实施 HACCP 安全管理体系。

2004 年，中国卫生部发布的《食品企业 HACCP 实施指南》规定：2006 年所有乳制品、果蔬饮料、碳酸饮料、含乳饮料、罐头食品、低温肉制品、水产品加工企业、学生集中供餐企业实施 HACCP 管理；2007 年酱油、食醋、植物油、熟肉制品等食品加工企业、餐饮业、快餐企业和医院配餐企业实施 HACCP 管理。

2009 年 2 月 28 日第十一届全国人民代表大会常务委员会第七次会议通过的《食品安全法》的第三十三条规定，“国家鼓励食品生产经营企业符合良好生产规范要求，实施危害分析与关键控制点体系，提高食品安全管理水平”。

6.2.7.3 HACCP 的作用

随着食品工业规模化与多样化的发展，人们对食品安全与卫生方面的监控与管理工作提出了更高的要求，政府和企业界为之付出了巨大的努力。HACCP 体系是以预防为主的食品安全控制体系，可最大限度地消除、减少食源性疾病，其作用如下。

（1）HACCP 是一种结构严谨的控制体系，它能够及时识别出所有可能发生的危害（包括生物、化学和物理的危害），并在科学的基础上建立预防性措施。例如，它将加工企业对原料的要求传递给原料供应商，从而确保原料的安全性，减少食品的原始危害。所以，实施 HACCP 体系能最大限度地控制食品生产、储存和销售过程中的食品安全问题。

（2）HACCP 是保证生产安全食品最有效、最经济的方法，因为其目标直接指向生产过程中有关食品卫生和安全问题的关键环节，因此能降低质量管理成本，减少终产品的不合格率，提高产品质量，延长产品货架期，大大减少由于食品腐败而造成的经济损失，最终不但降低了生产成本，而且极大地减少了因产品缺陷带给消费者的风险。

(3) HACCP能通过预测潜在危害因素，提出控制措施，使新工艺和新设备的设计与制造更加容易和可靠，最大限度地保证食品安全的生产方式，有利于食品企业的发展与改革。

(4)HACCP为食品生产企业和政府监督机构提供了一种最理想的食品安全监测和控制方法，使食品质量管理与监督体系更完善、管理过程更科学。应用HACCP可以弥补传统的质量控制与监督方法的不足。实践证明，对终产品进行抽样检测以确定产品是否合格的方法往往只能做一些事后补救工作，却很难有效确保食品的安全性。而HACCP的基本思想是将"安全"融入产品加工过程中，在食源性疾病发生前就预先监控食品链中的"关键控制点"(CCP)，做到防患于未然。这种以预防为主的食品安全控制体系，为食品生产企业和政府监督机构提供了最经济、最有效的手段。

(5) HACCP已被政府监督机构、媒介和消费者公认为目前最有效的食品安全控制体系。企业实施该体系，等于向公众证明其是一个将食品安全视为第一的企业，从而增加人们对产品的信心，提高产品在消费者中的置信度，保证食品工业和流通领域的稳定性。

(6) HACCP已逐渐成为一个全球性食品安全控制体系，对提高促进食品安全贸易、企业开拓国际市场起积极推动作用，主要表现在以下三个方面。①符合目标市场的法规要求，打破技术贸易壁垒。②为出口加工型企业赢得客户的信任，增强吸引力和竞争力。HACCP已在许多国家被强制执行，国内食品生产企业要成为它们的供应商，就必须要推行HACCP，通过其认可。③在食品外贸上重视HACCP审查，可以减少对成品烦琐的商检程序，缩短产品订货期，提高业务效率和反应能力。

6.2.7.4 HACCP体系的特点

(1)HACCP体系是预防型的食品安全控制体系，要对所有潜在的生物的、物理的、化学的危害进行分析，确定预防措施，防止危害发生。

(2)HACCP体系强调关键控制点的控制，在对所有潜在的生物的、物理的、化学的危害进行分析的基础上来确定哪些是显著危害，找出关键控制点，并在食品生产中将精力集中在解决关键问题上，而不是面面俱到。

(3)HACCP体系是根据不同食品加工过程来确定的，要反映某一种食品从原材料到成品、从加工厂到加工设施、从加工人员到消费者方式等各方面的特性，其原则是具体问题具体分析，实事求是。

(4)HACCP体系不是一个孤立的体系，而是建立在企业良好的食品卫生管理系统基础上的管理体系，如GMP、SSOP、职工培训、设备维护保养、产品标识批次管理等都是HACCP体系实施的基础。

(5) HACCP体系是一个基于科学分析建立的体系，需要强有力的技术支持。当然企业也可以寻找外援，吸收和利用他人的科学研究成果，但最重要的还是企业根据自身情况所做的实验和数据分析。

(6)HACCP体系不是一种僵硬的、一成不变的、理论教条的、一劳永逸的模式，而是与实际工作密切相关的发展变化的体系。

(7)HACCP体系是一个进行实践、认识、再实践、再认识的过程。企业在制订HACCP

体系计划后，要积极推行，认真实施，不断对其有效性进行验证，在实践中加以完善和提高。

(8)HACCP 体系并不是没有风险，只是能够减少或者降低食品安全中的风险。作为企业，只有 HACCP 体系是不够的，还要有具备相关检验、卫生管理等手段来配合，共同控制食品生产安全。

6.2.7.5 HACCP 的基本原理

1993 年，由联合国粮食与农业组织（FAO）和世界卫生组织（WHO）联合创建的国际食品法典委员会（CAC），开始鼓励各国使用 HACCP，其下属机构食品卫生委员会（the Food Hygiene Committee of Codex Alimentation Commission）起草了《HACCP 原理应用指导》，提出了 HACCP 7 项基本原理。

原理一：进行危害分析并提出控制措施。危害分析与控制措施是 HACCP 原理的基础，在制订 HACCP 计划的过程中，最重要的就是确定所有涉及食品安全性的显著危害，并针对这些危害采取相应的预防措施，对其加以控制。实际操作中可利用危害分析表来分析并确定潜在危害。

原理二：确定关键控制点（critical control point，CCP）。即确定能够实施控制且可以通过正确的控制措施达到预防危害、消除危害或将危害降低到可接受水平的 CCP。食品加工中每个引入或产生显著危害的关键环节未必都是 CCP，CCP 的确定可以借助于 CCP 判断树。例如，奶油蛋糕生产中原料进货（巧克力碎屑和榛仁碎屑）环节，控制点是主要关注供应商认证管理；确认烘烤温度是控制致病菌的关键控制点；对产品金属探测，以有效控制产品含金属污染的可能也是关键控制点。

原理三：确定 CCP 的关键限值（critical limit，CL）。即指出与 CCP 相应的预防措施必须满足的要求。例如，糕点烘烤温度的高低、时间的长短、pH 的范围以及盐浓度等是确保食品质量安全的 CL。每个 CCP 都必须有一个或多个 CL，一旦操作中偏离了 CL，就必须采取相应的纠偏措施才能确保食品的安全性。

原理四：建立 CCP 的监控体系。即通过一系列有计划地观察和测定（如温度、时间、pH、水分、压力等）活动来评估 CCP 是否在控制范围内，准确记录监控结果，针对没有满足 CCP 要求的过程或产品，应立即采取纠偏措施。凡是与 CCP 有关的记录和文件都应该有监控员的签名。例如，糕点厂原料监控室通过核对供应商名单及提供检查分析证书进行质量保证（SQA）的 CCP；糕点烘烤的 CCP 是通过目测检查并签署烤炉记录图表来实施监控的。

原理五：建立纠偏措施。如果监控结果表明加工过程失控，则应立即采取适当的纠偏措施，减少或消除失控所导致的潜在危害，使加工过程重新处于控制之中。纠偏措施应在制订 HACCP 计划时预先确定，其功能包括：①决定是否销毁失控状态下生产的食品；②纠正或消除导致失控的原因；③保留纠偏措施的执行记录。

原理六：建立验证程序以保证 HACCP 有效运行。虽然经过了危害分析，实施了 CCP 的监控、纠偏措施并保持了有效的记录，但是并不等于 HACCP 的建立和运行就能确保食品的安全性，其关键在于：①验证各个 CCP 是否都按照 HACCP 计划严格执行的；②验证整个 HACCP 计划的全面性和有效性；③验证 HACCP 是否处于正常、有效的运行状态。这三项内容构成了 HACCP 的验证程序。在整个 HACCP 执行程序中，分析潜在危害、识别加工中的 CCP 和建立 CCP 关键限值，这三个步骤构成了食品危险性评价操作，它属于技术范畴，由技术专家主持，而其他步骤则属于质量管理范畴。

原理七：建立关于 HACCP 原理及其应用的所有过程和数据记录的文件系统。记录是 HACCP 计划成功实施的重要组成部分。需要保存的记录包括：HACCP 计划的目的和范围；产品描述和识别；加工流程图；危害分析；HACCP 审核表；确定关键限值的依据；对关键限值的验证；监控记录，包括关键限值的偏离；纠偏措施；验证活动的记录；校验记录；清洁记录；产品的标识与可追溯性；害虫控制；培训记录；对经认可的供应商的记录；产品回收记录；审核记录；对 HACCP 的修改、复审材料和记录。

6.2.7.6 制订 HACCP 计划的步骤

不同国家常常有不同的 HACCP 计划模式，即使在同一国家，不同管理部门在各种食品生产过程中推行的 HACCP 计划也不尽相同。例如，美国 FDA 提供的水产 HACCP 模式如下。

(1)制订 HACCP 计划的必备程序和预先步骤。①必备程序为 GMP 和 SSOP。②预先步骤包括：组建 HACCP 小组、描述食品和销售、确定预期用途和消费人群、建立流程图、验证流程图。③管理层的承诺。FDA 认为没有这些必备程序和预先步骤可能会导致 HACCP 计划的设计、实施和管理失效。

(2)进行危害分析。具体工作包括：建立危害分析工作单、确定潜在危害、分析潜在危害是否是显著危害、判断是否是显著危害的依据、提出显著危害的预防措施(原理一)、确定是否是关键控制点(原理二)。

(3)制订 HACCP 计划表。具体过程包括：填写 HACCP 计划表、建立关键限值(原理三)、建立监控程序(原理四)、建立纠偏措施(原理五)、建立记录管理程序(原理七)、建立验证程序(原理六)。

(4)完成验证报告。具体工作包括：确认制订 HACCP 计划的科学依据、确认 CCP 点的控制情况、验证 HACCP 计划的实施情况。

(5)编制 HACCP 计划手册。具体内容包括：①封面(名称、版次、制订时间)；②工厂背景材料(厂名、厂址、注册编号等)；③厂长颁布令(厂长手签)；④工厂简介(附厂区平面图)；⑤工厂组织结构图；⑥HACCP 小组名单及职责；⑦产品加工说明；⑧产品加工工艺流程图；⑨危害分析工作单；⑩HACCP 计划表格；⑪验证报告；⑫记录空白表格；⑬培训计划；⑭培训记录；⑮SSOP 文本；⑯SSOP 有关记录。

6.2.8 食品的追溯与召回制度

6.2.8.1 食品追溯

追溯又称为追踪、可追溯性、溯源。在 ISO 8402:1994、ISO 9000 和 ISO 9001:2000 中将追溯定义为“通过记录信息的方式追溯一个实体历史、应用或位置的能力”。欧盟委员会在 EC 178/2002 条例中将食品可追溯性(food traceability) 解释为：在生产、加工及销售的各个环节中，对食品、饲料、食用性动物及有可能成为食品或饲料组成成分的所有物质的追溯或追踪能力。国际食品法典委员会给出的相关定义是“可追溯性”食品追踪:在生产、加工和流通等具体环节中跟踪食品运动的能力。对食品成分的溯源能力是保证食品足够安全和符合质量标准,以及在问题出现时能够及时有效得到解决的基本条件。

对于食品链至少要区别两个层面的追溯:内部追溯和全链追溯(外部追溯)。内部追溯指食品链上一个环节或一个经营实体内部的追溯,它将原料和过程与生产加工或分销等不同阶段的产品联系起来。全链追溯指食品链上环节之间或不同经营实体之间的延续追溯。外部追溯着重于伴随产品从一个环节到下一个外部环节的追溯能力延伸,使任何产品从初始生产到最终消费的全过程都是双向可查询的。

1. 食品追溯的意义

食品追溯的意义在于:确保食品安全事故发生时能够完成定向召回;有利于政府部门加强对食品行业的监管;能够落实消费者的知情权,增强消费者的安全感;可以使生产企业树立诚信;有利于我国食品企业打破国外技术壁垒。

2. 食品追溯制度的构成

按照食品安全链条全覆盖跟踪的思想以及消费者知情权的维护,从追溯系统的建立和使用角度看,食品追溯制度主要由以下几个部分构成。

(1)记录管理。记录是查询的前提,食品生产经营记录是追溯系统建设中的基础信息。记录管理的目的是保证生产经营者真实地记录消费者所关心的各个阶段的信息,确保将来消费者方便查询,使消费者可以感受到生产经营者对食品安全负责任的态度。

(2)查询管理。在输入了消费者所关心的食品生产经营记录信息之后,如何为消费者查询提供便利是食品追溯制度必须解决的问题。

(3)食品标识。食品标识是食品追溯系统建设中最为重要的管理信息,是食品安全链条连接的纽带,目的是帮助对食品进行跟踪识别。食品追溯系统的建立,要求在食品供应链中的每一节点都不仅要对自己加工成的产品进行标识,还要采集所加工的食品原料上已有的标识信息,并将其全部信息标识在加工成的产品上,以备下一个加工者或消费者使用。这好比一个环环相扣的链条,任何一个环节断了,整个链条就脱节了。现实中,食品安全产业链中跨环节之间的联系比较脆弱,这是目前实施食品追溯的最大问题和关键所在。

(4)责任管理。如果发生了食品安全事故,责任应该如何界定?在食品追溯制度建立以前,由于从原料、制造、包装、运送直至消费者手中的整个过程里,食品供应经手的层次众多复杂,牵涉其中的生产经营主体往往不易追溯,甚至相互推卸责任;留存的记录数据亦不完整,难以确认造成失误的关键点,甚至无法作为法律上起诉的证据。借助追溯系统的标识管理,在发生食品安全问题的情况下,一般可以按以下步骤来处理:首先,传递发现问题的有关信息;其次,确定有关生产经营主体的原因;再次,确定有关的批号,是在库存中,还是运输中,或者已经售出;最后,确定其他有同样质量问题的批号,并采取纠正行动。这样就可以明确界定供应链在不同阶段中相关主体的责任,从而减少消费者的疑虑和恐慌。

(5)信用管理。质量追溯制度的一个重要功能是防止不安全的食品以及假商标、假标识、假包装等情况对消费者权益的损害。世界各国都有少数从业者假冒包装、标识与品牌,获取暴利,而消费者常难以分辨真伪,也很难追踪稽查。这种恶劣行径如果不予以遏止,不但危害消费者的健康安全，而且危害守法从业者的利益，有碍社会的公平正义。因此，食品追溯制度要求生产经营者必须负责该阶段信息的真实性。每一阶段的从业者必须记录此阶段的进货来源、储存、处理信息，同时承袭先前的生产与流通履历，并对这些记录负责。如果发生以假充真、以次充好、擅改标章或记录的情况，在追查食品真伪之时，可自下游往上游追溯，由前后比对、层层紧扣的进出货信息，便能追查出不安全食品及违法犯纪的从业者，并实行产品召回，依法惩处失信，维护社会公平。所以，建立完备的生产流通履历记录、认证、记载和产品召回制度，是打击假冒伪劣、保障消费者权益的根本方法。

3. 食品追溯系统建立的要求

(1)在各个环节/阶段记录和储存信息。食品生产经营者在食物链的各个环节/阶段应当明确食品及原料供货商、购买者以及互相之间的关系，并记录和储存这些信息。

(2)食品身份的管理。食品身份的管理是建立溯源的基础。食品身份管理工作包括：①确定产品溯源的身份单位和生产原料；②对每一个身份单位的食品和原料分隔管理；③确定产品及生产原料的身份单位与其供应商、买卖者之间的关系，并记录相关信息；④确立生产原料的身份单位与其半成品和成品之间的关系，并记录相关信息；⑤如果生产原料被混合或被分割，应在混合或分割前确立与其身份之间的关系，并记录相关信息。

(3)企业的内部检查。开展企业内部联网检查，对保证溯源系统的可靠性和提升其能力至关重要。企业内部检查的内容有：①根据既定程序，检查其工作是否到位；②检查食品及其信息是否得到追踪和回溯；③检查食品的质量和数量的变化情况。

(4)第三方的监督检查。第三方的监督检查包括政府食品安全监管部门的检查和中介机构的检查，它有利于保持食品溯源系统有效运转，及时发现和解决问题，增加消费者的信任度。

(5)向消费者提供信息。一般而言，向消费者提供的信息有两个方面。①食品溯源系统所收集的即时信息，包括食品的身份编号、联系方式等；②既往信息，包括食品生产经营者的活动及其产品的以往声誉等信息。向消费者提供此类信息时，应注意保护食品生产经营者的合法权益。

4. 食品追溯系统建立的原则

(1)识别可追溯单元。可追溯单元的识别是建立可追溯体系的基础。

(2)信息收集和记录。要求企业在食品生产和加工过程中详细记录产品的信息，建立产品信息数据库。

(3)环节的管理。对可追溯单元在各个操作步骤的转化进行管理。

(4)供应链内沟通。供应链内沟通有利于可追溯单元与其相对应的信息之间的联系。

6.2.8.2　食品召回

食品召回(recall)是指产品的生产商、进口商或者经销商在得知其生产、进口或经销的产品存在可能危害消费者健康安全的因子时，依法向政府部门报告，及时通知消费者，并从市场和消费者手中收回有问题产品，予以更换赔偿的积极有效的补救措施，以消除缺陷产品的危害风险。为了加强食品安全监管，避免和减少不安全食品的危害，保护消费者的身体健康和生命安全，国家质量监督检验检疫总局根据《中华人民共和国产品质量法》《中华人民共和国食品卫生法》《国务院关于加强食品等产品安全监督管理的特别规定》等法律法规，制定了《食品召回管理规定》，并于2007年7月2日向社会发布实施。所谓食品召回，是指食品生产者按照规定程序，对由其生产原因造成的某一批次或类别的不安全食品，通过换货、退货、补充或修正消费说明等方式，及时消除或减少食品安全危害的活动。

1. 不安全食品

所谓不安全食品，是指有证据证明对人体健康已经或可能造成危害的食品。不安全食品包括以下几种。

(1)已经诱发食品污染、食源性疾病或对人体健康造成危害甚至死亡的食品。食品在生产、加工、储存、运输、销售、烹调直至餐桌的整个过程中的各个环节中都有可能出现某些有害因素，使食品受到污染，以致降低食品卫生质量或对人体造成不同程度的危害。食品污染按其性质可分成三类，即生物性污染、化学性污染和物理性污染。食源性疾病是指通过摄食而进入人体的有毒有害物质(包括生物性病原体)等致病因子所造成的疾病，一般可分为感染性和中毒性，包括常见的食物中毒、肠道传染病、人畜共患传染病、寄生虫病以及化学性有毒有害物质所引起的疾病。

(2)可能引发食品污染、食源性疾病或对人体健康造成危害的食品。

(3)含有对特定人群可能引发健康危害的成分而在食品标签和说明书上未予以标识，或标识不全、不明确的食品。

(4)有关法律、法规规定的其他不安全食品。

2. 食品召回的级别

经食品安全危害调查和评估，确认由于生产原因造成的不安全食品的，企业应当根据召回级别，主动实施召回。根据食品安全危害的严重程度，食品召回级别分为三级。

(1)一级召回：已经或可能诱发食品污染、食源性疾病等对人体健康造成严重危害甚至死亡或者流通范围广、社会影响大的不安全食品的召回。

(2)二级召回：已经或可能引发食品污染、食源性疾病等对人体健康造成危害，危害程度一般或流通范围较小、社会影响较小的不安全食品的召回。

(3)三级召回：已经或可能引发食品污染、食源性疾病等对人体健康造成危害，危害程度轻微的不安全食品，或者含有对特定人群可能引发健康危害的成分而在食品标签和说明书上未予以标识，或标识不全、不明确的食品的召回。

3. 食品召回的实施

自确认食品属于应当召回的不安全食品之日起，一级召回应当在1日内，二级召回应当在2日内，三级召回应当在3日内，食品生产加工企业通知有关销售者停止销售，通知消费者停止消费。同时从销售商、消费者召回不安全食品，并给予消费者适当的补偿。自召回实施之日起，一级召回每3日，二级召回每7日，三级召回每15日，食品生产企业通过所在地的市级质监部门向省级质监部门提交食品召回阶段性进展报告。召回报告应包含以下内容：销售商、消费者的反馈；食品召回的批次、数量、比例、结果；召回预计完成时间等。食品生产者应当及时对不安全食品进行无害化处理；根据有关规定应当销毁的食品，应当及时予以销毁。

6.2.9　其他保障体系

理想的食品安全管理体系应当包括强制性法规的有效实施，辅之培训和教育、社区提高计划和自觉遵守的激励机制。食品安全管理体系应适用于所有食品的生产、加工及销售，包括进口食品，且应具有法律基础和强制性。一个完善的食品安全体系基本上由三部分组成：食品安全法律法规体系、食品质量标准体系、食品安全行政管理体系。其中，法律法规体系是基础，质量标准体系是依据，行政管理体系是主体。

思考与复习题

1. 农残检测、兽残检测过程中所采用的样品前处理技术和分析方法有哪些？
2. GAP、GMP 的基本原则是什么？
3. 阐述 SSOP 的主要内容。
4. 食品追溯系统建立的目的、要求和原则是什么？
5. 阐述食品召回体系的应用。
6. 目前国际上公认的食品安全控制技术有哪些？
7. 结合个人体会，浅谈我国食品安全的现状。

参考文献

[1] 谢明勇. 食品安全与卫生实用手册[M]. 南昌：江西科学技术出版社，2006.
[2] 钟耀广. 食品安全学[M]. 北京：化学工业出版社，2005.
[3] 杨洁彬，王晶，王柏琴，等. 食品安全性[M]. 北京：中国轻工业出版社，1999.
[4] 陈锡文，邓楠. 中国食品安全战略研究[M]. 北京：化学工业出版社，2004.
[5] 吴永宁. 现代食品安全科学[M]. 北京：化学工业出版社，2003.
[6] 靳敏，夏玉宇. 食品检验技术[M]. 北京：化学工业出版社，2003.
[7] 刘宜承. 食品中重要有机污染物痕量检测技术与残留量最新标准测定方法应用手册[M]. 北京：食品工业出版社，2007.
[8] 王大宁，董益阳，邹明强. 农药残留检测与监控技术[M]. 北京：化学工业出版社，2006.
[9] 魏益民. 食品安全学导论[M]. 北京：科学出版社，2009.
[10] 信春鹰. 中华人民共和国食品安全法解读[M]. 北京：中国法制出版社，2015.
[11] 王晶，王林，黄晓蓉. 食品安全快速检测技术[M]. 北京：化学工业出版社，2002.
[12] 赵新淮. 食品安全检测技术[M]. 北京：中国农业出版社，2007.
[13] 陈颖. 食品中转基因成分检测指南[M]. 北京：中国标准出版社，2007.
[14] GB 2760—2014 食品安全国家标准食品添加剂使用标准[M]. 北京：中国标准出版社，2014.

HAPTER 7

第 7 章 食品安全标准与法规体系

【本章主要内容】

本章主要对国内外食品安全法规体系、国内外食品安全标准体系进行了系统论述。重点对我国食品安全法、农产品质量安全法、产品质量法、消费者权益保护法进行了详细介绍，并对标准化法、计量法以及食品安全标准体系进行了简要介绍。

【教学要求】

1. 熟悉国内外食品安全标准体系、法规体系。
2. 掌握我国食品安全法规体系及其主要内容。
3. 认识食品安全标准及食品安全法规在保障食品安全与规范生产中的重要作用。
4. 具备独立撰写食品标准的能力。

民以食为天，食以安为先。食品安全一直是社会广泛关注的焦点问题。随着近年来我国食品安全事件（如地沟油、苏丹红、镉超标、注水肉、瘦肉精、三聚氰胺、塑化剂、过期肉等事件）的频繁发生，政府高度重视食品安全法律及标准体系的建立和实施。食品安全法律及标准体系在保障人们身体健康、约束食品生产领域及食品流通领域的生产经营行为、促进食品市场的健康发展等方面发挥着重要作用。

7.1　概述

7.1.1　食品安全法规概述

7.1.1.1　食品安全法规的概念

食品安全法规是指由国家制定或认可，以保障食品安全、保护人体生命健康和维护消费者利益为目的，以权利义务为调整机制，并通过国家强制力保证实施的调整食品社会关系的法律规范总和。

7.1.1.2　食品安全法规的研究内容

食品安全法规是以食品法律规范为研究对象，主要包括以下几个方面的内容：

(1)研究食品安全法规的产生和发展规律，食品安全法规的调整对象、特征、基本内容和法律关系；

(2)研究食品安全法规的制定与实施；

(3)研究食品安全法规与相关学科的关系；

(4)研究各种具体的食品安全法律制度；

(5)研究如何运用食品安全法律制度来解决现代食品科学发展中出现的新问题。

7.1.1.3　食品安全法规的特征

食品安全法规具有一般法律的属性，同时也具有其特殊性，主要表现在以下几个方面。

(1)以保护人民健康和保障食品安全为根本宗旨。《中华人民共和国食品安全法》的立法宗旨是保证食品安全，保障公众身体健康和生命安全。食品安全法规与其他法规的根本区别是食品安全法规的作用对象是食品。只有食品是合格的、卫生的和安全的，人们食用之后才不会发生食品安全事件。

(2)技术性。食品安全法规与科学技术紧密相连，其具体内容不仅要依靠科学技术，而且还要适应当前科学技术的发展。技术规范既是食品法规中有关技术鉴定的依据，也是依法制裁的依据，所以食品安全法规具有技术控制和法律控制的双重职能。

(3)综合性。食品安全法规所涉及的部门有农业、卫生、工商、食药、质检等部门，社会关系具有复杂性，这就决定了食品安全法规在调整过程中手段的多样性，比如有经济的、民事的、行政的以及刑事的法律制裁的调整手段。所以食品安全法规是诸多法律的合体，也是调节手段多样的法律制度。

(4)引导性。随着社会的进步和人民生活水平的提高,人们对食品安全和身体健康等问题越来越关注,从保障食品安全、保护人体健康和维护消费者利益等各方面都要求有充分的法律保障,这就促使食品安全法规不断地充实和完善,并且随着社会的发展而越来越显现出其特殊的地位和重要性。

7.1.2 食品安全法规体系概述

食品安全法规体系是指以法律或政令颁布的,对全社会有约束力的权威性规定。它既包括法律规范,也包括以技术规范为基础所形成的各种法规。

依据食品法律规范的具体表现形式及其法律效力层级,我国的食品法规体系由以下不同法律效力层级的规范性文件构成。

(1)宪法。《宪法》是国家的根本大法,具有最高的法律效力,我国现行的任何法规都不得与《宪法》相抵触。

(2)法律。法律是由全国人大和人大常委会制定的具有法律效力的规范性法律文件。目前中国现行的与食品安全有关的法律主要有《食品安全法》《农产品质量安全法》《产品质量法》《消费者权益保护法》《农业法》《标准化法》《动物防疫法》《进出境动植物检疫法》以及《进出口商品检验法》等。

(3)法规。法规是由国务院根据宪法和法律有关食品安全方面的规定而制定的具有法律效力的规范性法律文件,包括国务院行政法规和规范性文件。目前中国现行的与食品安全有关的法规主要有《食品安全法实施条例》《食盐专营办法》《保健食品注册管理办法》《食品添加剂生产监督管理办法》《绿色食品管理办法》《进出口商品检验法实施条例》《农产品产地安全管理办法》《生猪屠宰管理条例》和《粮食流通管理条例》等。

法规也包括地方性法规。地方性法规是由各省、自治区、直辖市人民代表大会及其常委会,各省、自治区、直辖市人民政府所在地的市人民代表大会及其常委会等在不与宪法、法律相抵触的前提下制定的具有法律效力的规范性法律文件。如《北京市食品安全条例》和《广东省食品安全条例》。

(4)规章。规章是由与食品安全相关的国家行政机关根据法律和国务院行政法规而制定的具有法律效力的规范性法律文件,包括部门规章和部委规范性文件,也包括地方性行政规章。目前中国现行的与食品安全有关的规章主要有《食品添加剂新品种管理办法》《新资源食品管理办法》《有机食品认证管理办法》。

(5)其他规范性文件。规范性文件不属于法律、行政法规和部门规章,也不属于标准等技术规范。但是,这类规范性文件也是不可缺少的。如《国务院关于进一步加强食品安全工作的决定》和《食品生产企业危害分析与关键控制点(HACCP)管理体系认证管理规定》。

(6)食品标准。食品标准包括食品产品标准、食品分析方法标准、食品管理标准以及食品添加剂标准等。

7.1.3 标准概述

7.1.3.1 标准的概念

1. 标准

国家标准 GB/T 20000.1—2014《标准化工作指南第 1 部分:标准化和相关活动的通用术语》中对"标准"的定义为:通过标准化活动,按照规定的程序经协商一致制定,为各种活动或其结果提供规则、指南或特性,供共同使用和重复使用的文件。关于此定义,需注意以下三点。①标准宜以科学、技术和经验的综合成果为基础;②规定的程序指制定标准的机构颁布的标准制定程序;③诸如国际标准、区域标准、国家标准等,由于它们可以公开获得以及必要时通过修正或修订保持与最新技术水平同步,因此它们被视为构成了公认的技术规则。其他层次上通过的标准,诸如专业协(学)会标准、企业标准等,在地域上可影响几个国家。

2. 标准化

国家标准 GB/T 20000.1—2014《标准化工作指南第 1 部分:标准化和相关活动的通用术语》中对"标准化"的定义为:为了在既定范围内获得最佳秩序,促进共同利益,对现实问题或潜在问题确立共同使用和重复使用的条款以及编制、发布和应用文件的活动。关于此定义,需注意以下两点:①标准化活动确立的条款,可形成标准化文件,包括标准和其他标准化文件。②标准化的主要效益在于为了产品、过程或服务的预期目的改进它们的适用性,促进贸易、交流和合作的机会。

标准化的目的有以下几点:

(1)适用性。产品、过程或服务在具体条件下适合规定用途的能力。

(2)兼容性。诸多产品、过程或服务在特定条件下一起使用时,各自满足相应要求,彼此间不引起不可接受的相互干扰的适应能力。

(3)互换性。某一产品、过程或服务能用来代替另一产品、过程或服务并满足同样要求的能力。注意,功能方面的互换性称为"功能互换性",量度方面的互换性称为"尺寸互换性"。

(4)品种控制。为了满足主导需求,对产品、过程或服务的规格或类型数量的最佳选择。

(5)安全。免除了不可接受的伤害风险的状态。注意,标准化考虑产品、过程或服务的安全时,通常是为了获得包括诸如人类行为等非技术因素在内的若干因素的最佳平衡,将伤害到人员和物品的可避免风险消除到可接受的程度。

(6)环境保护。使环境免受产品的使用、过程的操作或服务的提供所造成的不可接受的损害。

(7)产品防护。使产品在使用、运输或储存过程中免受气候或其他不利条件造成的损害。

7.1.3.2 标准的分级和分类

1. 标准的分级

(1)国内标准的分级。国内标准按级别可分为国家标准、行业标准、地方标准和企业标准。

国家标准:由国家标准机构通过并公开发布的标准。国家标准是对关系到全国经济技术发展的标准化对象所制定的标准,它在全国各行业各地方都适用。国家标准是我国标准体系中的主体。国家标准一经批准发布实施,与国家标准相重复的行业标准、地方标准即行废止。国家标准的编号由国家标准代号、标准发布顺序号和发布的年号组成。国家标准的代号由大写的汉语拼音字母组成,强制性标准的代号为“GB”,推荐性标准的代号为“GB/T”。

行业标准:由行业机构通过并公开发布的标准。行业标准的编号由行业标准代号、标准顺序号和年号组成。行业标准的代号由国务院标准化机构规定,不同行业的代号各不相同。行业标准中分为强制性标准和推荐性标准两种。

地方标准:在国家的某个地区通过并公开发布的标准。例如,对地方特色食品,没有食品安全国家标准的,省、自治区、直辖市人民政府卫生行政部门可以制定并公布食品安全地方标准,并报国务院卫生行政部门备案。食品安全国家标准制定后,该地方标准即行废止。地方标准的编号由地方标准代号、标准顺序号和发布年号组成。地方标准的代号由汉语拼音字母“DB”加上省、自治区、直辖市行政区划代码前两位数字加斜线,组成强制性地方标准代号;若再加上“T”则组成推荐性地方标准代号。

企业标准:由企业通过供企业使用的标准。它由企业法人代表或法人代表授权的主管领导审批发布,由企业法人代表授权的部门统一管理,在本企业范围内运用。企业内所实施的标准一般都是强制性的。企业标准的编号由企业标准代号、标准顺序号和发布年号组成。企业标准代号由汉语拼音字母“Q”加斜线再加上企业代号组成。企业代号可用汉语拼音字母或用阿拉伯数字或两者兼用,具体办法由当地行政主管部门规定。国家鼓励食品生产企业制定严于食品安全国家标准或者地方标准的企业标准,在本企业内适用,并报省、自治区、直辖市人民政府卫生行政部门备案。

(2)国外标准的分级。国外标准不是指某个国家的标准,而是指国际共同使用的标准。国外标准的级别有两个,即国际标准和区域标准。

国际标准:由国际标准化组织或国际标准组织通过并公开发布的标准,主要是指由国际标准化组织(ISO)和国际电工委员会(IEC)所制定的标准。此外,联合国粮农组织(FAO)、世界卫生组织(WHO)、食品法典委员会(CAC)、食品添加剂和污染物法典委员会(CCFAC)、国际计量局(BIPM)等专业组织制定的标准,也可视为国际标准。国际标准为世界各国所承认并在各国间通用。

区域标准:由区域标准化组织或区域标准组织通过并公开发布的标准。一般区域标准是指由区域性的国家集团的标准化组织制定和发布的标准,其标准在该集团各成员国之间通用。这些区域标准化组织的形成,有的是由于地理上的毗邻,如拉丁美洲的泛美标准化委员会(COPANT);有的是因为政治上和经济上有共同的利益,如欧洲标准化委员会(CEN)。

2. 标准的类别

(1)按标准的内容分类。我国国家标准 GB/T 20000.1—2014 将标准的类别分为 13 种,基本上是按照内容来分的,包括基础标准、术语标准、符号标准、分类标准、实验标准、规范标准、规程标准、指南标准、产品标准、过程标准、服务标准、接口标准、数据待定标准等。

我国食品标准基本上是按照内容进行分类并编辑出版的,包括食品安全标准名词术语,基础标准，食品、食品添加剂、食品相关产品标准，食品检验方法标准和以标准文件发布的各类食品生产经营规范等，现统称为食品安全标准。

(2)按标准的级别分类。标准按级别可分为国际标准、区域标准、国家标准、行业标准、地方标准和企业标准 6 类。

(3)按标准的约束性分类。标准按约束性可分为强制性标准与推荐性标准。我国的国家标准和行业标准分为强制性标准和推荐性标准两类。对于强制性标准，有关各方没有选择的余地，必须毫无保留地绝对贯彻执行。对于推荐性标准，有关各方有选择的自由，但一经选定，则该标准对采用者来说，便成为必须绝对执行的标准了，“推荐性”便转化为“强制性”。我国食品安全标准属于强制性标准，因为它是食品的基础性标准，关系到人体健康和安全。除食品安全标准外，不得制定其他的食品强制性标准。随着国际食品贸易的广泛和深入，我国将会更多地采用国际标准或国外先进标准，食品标准的约束性也会根据具体情况进行调整。

(4)按标准的性质分类。标准按性质可分为技术标准、管理标准和工作标准。技术标准是对标准化领域中需要协调统一的技术事项所制定的标准。食品基础及相关标准中涉及技术的一部分标准、食品产品安全标准、食品检验方法标准等，其内容都规定了技术事项或技术要求，属于技术标准。管理标准是对标准化领域中需要协调统一的管理事项所制定的标准，包括技术管理、生产管理，经营管理和劳动组织管理标准等，如 ISO 9000 系列标准、GMP 等。工作标准是对标准化领域中需要协调统一的各类工作人员的工作事项所制定的标准。工作标准也叫工作质量标准，是对各部门、各类人员基本职责、工作要求、考核方法所做的规定，是衡量工作质量的依据和准则。

7.2 食品安全法规体系

7.2.1 中国食品安全法规体系

食品安全法规体系是指由所有食品安全法律规范构成的、分门别类而又是有机联系的统一体，构成这个体系的法律规范应该是现行有效的食品安全法律规范总和。现阶段，我国的食品安全法律法规体系已经基本形成，并在不断地健全和完善。当前，我国已形成了以《食品安全法》《产品质量法》《农产品质量安全法》以及《农业法》等基本法律为核心，以有关食品安全标准等基本法规为重要组成部分，以各个省以及各个地方政府关于食品安全的规章为重要补充的比较完整的食品安全法律法规体系。作为公民，应具有强烈的社会责任感，正确行使权利和履行义务，积极学法，严格守法，主动用法，自觉护法。

7.2.1.1 《中华人民共和国食品安全法》

《中华人民共和国食品安全法》(以下简称《食品安全法》)是 2009 年 2 月 28 日由中华人民共和国第十一届全国人民代表大会常务委员会第七次会议审议通过，并于 2015 年 4 月 24 日由第十二届全国人民代表大会常务委员会第十四次会议修订(第一次修订)，现行的《食品安全法》于 2018 年 12 月 29 日修正(第二次修订)。《食品安全法》的立法宗旨是为了保证食品安全，保障公众身体健康和生命安全。

《食品安全法》共10章154条，包括总则、食品安全风险监测和评估、食品安全标准、食品生产经营、食品检验、食品进出口、食品安全事故处置、监督管理、法律责任和附则。

1. 第一章　总则

总则共13条，主要包括立法目的、使用范围、食品生产经营者的社会责任、食品安全监管体制、各部门之间的分工协作关系、行业自律、食品安全知识宣传以及组织或个人举报、知情、监督建议权等内容。

2. 第二章　食品安全风险监测和评估

食品安全风险监测和评估共10条，主要包括食品安全风险监测制度的建立、食品安全风险计划的制订实施、食品安全风险信息的通报与交流、食品安全风险评估制度的建立、食品安全风险评估专家委员会的组建、食品安全风险评估建议制度以及食品安全状况综合分析等内容。

3. 第三章　食品安全标准

食品安全标准共9条，规定了食品安全标准的相关问题，主要包括以下内容。

(1)规定了食品安全标准的制定原则，明确了食品安全标准为强制性标准。

(2)对食品安全标准应包括的内容提出了具体要求。

(3)明确了国务院卫生行政部门负责制定和颁布食品安全国家标准，明确规定了食品安全国家标准的制定依据和制定程序。

(4)明确了食品安全标准应公布，公众可以免费查阅。

(5)规定了食品生产企业食品安全标准的制定要求，国家鼓励食品生产企业制定严于食品安全国家标准的企业标准。

4. 第四章　食品生产经营

食品生产经营共51条，主要包括以下内容。

(1)规定了食品生产经营的各项要求和制度。如食品生产经营的必备条件和要求、食品生产经营的禁止性要求、食品生产经营许可和行政许可、国家建立食品安全全程追溯制度、食品生产经营企业安全管理和认证、食品生产经营从业人员健康管理以及食品和食品添加剂的生产和销售等。

(2)规定了食品添加剂的管理制度以及食品和食品添加剂的标签、说明书和警示说明的使用。如食品添加剂许可制度、食品添加剂使用范围和用量标准、食品添加剂以外的化学物质或其他可能危害人体健康物质的禁止性规定以及食品和食品添加剂标签等。

(3)规定了保健食品、特殊医学用途配方食品和婴幼儿配方食品等特殊食品的要求。

(4)规定了食品召回制度和食品广告管理制度。

(5)规定了集中交易市场开办者等的食品安全管理义务和食品生产经营规模化。

(5)明确网络食品交易第三方平台的食品安全管理责任。

5. 第五章　食品检验

食品检验共7条，规定了食品检验制度，主要包括食品检验机构、食品检验要求、食品检验报告、监管部门开展食品检验以及食品生产经营企业开展食品检验等相关制度。

6. 第六章 食品进出口

食品进出口共 11 条，规定了食品进出口制度，主要包括进口食品应经检验符合标准、进口预包装食品的标签要求、进口商的食品进口和销售记录以及食品安全信息的收集汇总和通报等。

7. 第七章 食品安全事故处置

食品安全事故处置共 7 条，规定了食品安全事故处置制度，主要包括以下内容。

(1)建立食品安全事故应急预案制度。

(2)明确了发生食品安全事故的报告和通报制度。

(3)规定了发生食品安全事故的应急措施。

(4)及时开展食品安全事故的调查。

(5)确定了医疗机构的职责。

8. 第八章 监督管理

监督管理共 13 条，规定了食品安全监管的具体内容，主要包括政府及其行政管理部门的监管和社会公众的监督。

9. 第九章 法律责任

法律责任共 28 条，规定了违反食品安全法行为的行政责任、民事责任和刑事责任。

10. 第十章 附则

附则共 5 条，规定了食品安全法的用语含义、特定食品的安全管理、食品安全监管体制调整和本法的实施日期等。

7.2.1.2 《中华人民共和国农产品质量安全法》

《中华人民共和国农产品质量安全法》(以下简称《农产品质量安全法》)是 2006 年 4 月 29 日中华人民共和国第十届全国人民代表大会常务委员会第二十一次会议审议通过的。《农产品质量安全法》的立法宗旨是为了保障农产品质量安全，维护公众健康，促进农业和农村经济发展。根据 2018 年 10 月 26 日第十三届全国人民代表大会常务委员会第六次会议《关于修改〈中华人民共和国野生动物保护法〉等十五部法律的决定》对《农产品质量安全法》进行了修正。

《农产品质量安全法》共 8 章 56 条，包括总则、农产品质量安全标准、农产品产地、农产品生产、农产品包装和标识、监督检查、法律责任和附则。

1. 第一章 总则

总则共 10 条，概括地规定了农产品质量安全法的若干重要问题，主要包括立法目的、调整范围、管理体制、规划和经费、健全服务体系、风险评估制度、信息发布制度、发展优质农产品、科研与推广以及宣传引导等。

2. 第二章 农产品质量安全标准

农产品质量安全标准共 4 条，主要包括农产品质量安全标准体系的建立，农产品质量安全标准的制定要求、修订要求和组织实施等。

3. 第三章　农产品产地

农产品产地共 5 条，主要包括农产品产地安全管理和基地建设、产地要求、产地保护以及防止投入品污染等。

4. 第四章　农产品生产

农产品生产共 8 条，主要包括生产技术规范和操作规程制定、投入品许可和监督抽查、投入品安全使用制度、科研推广机构职责、生产记录、投入品合理使用、产品自检、中介组织自律与服务等。

5. 第五章　农产品包装和标识

农产品包装和标识共 5 条，主要包括包装标识管理规定、保鲜剂等使用要求、转基因标识、检疫标志与证明以及农产品标志等。

6. 第六章　监督检查

监督检查共 10 条，主要包括禁止销售要求、监测计划与抽查、检验机构管理、复检与赔偿、批发市场和销售企业责任、社会监督、现场检查和行政强制、事故报告、责任追究、进口农产品质量安全要求等。

7. 第七章　法律责任

法律责任共 12 条，主要包括监管人员责任、监测机构责任、产地污染责任、投入品使用责任、生产记录违法行为处罚、包装标识违法行为处罚、保鲜剂等使用违法行为处罚、农产品销售违法行为处罚、冒用标志行为处罚、行政执法机关处罚、刑事责任和民事责任等。

8. 第八章　附则

附则共 2 条，主要规定了生猪屠宰管理及本法的实施日期。

7.2.1.3 《中华人民共和国产品质量法》

《中华人民共和国产品质量法》(以下简称《产品质量法》)是 1993 年 2 月 22 日中华人民共和国第七届全国人民代表大会常务委员会第三十次会议审议通过的，随后经过了三次修订，分别是：根据 2000 年 7 月 8 日第九届全国人民代表大会常务委员会第十六次会议《关于修改〈中华人民共和国产品质量法〉的决定》第一次修正；根据 2009 年 8 月 27 日第十一届全国人民代表大会常务委员会第十次会议《关于修改部分法律的决定》第二次修正；根据 2018 年 12 月 29 日第十三届全国人民代表大会常务委员会第七次会议《关于修改〈中华人民共和国产品质量法〉等五部法律的决定》第三次修正。现行的是第三次修订的《产品质量法》，其立法宗旨是为了加强对产品质量的监督管理，提高产品质量水平，明确产品质量责任，保护消费者的合法权益，维护社会主义经济秩序。

《产品质量法》共 6 章 74 条，内容包括：总则，产品质量监督，生产者、销售者的产品质量责任和义务，损害赔偿，罚则，附则。

1. 总则和产品质量监督

(1)产品质量监督体制。《产品质量法》规定，国务院产品质量监督部门主管全国产品质量监督工作。国务院有关部门在各自的职责范围内负责产品质量监督工作。县级以上地方产品质量监督部门主管本行政区域内的产品质量监督工作。《产品质量法》对各级人民政府的产品质量监督职责也做出了规定。

(2)检验机构认证制度。《产品质量法》规定，产品质量检验机构必须具备相应的检测条件和能力，经省级以上人民政府产品质量监督部门或者其授权的部门考核合格后，方可承担产品质量检验工作。

(3)企业质量体系认证制度。《产品质量法》对企业质量体系认证制度进行了原则的规定，主要遵循两个原则：一是坚持与国际惯例和国际通行做法相一致的原则；二是坚持企业自愿申请的原则。

(4)产品质量认证制度。产品质量认证是依据产品标准和相应的技术标准，经认证机构确认，并颁发认证证书和认证标志的活动。《产品质量法》规定，国家参照国际先进的产品标准和技术要求，推行产品质量认证制度。企业根据自愿原则可以向国务院产品质量监督部门认可的或者国务院产品质量监督部门授权认可的认证机构申请产品质量认证。经认证合格的，由认证机构颁发产品质量认证证书，准许企业在产品或者其包装上使用产品质量认证标志。

(5)产品质量监督检查制度。产品质量监督检查制度是指国家对产品质量采取行政强制监督检查管理措施的制度。《产品质量法》规定，国家对产品质量实行以抽查为主要方式的监督检查制度，对可能危及人体健康和人身、财产安全的产品，影响国计民生的重要工业产品以及消费者和有关组织反映的有质量问题的产品进行抽查。监督抽查工作由国务院产品质量监督部门规划和组织。县级以上地方产品质量监督部门在本行政区域内也可以组织监督抽查。

2. 产品质量责任和义务

产品质量责任和义务是指产品质量法律关系主体应当作出或不作出一定行为的约束，或者是产品质量法律关系主体行为的法定范围限度。按照义务人的不同，产品质量义务可分为生产者的产品质量义务和销售者的产品质量义务。《产品质量法》规定，生产者应当对其生产的产品质量负责；销售者应当建立并执行进货检查验收制度，验明产品的合格证明和其他标识。

3. 法律责任

违反《产品质量法》的法律责任有民事责任、行政责任和刑事责任 3 种。

(1)民事责任。产品质量民事责任主要包括生产者与销售者的产品瑕疵担保责任、产品缺陷损害赔偿责任以及相关单位的产品质量民事责任等。

(2)行政责任。产品质量行政责任主要包括产品质量行政处分和产品质量行政处罚，其中产品质量行政处罚是最主要的产品质量行政责任。

(3)刑事责任。产品质量刑事责任是一种个人责任，也是产品质量法律责任中最严厉的一种，是对产品质量犯罪人进行的刑事制裁，而追究产品质量刑事责任的前提是存在着产品质量犯罪。《产品质量法》规定了 9 个方面的产品质量刑事责任。

7.2.1.4 《中华人民共和国消费者权益保护法》

《中华人民共和国消费者权益保护法》(以下简称《消费者权益保护法》)是1993年10月31日颁布的，并由中华人民共和国第十二届全国人民代表大会常务委员会第五次会议于2013年10月25日通过第二次修正，自2014年3月15日起施行。《消费者权益保护法》的立法宗旨是为了保护消费者的合法权益，维护社会经济秩序，促进社会主义市场经济健康发展。

《消费者权益保护法》共8章63条，主要包括总则、消费者的权利、经营者的义务、国家对消费者合法权益的保护、消费者组织、争议的解决、法律责任和附则等。

1. 消费者的权利

消费者的权利是指消费者在购买、使用商品和接受服务时享有人身、财产安全不受损害的权利。《消费者权益保护法》规定，消费者的权利有安全保障权、知悉真情权、自主选择权、公平交易权、损害求偿权、依法结社权、获取知识权、维护尊严权和监督批评权。

2. 经营者的义务

消费者权利的实现，离不开经营者义务的遵守。如果经营者违反了应尽的义务，就必然会侵犯消费者的权利。《消费者权益保护法》规定，经营者的义务包括接受监督的义务、保障安全的义务、不做虚假宣传的义务、表明真实名称和标记的义务、出具凭证的义务、保证质量的义务、保证公平交易的义务和维护消费者人身权的义务等。

3. 消费者合法权益的保护

消费者合法权益的保护包括国家对消费者合法权益的保护和消费者组织对消费者合法权益的保护两方面。国家对消费者合法权益的保护主要是立法保护、行政保护和司法保护。

4. 法律责任

违反《消费者权益保护法》的法律责任有民事责任、行政责任和刑事责任3种。

7.2.1.5 《中华人民共和国标准化法》

《中华人民共和国标准化法》(以下简称《标准化法》)由1988年12月29日第七届全国人民代表大会常务委员会第五次会议通过，最新版本由2017年11月4日第十二届全国人民代表大会常务委员会第三十次会议修订通过。《标准化法》的立法宗旨是加强标准化工作，提升产品和服务质量，促进科学技术进步，保障人身健康和生命财产安全，维护国家安全、生态环境安全，提高经济社会发展水平。

《标准化法》共6章45条，主要包括总则、标准的制定、标准的实施、监督管理、法律责任和附则。

(1)总则。包括标准的分类、标准化工作的任务及管理机构、国务院建立标准化协调机制等。

(2)标准的制定。包括强制性标准的制定目的及管理机构，地方标准、团体标准及企业标准的管理机构，强制性标准文本应当免费向社会公开等。

(3)标准的实施。包括国家实行团体标准、企业标准自我声明公开和监督制度,国家建立强制性标准实施情况统计分析报告制度,县级以上人民政府应当支持开展标准化试点示范和宣传工作等。

(4)监督管理。包括县级以上人民政府标准化行政主管部门、有关行政主管部门对标准的实施进行监督检查。

(5)法律责任。包括对于任何违反标准化法规定的行为,国家相关管理部门有权依法处理。

(6)附则。包括军用标准另行制定和本法的实施日期。

7.2.1.6 《中华人民共和国计量法》

《中华人民共和国计量法》(以下简称《计量法》)于 1985 年 9 月 6 日第六届全国人民代表大会常务委员会第十二次会议通过。随后历经五次修正,分别是:根据 2009 年 8 月 27 日第十一届全国人民代表大会常务委员会第十次会议《关于修改部分法律的决定》第一次修正;根据 2013 年 12 月 28 日第十二届全国人民代表大会常务委员会第六次会议《关于修改〈中华人民共和国海洋环境保护法〉等七部法律的决定》第二次修正;根据 2015 年 4 月 24 日第十二届全国人民代表大会常务委员会第十四次会议《关于修改〈中华人民共和国计量法〉等五部法律的决定》第三次修正;根据 2017 年 12 月 27 日第十二届全国人民代表大会常务委员会第三十一次会议《关于修改〈中华人民共和国招标投标法〉、〈中华人民共和国计量法〉的决定》第四次修正;根据 2018 年 10 月 26 日第十三届全国人民代表大会常务委员会第六次会议《关于修改〈中华人民共和国野生动物保护法〉等十五部法律的决定》第五次修正。现行的是第五次修订后的《计量法》。

《计量法》的立法宗旨是加强计量监督管理,保障国家计量单位制的统一和量值的准确可靠,有利于生产、贸易和科学技术的发展,适应社会主义现代化建设的需要,维护国家、人民的利益。

《计量法》共 6 章,34 条。

(1)总则。主要包括本法的适用范围是中华人民共和国境内,建立计量基准和标准器具,进行计量检定,制造、修理、销售、使用计量器具;国家实行法定计量单位制度;县级以上各级政府部门对其行政区域内的计量工作负责。

(2)计量基准器具、计量标准器具和计量检定。明确了计量基准器具为全国统一量值的最高依据。

(3)计量器具管理。任何单位和个人不得违反规定制造、销售和进口非法定计量单位的计量器具。

(4)计量监督。县级以上人民政府计量行政部门根据需要可设计量监督员和计量检定机构。

(5)法律责任。制造、销售、修理计量器具不合格等法律所规定的不法行为都应追究其法律责任,并予以相应处罚,当事人不服的可向人民法院起诉。

(6)附则。本法的实施日期。

7.2.2 国外食品安全法规体系

7.2.2.1 美国食品安全法规体系

目前，美国的食品安全法律法规已经基本上覆盖了美国所有食品行业与种类，明确了食品安全的监管程序与具体标准。美国的食品安全监管法律制度体系主要分为四类：以《联邦食品、药品和化妆品法》为代表的综合性法律；以《蛋品检验法》为代表的按照食品种类制定的法律；以《正确包装与标签法》为代表的按照食品流通过程制定的法律；以《杀虫剂、杀菌剂和杀鼠剂法》为代表的按照食品生产投入制定的法律。除这四类主要法律制度之外，还包括由美国食品安全监管部门与机构制定的相关法规，目的是对食品安全监管法律的相关内容进行有效补充，弥补食品安全监管法律体系存在的漏洞或不足，同时这些法规还要进行季度性的更新。

美国是世界公认的食品最安全的国家，其主要原因是美国具有完善的监管机构。其健全的食品安全监管机构设置主要表现在联合监管机构设置方面，即根据职责划分主要包括食品药物管理局、美国环保署、食品安全检察署与动物卫生检验署这四个部门。从美国联邦政府到各州政府、地方政府实行一体化的垂直管理，这三级机构之间既相互独立又相互协作，构建了具有美国特色的食品联合监管系统。同时，美国还设置有最高食品监管机构，即总统食品安全监管委员会，属于代议制的食品监管协同机构，职责是协调各食品监管部门之间的分工与合作。

7.2.2.2 欧盟食品安全法规体系

2000 年 11 月，欧盟发布了《欧盟食品安全白皮书》，倡导建立欧洲食品安全局，在食品立法中推行“从农场到餐桌”的理念，确立了食品和饲料从业者对食品安全负有主要责任的原则。欧盟各成员国积极行动，以“食品安全白皮书”为核心，形成了各种法律、法令、指令等并存的食品安全体系监管新框架。各成员国不断加强食品安全管理，包括对管理机构、管理体系和保障体系进行改革与完善，将食品安全体系建立在透明、可信和对国家负责的基础上。欧盟食品安全法规涵盖了从食品生产到流通各个环节和所有方面。在食品全产业链上，生产加工企业必须执行生产规范(GMP)、危害分析和关键控制体系(HACCP)管理程序，确保对食品各环节尤其是生产源头的安全质量控制。

在欧盟食品安全管理体系中，风险评估独立于风险管理之外。欧盟食品安全局(EFSA)是提供风险评估的机构，也是欧盟的独立性科学机构，为欧盟委员会、欧洲议会和各成员国制定食品安全方面的法律法规，提供科学建议和技术依据。

欧盟食品安全局的主要职责是：专业风险评估、专业数据的收集及分析、审核行业安全评估的内容及程序、查明风险、向欧盟提供专业援助。尤其是在食品安全出现危机时，欧盟食品安全局要就相关事务与公众及其他利害方直接进行信息沟通。

欧盟食品安全法律体系主要分为两个层次：第一个层次是以食品安全基本法及后续补充发展为代表的食品安全领域的原则性规定；第二个层次则是在以上法规确立的原则指导下形成的一些具体的措施和要求。而对于具体要求的立法，欧盟又通过两种途径进行：一是普遍性立法，针对所有食品的一般方面（如添加剂、标签、卫生等）；二是专项性立法，即专门针对某些产品（如可可粉和巧克力产品、食糖、蜂蜜、果汁、新奇食品等）的立法。

7.2.2.3 日本食品安全法规体系

日本的食品安全管理体制架构如下。

(1)厚生劳动省。在该省下，医药食品局，尤其该局辖下的食品安全部，负责执行食物安全事宜。其主要业务内容是：执行食品卫生法保护国民健康；根据食品安全委员会的评估鉴定结果，制定食品添加物以及残留农药等的指数规格；执行对食品加工设施的卫生管理；监视并指导包括进口食品的食品流通过程的安全管理；听取国民对食品安全管理各项制度及其实施的意见，并促进和有关人士（消费者、生产者、专家学者）交换信息和意见。

(2)农林水产省。该省下设有综合食料局，负责食物政策和涉及维持食物供应稳定的事宜。该局促进本土生产的食物，同时确保进口粮食及储备稳定。该局也提供有关健康饮食的信息，制定有机食物及基因改造食物的标签制度，发展强大的食品业，以及推动国际合作，以期全球食物供应长远稳定。

(3)食品安全委员会。此为独立的组织，负责进行食物的风险评估。

日本食品安全法律主要包括食品安全基本法、食品卫生法等，以及伴随而生的有关法律的实施令和实施规则，从而对该法律加以补充说明和规范。日本是一个法制比较完善的国家，其法律条款的修订非常普遍，一旦发现某些条款与现实相左或不相适应，即以省令和告示的形式对该条款加以修订。

7.3 食品安全标准体系

7.3.1 中国食品安全标准体系

经过几十年来的积累和发展，我国初步建立了食品安全标准体系。这些食品安全标准包括食品行业基础及相关标准、食品卫生标准、食品产品标准等国家标准以及行业标准和地方标准。《食品安全法》颁布实施后，我国对各类、各级食品安全标准进行整合，统一公布，使我国食品安全标准体系更加完备。另外，各食品生产及相关企业积极应对市场的变化和要求，与国际接轨，采用国际标准或国外先进标准，或参照国内外相关标准不断制定、备案和发布自己的企业标准。随着食品产业的发展和世界经济一体化进程，今后我国还会有大量的食品安全标准被制定或修订。

7.3.1.1 食品安全标准的作用

1. 保障食品安全

食品质量与卫生是否合格，衡量的标准就是食品安全标准。因为在制定食品安全标准的过程中，全面考虑了可能影响食品不安全的因素。通过规定一系列指标（如理化指标、微生物指标、感官指标、保质期等），使符合标准的食品是安全的。食品生产过程以食品安全标准为依据，严格执行标准；政府监管部门以标准为依据进行监督，从而有效地保障了食品安全。但是,我国出现的三聚氰胺牛奶、硫黄生姜、瘦肉精等事件,使中国食品遭遇了一场“诚信危机”。因此,作为食品专业的学生,应具有诚信意识,在以后的工作中自觉地把生命健康安全放到第一位。

2. 食品企业科学管理的基础

完善的食品安全标准具备一定的科学性与合理性。食品生产企业可依据食品安全标准进行标准化、规范化生产;食品企业在生产的各个环节都要采取质量控制措施和方法,检验一些指标,这都要以食品安全标准为准;食品在出厂前,要进行合格检验,判定合格的依据就是产品标准。可见,标准贯穿于生产的全过程,只有严格按照标准,生产出来的产品才是合格的、安全的。

3. 国家管理食品行业的依据

食品安全标准是国家食品安全监管部门及有关机构对食品行业进行监督检查的主要依据。监管部门及有关机构按照食品安全标准规定的检测方法进行检测,将检测结果与食品安全标准进行对比,以实现对食品安全性能的评价,从而实现对企业的监督。如果食品安全标准缺失,食品安全监管就难以实现,从而影响对食品行业的管理,进而影响我国食品安全水平的提高。

4. 推动国际贸易发展

与国际接轨的食品安全标准可以实现技术要求上的统一,打破各国间的贸易技术壁垒,保证国际贸易的规范化与公平性。统一的食品安全标准也给各国进出口检验检疫部门的检测工作带来了便利,提高了国际贸易的效率。因此,食品安全标准在国际贸易中起到了重要的作用,可以有效地促进国际贸易的发展,推动食品贸易全球化。

7.3.1.2 食品安全标准制定的依据

1. 法律依据

《食品安全法》《标准化法》等法律及有关法规是制定食品安全标准的法律依据。以上法律对食品安全标准及其他标准的制定与批准、适用范围、技术内容等方面作了明确的规定。

2. 科学技术依据

制定食品安全国家标准,应当依据食品安全风险评估结果并充分考虑食用农产品安全风险评估结果,参照相关的国际标准和国际食品安全风险评估结果,并将食品安全国家标准草案向社会公布,广泛听取食品生产经营者、消费者、有关部门等方面的意见。

食品安全国家标准应当经国务院卫生行政部门组织的食品安全国家标准审评委员会审查通过。食品安全国家标准审评委员会由医学、农业、食品、营养、生物、环境等方面的专家以及国务院有关部门、食品行业协会、消费者协会的代表组成,对食品安全国家标准草案的科学性和实用性等进行审查。

3. 有关国际组织的规定

WTO 制定的《实施卫生与植物卫生措施协议(SPS)》《贸易技术壁垒协定(TBT)》是食品贸易中必须遵守的协定。国际食品法典委员会(CAC)的法典标准可作为解决国际贸易争端，协调各国食品卫生标准的依据。因此，每一个 WTO 的成员国都必须履行 WTO 有关食品标准制定和实施的各项协议和规定。

7.3.1.3　食品安全标准的主要内容

《食品安全法》规定，食品安全标准应当包括下列内容：

(1)食品、食品添加剂、食品相关产品中的致病性微生物，农药残留、兽药残留、生物毒素、重金属等污染物质以及其他危害人体健康物质的限量规定；

(2)食品添加剂的品种、使用范围、用量；

(3)专供婴幼儿和其他特定人群的主辅食品的营养成分要求；

(4)对与卫生、营养等食品安全要求有关的标签、标志、说明书的要求；

(5)食品生产经营过程的卫生要求；

(6)与食品安全有关的质量要求；

(7)与食品安全有关的食品检验方法与规程；

(8)其他需要制定为食品安全标准的内容。

7.3.1.4　食品安全标准的范围

中国食品安全标准的范围主要包括以下四个方面。

(1)食品安全(卫生)标准。食品安全(卫生)标准主要是指食品中有毒有害物质限量标准和与食品接触材料的卫生标准。食品中有毒有害物质限量标准主要包括食品中农药、兽药残留限量标准，食品中有害金属、非金属及化合物限量标准，食品中生物毒素限量标准，食品中微生物限量标准，食品添加剂限量标准和使用要求等。

(2)食品分析方法标准。食品分析方法标准主要是指食品的微生物检验方法标准、食品的理化检验方法标准、食品的毒理学评价方法标准、食物中毒诊断标准以及食品检疫标准等。

(3)食品安全控制与管理技术标准。此类标准主要是指良好操作规范(GMP)、危害分析与关键控制点(HACCP)以及食品安全管理体系(GB/T 22000)等综合性食品安全管理标准以及食品在生产、加工、储藏、运输和流通过程中的有关食品安全的操作技术规程等。

(4)食品包装标签和标识标准。

7.3.1.5　食品安全标准的制定与备案

1. 食品安全标准的制定

我国国家标准编写与制定、修订程序一般分为 9 个阶段，即预研、立项、起草、征求意见、审查、批准、出版、复审和废止。具体步骤及规定可参阅《标准化工作导则》和《标准化工作指南》系列标准。

2. 食品安全标准的备案

《食品安全法》规定，国家鼓励食品生产企业制定严于食品安全国家标准或者地方标准的企业标准，在本企业适用，并报省、自治区、直辖市人民政府卫生行政部门备案。企业标准备案时一般提交下列材料：①企业标准备案登记表；②企业标准文本及电子版；③企业标准编制说明；④省级卫生行政部门规定的其他资料。

7.3.2 国际食品安全标准

7.3.2.1 采用国际标准

国家标准 GB/T 20000.2—2009《标准化工作指南第 2 部分:采用国际标准》中规定了国家标准与相应国际标准一致性程度的判定方法和采用国际标准的方法等。

1. 采用

采用是指(国家标准对国际标准)以相应国际标准为基础编制,并标明了与其之间差异的国家规范性文件的发布。

2. 一致性程度

国家标准与相应的国际标准一致性程度分为等同、修改和非等效三类。

(1)等同。国家标准与相应的国际标准一致性程度为"等同"时,存在下述情况:国家标准与国际标准的技术内容和文本结构相同,但可以包含最低程度的编性修改。

(2)修改。国家标准与相应的国际标准一致性程度为"修改"时,存在下述情况之一或二者兼有:技术性差异,并且这些差异及其产生的原因被清楚地说明;文本结构变化,但同时有清楚的比较。

"修改"可包括如下情况。①国家标准的内容少于相应的国际标准,即国家标准的要求少于国际标准的要求,仅采用国际标准中供选用的部分内容。②国家标准的内容多于相应的国际标准,即国家标准的要求多于国际标准的要求,增加了内容或种类,包括附加实验。③国家标准更改了国际标准的一部分内容,即国家标准与国际标准的部分内容相同,但都含有与对方不同的要求。④国家标准增加了另一种供选择的方案,即国家标准中增加了一个与相应的国际标准条款同等地位的条款,作为对该国际标准条款的另一种选择。

(3)非等效。国家标准与相应的国际标准一致性程度为"非等效"时,存在下述情况:国家标准与国际标准的技术内容和文本结构不同,同时这种差异在国家标准中没有被清楚地说明。"非等效"还包括在国家标准中只保留了少量或不重要的国际标准条款的情况。与国际标准一致性程度为"非等效"的国家标准,不属于采用国际标准。

7.3.2.2 国际食品安全标准

国际标准是指国际标准化组织(ISO)、国际电工委员会(IEC)和国际电信联盟(ITU)所制定的标准,以及经 ISO 认可并收入《国际标准题内关键词索引》(KWIC index)之中的标准。国际标准对各国来说可以自愿采用,没有强制的含义,但往往因为国际标准集中了一些先进工业国家的技术经验,加之各国考虑外贸上的原因,从本国利益出发也往往积极采用国际标准。

《国际标准题内关键词索引》收录了包括 ISO、IEC 及其他 27 个国际组织所制定的且经 ISO 认可的各类标准,是 ISO 为促进《关贸总协定(CATT)/贸易技术壁垒协议(TBT)》的贯彻实施而出版的。这些国际组织中与食品有关的组织主要有国际标准化组织(ISO)、世界卫生组织(WHO)、食品法典委员会(CAC)、国际制酪业联合会(IDF)、国际辐射防护委员会(CRP)、国际葡萄与葡萄酒局(IWO)等。

其他未列入《国际标准题内关键词索引》的国际组织所制定的某些标准也被国际公认，如联合国粮农组织（FAO）和国际种子检验协会（SEMI）。

1. 食品法典标准

食品法典委员会（Codex Alimentarius Commission，CAC）是由联合国粮农组织（FAO）和世界卫生组织（WHO）在联合食品标准计划下创建的制定食品安全标准、准则和操作规范等相关文件的国际性机构。它是由 FAO 和 WHO 于 1962 年联合建立的一个政府间组织。

由 CAC 组织制定的食品安全标准、准则和建议称为国际食品法典标准。食品法典一般准则提倡成员国最大限度地采纳法典标准。同时，在一般准则中对采纳的方式也有明确的规定，即“全部采纳”“部分采纳”“自由销售”3 种形式。CAC 声明，法典中的每一项标准本身对其成员政府并不具有自发的法律约束力，只有在成员政府正式声明采纳之后才具有法律约束力。为此，CAC 规定，成员政府要随时向 CAC 总部通报其对 CAC 法典中每一项标准的采纳情况。实际上，自 WTO 成立之后，CAC 的标准虽然名义上仍然是非强制性的，但 SPS 和 TBT 协定已赋予其新的含义，CAC 的标准已成为促进国际贸易和解决贸易争端的依据，同时也成为 WTO 成员方保护自身贸易利益的合法武器。在食品领域，一个国家只要采用了 CAC 的标准，就被认为是与 SPS 和 TBT 协定的要求一致。如果一个国家的标准低于 CAC 标准，在理论上则意味着该国将成为低于国际标准的食品的倾销市场。在这种情况下，为了保护本国消费者的健康，维护本国利益，各个国家面临两种选择：要么采纳 CAC 标准；要么按照 SPS 协定的规定，根据风险评估的原则，制定更加严格的国家标准。事实上，在大多数情况下，发展中国家甚至包括某些发达国家都无力进行后一项工作，故而采用 CAC 的标准在技术和经济上成了一种比较明智的选择。因此，积极参与 CAC 的工作，其重要性已不言而喻。

CAC 食品的商品标准覆盖国际食品贸易中重要的大宗商品，并与国际上食品贸易紧密结合，是 CAC 标准体系中的主要内容之一，约占国际食品法典标准总数的 67%。CAC 制定的 9 项限量标准中包括了食品中农药残留最大限量标准、兽药最大限量标准、农药再残留最大限量、有害元素和生物毒素的限量标准。这类标准涵盖了食品卫生、食品标签及包装、食品添加剂、农药和兽药残留标准、污染物、取样和分析方法、食品进出口检验和认证体系、特殊膳食和营养食品、食品加工、贮藏规范等多个方面。

2. 国际标准化组织

国际标准化组织（International Organization for Standardization，ISO）是世界上最大、最权威的非政府性标准化专门机构。ISO 的组织机构包括全体大会、理事会、中央秘书处、政策发展委员会、理事会常务委员会、技术管理局和特别咨询组。

ISO 按专业性质设立技术委员会（TC）。各技术委员会根据工作需要可设立若干分委员（SC），TC 和 SC 下面还可设立若干工作组（WG）。其中，TC34 为农产品食品技术委员会。TC34 主要制定农产品食品各领域的产品分析方法标准。为了避免重复，凡 ISO 制定的产品分析方法标准都被 CAC 直接采用。近年来，ISO 开始关注水果、蔬菜、粮食等大宗农产品贮藏、冷藏、规格（等级）标准的制定，发布了小麦、苹果等重要产品的等级标准。我国承担了绿茶规格、八角规格标准的制定任务。ISO 对采用其标准的行为有一定的规定(ISO 指南 21 号),但 ISO 并未要求其成员国通报对 ISO 标准的采用情况。

3. AOAC 国际组织

AOAC 国际组织(AOAC International,简称 AOAC)是由来自政府、行业、贸易协会、国际组织、学术界等各方面的分析科学家组成的独立的国际组织,它以"分析结果、全球可信"为宗旨,通过"协商一致"原则开发统一的确认分析方法和实验室质量保证程序,致力于为其成员和客户提供信息交流服务,从而保障产品公共安全,推动和促进国内外贸易。AOAC 官方方法已经被全世界的监管机构和组织广泛接受和认可为"金标准"和"官方"方法,而许多 AOAC 方法也被一些国家和地方以法律方式确定或以联邦食品标准形式执行,如食品法典委员会分析方法标准中引用的大多数为 AOAC 方法。

目前,AOAC 共发布 1 800 多项食品检测方法,涉及 23 大类食品的物理指标(比重、旋光度、折射率、表观黏度等)、化学指标(如蛋白质、脂肪、灰分、重金属等)和微生物指标(如大肠杆菌、沙门氏菌、酵母菌、金黄色葡萄球菌等)测定。

7.3.2.3 国外食品安全标准

1. 欧洲标准

欧盟食品安全标准的制定机构分为欧洲标准化委员会(CEN)和欧共体各成员国家标准两层体制。欧洲标准化委员会(CEN)是由欧洲经济共同体(EEC)和欧洲自由贸易联盟(EFTA)国家共同组成。目前,包括食品安全相关指令在内的欧共体统一指令要求对欧盟所有成员都是通用的、最低限度的和可接受的。为了防止成员具体技术标准差异过大,欧共体又把依照新方法指令要求指定的标准称为协调标准。凡符合协调标准的产品可被认为是符合欧共体指令,在各成员方市场可自由流通。CEN 的欧洲食品安全标准包括 CEN/TC 174(水果和蔬菜汁)、CEN/TC 194(食品接触器具)、CEN/TC 275(食品分析的水平方法)、CEN/TC 302(奶及奶制品)、CEN/TC 307(油料作物种子、蔬菜、动物脂肪和油及其副产品)和 CEN/TC 327(动物食品系列)。

欧盟食品安全标准分为食品技术标准和食品管理标准。前者主要是对食品包装、标签、微生物指标、贮藏等方面做出的规定,后者是对食品安全中管理的职责、程序、依据、方法等做出的规定。关于食品管理标准,最具代表性的就是 HACCP 体系和 ISO 22000 食品安全管理体系。前者是在良好操作规范(GMP)和卫生标准操作程序 (SSOP)的基础上建立起来的食品安全卫生预防体系,应用具有一定的强制性;后者具有广泛的通用性,侧重于组织进行宏观控制。两者可以融合但不可以替代。

2. 美国标准

美国有关食品和农产品的标准化工作是依据有关的法律进行的。在农业部内,联邦谷物检验局(FGIS)负责《谷物标准化法》的落实,具体组织制定、修订和维护小麦、玉米、大豆等 12 种谷物和油料产品的规格标准,并负责检验出证。联邦农业服务局负责实施《农业营销法》,制定、修订和维护水果、蔬菜、畜禽产品等标准。这些标准和检验对国内是自愿的,但在发生纠纷时是强制性的;对出口来说则无例外地强制执行。

美国食品药品管理局(FDA)负责《美国联邦食品、药物和化妆品法案》的实施,组织制定了大量的食品安全标准。美国的食品安全标准包括 3 方面的内容。①食品的特征性规定,它规定了食品的定义,主要的食物成分和其他可作为食物成分的原料及用量。特征性规定的作用在于防止掺假(比如过高的水分)和特征辨别。②质量规定,在质量规定中又包括一般质量要求与相关质量要求,如安全与营养要求等。③装量规定,这是对定型包装食品的装量规格所做的规定,其目的是为了保护消费者的经济权益。

3. 日本标准

日本食品安全标准的制定机构为厚生劳动省、农林水产省、消费者厅。一般食品标准(包括进口食品)的制定由厚生劳动省负责。厚生劳动省制定法律的主要依据是《食品卫生法》《植物防疫法》等。日本农林水产省负责使用标准的制定,涉及生产和动植物保护,其制定法律的主要依据是《JAS 法》《农药取缔法》《饲料安全法》《植物防疫法》等。消费者厅主要负责涉及标识标准的提案、制修订,执行以及安全标准的提案、制修订,其制定标准的法律依据为《JAS 法》《景品表示法》(注:"景品"意为"赠品")《农林产品品质规格和正确标识法》等。

日本食品安全标准主要由国家标准、行业标准、企业标准构成。国家标准即 JAS 标准,以农产品、林产品、畜产品、一般食品和油脂为主要对象。行业标准多由行业团体、专业协会和社团组织制定,主要是作为国家标准的补充或技术储备。企业标准是各株式会社制定的操作规程或技术标准,其主要特征是种类齐全、标准科学、先进实用、目的明确,与法律法规紧密联系,与国际标准接轨。日本积极采用并开展国际标准的制修订,以使日本的国家标准上升为国际标准。

思考与复习题

1. 简述食品标准化的作用。
2. 目前我国食品安全监管体系实行什么模式?
3. 简述我国食品质量与安全法规体系。
4. 食品安全标准主要包括哪些内容?

参考文献

[1] 丁晓雯,柳春红. 食品安全学[M]. 北京:中国农业大学出版社,2015.
[2] 张建新. 食品标准与技术法规[M]. 北京:中国农业出版社,2013.
[4] 钟耀广. 食品安全学[M]. 北京:化学工业出版社,2015.
[5] 刘金福,陈宗道,陈绍军. 食品质量与安全管理[M]. 北京:中国农业大学出版社,2017.
[6] 胡秋辉. 食品标准与法规[M]. 北京:中国质检出版社,2013.